现代数学译丛 16

马氏过程

〔日〕福島正俊　竹田雅好　著

何　萍　译　应坚刚　校

科学出版社

北　京

图字：01-2011-2236

内 容 简 介

本书从 Blumenthal-Getoor 的一般马氏过程理论及其概率位势理论出发，对常返与暂留性作了较为深入的讨论，然后引入对称的马氏过程与狄氏型理论，简述他们的相互关系，再给出完整的马氏过程加泛函的随机分析理论，另外还将这些理论应用于对称马氏过程的 Donsker-Varadhan 的大偏差理论得到了非常漂亮的一些结果.

图书在版编目(CIP)数据

马氏过程/(日)福岛正俊，(日)竹田雅好著；何萍译；应坚刚校. —北京：科学出版社，2011.6

(现代数学译丛)

ISBN 978-7-03-031376-8

Ⅰ.①马… Ⅱ.①福… ②竹… ③何… ④应… Ⅲ.①马尔柯夫过程 Ⅳ.①O211.62

中国版本图书馆 CIP 数据核字（2011）第 104985 号

责任编辑：王丽平 房 阳／责任校对：张怡君
责任印制：徐晓晨／封面设计：耕者设计工作室

科学出版社出版
北京东黄城根北街 16 号
邮政编码：100717
http://www.sciencep.com

北京虎彩文化传播有限公司印刷
科学出版社发行 各地新华书店经销
*
2011 年 6 月第 一 版 开本：B5(720×1000)
2019 年 1 月第二次印刷 印张：16 1/2
字数：320 000

定价：99.00 元

(如有印装质量问题，我社负责调换)

前　言

随机过程是一个描述在被称为状态空间的集合 E 上, 质点 $X_t(\in E)$ 随着时间的变化而做随机移动的动态数学模型, 这里的 $X_t(\in E)$ 表示时刻 t 质点所处的位置. 所谓随机过程, 就是以时间为参数的随机变量序列 $X=\{X_t\}$. 特别地, 对于任意时刻 t_0 和状态 $x\in E$, 在 $X_{t_0}=x$ 的条件下, t_0 时刻之后质点运动 $\{X_t:t>t_0\}$ 的概率分布与过去的运动状况 $\{X_t:t<t_0\}$ 是无关的, 仅仅依赖于 t_0 与 x, 这样的 X 就是所谓的 Markov 过程.

对于 Markov 过程 X, 在 $X_{t_0}=x$ 的条件下, 质点在 t_0 之后的时间 t 所处的位置 X_t 属于 E 的任何指定子集 B 的概率 $p(t_0,x;t,B)$ 是唯一确定的, 称为 X 的转移函数. 当转移函数仅与时间差 $t-t_0$ 和 x 有关时, 称为时间齐次 Markov 过程; 当转移函数仅与 t_0,t 和空间差 $B-x$ 有关时, 称为空间齐次 Markov 过程或 Lévy 过程. 本书所涉及的将是时齐 Markov 过程.

Markov 过程开始于 20 世纪初 L.Bacherier 和 A.A.Markov 的研究. Bacherier 将巴黎股市中股市价格的随机变化, 结合早在近一个世纪之前就为人所知的 Brown 运动进行考察, 发现 Brown 运动的转移函数满足关于变量 t 与 x 的热方程. Markov 从另一个角度出发, 考察了时间离散、状态也离散的情形.

然而, 对于连续时间参数的 Markov 过程的研究, 开始于 1931 年 A.Kolmogorov 的德文论文 “有关概率论的分析方法”. 该文证明了在一定条件下, Markov 过程的转移函数满足含有扩散系数和漂移系数的椭圆型偏微分方程, 并将 Bacherier 的结果一般化. 正如论文题目所示, 他用分析的方法, 通过求解偏微分方程及含有积分项的更一般的方程, 推出了转移函数; 后来, Kolmogorov 出版德文版的著作《概率论的基本概念》, 在求转移函数的同时, 给出了严格构造相应 Markov 过程 $X=\{X_t\}$ 的数学模型的一般方法.

把依随机变量 ω 而变化的随机变量 X_t 记为 $X_t(\omega)$. 若固定 ω, 令时间参数 t 变化而得到在 E 上的一条轨道, 记为 $X.(\omega)$, 称为样本轨道. P.Lévy 在其 1937 年的著作中, 针对 Lévy 过程的样本轨道进行详细的分解和再构造, 随后, 伊藤清在其学位论文中对 Lévy 的工作实现严格的公理化. 伊藤清将这一结果与 Kolmogorov 的偏微分方程相结合, 并于 1942 年发表了日文版的论文 “能够确定 Markov 过程的微分方程”, 文中所给的微分方程是基于给定的扩散系数、漂移系数及 Brown 运动样本轨道的公理化的 “随机微分方程”, 其解直接构成 Markov 过程的样本轨道 X_t.

值得指出的是, 关于 Markov 过程的研究, 一开始是以分析的方法和样本轨道级别概率论的方法来研究的. 之后, 对于不为构造论拘束的分析学, 这种存在于分析与概率论之间的相互关联与交叉, 也一度成为分析学发展的原动力. 历经第二次世界大战后的 20 世纪 50 年代, 是现代 Markov 过程奠定基础和巩固的时期, 分别出现 J.L.Doob 关于鞅的样本轨道的研究, 从角谷静夫, Doob 接着到 G.A.Hunt 的 Markov 过程的位势论, W.Feller, 伊藤清, H.P.McKean, E.B.Dynkin 的一维扩散过程的构造研究, Dynkin 学派强 Markov 性 (将开头所叙 Markov 性中的时刻 t_0 用被称为停时的随机时间置换所得的性质) 的公理化, 以及基于可加泛函的变换论等. 在 20 世纪 60 年代期间, Dynkin[14] 与 Blumenthal-Getoor[9] 分别将这些成果集结成标准的英文版教材出版, 其中包括现在被称为标准过程与 Hunt 过程的 Markov 过程.

这之前的 1957 年, 当时还处于公理化非常初级的阶段, 伊藤清在他出版的日文版著作 [2] 中关于 Markov 过程概论后面的一章, 记述了他刚完成的一维扩散过程的研究成果. 然而, 从那以后, 再也没有出现过正式叙述 Markov 过程概论的日文书籍. 尽管日文版的文献 [4], [6], [7] 中都出现了用现代的语言正式叙述 Markov 过程的文字, 但它们局限于与其相关主题有关的一些内容.

查其究竟, 理由之一也许就是因为 Markov 过程论的 "头太大". 前面已经提到的英文书 [9], [14], 在它们的序言中, 作者们越过无聊而烦琐的准备工作, 或者建议读者事先通过阅读掌握一些预备知识. 20 世纪六七十年代, 人们进一步把这些预备知识抽象化, 其中, P.A.Meyer 把样本轨道右连续的强 Markov 过程称为右过程, 令人欣喜的是, 这个概念比标准过程和 Hunt 过程的定义更为简单. 为了叙述并推导右过程的基本性质, 掌握如同本书附录 A.2 中所介绍的, 应该也称为 "直积 $[0,\infty]\times\Omega$ 上的分析学" 等抽象知识是必要的.

然而, 这绝不是说 Markov 过程的理论研究是虎头蛇尾的. 越来越多的人已经认识到, 无论是理论方面, 还是应用方面, 它都有着显著的深度和广度. 尤其是自 1975 年以后发表的一系列文章, 其中, M.D.Donsker 和 S.R.S.Varadhan 提出了关于 Markov 过程滞留时间分布的渐近行为的大偏差原理, 将没有被遍历定理蕴涵的稀有事件发生的机制精彩地捕捉出来, 这也正是该原理的成功之处. 基于在理论与应用两方面的贡献, Varadhan 于 2007 年获得了 Abel 奖. 另外, 对 Markov 过程的具体模型的研究也在针对各自的特征作进一步深入的讨论, 也就是说, 如暂留性、常返性与既约性等关于渐近行为的基本概念的定义与性质的推导, 都需要分别具体地针对 Markov 链、Lévy 过程、对称 Markov 过程逐个进行, 只在统一的模式下讨论是不够的.

受概率论教程系列丛书的编撰者之一池田信行教授之托, 我们开始动手写作《马氏过程》一书, 在这之前, 本书的作者之一福岛就考虑到了上述写作的困难, 再三考虑后, 反复斟酌的结果是决定以右过程的暂留性、常返性、既约性 (第 3 章) 与对称 Markov 过程的大偏差原理 (第 7 章) 作为本书的主要内容, 并将这些概念在必要的范围内作尽可能详细的介绍, 竹田也赞同了这些想法并加入进来, 我们一直认为这样的安排应该是妥当的.

第 3 章的内容参考了 Getoor 的论文 [37], 该文将至 20 世纪 80 年代为止的右过程的暂留性和常返性的研究成果作了一个非常好的总结. 本书将右过程的过分测度作为参考测度固定, 在此基础上, 定义了暂留性、常返性和既约性. 作这样的安排是因为右过程在持有对偶性的场合下, 适用于 Lévy 过程和对称 Markov 过程这两个特殊的模型. 第 5 章的内容多与 1994 年由福岛、竹田和大岛洋一共同执笔的英文书籍 [17] 重复, 但是关于这些结果的证明则尽量避开了文献 [17] 中再三采用的 Hunt 过程的拟左连续性, 运用了第 1, 2 章所准备的有关右过程的基本性质. 第 6 章也有若干结果与文献 [17] 重叠, 但采用的证明方法都是纯概率的, 如同推导 Beurling-Deny 公式的方法一样.

在本书的 1.1 节、4.2 节与第 3~5 章, 读者可以看到存在于 Markov 过程论中分析与概率这两个方面的鲜明对比与联系. 各练习的解答将在书后一同给出, 如果能为读者更全面地理解本书内容助以一臂之力, 将是作者的荣幸. 在本书的撰写过程中, 曾请多位学者阅读并修改了原稿, 特别是大岛洋一、桑江一洋、日野正训、上村捻大诸君, 他们从原稿写作初期到最终定稿都花费了大量的时间和精力, 指出了内容中的多处漏误, 并提出了许多宝贵的修改意见. 另外, 矢野孝次、河备浩司、盐泽裕一、土田兼治、田原喜宏等也提出了许多建设性的修改意见, 在此一并表示衷心感谢. 最后, 感谢提供本书出版机会的池田信行教授 (大阪大学名誉教授) 和高桥阳一郎教授. 感谢培风馆的岩田诚司氏的工作.

福岛正俊　竹田雅好

2007 年

符 号 说 明

1) $\mathbb{R}$：实数集，$\mathbb{R}_+$：非负实数集，$\mathbb{Q}$：有理数集，$\mathbb{Q}_+$：非负有理数集，$\mathbb{Z}$：整数集，$\mathbb{N}$：自然数集.

2) 称取值于 $[-\infty,\infty]$ 的函数为数值函数，以与取值于 $\mathbb{R}$ 的实函数相区别. 对于数值函数的全体 $\mathscr{H}$，其上有界函数全体记为 $b\mathscr{H}$. 用 $\mathscr{H}_+$ 表示 $\mathscr{H}$ 中取值于 $[0,\infty]$ 的函数全体.

3) $a\vee b, a\wedge b$ 分别表示 $a,b\in[-\infty,\infty]$ 中大的和小的一方. 记 $a^+=a\vee 0, a^-=-(a\wedge 0)$. 另外，对于数值函数 f,g，记 $(f\vee g)(x)=f(x)\vee g(x)$，$f^+(x)=(f(x))^+$ 等.

4) 若 f 为 $(E,\mathscr{B})$ 到 $(F,\mathscr{G})$ 的可测映射，则记为 $f\in\mathscr{B}/\mathscr{G}$，数值函数的场合则记为 $f\in\mathscr{B}$. 当 f 为 E 上有界 (非负) 可测函数时记为 $f\in b\mathscr{B}(f\in\mathscr{B}_+)$.

5) $A\bigtriangleup B$ 表示集合 A 与 B 的对称差 $(A\setminus B)\cup(B\setminus A)$.

6) 集合 B 的示性函数 1_B 定义如下：

$$1_B(x)=\begin{cases}1, & x\in B,\\ 0, & x\notin B.\end{cases}$$

7) $\mathbb{R}^d$ 表示 d- 维欧氏空间. 对于 $x\in\mathbb{R}^d$, $A,B\subset\mathbb{R}^d$, $A-x=\{y-x:y\in A\}$, $A-B=\{y-x:y\in A,x\in B\}$.

8) 设 $(E,\mathscr{B},m)$ 为可测空间，$A\subset E$. 关于 $x\in A$ 的命题 $P=P(x)$ 对除去 m-零测集外的任意 $x\in A$ 成立时，记为 P m-a.e. (A). P m-a.e. (E) 简记为 P-a.e.

9) 当 m 为 $\mathbb{R}^d$ 上的 Lebesgue 测度时，m-a.e. 简记为 a.e.

10) $f=g$ m-a.e. 记为 $f=g[m]$.

11) $m(A\setminus B)=0$ 与 $m(A\bigtriangleup B)=0$ 分别记为 $A\subset B$ m-a.e. 与 $A=B$ m-a.e.

12) $L^p(E;m)$ 上范数记为 $\|f\|_p=\left(\int_E|f(x)|^p m(dx)\right)^{1/p}$.

13) δ_a 表示点 a 上的 Dirac 测度.

14) 对于测度 μ 与非负可测函数 $f\in\mathscr{B}_+$，测度 $A\mapsto\int_A f(x)\mu(dx)$ 记为 $f\cdot\mu$ 或 $f\mu$.

15) 对于 E 上测度 μ 与函数 f，积分 $\int_E fd\mu$ 也记为 $\langle\mu,f\rangle$ 或 $\langle f,\mu\rangle$.

16) $\sigma\{\cdot\}$ 表示使得 $\{\cdot\}$ (集合类或函数类) 可测的最小 σ- 代数.

17) 几乎处处或 “a.s.” 表示 $\mathbb{P}_x$-a.s. $\forall\, x\in E$.

18) q.e. (A) 表示在集合 $A(\subset E)$ 上 quasi-everywhere, q.e. (E) 简记为 q.e..

19) $C(E)$ 表示度量空间 E 上连续函数的全体. 当 E 为局部紧集时, $C_0(E)(C_\infty(E))$ 表示有紧支撑 (无限远点为零) 的连续函数的全体.

20) $\mathbf{A}_c^+$ 表示正的连续加泛函的全体.

21) S_0 表示能量积分有限的 (正的) Radon 测度.
S_{00} 表示 S_0 中有限测度且相应 1- 阶位势有界的全体.
S 表示光滑测度的全体.

22) A^c 表示集合 A 的余集.

目　　录

前言
符号说明
第 1 章　转移函数与 Markov 过程 ········ 1
　1.1　转移函数的暂留性、常返性及既约性 ········ 1
　1.2　空间齐次转移函数的暂留性与常返性 ········ 8
　1.3　Markov 过程 ········ 20
　1.4　右过程、标准过程与 Hunt 过程 ········ 24
第 2 章　右过程的基本性质 ········ 37
　2.1　过分函数 ········ 37
　2.2　精细拓扑、过分函数及例外集 ········ 40
　2.3　正连续加泛函的 Revuz 测度 ········ 49
第 3 章　右过程的暂留性、常返性与既约性 ········ 53
　3.1　暂留的右过程在无穷远处的流出 ········ 53
　3.2　右过程的既约性、既约常返性和样本轨道的行为 ········ 58
　3.3　既约常返右过程的遍历性与遍历定理 ········ 64
第 4 章　Dirichlet 型及其暂留性、常返性与既约性 ········ 72
　4.1　Markov 过程对称算子半群与 Dirichlet 型 ········ 72
　4.2　Dirichlet 型的暂留性、常返性、既约性与遍历性 ········ 89
　4.3　正则 Dirichlet 型的位势论 ········ 98
第 5 章　对称 Markov 过程与 Dirichlet 型 ········ 111
　5.1　对称 Hunt 过程与正则 Dirichlet 型 I ········ 111
　5.2　对称 Hunt 过程与正则 Dirichlet 型 II ········ 117
　5.3　对称扩散过程的例子 ········ 127
　5.4　非负连续加泛函与光滑测度 ········ 131
第 6 章　加泛函的随机分析 ········ 142
　6.1　有限能量加泛函及其分解 ········ 142
　　6.1.1　Dirichlet 函数产生的加泛函 ········ 142
　　6.1.2　鞅加泛函 ········ 145
　　6.1.3　零能量连续加泛函 ········ 147
　6.2　鞅加泛函的分解与 Beurling-Deny 公式 ········ 150

6.3 连续鞅加泛函的性质及其应用 ······ 156
6.4 由上鞅乘泛函诱导的变换 ······ 171
第 7 章 对称 Markov 过程的大偏差原理 ······ 180
7.1 Donsker-Varadhan 型大偏差原理 ······ 180
7.2 对称 Lévy 过程的流出时间 ······ 194
7.3 Feynman-Kac 半群 ······ 197
7.4 时间变换 ······ 199
7.5 Feynman-Kac 泛函 ······ 207
附录 ······ 216
A.1 σ- 代数、可测性及可容性 ······ 216
A.2 初时、截面定理及其应用 ······ 221
A.3 鞅论小结与加泛函 ······ 223
A.3.1 平方可积鞅与相关过程 ······ 223
A.3.2 Hunt 过程的加泛函的构造 ······ 228
A.4 对称型的总结 ······ 234
习题解答 ······ 239
参考文献 ······ 245
索引 ······ 248
译后记 ······ 252

第 1 章　转移函数与 Markov 过程

1.1　转移函数的暂留性、常返性及既约性

设 E 为 Lusin 空间, 即与某个紧度量空间的 Borel 子集同胚的空间, $\mathscr{B}(E)$ 表示 E 的 Borel 子集全体, E 上实值连续函数的全体记为 $C(E)$, 其中有界的全体记为 $bC(E)$.

对所有 $x \in E$, $B \in \mathscr{B}(E)$ 定义的数值函数 $\kappa(x,B)$ 称为 $(E,\mathscr{B}(E))$ 上的**核**, 如果它满足如下条件:

(1) 对于固定的 $x \in E$, $\kappa(x,\cdot)$ 为 $(E,\mathscr{B}(E))$ 上的测度;

(2) 对于固定的 $B \in \mathscr{B}(E)$, $\kappa(\cdot,B)$ 为 E 上的 $\mathscr{B}(E)$- 可测函数.

进一步地, 如果 $\kappa(x,E) \leqslant 1 (x \in E)$ (或 $\kappa(x,E) = 1 (x \in E)$), 则称 κ 为**Markov 核**(**概率核**). 对于核 κ (Markov 核 κ) 及 E 上的数值函数 $f \in \mathscr{B}_+(E)$ ($f \in b\mathscr{B}(E)$), 记

$$(\kappa f)(x) = \int_E f(y)\kappa(x,dy), \quad x \in E,$$

有 $\kappa f \in \mathscr{B}_+(E)$ ($\kappa f \in b\mathscr{B}(E)$). 事实上, 当取 f 为简单函数, 即

$$f = \sum_{i=1}^n c_i 1_{B_i}, \quad B_i \cap B_j = \varnothing,\ i \neq j,\ c_i \text{ 为常数}$$

时, $\kappa f(x) = \sum_{i=1}^n c_i \kappa(x,B_i)$ 关于 x 的可测性是显然的, 而 $f \in \mathscr{B}_+(E)$ 是递增非负简单函数列的极限, 由积分的单调收敛定理 (参见文献 [5]) 可知, κf 的可测性依然成立.

定义 1.1.1　以 $t \geqslant 0$ 为参数的 Markov 核的全体 $\{p_t : t \geqslant 0\}$ 称为 E 上的**转移函数**, 如果它满足下列 4 个条件:

(t.1) Chapman-Kolmogorov 方程: 对任何 $t,s \geqslant 0$, $x \in E$, $B \in \mathscr{B}(E)$ 有

$$\int_E p_t(x,dy)p_s(y,B) = p_{t+s}(x,B).$$

(t.2) 可测性: 固定 $B \in \mathscr{B}(E)$, 作为 $t \geqslant 0$ 及 $x \in E$ 的函数 $p_t(x,B)$ 是 $\mathscr{B}([0,\infty)) \times \mathscr{B}(E)$- 可测的.

(t.3) 正规性: $p_0(x,B) = \delta_x(B)$, 其中 $\delta_x(B)$ 在 $x \in B$ 时等于 1; 否则, 等于 0, 表示集中在 x 点的概率测度.

(t.4) 连续性: $\lim_{t\downarrow 0} p_t f(x) = f(x)(x \in E,\ f \in bC(E))$.

性质 (t.1) 与下面的**半群性**等价:

$$p_t p_s f = p_{t+s} f, \quad t, s \geqslant 0,\ f \in \mathscr{B}_+(E).$$

上式对于 $f \in b\mathscr{B}(E)$ 自然也是成立的.

当 E 上的转移函数 $\{p_t:\ t \geqslant 0\}$ 对于任意的 $t \geqslant 0$ 为概率核, 即 $p_t(x, E) = 1(t \geqslant 0, x \in E)$ 时, 称之为**保守的转移函数**或**转移概率**. 转移函数 $p_t(x, B)$ 表示随时间在 E 上变动的 Markov 过程的样本轨道从 x 出发, 然后在 t 时刻落入集合 B 中的概率. 如果容许样本轨道消失, 就不必假设转移函数是保守的. $1 - p_t(x, E)$ 表示样本轨道从 x 出发, 在 t 时刻消失或者到达 E 外的一个称为坟墓的状态 $\varDelta$ 的概率. 从 1.2 节以后, 转移函数是为考察 Markov 过程的一个特征量, 而本节中将其作为仅满足 (t.1)~(t.4) 的分析量来考虑.

对于 E 上的转移函数 $\{p_t:\ t \geqslant 0\}$, 定义

$$R_\alpha f(x) = \int_0^\infty \mathrm{e}^{-\alpha t} p_t f(x) dt, \quad \alpha > 0,\ f \in b\mathscr{B}(E),\ x \in E, \tag{1.1.1}$$

称 $\{R_\alpha : \alpha > 0\}$ 为相应的**预解**, 可以确定它满足下面的**预解方程**及连续性:

$$R_\alpha f - R_\beta f + (\alpha - \beta) R_\alpha R_\beta f = 0, \quad \alpha, \beta > 0,\ f \in b\mathscr{B}(E), \tag{1.1.2}$$

$$\lim_{\alpha \to \infty} \alpha R_\alpha f(x) = f(x), \quad x \in E,\ f \in bC(E). \tag{1.1.3}$$

练习 1.1.1　证明 (1.1.2) 与 (1.1.3).

对于 $f \in \mathscr{B}_+(E)(x \in E)$, 设

$$s_t f(x) = \int_0^t p_s f(x) ds,\ t > 0, \quad Rf(x) = \int_0^\infty p_s f(x) ds, \tag{1.1.4}$$

称 R 为**位势算子**或 **0- 阶预解**. 这是因为对于 $f \in \mathscr{B}_+(E)$ 有 $Rf(x) = R_{0+} f(x)$ 成立.

对于 $(E, \mathscr{B}(E))$ 上的核 κ 及 σ- 有限测度 μ, 记 $(E, \mathscr{B}(E))$ 上的测度

$$\int_E \kappa(x, B) \mu(dx), \quad B \in \mathscr{B}(E)$$

为 $\mu\kappa$.

称 E 上的 σ- 有限测度 m 关于转移函数 $\{p_t\}$ 是**过分的**, 如果

$$\int_E p_t(x, B) m(dx) \leqslant m(B), \quad t > 0,\ B \in \mathscr{B}(E), \tag{1.1.5}$$

即对任何 $t > 0$ 有 $mp_t \leqslant m$.

对于 E 上的转移函数 $\{p_t : t \geqslant 0\}$, 在引入其暂留性、常返性等概念时, 分两种情况, 或依赖于给定的过分测度 m, 或与测度无关. 如本节最后所述, 当 $\{p_t : t \geqslant 0\}$ 关于某个测度有对偶转移函数时, 用前一种方式较为自然有效, 而在处理可数状态 Markov 过程时, 用后一种方式更为自然 (参见文献 [5] §5.2). 本书在针对 Lévy 过程和对称 Markov 过程展开讨论时, 采用前一种方式, 而在 3.1 节与 3.2 节最后部分, 将涉及用后一种方式引入的定义及其相关的性质.

以后的讨论暂时是在假设 E 上的转移函数 $\{p_t : t \geqslant 0\}$ 与其过分测度 m 均为给定的前提下进行的.

考虑 $\mathscr{B}(E)$ 关于 m 完备化的空间 $\mathscr{B}^m(E)$, 对于 $f, g \in \mathscr{B}^m(E)$, 当 $f(x) = g(x)$ 在一个 m- 零测集外的 x 成立时, 简记为 $f = g\ [m]$, 称 f 与 g 为 ***m*-相等的**, 这是一个等价关系. 如果 $f = g\ [m]$, 则对 $t > 0$, 由 (1.1.5) 有

$$\langle m, |p_t f - p_t g| \rangle \leqslant \langle m p_t, |f - g| \rangle \leqslant \langle m, |f - g| \rangle = 0,$$

从而 $p_t f = p_t g\ [m]$. 对于 $f \in b\mathscr{B}^m(E)$, 取满足 $f = g\ [m]$ 的 $g \in b\mathscr{B}(E)$, 定义 $p_t f$ 为 $p_t g$, 则 p_t 可看成为 $b\mathscr{B}^m(E)$, 从而 $\mathscr{B}^m_+(E)$ 的 m- 等价类到 m- 等价类的算子. 关于 $R_\alpha(\alpha > 0)$, s_t, R 等也有类似的说法.

那么, E 上的 m- 可积实值函数全体 $L^1(E; m)$ 是关于范数

$$\|f\|_1 = \int_E |f(x)| m(dx)$$

完备的线性空间 (Banach 空间). 注意, $L^1(E; m)$ 是 m- 等价类的集合. 再由 (1.1.5) 有

$$\langle m, p_t|f| \rangle = \langle m p_t, |f| \rangle \leqslant \langle m, |f| \rangle, \quad f \in \mathscr{B}^m(E).$$

对 $f \in L^1(E; m)$, 记 $f = f^+ - f^-$, $f^+, f^- \in L^1_+(E; m)$, $T_t f = p_t f^+ - p_t f^-$, 从而可知 $L^1(E; m)$ 上的线性算子族 $\{T_t :\ t > 0\}$ 是唯一决定的, 并且满足如下**压缩性**与**半群性**:

$$\|T_t f\|_1 \leqslant \|f\|_1,\ t > 0,\ f \in L^1(E, m), \quad T_t T_s = T_{t+s},\ t, s > 0. \tag{1.1.6}$$

类似地, 根据 (1.1.4) 定义的核 s_t 也唯一决定 $L^1(E; m)$ 上的有界线性算子 $S_t f = s_t f\ [m]$, 满足如下有界性和单调性:

$$\begin{aligned} &\|S_t f\|_1 \leqslant t\|f\|_1, \quad t > 0,\ f \in L^1(E; m), \\ &S_s f \leqslant S_t f\ [m], \quad s < t,\ f \in L^1_+(E; m). \end{aligned} \tag{1.1.7}$$

从而根据

$$Gf(x) = \lim_{N \to \infty} S_N f(x)\ [m], \quad f \in L^1_+(E; m), \tag{1.1.8}$$

对于 $f \in L^1_+(E;m)$, Gf 是 m- 相等的意义下唯一确定的, 并且

$$Gf = Rf\ [m], \quad f \in L^1_+(E;m). \tag{1.1.9}$$

定义 1.1.2 (i) 称转移函数 $\{p_t\}$ 为 m- 暂留的, 如果存在函数 $g \in L^1_+(E;m)$, $m(g=0)=0$, 满足 $Gf < \infty\ [m]$;
(ii) 称转移函数 $\{p_t\}$ 为 m- 常返的, 如果对任何的 $f \in L^1_+(E;m)$ 有 $Gf = 0$ 或 ∞ $[m]$, 即 $m(\{x \in E : 0 < Gf(x) < \infty\}) = 0$.

由于 m 固定, m- 暂留 (m- 常返) 也简称为**暂留** (**常返**).

然而, 定义 1.1.2 中的两个概念并不是互逆的, 有各种中间的情况发生. 但在如下定义的既约性条件下, 证明上述两种情况互逆是本节的目的之一. 对集合 $A, B \in \mathscr{B}(E)$, 设

$$p_t(A,B) = \int_A p_t(x,B)m(dx), \quad t > 0.$$

定义 1.1.3 (i) 称集合 $A \in \mathscr{B}(E)$ 为 $\{p_t\}$-**不变**的, 如果 $p_t(A, A^c) = 0$ 对任何 $t > 0$ 均成立;
(ii) 称转移函数 $\{p_t\}$ 为 $\boldsymbol{m}$-**既约**的, 如果 $\{p_t\}$- 不变集 A 一定是平凡的, 即 $m(A) = 0$ 或者 $m(A^c) = 0$.

m- 既约也简称为**既约**.

定理 1.1.1 (i) 若转移函数 $\{p_t\}$ 既约, 则它或暂留或常返;
(ii) 转移函数 $\{p_t\}$ 为既约且常返的充要条件是

$$\forall f \in L^1_+(E;m),\ m(f>0)>0 \Rightarrow Gf = \infty\ [m] \tag{1.1.10}$$

成立.

鉴于定理 1.1.1 (ii), 今后说满足性质 (1.1.10) 的转移函数 $\{p_t\}$ 是**既约常返**的. 定理 1.1.1 证明的关键在于以下引理:

引理 1.1.1 (Hopf 最大遍历不等式 I) 对于 $f \in L^1(E;m)$, $h > 0$, 设

$$E_h = \left\{x \in E :\ \sup_n S_{nh}f(x) > 0\right\},$$

则

$$\int_{E_h} S_h f(x)m(dx) \geqslant 0.$$

证明 设

$$E_h^n = \left\{x \in E : \max_{1 \leqslant v \leqslant n} S_{vh}f(x) > 0\right\} = \left\{x \in E : \max_{1 \leqslant v \leqslant n} (S_{vh}f)^+(x) > 0\right\}.$$

对 $x \in E_h^n$ 有

$$S_h f(x) + \max_{1 \leqslant v \leqslant n} (S_{(v+1)h}f - S_h f)^+(x) \geqslant \max_{1 \leqslant v \leqslant n} (S_{vh}f)^+(x).$$

另一方面, 注意到 $S_{(v+1)h}f - S_hf = T_h(S_{vh}f)$, 并且 T_h 把非负函数映为非负函数, 从而

$$\max_{1\leqslant v\leqslant n}(S_{(v+1)h}f - S_hf)^+(x) \leqslant T_h\Big(\max_{1\leqslant v\leqslant n}(S_{vh}f)^+\Big)(x).$$

结合上面两个不等式有

$$\begin{aligned}&\int_{E_h^n} S_hf(x)m(dx)\\ \geqslant&\int_{E_h^n}\Big\{\max_{1\leqslant v\leqslant n}(S_{vh}f)^+(x) - T_h\Big(\max_{1\leqslant v\leqslant n}(S_{vh}f)^+\Big)(x)\Big\}m(dx)\\ \geqslant&\Big\|\max_{1\leqslant v\leqslant n}(S_{vh}f)^+\Big\|_1 - \Big\|T_h\max_{1\leqslant v\leqslant n}(S_{vh}f)^+\Big\|_1 \geqslant 0.\end{aligned}$$

□

引理 1.1.2 对任何 $g\in L_+^1(E;m)$, $B\in\mathscr{B}(E)$ 有

$$\liminf_{h\downarrow 0}\frac{1}{h}\int_B S_hgdm \geqslant \int_B gdm. \tag{1.1.11}$$

证明 根据命题 A.1.6, 选取 L^1- 收敛于 g 的非负函数列 $\varphi_n\in bC(E)\cap L^1(E,m)(n\geqslant 1)$. 由转移函数的连续性、(1.1.7) 及关于 Lebesgue 积分的 Fatou 引理 (参见文献 [5]),

$$\begin{aligned}&\liminf_{h\downarrow 0}\frac{1}{h}\int_B S_hg(x)m(dx)\\ =&\liminf_{h\downarrow 0}\frac{1}{h}\left(\int_B S_h(g-\varphi_n)(x)m(dx) + \int_B S_h\varphi_n(x)m(dx)\right)\\ \geqslant&-\|g-\varphi_n\|_1 + \liminf_{h\downarrow 0}\frac{1}{h}\int_B S_h\varphi_n(x)m(dx)\\ \geqslant&-\|g-\varphi_n\|_1 + \int_B\liminf_{h\downarrow 0}\frac{1}{h}S_h\varphi_n(x)m(dx)\\ =&-\|g-\varphi_n\|_1 + \int_B\varphi_n(x)m(dx)\\ \geqslant&-2\|g-\varphi_n\|_1 + \int_B g(x)m(dx),\end{aligned}$$

令 $n\to\infty$, 即得 (1.1.11). □

命题 1.1.1 $\{p_t: t\geqslant 0\}$ 暂留的充分必要条件是, 对任何的 $f\in L_+^1(E;m)$ 都有 $Gf<\infty\ [m]$ 成立.

证明 假设暂留且 g 为满足定义 1.1.2 (i) 的函数. 任取 $f\in L_+^1(E;m)$, 设 $B=\{x\in E:\ Gf(x)=\infty\}$, 只需证明 $m(B)=0$. 对任何 $a>0$, $h>0$, 设 $A=\Big\{x\in E:\sup_n S_{nh}(f-ag)(x)>0\Big\}$, 由引理 1.1.1 有 $\int_A S_h(f-ag)dm\geqslant 0$, 因为 $B\subset A$,

m-a.e., 故

$$h\int_E fdm \geqslant \int_A S_h fdm \geqslant a\int_A S_h gdm \geqslant a\int_B S_h gdm,$$

从而

$$\frac{1}{a}\int_E fdm \geqslant \frac{1}{h}\int_B S_h gdm. \tag{1.1.12}$$

根据 (1.1.12) 及引理 1.1.2, $\int_B gdm \leqslant \frac{1}{a}\|f\|_1$, 令 $a\to\infty$, 则有 $\int_B gdm = 0$, 从而可得 $m(B)=0$. □

引理 1.1.3　固定 $g\in L^1_+(E;m)$, 设 $C=\{x\in E:\ Gg(x)=\infty\}$, 此时, 对任何 $f\in L^1_+(E;m)$, 记 $B=\{x\in C: Gf(x)<\infty\}$, 则在 B 上 m-a.e. 有 $Gf=0$, 从而 $f=0$.

证明　对任何 $a>0$, $h>0$, 设 $A=\left\{x\in E:\sup\limits_n S_{nh}(g-af)(x)>0\right\}$, 由于 $B\subset A$, 利用引理 1.1.1, 类似于命题 1.1.1 的证明, 于是有

$$\frac{1}{a}\int_E gdm \geqslant \frac{1}{h}\int_B S_h fdm,\quad \frac{1}{a}\int_E gdm \geqslant \int_B fdm.$$

设 $a\to\infty$, 则有 $\int_B S_h fdm = 0$ 及 $\int_B fdm=0$, 从而在 B 上 m-a.e. 有 $S_h f=0$ 及 $f=0$, 进一步有 $Gf=0$. □

命题 1.1.2　转移函数 $\{p_t\}$ 的常返性与下列两个条件均等价:

$$f\in L^1_+(E;m),\ f>0\ [m] \Rightarrow Gf=\infty\ [m], \tag{1.1.13}$$

$$\text{存在 } g\in L^1_+(E;m),\ \text{使得 } Gg=\infty\ [m]. \tag{1.1.14}$$

证明　在 (1.1.11) 中取 $B=\{x\in E: Gg(x)=0\}$, 则 g 在 B 上 m-a.e. 等于 0, 从而由常返性可推出 (1.1.13). (1.1.13) 显然可以推出 (1.1.14). 设 (1.1.14) 成立, 则对满足该条件的 g 在引理 1.1.3 中有 $C=E$ 成立. 由引理 1.1.3 可知, 对任何 $f\in L^1_+(E;m)$ 都有 $m(0<Gf<\infty)=0$ 成立, 从而可得常返性. □

定理 1.1.1 的证明　任取一个函数 $g\in L^1_+(E;m)$ 满足 $m(g=0)=0$, 记 $B=\{Rg=\infty\}$. 因为

$$\infty > Rg(x)\geqslant p_t Rg(x)\geqslant \int_B p_t(x,dy)Rg(y),\quad x\in E\setminus B,\ t>0,$$

故 $p_t(x,B)=0(x\in E\setminus B, t>0)$, 即 $E\setminus B$ 是 $\{p_t\}$- 不变的. 根据既约性的假设, 要么 $m(B)=0$, 要么 $m(E\setminus B)=0$. 在前一种场合, $\{p_t: t\geqslant 0\}$ 是暂留的; 在后一种场合, 即 $Gg=\infty\ [m]$ 时, 由命题 1.1.2 可知, $\{p_t\}$ 是常返的.

再由引理 1.1.3, 对任何 $f \in L^1_+(E,m)$ 有 $C = \{Gf = \infty\} \supset \{f > 0\}$, 类似于上面的证明可知, $E \setminus C$ 是 $\{p_t\}$- 不变的. 由既约性的假设, 如果 $m(C) > 0$, 则有 $m(C^c) = 0$, 这说明条件 (1.1.10) 必然成立. 综上所述, 证明了定理 1.1.1(i) 与 (ii) 的必要性.

反过来, 设定理 1.1.1 (ii) 中的条件 (1.1.10) 成立. 由 $f = 0\ [m]$ 可推得 $Gf = 0\ [m]$, 所以 $\{p_t : t \geqslant 0\}$ 在定义 1.1.2 的意义下是常返的. 再者, 如果 $A \in \mathscr{B}(E)$ 是 $\{p_t\}$- 不变的, 因为对任何 $t > 0$, $p_t(A, A^c) = 0$, 则 $R(x, A^c) = 0$ m-a.e. $x \in A$. 如果 $m(A) > 0$ 且 $m(A^c) > 0$, 则对于 E 上一个严格正的 m- 可积函数 f, $g = 1_{A^c} \cdot f$ 满足 $m(g > 0) > 0$, $m(Rg = 0) > 0$, 与 (1.1.10) 矛盾, 所以 $\{p_t : t \geqslant 0\}$ 是既约的. □

前面已经说过, 称满足 (1.1.10) 的转移函数为既约常返的.

命题 1.1.3 转移函数 $\{p_t\}$ 为既约常返的充分必要条件是, 对任何 $f \in L^1_+(E;m)$ 有 $Gf = \infty\ [m]$ 或者 $Gf = 0\ [m]$.

证明 如果 $f = 0\ [m]$, 则 $Gf = 0\ [m]$, 所以该条件显然是 (1.1.10) 的必要条件. 反之, 假设上述条件成立, 取严格正的 m- 可积函数 g, 由 (1.1.11) 可知 $Gg > 0\ [m]$, 从而 $Gg = \infty\ [m]$. 再由引理 1.1.3, 如果 $f \in L^1_+(E;m)$ 满足 $m(f > 0) > 0$, 则有 $m(Gf = \infty) > 0$, 所以 $Gf = \infty\ [m]$, 即 (1.1.10) 成立. □

如果 $\{p_t : t \geqslant 0\}$ 是某个 Markov 过程 X 的转移函数, 如 1.3 节中所言, $R1_B(x)$ 表示从 $x \in E$ 出发的样本轨道在集合 $B \in \mathscr{B}(E)$ 中逗留的总时间的平均, 所以由命题 1.1.1 可知, 暂留性意味着过程在满足 $m(B) < \infty$ 的集合 B 中的平均逗留时间是有限的. 由定理 1.1.1 可知, 既约常返性意味着过程在正测度集中的平均逗留时间是无限的. 在后面的 3.1 节与 3.2 节中, 将看到暂留性与既约常返性有这样的特征, 即 X 的对于某类子集 B 定义的末离时分别以概率 1 为有限和无限. 可以说暂留、既约常返这样的词汇确实适当地刻画出样本轨道的性质.

迄今为止, 讨论都是在给定转移函数及其过分测度的前提下展开的. 下面将考虑转移函数关于某测度有对偶转移函数的场合. 设 E 为 Lusin 空间, m 为其上的 σ- 有限测度. 给定 E 上的两个转移函数 $\{p_t : t \geqslant 0\}$ 与 $\{\widehat{p}_t : t \geqslant 0\}$, 设它们关于 m 满足如下对偶性:

$$\int_E \widehat{p}_t f(x) g(x) m(dx) = \int_E f(x) p_t g(x) m(dx), \quad f, g \in \mathscr{B}_+(E),\ t > 0, \tag{1.1.15}$$

称 $\{\widehat{p}_t : t \geqslant 0\}$ 为转移函数 $\{p_t : t \geqslant 0\}$ 关于 m 的**对偶转移函数**, 此时, 下列命题成立:

命题 1.1.4 (i) m 关于 $\{p_t : t \geqslant 0\}$ 是过分的;

(ii) 若 $\{p_t : t \geqslant 0\}$ 是既约的, 则 $\{\widehat{p}_t : t \geqslant 0\}$ 也是既约的;

(iii) 若 $\{p_t : t \geqslant 0\}$ 是既约常返的, 则 $\{\widehat{p}_t : t \geqslant 0\}$ 也是既约常返的;

(iv) 设 E 是局部紧的可分度量空间, m 为 E 上的 Radon 测度, 即 E 的紧子集的 m- 测度有限, 则 $\{p_t : t \geqslant 0\}$ 定义的 $L^1(E;m)$ 上的线性算子族 $\{T_t : t > 0\}$ 有如下意义的**强连续性**:

$$\lim_{t \downarrow 0} \|T_t f - f\|_1 = 0, \quad f \in L^1(E;m). \tag{1.1.16}$$

练习 1.1.2　证明命题 1.1.4(i)~(iii).

命题 1.1.4 (iv) 的证明　用 $C_0(E)$ 表示 E 上的紧支撑连续函数全体. 在 (iv) 的假设下, $C_0(E)$ 在 $L^1(E;m)$ 中稠密且 $\{T_t\}$ 满足压缩性 (1.1.6), 所以只需对 $f \in C_0(E)$ 证明 (1.1.16) 即可. 设 K 是 f 的支撑, 取包含 K 的闭包是紧的开集 G, 设 φ 为 $E \setminus G$ 上等于 1 且在 K 上等于 0 的非负有界连续函数. 首先,

$$\|p_t f - f\|_1 = \int_G |p_t f(x) - f(x)| m(dx) + \int_{E \setminus G} |p_t f(x)| m(dx),$$

右边第一项由 $\{p_t : t \geqslant 0\}$ 的连续性 (t.4) 和有界收敛定理可知, 当 $t \downarrow 0$ 时是收敛于零的. 对于第二项, 由对偶性有

$$\int_{E \setminus G} |p_t f(x)| m(dx) \leqslant \int_K \widehat{p}_t 1_{E \setminus G}(x) \cdot |f(x)| m(dx) \leqslant \int_K \widehat{p}_t \varphi(x) \cdot |f(x)| m(dx),$$

由 $\{\widehat{p}_t : t \geqslant 0\}$ 的连续性可知, 最后的积分当 $t \downarrow 0$ 时收敛于零.　□

E 上的转移函数 $\{p_t\}$ 关于 m 与自己对偶, 即

$$\int_E p_t f(x) g(x) m(dx) = \int_E f(x) p_t g(x) m(dx), \quad f, g \in \mathscr{B}_+(E) \tag{1.1.17}$$

时, 称之为 ***m*- 对称的**.

1.2　空间齐次转移函数的暂留性与常返性

1.1 节提出了一般转移函数在既约条件下是暂留还是常返的判别准则, 本节将特别地在 Euclid 空间上, 用最大遍历不等式证明, 空间齐次的转移函数在没有既约性的假设下, 暂留与常返仍然是满足二者择一性的. 事实上, 即使没有既约性, 由于空间齐性, 状态空间的暂留部分与常返部分也是不能并存的.

当 1.1 节定义的转移函数 $\{p_t : t > 0\}$ 是概率核, 即对任何 $t > 0$, $x \in E$ 有 $p_t(x, E) = 1$ 时, 称之为转移概率. 特别地, 考虑 E 为 d- 维 Euclid 空间 $\mathbb{R}^d$ 的情况, 当 $\mathbb{R}^d$ 上的转移概率 $\{p_t : t \geqslant 0\}$ 满足

$$p_t(x, B) = p_t(0, B - x), \quad t \geqslant 0,\ x \in \mathbb{R}^d,\ B \in \mathscr{B}(\mathbb{R}^d) \tag{1.2.1}$$

时, 称之为**空间齐次的**.

对于 $\mathbb{R}^d$ 上的概率测度 μ,ν, 定义

$$\mu*\nu(B)=\int_{\mathbb{R}^d\times\mathbb{R}^d}1_B(x+y)\mu(dx)\nu(dy),\quad B\in\mathscr{B}(\mathbb{R}^d),$$

引入一个新的概率测度 $\mu*\nu$, 称之为 $\mu,\ \nu$ 的**卷积**.

给定 $\mathbb{R}^d$ 上的空间齐次转移函数 $\{p_t\}$, 记

$$\nu_t(B)=p_t(0,B),\quad B\in\mathscr{B}(\mathbb{R}^d),\ t\geqslant 0,$$

则 $\{\nu_t:t\geqslant 0\}$ 是 $\mathbb{R}^d$ 上的概率测度族, 并且满足

(c.1) $\nu_s*\nu_t=\nu_{s+t}(s,t>0)$;

(c.2) $\nu_0=\delta_0$;

(c.3) $\lim\limits_{t\downarrow 0}\int_{\mathbb{R}^d}f(x)\nu_t(dx)=f(0)(f\in bC(\mathbb{R}^d))$.

(c.2), (c.3) 是显然的. 为证明 (c.1), 注意到由 (1.2.1),

$$p_tf(x)=\int_{\mathbb{R}^d}f(x+y)\nu_t(dy),\quad t>0,\ x\in\mathbb{R}^d,\ f\in\mathscr{B}_+(\mathbb{R}^d).\tag{1.2.2}$$

对任何 $f\in b\mathscr{B}(\mathbb{R}^d)$,

$$\begin{aligned}\int_{\mathbb{R}^d}f(x+y)\nu_{s+t}(dy)=p_{s+t}f(x)&=p_s(p_tf)(x)\\&=\int_{\mathbb{R}^d}\left\{\int_{\mathbb{R}^d}f(x+z+w)\nu_t(dw)\right\}\nu_s(dz)\\&=\int_{\mathbb{R}^d}f(x+y)\nu_s*\nu_t(dy).\end{aligned}$$

定义 1.2.1 满足 (c.1)~(c.3) 的 $\mathbb{R}^d$ 上的概率测度族 $\{\nu_t:t\geqslant 0\}$ 称为连续的**卷积半群**.

反之, 给定 $\mathbb{R}^d$ 上连续的卷积半群 $\{\nu_t\}$, 则由

$$p_t(x,B)=\nu_t(B-x),\quad t>0,\ x\in\mathbb{R}^d,\ B\in\mathscr{B}(\mathbb{R}^d)$$

可定义空间齐次的转移概率 $\{p_t\}$. 事实上, 只要将上述转换公式反过来看, 就可以发现定义 1.1.1 (t.1)~(t.3) 分别可由 (c.1)~(c.3) 推出.

再者, 当 $f\in bC(\mathbb{R}^d)$ 时, 根据式 (1.2.2) 可知, $p_tf(x)$ 是关于 $x\in\mathbb{R}^d$ 的连续函数, 从而由 (t.1) 和 (t.4) 得

$$p_{\varepsilon+t}f(x)=p_\varepsilon(p_tf)(x)\to p_tf(x),\quad \varepsilon\downarrow 0.$$

也就是说, 对于固定的 $x\in\mathbb{R}^d$, $p_tf(x)$ 关于 $t\geqslant 0$ 右连续. 记

$$H = \{f \in \mathscr{B}(\mathbb{R}^d) : \ p_t f(x) \text{ 关于 } (t,x) \text{ 是联合 Borel 可测的}\},$$

则 $bC(\mathbb{R}^d) \subset H$. 由于 H 对于一致有界增极限封闭, 所以由命题 A.1.2 可知 $H = \mathscr{B}(\mathbb{R}^d)$, 从而 $\{p_t : t \geqslant 0\}$ 也满足 (t.2).

在此, 简单分析一下连续的卷积半群和 Lévy 过程的关系.

定义 1.2.2　当概率空间 $(\Omega, \mathscr{B}, \mathbf{P})$ 上定义的 $\mathbb{R}^d$- 值随机变量 (d- 维随机向量) 族 $\{X_t : t \geqslant 0\}$ 满足如下 5 个条件时, 称之为 d- 维 **Lévy 过程**:

(L.1) 对任何 $0 \leqslant t_0 < t_1 < \cdots < t_n$, $X_{t_1} - X_{t_0}$, $X_{t_2} - X_{t_1}, \cdots$, $X_{t_n} - X_{t_{n-1}}$ 独立;

(L.2) $X_{s+t} - X_s$ 的分布与 s 无关;

(L.3) $\mathbf{P}(X_0 = 0) = 1$;

(L.4) 对任何 $\varepsilon > 0$, $\lim\limits_{t \downarrow 0} \mathbf{P}(|X_t| > \varepsilon) = 0$;

(L.5) 存在 $\Omega_0 \in \mathscr{B}$, $\mathbf{P}(\Omega_0) = 1$, 使得对任何 $\omega \in \Omega_0$, 相应的**样本轨道**, 即 t 的函数 $X_t(\omega)$ $(t \geqslant 0)$ 是右连左极的 *.

当 $\{X_t : t \geqslant 0\}$ 满足除 (L.5) 以外的 4 个条件时, 称之为**平稳独立增量过程.** 对于 Lévy 过程 $\{X_t : t \geqslant 0\}$, 由

$$\nu_t(B) = \mathbf{P}(X_t \in B), \quad B \in \mathscr{B}(\mathbb{R}^d), \ t \geqslant 0 \tag{1.2.3}$$

定义的 $\mathbb{R}^d$ 上的概率测度族 $\{\nu_t : t \geqslant 0\}$ 是连续的卷积半群. 实际上, 对于 $s, t \geqslant 0$, $X_{s+t} - X_s$ 的分布等于 ν_t, 并且独立随机变量和的分布是各个分布的卷积, 因此,

$$\begin{aligned} \nu_{s+t}(B) &= \mathbf{P}(X_{s+t} \in B) \\ &= \mathbf{P}(X_s + (X_{s+t} - X_s) \in B) = \nu_s * \nu_t(B), \quad B \in \mathscr{B}(\mathbb{R}^d). \end{aligned}$$

再设 f 为 $\mathbb{R}^d$ 上的有界连续函数, 对任何 $\varepsilon > 0$, 选取 $\delta > 0$, 使得当 $|x| < \delta$ 时有 $|f(x) - f(0)| < \varepsilon$, 记 $M = \sup\limits_{x \in \mathbb{R}^d} |f(x)|$, 则

$$\begin{aligned} |\langle f, \nu_t \rangle - f(0)| &\leqslant \int_{|x|<\delta} |f(x) - f(0)| \nu_t(dx) + 2M\mathbf{P}(|X_t| \geqslant \delta) \\ &< \varepsilon + 2M\mathbf{P}(|X_t| \geqslant \delta), \end{aligned}$$

从而有 $\limsup\limits_{t \downarrow 0} |\langle f, \nu_t \rangle - f(0)| < \varepsilon$, 于是可知 $\{\nu_t : t \geqslant 0\}$ 是连续的.

练习 1.2.1　(i) 设 $\{X_t : t \geqslant 0\}$ 为平稳独立增量过程, 证明其**有限维分布**, 即对任何自然数 n 及 $0 \leqslant t_0 < t_1 < \cdots < t_n$, 对应的 $(\mathbb{R}^d)^{n+1}$ 值随机变量 $(X_{t_0}, X_{t_1}, \cdots, X_{t_n})$

* 即在任意点处右连续且具有左极限. —— 译者

的分布由下式确定：

$$
\begin{aligned}
&\int_{\Omega} f(X_{t_0},\cdots,X_{t_n})d\mathbf{P}\\
=&\int_{(\mathbb{R}^d)^{n+1}} f(x_0,x_0+x_1,\cdots,x_0+\cdots+x_n)\\
&\times \nu_{t_0}(dx_0)\nu_{t_1-t_0}(dx_1)\cdots\nu_{t_n-t_{n-1}}(dx_n),\quad f\in\mathscr{B}((\mathbb{R}^d)^{n+1}),
\end{aligned}
\tag{1.2.4}
$$

其中右边的 $\{\nu_t\}$ 由 (1.2.3) 定义;

(ii) 反之, 如果存在概率空间 $(\Omega,\mathscr{B},\mathbf{P})$ 上定义的 $\mathbb{R}^d$- 值随机变量族 $\{X_t : t\geqslant 0\}$, 并且其有限维分布由某连续的卷积半群 $\{\nu_t : t\geqslant 0\}$ 定义, 证明 $\{X_t\}$ 是平稳独立增量过程.

如 1.3 节所断言的那样, 给定 $\mathbb{R}^d$ 上的概率分布族组成的连续卷积半群 $\{\nu_t : t\geqslant 0\}$, 由 (1.2.4) 定义的有限维分布族所确定的 $\mathbb{R}^d$- 值随机过程 $\{X_t : t\geqslant 0\}$ 能够在适当的概率空间上实现. 由练习 1.2.1 (ii), 这时 $\{X_t : t\geqslant 0\}$ 是平稳独立增量过程, 已经知道它还进一步满足 (L.5), 所以是 Lévy 过程 (参见文献 [4]).

也就是说, $\mathbb{R}^d$ 上空间齐次的转移概率的全体与 Lévy 过程的全体是通过卷积半群的一一对应关系. 在本节的后面部分, 将给定 $\mathbb{R}^d$ 上的空间齐次转移函数 $\{p_t : t\geqslant 0\}$, 用 $\{\nu_t : t\geqslant 0\}$ 表示相应的卷积半群. 而关于对应的 Lévy 过程及其性质, 将于 1.3 节后在 Markov 过程这样一个一般的框架下讨论, 所以本节不会作深入研究.

在此, 设

$$
W(B)=\int_0^\infty \nu_t(B)dt,\quad B\in\mathscr{B}(\mathbb{R}^d).
$$

回忆利用 (1.1.4) 定义的位势算子 (核) $R(x,B)=R1_B(x)(x\in\mathbb{R}^d)$, 于是有 $W(B)=R(0,B)(B\in\mathscr{B}(\mathbb{R}^d))$. 记以原点为中心, r 为半径的开球为 B_r: $B_r=\{x\in\mathbb{R}^d : |x|<r\}(r>0)$.

引理 1.2.1 下列两个条件是等价的：

(i) 对于某个 $r>0$, $W(B_r)<\infty$;

(ii) 对任何 $x\in\mathbb{R}^d$ 及紧集 $K\subset\mathbb{R}^d$ 有 $R(x,K)<\infty$.

引理 1.2.1 由 $\{p_t : t\geqslant 0\}$ 的空间齐次性加上对应 $\mathbb{R}^d$ 上 Markov 过程的强 Markov 性可以很简单地得以证明, 所以留到 1.3 节.

接下来, 设

$$
\widehat{p}_t(x,B)=p_t(-x,-B),\ \widehat{\nu}_t(B)=\nu_t(-B),\quad t>0,\ x\in\mathbb{R}^d,\ B\in\mathscr{B}(\mathbb{R}^d),\tag{1.2.5}
$$

则 $\{\widehat{p}_t : t\geqslant 0\}$ 为 $\mathbb{R}^d$ 上空间齐次的转移概率. 由 (1.2.2) 可知

$$\begin{aligned}\widehat{p}_t f(x) &= \int_{\mathbb{R}^d} f(x+y)\widehat{\nu}_t(dy) \\ &= \int_{\mathbb{R}^d} f(x-y)\nu_t(dy), \quad f \in \mathscr{B}_+(\mathbb{R}^d),\end{aligned}$$

从而

$$\begin{aligned}\int_{\mathbb{R}^d} \widehat{p}_t f(x) g(x) dx &= \int_{\mathbb{R}^d} \nu_t(dy) \int_{\mathbb{R}^d} f(x-y) g(x) dx \\ &= \int_{\mathbb{R}^d} \nu_t(dy) \int_{\mathbb{R}^d} f(x) g(x+y) dx \\ &= \int_{\mathbb{R}^d} f(x) p_t g(x) dx, \quad f, g \in \mathscr{B}_+(\mathbb{R}^d).\end{aligned}$$

也就是说, 式 (1.1.15) 中的测度 $m(dx)$ 换成 $\mathbb{R}^d$ 上的 Lebesgue 测度 dx 也成立, 从而 $\{p_t : t \geqslant 0\}$ 关于 Lebesgue 测度有对偶转移函数 (概率) $\{\widehat{p}_t : t \geqslant 0\}$. 特别地, 若取 $f = 1$, 则 Lebesgue 测度不仅是 $\{p_t\}$ 的过分测度, 也是如下意义的**不变测度**:

$$\int_{\mathbb{R}^d} p_t(x, B) dx = |B|, \quad t > 0,\ B \in \mathscr{B}(\mathbb{R}^d),$$

其中 $|B|$ 表示集合 B 的 Lebesgue 测度.

因此, $\{p_t : t \geqslant 0\}$ 关于 Lebesgue 测度的暂留性、常返性及既约性可类似于定义 1.1.2 及定义 1.1.3 来定义. 下面, 本节会以这样的意义采用暂留性、常返性及既约性这些概念. 另外, 对几乎所有的 x 表示除去 Lebesgue 测度零的集合之外的意思.

定理 1.2.1　(i) $\{p_t : t \geqslant 0\}$ 是暂留的充要条件是, 对于某个 $r > 0$ 有 $W(B_r) < \infty$;
(ii) $\{p_t : t \geqslant 0\}$ 是常返的充要条件是对任何 $r > 0$ 有 $W(B_r) = \infty$;
(iii) $\{p_t : t \geqslant 0\}$ 或是暂留或是常返, 二者必居其一.

证明　(iii) 可由 (i),(ii) 推出, 所以只需证明 (i),(ii) 即可.
(i) 设 $\{p_t : t \geqslant 0\}$ 是暂留的, 由命题 1.1.1, 对几乎所有的 $x \in \mathbb{R}^d$ 都有 $R(x, B_2) < \infty$. 特别地, 存在 x_0 满足 $|x_0| < 1$ 也满足这个结论, 从而有 $W(B_1) \leqslant R(x_0, B_2) < \infty$.

反过来, 设存在 $r > 0$, 使得 $W(B_r) < \infty$, 则引理 1.2.1(ii) 成立. 在此, 任取 $f \in L^1_+(\mathbb{R}^d)$, 记 $B = \{x \in \mathbb{R}^d :\ Rf(x) = \infty\}$, 进一步地, 对任何紧集 $K \subset \mathbb{R}^d$, 命题 1.1.1 证明中的 g 取为 1_K, 由与之相同的证明可得 $|B \cap K| = 0$. 因为 K 是任意紧集, 于是可得对几乎所有的 $x \in \mathbb{R}^d$ 都有 $Rf(x) < \infty$.
(ii) 设对于某 $r > 0$ 有 $W(B_r) < \infty$, 由 (i) 证明的后半部分知, 对任何的 $f \in L^1_+(\mathbb{R}^d)$ 及几乎所有的 $x \in \mathbb{R}^d$ 都有 $Rf(x) < \infty$. 该结论与 (1.1.14) 相反, 所以 $\{p_t : t \geqslant 0\}$ 不是常返的.

反过来, 假设对任何 $r>0$, $W(B_r)=\infty$, 记 $C=\{x\in\mathbb{R}^d:\ R1_{B_{2r}}(x)=\infty\}$, 则 $B_r\subset C$. 在此, 取 $g=1_{B_{2r}}$, 利用引理 1.1.3, 则对任何 $f\in L^1_+(\mathbb{R}^d)$, 在 B_r 中 a.e. 地, 要么 $Rf=\infty$, 要么 $Rf=0$. 由 $r>0$ 的任意性可知, $\{p_t\}$ 是常返的. □

练习 1.2.2 试证在定理 1.2.1(i) 中可将 "某个" 改为 "任意的", (ii) 中的 "任意的" 可改为 "某个".

$\mathbb{R}^d$ 上的概率测度称为 **d- 维 (概率) 分布**, $\mathbb{R}^d$ 上满足 $\displaystyle\int_{\mathbb{R}^d}p(x)dx=1$ 的非负 Borel 可测函数 $p(x)$ 称为 **d- 维 (概率) 密度函数**. 事实上, $\mu(dx)=p(x)dx$ 是关于 Lebesgue 测度 dx 绝对连续的 d- 维概率分布. 用 $\langle x,y\rangle$ 表示 $x=(x_1,\cdots,x_d)$, $y=(y_1,\cdots,y_d)\in\mathbb{R}^d$ 的内积, $|x|$ 表示 x 的模: $\langle x,y\rangle=\displaystyle\sum_{i=1}^d x_iy_i$, $|x|=\sqrt{\langle x,x\rangle}$.

定义 d- 维概率分布 μ 的**特征函数** $\varphi(x)$ 如下:

$$\varphi(z)=\int_{\mathbb{R}^d}\mathrm{e}^{\mathrm{i}\langle z,x\rangle}\mu(dx),\quad \mathrm{i}=\sqrt{-1},\ z\in\mathbb{R}^d. \tag{1.2.6}$$

下面的结论众所周知: d- 维分布由特征函数唯一确定; 两个 d- 维分布的卷积的特征函数为各自特征函数之积.

练习 1.2.3 (i) 参数为 $c>0$, $\tau\in\mathbb{R}$ 的**一维 Cauchy 分布**是有如下密度函数的分布 $\dfrac{c}{\pi}\dfrac{1}{(x-\tau)^2+c^2}(x\in\mathbb{R})$. 试证此分布的特征函数为 $\varphi(z)=\exp\{-c|z|+\mathrm{i}\tau z\}$.

(ii) μ 为一维区间 $[-a,a](a>0)$ 上的**均匀分布**, 即密度函数为 $\dfrac{1}{2a}1_{[-a,a]}(x)(x\in\mathbb{R})$. 试证 $\mu^{2*}=\mu*\mu$ 的密度函数为

$$g_a(x)=\frac{1}{2a}\left(1-\frac{|x|}{2a}\right)1_{[-2a,2a]}(x)$$

的分布, 再证明 μ^{2*} 的特征函数为

$$h_a(z)=\left(\frac{\sin az}{az}\right)^2,\quad z\in\mathbb{R},\ z\neq 0.$$

d- 维分布族 $\{\nu_t:t\geqslant 0\}$ 是连续的卷积半群是指, ν_t 的特征函数 $\varphi_t(z)$ 有如下特性:

$$\varphi_s(z)\cdot\varphi_t(z)=\varphi_{s+t}(z),\ s,t\geqslant 0,\quad \lim_{t\downarrow 0}\varphi_t(z)=1,\ z\in\mathbb{R}^d. \tag{1.2.7}$$

采用 (1.2.7) 可推导出关于连续卷积半群 $\{\nu_t:t\geqslant 0\}$ 的特征函数 $\{\varphi_t:t\geqslant 0\}$ 的 **Lévy-Khinchin 公式** (参见文献 [4],[19]):

$$\varphi_t(z)=\exp\{-t\psi(z)\},\quad t\geqslant 0,\ z\in\mathbb{R}^d, \tag{1.2.8}$$

$$\psi(z)=\frac{1}{2}\langle z,Vz\rangle-\mathrm{i}\langle m,z\rangle+\int_{\mathbb{R}^d}\left(1-\mathrm{e}^{\mathrm{i}\langle z,x\rangle}+\frac{\mathrm{i}\langle z,x\rangle}{1+|x|^2}\right)n(dx),\tag{1.2.9}$$

其中 V 为非负定 d- 阶对称方阵, $m\in\mathbb{R}^d$, n 为 $\mathbb{R}^d$ 上的测度且满足

$$n(\{0\})=0,\quad \int_{\mathbb{R}^d}\frac{|x|^2}{1+|x|^2}n(dx)<\infty.\tag{1.2.10}$$

称满足上述条件的 $\mathbb{R}^d$ 上的测度 n 为 **Lévy 测度**. 满足上述条件的三元组 (V,m,n) 的全体与 $\mathbb{R}^d$ 上的连续卷积半群 $\{\nu_t:t\geqslant 0\}$ 的全体, 通过关系式 (1.2.8) 与 (1.2.9) 是一一对应关系.

例 1.2.1 (Brown 运动的转移概率)　一维概率分布中最为重要的分布是以实数 m 和正实数 v 为参数的密度函数如下的**正态分布**：

$$p(x)=\frac{1}{2\pi v}\exp\left\{-\frac{(x-m)^2}{2v}\right\},\quad x\in\mathbb{R},\tag{1.2.11}$$

用 $N(m,v)$ 表示, 其特征函数为

$$\varphi(z)=\exp\left\{-\frac{v}{2}z^2+\mathrm{i}mz\right\},\quad z\in\mathbb{R}.\tag{1.2.12}$$

定义参数为 $t>0$ 的 d- 维概率密度函数族 $\{p_t(x):t>0\}$ 如下：

$$p_t(x)=\frac{1}{(2\pi t)^{d/2}}\exp\left\{-\frac{|x|^2}{2t}\right\},\tag{1.2.13}$$

由于 $p_t(x)=\prod_{i=1}^{d}\frac{1}{\sqrt{2\pi t}}\exp\left\{-\frac{x_i^2}{2t}\right\}$, 所以由 (1.2.12), 以 p_t 为密度函数的分布族 $\{\nu_t:t>0\}$ 的特征函数族可表示为

$$\varphi_t(z)=\exp\left\{-\frac{t}{2}|z|^2\right\},\quad z\in\mathbb{R}^d.\tag{1.2.14}$$

式 (1.2.14) 显然满足条件 (1.2.7), 所以由 (1.2.13) 定义的 $\{p_t\}$ 可确定 $\mathbb{R}^d$ 上的连续卷积半群, 并且

$$p_t(x,B)=\frac{1}{(2\pi t)^{d/2}}\int_B\exp\left\{-\frac{|x-y|^2}{2t}\right\}dy,\quad x\in\mathbb{R}^d,\ B\in\mathscr{B}(\mathbb{R}^d)\tag{1.2.15}$$

是 $\mathbb{R}^d$ 上空间齐次转移概率, 称 (1.2.15) 为 ***d*- 维 Brown 运动的转移概率**, 因为相应的 d- 维 Lévy 过程 $\{X_t:t\geqslant 0\}$ 被称为 (从原点出发的)**Brown 运动**. 在此场合下, 可以将性质 (L.5) 强化为 “对任何 $\omega\in\Omega_0$, $X_t(\omega)$ 关于 t 连续” (参见文献 [4], [19]).

再者, (1.2.14) 是 (1.2.9) 中 V 为单位矩阵, $m=0$, $n=0$ 的特殊情况.

d- 维 Brown 运动的转移概率在 $d=1,2$ 的场合是常返的, 当 $d\geqslant 3$ 时为暂留. 事实上,

$$w(x)=\int_0^\infty p_t(x)dt=\begin{cases}\infty, & d=1,2,\\ \dfrac{1}{2}\pi^{-d/2}\Gamma(d/2-1)|x|^{2-d}, & d\geqslant 3,\end{cases}\tag{1.2.16}$$

其中 $\Gamma(s)$ $(s>0)$ 表示 Gamma 函数. 当 $x\neq 0$ 时, 可根据维数 d 确定 $w(x)$ 是有限还是无限. 由 (1.2.13), 只需注意到

$$p_t(x)\sim(2\pi t)^{-d/2},\ t\to\infty,\quad \lim_{t\downarrow 0}p_t(x)=0$$

即可, 其中 $\sim$ 表示两边的比值收敛到 1. 作变量代换 $s=|x|^2/2t$ 即可求出 $d\geqslant 3$ 时 $w(x)$ 的上述具体形式. 由此可知, $W(B_r)=\displaystyle\int_{B_r}w(x)dx$ 对任何 $r>0$ 在维数 $d\leqslant 2$ 或 $d\geqslant 3$ 时分别是发散或收敛的.

当 $d\geqslant 3$ 时, 称 (1.2.16) 右边的函数为 **Newton 核**. 由此可得三维以上的 Brown 运动的位势算子 R 为

$$Rf(x)=\frac{1}{2}\pi^{-d/2}\Gamma\left(\frac{d}{2}-1\right)\int_{\mathbb{R}^d}\frac{f(y)}{|x-y|^{d-2}}dy,\quad f\in\mathscr{B}_+(\mathbb{R}^d).\qquad\square$$

当 $\mathbb{R}^d$ 上空间齐次转移函数 $\{p_t\}$ 满足

$$p_t(0,B)=p_t(0,-B),\quad t>0,\ B\in\mathscr{B}(\mathbb{R}^d)\tag{1.2.17}$$

时, 称之为对称的. 这等价于 $\{p_t:t\geqslant 0\}$ 与 (1.2.5) 中定义的关于 Lebesgue 测度的对偶转移函数 $\{\widehat{p}_t:t\geqslant 0\}$ 是一致的, 即等价于 (1.1.17) 关于 Lebesgue 测度成立.

显然, d- 维 Brown 运动的转移概率 (1.2.15) 是对称的.

再者, 对于任何 $A,B\in\mathscr{B}(\mathbb{R}^d)$ 满足 $|A|>0$, $|B|>0$, 转移函数 (1.2.15) 满足 $p_t(A,B)\left(=\displaystyle\int_A p_t(x,B)dx\right)>0$, 因此, 在定义 1.1.3 的意义下, 关于 Lebesgue 测度既约.

由下面的例子也可知, $\mathbb{R}^d$ 上的空间齐次转移函数不一定既约.

例 1.2.2 (复合 Poisson 过程及其特征函数) 设 σ 是满足 $\sigma(\{0\})=0$ 的 d- 维分布, $\widehat{\sigma}(z)$ $(z\in\mathbb{R}^d)$ 为其特征函数, c 为任意正常数, 则

$$\psi(z)=c(1-\widehat{\sigma}(z)),\quad z\in\mathbb{R}^d\tag{1.2.18}$$

相当于当

$$n=c\cdot\sigma,\quad m_i=c\int_{\mathbb{R}^d}\frac{x_i}{1+|x|^2}\sigma(dx),\ 1\leqslant i\leqslant d,\ V=0$$

时, Lévy-Khinchin 公式 (1.2.9) 的特殊情况.

(1.2.18) 的根据 (1.2.8) 确定的 $\mathbb{R}^d$ 上的连续卷积半群设为 $\{\nu_t : t \geqslant 0\}$, 相应地, 可以确定 $\mathbb{R}^d$ 上的 Lévy 过程 $\{X_t\}$, 称为**复合 Poisson 过程**. 实际上, 它可以由独立随机变量或独立随机向量的和具体构造如下：

设 $T_1, T_2, \cdots, T_n, \cdots$ 为独立同分布 (i.i.d.) 随机序列, 同分布于参数 c 的**指数分布**, 即满足

$$\mathbf{P}(T_n \in B) = c \int_{B \cap [0,\infty)} \mathrm{e}^{-cx} dx, \quad B \in \mathscr{B}(\mathbb{R}).$$

记 $W_0 = 0$, $W_n = T_1 + \cdots + T_n$ $(n \geqslant 1)$, 对任何 $t \geqslant 0$, 当 $W_{n-1} \leqslant t < W_n$ 时, 定义 $N_t = n$, 则 $\{N_t : t \geqslant 0\}$ 是样本轨道以高度 1 跳跃着递增的 Lévy 过程, 称为参数是 c 的 **Poisson 过程** (参见文献 [4]), 其中 N_t 服从均值为 ct 的 **Poisson 分布**

$$\mathbf{P}(N_t = n) = \frac{(ct)^n}{n!} \mathrm{e}^{-ct}, \quad n = 0, 1, 2, \cdots.$$

另一方面, 选取与它们独立同分布于 σ 的 i.i.d. 随机向量序列 $\{Y_n : n \geqslant 1\}$, 设 $S_0 = 0$, $S_n = Y_1 + \cdots + Y_n$ $(n \geqslant 1)$,

$$X_t \triangleq S_{N_t}, \quad t \geqslant 0, \tag{1.2.19}$$

则 $\{X_t\}$ 即为所求的复合 Poisson 过程. 事实上,

$$\mathbf{E}\left[\mathrm{e}^{\mathrm{i}\langle z, X_t\rangle}\right] = \sum_{n=0}^{\infty} \mathbf{E}\left[\mathrm{e}^{\mathrm{i}\langle z, S_n\rangle}; N_t = n\right] = \sum_{n=0}^{\infty} \widehat{\sigma}(z)^n \frac{(ct)^n}{n!} \mathrm{e}^{-ct} = \mathrm{e}^{-t\psi(z)}.$$

设分布 σ 支撑在 $\mathbb{R}^d$ 的某个 Borel 子集 B 上, 即 $\sigma(B) = 1$, 设 Σ_0 为 $\mathbb{R}^d$ 上由 B 生成的加法子群, 则由 (1.2.3) 及 (1.2.19), 显然有 ν_t 支撑在 Σ_0 上, 即 $\nu_t(\Sigma_0) = 1$ $(t \geqslant 0)$. 例如, 当 $d = 1$ 时, 设 σ 支撑在整数集 $\mathbb{Z}$ 上, 则 $\nu_t(\mathbb{Z}) = 1$ $(t \geqslant 0)$, 从而由 $p_t(x, B) = \nu_t(B - x)$ $(x \in \mathbb{R})$ 定义的空间齐次一维转移概率 $\{p_t\}$ 满足

$$p_t(x, A^{\mathrm{c}}) = 0, \quad x \in A = \left[0, \frac{1}{2}\right) + \mathbb{Z} = \bigcup_{n \in \mathbb{Z}} \left[n, n + \frac{1}{2}\right), \ t \geqslant 0,$$

所以它关于 Lebesgue 测度在定义 1.1.3 的意义下不是既约的. □

最后将讨论常返性的判定及其应用以结束本节. 设 $\{p_t\}$ 为 $\mathbb{R}^d$ 上空间齐次的转移概率, $\psi(z) (z \in \mathbb{R}^d)$ 为相应的由式 (1.2.8) 定义的复值函数. 对于复数 ζ, 用 $\mathscr{R}(\zeta)$ 表示其实部, $|\zeta|$ 表示其模. 由于 $\exp\{-t\mathscr{R}(\psi(z))\} = |\varphi_t(z)| \leqslant 1$, 故 $\mathscr{R}(\psi(z)) \geqslant 0$ 且对 $\gamma > 0$ 有

$$0 < \mathscr{R}\left(\frac{1}{\gamma + \psi(z)}\right) \leqslant \frac{1}{\gamma + \mathscr{R}(\psi(z))} \leqslant \frac{1}{\gamma}. \tag{1.2.20}$$

定理 1.2.2 任意取 $r>0$ 固定. $\{p_t : t\geqslant 0\}$ 常返的充要条件是

$$\limsup_{\gamma\downarrow 0}\int_{B_r}\mathscr{R}\left(\frac{1}{\gamma+\psi(z)}\right)dz=\infty. \tag{1.2.21}$$

特别地, 当 $\{p_t\}$ 对称时, 它是常返的充要条件是

$$\int_{B_r}\frac{1}{\psi(z)}dz=\infty, \tag{1.2.22}$$

其中当 $\psi(z)=0$ 时, 约定 $\dfrac{1}{\psi(z)}=\infty$.

证明 当 $\{p_t : t\geqslant 0\}$ 对称, 即满足 (1.2.17) 时, 由 $\overline{\varphi(z)}=\varphi(-z)=\varphi(z)$ 可知, $\psi(z)$ 是非负实值函数, 并且根据单调收敛定理 (1.2.21) 推出 (1.2.22), 所以只需证 (1.2.21). 为了书写简单起见, 在 $d=1$ 的假设下进行证明, $d\geqslant 2$ 情形的证明没有本质上的区别.

设 $\gamma>0$, 记 $W_\gamma(B)$ 为 $\nu_t(B)=p_t(0,B), B\in\mathscr{B}(\mathbb{R})$ 的 Laplace 变换: $W_r(B)=\displaystyle\int_0^\infty \mathrm{e}^{-\gamma t}\nu_t(B)dt$. 由 (1.2.8),

$$\int_{\mathbb{R}}\mathrm{e}^{\mathrm{i}zx}W_\gamma(dx)=\int_0^\infty \mathrm{e}^{-\gamma t}\mathrm{e}^{-t\psi(z)}dt=\frac{1}{\gamma+\psi(z)}. \tag{1.2.23}$$

设 f 为 $\mathbb{R}$ 上有界连续的可积函数, 由 (1.2.2) 可得其预解为

$$R_\gamma f(x)=\int_{\mathbb{R}}f(x+y)W_\gamma(dy),\quad x\in\mathbb{R}, \tag{1.2.24}$$

它也是有界连续且可积的.

记 f 的 Fourier 变换为 Ff,

$$(Ff)(z)=\int_{\mathbb{R}}\mathrm{e}^{\mathrm{i}zx}f(x)dx,\quad z\in\mathbb{R}.$$

由 (1.2.23) 与 (1.2.24) 及 Fubini 定理可得

$$F(R_\gamma f)(z)=\frac{Ff(z)}{\gamma+\psi(-z)}.$$

进一步, 假设 Ff 是实值可积的, 由 (1.2.20) 可知, 上式右边也可积且 Fourier 逆变换公式适用: 对任何 $x\in\mathbb{R}$ 有

$$R_\gamma f(x)=\frac{1}{2\pi}\int_{\mathbb{R}}\mathrm{e}^{-\mathrm{i}zx}\mathscr{R}\left(\frac{1}{\gamma+\psi(-z)}\right)Ff(z)dz,$$

其中左式和 Ff 采用的是实值. 取 $x=0$, 于是有

$$\int_{\mathbb{R}}f(y)W_\gamma(dy)=\frac{1}{2\pi}\int_{\mathbb{R}}\mathscr{R}\left(\frac{1}{\gamma+\psi(-z)}\right)Ff(z)dz.$$

作为对 f 最后的假设, 设 f 是非负的, 令 $\gamma\downarrow 0$, 左边适用单调收敛定理可得

$$\int_{\mathbb{R}} f(y)W(dy)=\lim_{\gamma\downarrow 0}\frac{1}{2\pi}\int_{\mathbb{R}}\mathscr{R}\left(\frac{1}{\gamma+\psi(-z)}\right)Ff(z)dz. \tag{1.2.25}$$

下面考虑有参数 $a>0$ 的两个函数：

$$g_a(x)=\frac{1}{2a}\left(1-\frac{|x|}{2a}\right)1_{[-2a,2a]}(x),\quad x\in\mathbb{R},$$

$$h_a(x)=\left(\frac{\sin ax}{ax}\right)^2,\quad x\neq 0,\ h_a(0)=1,$$

它们都是非负有界连续可积的偶函数, g_a 在 $[-2a,2a]$ 外等于 0. 由练习 1.2.3(ii), 下列关系式的前者可用后者的 Fourier 逆变换得到：

$$Fg_a=h_a,\quad Fh_a=2\pi g_a.$$

将上式分别代入 (1.2.25) 可得

$$\int_{\mathbb{R}} g_a(y)W(dy)=\lim_{\gamma\downarrow 0}\frac{1}{2\pi}\int_{\mathbb{R}}\mathscr{R}\left(\frac{1}{\gamma+\psi(z)}\right)h_a(z)dz, \tag{1.2.26}$$

$$\int_{\mathbb{R}} h_a(y)W(dy)=\lim_{\gamma\downarrow 0}\int_{\mathbb{R}}\mathscr{R}\left(\frac{1}{\gamma+\psi(z)}\right)g_a(z)dz. \tag{1.2.27}$$

记 $\inf\limits_{0<x<\frac{\pi}{2}}\dfrac{\sin^2 x}{x^2}=c(>0)$. 在 (1.2.26) 中取 $a=\dfrac{\pi}{2r}$, 注意到 (1.2.20), 于是得不等式

$$\frac{r}{\pi}W\left(\left(-\frac{\pi}{r},\frac{\pi}{r}\right)\right)\geqslant\limsup_{\gamma\downarrow 0}\frac{c}{2\pi}\int_{-r}^{r}\mathscr{R}\left(\frac{1}{\gamma+\psi(z)}\right)dz.$$

又在 (1.2.27) 中取 $a=\dfrac{r}{2}$, 同样可得反向的不等式

$$cW\left(\left(-\frac{\pi}{r},\frac{\pi}{r}\right)\right)\leqslant\limsup_{\gamma\downarrow 0}\frac{1}{r}\int_{-r}^{r}\mathscr{R}\left(\frac{1}{\gamma+\psi(z)}\right)dz.$$

根据定理 1.2.1, $\{p_t:t\geqslant 0\}$ 有暂留性等价于上面两个不等式左边有限, 也等价于右边有限. □

例 1.2.3 (稳定过程的暂留性与常返性)　d- 维 Lévy 过程 $\{X_t:t\geqslant 0\}$ 在满足下列性质时, 称为**稳定过程**：对任何 $a>0$, 存在 $b>0$, 使得

$$\{X_{at}:t\geqslant 0\}\overset{d}{=}\{bX_t:t\geqslant 0\},$$

其中 $\overset{d}{=}$ 表示同分布, 即任意有限维分布都相等. 下面将考虑的 Lévy 过程需除去 $\mathbf{P}(X_t=0)=1\ (t>0)$ 的平凡情况. 已经知道, 对于稳定过程 $\{X_t:t\geqslant 0\}$, 存在唯

一的 $\alpha \in (0,2]$, 使得对任何 $t>0$, 都有 $X_t \overset{d}{=} t^{1/\alpha}X_1$. 该 α 称为稳定过程的**指数**. 指数为 α 的稳定过程 $\{X_t : t \geqslant 0\}$ 的分布 $\{\nu_t : t \geqslant 0\}$ 在 $d=1$ 的场合按如下方式通过描述 $\psi(z)$ 与利用 (1.2.8) 得以刻画 (参见文献 [4]).

当 $\alpha \in (0,1) \cup (1,2]$ 时,

$$\psi(z) = c|z|^\alpha \left\{1 - \mathrm{i}\beta\left(\tan\left(\frac{\pi\alpha}{2}\right)\mathrm{sgn}z\right)\right\}, \quad c>0, \beta \in [-1,1]; \tag{1.2.28}$$

当 $\alpha = 1$ 时,

$$\psi(z) = c|z| - \mathrm{i}\tau z, \quad c>0,\ \tau \in \mathbb{R}; \tag{1.2.29}$$

当 $\alpha = 2$ 时, $\psi(z) = cz^2$, 从而 $\{X_t : t \geqslant 0\}$ 正是例 1.2.1 中讨论的从原点出发的一维 Brown 运动 (其中 $\nu_t \sim N(0, 2ct)$).

运用判定定理 1.2.2 可知, 一维稳定过程 (相应的空间齐次转移概率) 在 $0<\alpha<1$ 时是暂留的, 当 $1 \leqslant \alpha \leqslant 2$ 时是常返的. 事实上, 当 $\alpha \neq 1$ 时, 由 (1.2.28), 对于 $\gamma > 0$, $\mathscr{R}\left(\dfrac{1}{\gamma+\psi(z)}\right)$ 是偶函数, 于是有

$$\left\{\gamma + c\left(1+\beta^2\tan^2\left(\frac{\pi\alpha}{2}\right)\right)|z|^\alpha\right\}^{-1} \leqslant \mathscr{R}\left(\frac{1}{\gamma+\psi(z)}\right) \leqslant (c|z|^\alpha)^{-1},$$

从而当 $0<\alpha<1$ 时由右边的不等式, 当 $1<\alpha<2$ 时由左边的不等式分别可得极限

$$\limsup_{\gamma\downarrow 0}\int_{-r}^{r}\mathscr{R}\left(\frac{1}{\gamma+\psi(z)}\right)dz$$

为有限和无限. 另外, 当 $\alpha = 1$ 时, 由于

$$\left\{\gamma + \left(c + \frac{\tau^2}{c}\right)|z|\right\}^{-1} \leqslant \mathscr{R}\left(\frac{1}{\gamma+\psi(z)}\right),$$

所以上面的上极限无限.

当 $\alpha \in (0,1)\cup(1,2)$ 时, 考虑指数 α 的稳定过程的卷积半群 $\{\nu_t : t \geqslant 0\}$ 的特征函数的 Lévy-Khinchin 公式 (1.2.9) 中的三元组合, 在 $V=0$ 及 $m=0$ 的情形下, Lévy 测度 n 由下式给出:

$$n(dx) = c_-\frac{1}{|x|^{\alpha+1}}1_{(-\infty,0)}(x)dx + c_+\frac{1}{x^{\alpha+1}}1_{(0,\infty)}(x)dx, \tag{1.2.30}$$

其中

$$c_- \geqslant 0, \quad c_+ \geqslant 0, \quad c_- + c_+ > 0, \quad \beta = \frac{c_+ - c_-}{c_+ + c_-},$$

β 为 (1.2.28) 中出现过的参数, 它体现了 n 或者 ν_t 的对称程度. 当 $\beta = 0$ 时为对称, 当 $\beta = 1$ 和 $\beta = -1$ 时分别有 $c_- = 0$ 及 $c_+ = 0$. 当 $c_- = 0$ 且 $0<\alpha<1$ 时, 称 $\{X_t\}$ 为**单边稳定过程**, 样本轨道从原点出发依概率 1 沿着正的方向递增.

但是当 $c_- = 0$ 且 $1 < \alpha < 2$ 时, 样本轨道也向负方向 "摇摆". 实际上, 设 $\rho = \nu_t((-\infty, 0))$ $(= \mathbf{P}(X_t \leqslant 0))$, 由稳定性的定义可知, ρ 与 $t > 0$ 无关, 称之为**负参数**, 当 $\alpha \in (0,1) \cup (1,2)$ 时可表示为

$$\rho = \frac{1}{2} - \frac{1}{\pi\alpha} \arctan\left(\beta \tan \frac{\pi\alpha}{2}\right)$$

(参见文献 [8]). 当 $1 < \alpha < 2$ 时, $\rho \in \left[1 - \frac{1}{\alpha}, \frac{1}{\alpha}\right] \subset (0,1)$, 该闭区间的左端点和右端点分别对应于 $c_- = 0$ 和 $c_+ = 0$ 的情形. 这与前面所说的当 $1 < \alpha < 2$ 时的常返性相吻合.

对应于 (1.2.29) 的指数 1 的稳定过程被称为漂移系数 τ 的**一维 Cauchy 过程**, 因为根据练习 1.2.3(i), 其分布 ν_t 是有密度函数为

$$\frac{ct}{\pi} \frac{1}{(x - \tau t)^2 + (ct)^2}$$

的 Cauchy 分布, 相应的三元组为 $V = 0$, $m = \tau$, $n(dx) = \widetilde{c} \frac{1}{|x|^2} dx$, 其中 $\widetilde{c}$ 为正常数.

当 $\alpha \neq 1$ 时, 由 (1.2.28) 知, $\mathrm{e}^{-t\psi(z)}$ 可积, 根据 Fourier 逆变换公式, 一维稳定过程的分布 ν_t 的密度函数为

$$p_t(x) = \frac{1}{2\pi} \int_{\mathbb{R}} \mathrm{e}^{-\mathrm{i}zx} \mathrm{e}^{-t\psi(z)} dz.$$

当 $0 < \alpha < 1$ 且 $\beta = -1$ 和 1 时, $p_t(x)$ 分别在负半轴和正半轴上为零, 而在其他场合, 对任何 $x \in \mathbb{R}$ 都有 $p_t(x) > 0$, 从而相应的空间齐次转移函数 $p_t(x, dy)$ 有正的密度函数 $p_t(y - x)$, 是既约的.

在一般维数 d 的场合, 设指数 α 的稳定过程的分布是**旋转不变**的, 即其分布 $\{\nu_t\}$ 对任意 d- 阶正交矩阵 U 满足

$$\nu_t(B) = \nu_t(U^{-1}B), \quad t > 0, \ B \in \mathscr{B}(\mathbb{R}^d),$$

则有如下形式的特征函数和三元组:

$$\psi(z) = c|z|^\alpha, \ V = 0, \ m = 0, \ n(dx) = c'|x|^{-(d+\alpha)} dx, \quad c, c' > 0. \tag{1.2.31}$$

当 $d = 1$ 时, 这属于 (1.2.28) 的特殊情况, 相应的一维稳定过程称为对称的; 当 $d \geqslant 2$ 时采用 (1.2.22), 则当 $\alpha - d + 1 \geqslant 1$ 时, 即只有 $\alpha = d = 2$ 时的二维 Brown 运动场合是常返的, 其他场合都是暂留的. □

1.3 Markov 过 程

设 $(E, \mathscr{B}(E))$ 为**可测空间**, 即 $\mathscr{B}(E)$ 为 E 上的 σ- 代数, 关于可列并与补运算封闭. 记 $T = [0, \infty]$, $\mathbb{R}_+ = [0, \infty)$.

为定义以 T 为时间参数集, E 为状态空间的 Markov 过程, 需要再准备一个概率空间 $(\Omega,\mathscr{M},\mathbf{P})$, 即 $(\Omega,\mathscr{M})$ 是可测空间, $\mathbf{P}$ 是**概率测度**, 它是以 $\mathscr{M}$ 为定义域, 以 $[0,1]$ 为值域且满足如下**可列可加性**的集函数:

$$\mathbf{P}(\Omega)=1,\quad \sum_{n=1}^{\infty}\mathbf{P}(B_n)=\mathbf{P}\left(\sum_{n=1}^{\infty}B_n\right),\ B_n\in\mathscr{M},$$

其中 $\sum\limits_{n=1}^{\infty}B_n$ 表示互不相交的集合 B_n 的并 $\bigcup\limits_{n=1}^{\infty}B_n$. 称 Ω 为**样本空间**, Ω 的元素 ω 为**样本点**, $\Lambda\in\mathscr{M}$ 为**事件**, $\mathbf{P}(\Lambda)$ 为其**概率**.

以 $\mathbb{R}_+$ 为参数集的 $\mathscr{M}$ 的子 σ- 代数族 $\{\mathscr{M}_t:t\geqslant 0\}$ 称为**递增的子 σ- 代数族流**, 也简称为**流**, 如果满足单调递增性: 对任何 $s<t$, $s,t\in T$ 有 $\mathscr{M}_s\subset\mathscr{M}_t$. 此时, 记 $\mathscr{M}_\infty=\sigma\{\mathscr{M}_t:t\geqslant 0\}$, 将流扩展到 T 上.

考虑以 T 为参数集的从样本空间 Ω 到 E 的可测映射的集合 $\{X_t:t\in T\}$, 即对任何 $t\in T$, X_t 为可测空间 $(\Omega,\mathscr{M})$ 到可测空间 $(E,\mathscr{B}(E))$ 的可测映射, 本书中记为 $X_t\in\mathscr{M}/\mathscr{B}(E)$. 此时, 称四元组 $X=(\Omega,\mathscr{M},\{X_t\}_{t\in T},\mathbf{P})$ 为以 $(E,\mathscr{B}(E))$ 为**状态空间**, 以 T 为**时间参数集**的**随机过程**. 对任何 $t\in T$, X_t 是以样本点 $\omega\in\Omega$ 为变量在 E 中取值的函数, 记为 $X_t(\omega)$, 但多数场合会略去 ω. 例如, 对 $B\in\mathscr{B}(E)$, $\{X_t\in B\}$ 表示事件 $\Lambda=\{\omega\in\Omega:X_t(\omega)\in B\}\in\mathscr{M}$, $\mathbf{P}(X_t\in B)$ 表示该事件的概率. 相反地, 固定样本点 $\omega\in\Omega$, 而令 $t\in T$ 变动, 则可得以 T 为定义域, E 为值域的函数 $X_\cdot(\omega)$, 称之为随机过程的 (由样本点 ω 确定的)**样本轨道**.

给定这样的一个随机过程, 记

$$\mathscr{F}_\infty^0=\sigma\{X_s:s<\infty\},\quad \mathscr{F}_t=\sigma\{X_s:s\leqslant t\},\ t<\infty. \tag{1.3.1}$$

对随机过程 $\{X_t\}_{t\in T}$ 和 $(\Omega,\mathscr{M})$ 上的一个流 $\{\mathscr{M}_t\}_{t\in T}$, 当对任何 $t\geqslant 0$ 有 $X_t\in\mathscr{M}_t/\mathscr{B}(E)$ 时, 称 $\{X_t\}_{t\in T}$ 关于流 $\{\mathscr{M}_t\}$ 为**适应的**. 而 $\{\mathscr{F}_t^0\}_{t\in T}$ 是 $\{X_t\}_{t\in T}$ **所适应的最小的流**, 对于流 $\{\mathscr{M}_t\}$, 记 $\mathscr{M}_{t+}=\bigcap\limits_{t'>t}\mathscr{M}_{t'}$ $(t\geqslant 0)$. 如果对任何 $t\geqslant 0$ 都有 $\mathscr{M}_t=\mathscr{M}_{t+}$, 则称此流为**右连续**的.

再在可测空间 $(E,\mathscr{B}(E))$ 中附加一个点 Δ, 记

$$E_\Delta=E\cup\{\Delta\},\quad \mathscr{B}(E_\Delta)=\mathscr{B}(E)\cup\{B\cup\{\Delta\}:B\in\mathscr{B}(E)\}.$$

定义 1.3.1 当四元组 $X=(\Omega,\mathscr{M},\{X_t\}_{t\in T},\{\mathbf{P}_x\}_{x\in E_\Delta})$ 满足下列性质时, 称为以 T 为时间参数集的 E 上的 **Markov 过程**:

(X.1) 对每个 $x\in E_\Delta$, $(\Omega,\mathscr{M},\{X_t\}_{t\in T},\mathbf{P}_x)$ 是以 $(E_\Delta,\mathscr{B}(E_\Delta))$ 为状态空间, $T=[0,\infty]$ 为时间参数集的随机过程, 并且 $X_\infty(\omega)=\Delta$ $(\forall\omega\in\Omega)$;

(X.2) 对每个 $t\geqslant 0$, $B\in\mathscr{B}(E_\Delta)$, $\mathbf{P}_x(X_t\in B)$ 关于 $x\in E_\Delta$ 是 $\mathscr{B}(E_\Delta)$- 可测的;

(X.3) 存在某个适应流 $\{\mathscr{M}_t\}_{t\in T}$, 使得对任何 $x\in E_\Delta$, $s,t\geqslant 0$, $B\in\mathscr{B}(E_\Delta)$ 都有

$$\mathbf{P}_x(X_{s+t}\in B|\mathscr{M}_t)=\mathbf{P}_{X_t}(X_s\in B),\quad \mathbf{P}_x\text{-a.s.};\tag{1.3.2}$$

(X.4) $\mathbf{P}_\Delta(X_t=\Delta)=1,\ \forall t\geqslant 0$;

(X.5) $\mathbf{P}_x(X_0=x)=1,\ \forall x\in E_\Delta$.

由于 $T=[0,\infty]$ 是固定的, 以后, 对于 Markov 过程将简称为 "以 T 为时间参数集".

性质 (X.5) 称为 Markov 过程 X 的**正规性**, 概率测度 $\mathbf{P}_x$ 表示 0 时刻从 x 出发的样本轨道行为的概率分布. 满足 $\mathbf{P}_x(X_t=x)=1$ $(\forall t\geqslant 0)$ 的点 x 称为 Markov 过程 X 的**陷阱.** (X.4) 表明附加点 Δ 就是一个陷阱, 意思是从 Δ 出发的样本轨道会永远停留在那里, 不再进入 E 中. (X.3) 称为 X 关于适应流 $\{\mathscr{M}_t\}$ 的 **Markov 性**, $\mathscr{M}_t$ 包含到时刻 t 为止 $\{X_s: s\leqslant t\}$ 的信息, 而等式 (1.3.2) 表示从时刻 t 开始, 经过 s 时间后样本轨道的行为的概率分布与样本轨道过去的行为 $\{X_u: u<t\}$ 独立, 与从现在所处状态 $X_t(\omega)$ 出发的样本轨道在 s 时间后的行为同分布.

对于 Markov 过程 X, 设

$$p_t(x,B)=\mathbf{P}_x(X_t\in B),\quad t\geqslant 0,\ x\in E,\ B\in\mathscr{B}(E),\tag{1.3.3}$$

称之为 X 的**转移函数**, 对每个 $t\geqslant 0$, 由 (X.2) 知, p_t 是 1.1 节中定义的 $(E,\mathscr{B}(E))$ 上的核, 而

$$\begin{aligned}p_t(x,E)&=\mathbf{P}_x(X_t\in E_\Delta)-\mathbf{P}_x(X_t=\Delta)\\&=1-\mathbf{P}_x(X_t=\Delta)\leqslant 1,\quad x\in E,\end{aligned}$$

所以它是 Markov 核, 一般不是概率核.

定理 1.3.1　设 X 是 Markov 过程, 则

(i) 由 (1.3.3) 定义的 $\{p_t: t\geqslant 0\}$ 满足定义 1.1.1 中 E 上的转移函数对应的 4 个条件中的 (t.1) 与 (t.3);

(ii) 对任何 $n\geqslant 1$, $t\geqslant 0$, $0\leqslant s_1<s_2<\cdots<s_n$, $f_1,f_2,\cdots,f_n\in b\mathscr{B}(E_\Delta)$ 及 $x\in E_\Delta$, $\mathbf{P}_x$-a.s. 有

$$\begin{aligned}&\mathbf{E}_x[f_1(X_{t+s_1})f_2(X_{t+s_2})\cdots f_n(X_{t+s_n})|\mathscr{M}_t]\\=&\mathbf{E}_{X_t}[f_1(X_{s_1})f_2(X_{s_2})\cdots f_n(X_{s_n})];\end{aligned}\tag{1.3.4}$$

(iii) X 关于最小适应流 $\{\mathscr{F}_t^0\}_{t\geqslant 0}$ 也满足 Markov 性;

(iv) 对任何 $\Lambda\in\mathscr{F}_\infty^0$, $\mathbf{P}_x(\Lambda)$ 是 $x\in E_\Delta$ 的 $\mathscr{B}(E_\Delta)$- 可测函数.

证明　(i) (t.3) 不过是 (X.5) 的另一种写法. 当 $x\in E$, $B\in\mathscr{B}(E)$ 时, (1.3.2) 的两边关于 $\mathbf{P}_x$ 取期望, 注意 (X.4) 于是得

$$\begin{aligned} p_{s+t}(x,B) &= \mathbf{P}_x(X_{s+t}\in B) = \mathbf{E}_x[\mathbf{P}_x(X_{s+t}\in B|\mathscr{M}_t)] \\ &= \mathbf{E}_x[\mathbf{P}_{X_t}(X_s\in B)] = \mathbf{E}_x[p_s(X_t,B);X_t\neq\Delta] \\ &= \int_E p_t(x,dy)p_s(y,B), \end{aligned}$$

这正是 C-K 方程 (t.1).

(ii) 关于 n 用归纳法证明. 当 $n=1$ 时, 由 (1.3.4) 可得 $\mathbf{P}_x$-a.s.

$$\mathbf{E}_x[f(X_{s+t})|\mathscr{M}_t] = \mathbf{E}_{X_t}[f(X_s)], \quad f\in b\mathscr{B}(E_\Delta). \tag{1.3.5}$$

先取 $f=1_B$, $B\in\mathscr{B}(E_\Delta)$, 则上式即为 (1.3.2), 若 $f\in b\mathscr{B}_+(E_\Delta)$, 则 f 可由简单函数的递增列逼进, 由单调收敛定理可得上式.

设 (1.3.4) 在 $n-1$ 时成立, 则由条件期望的性质,

$$\begin{aligned} &\mathbf{E}_x[f_1(X_{t+s_1})f_2(X_{t+s_2})\cdots f_n(X_{t+s_n})|\mathscr{M}_t] \\ =&\mathbf{E}_x[\mathbf{E}_x[f_1(X_{t+s_1})f_2(X_{t+s_2})\cdots f_n(X_{t+s_n})|\mathscr{M}_{t+s_1}]|\mathscr{M}_t] \\ =&\mathbf{E}_x[f_1(X_{t+s_1})\mathbf{E}_x[f_2(X_{t+s_2})\cdots f_n(X_{t+s_n})|\mathscr{M}_{t+s_1}]|\mathscr{M}_t] \\ =&\mathbf{E}_x[f_1(X_{t+s_1})\mathbf{E}_{X_{t+s_1}}[f_2(X_{s_2-s_1})\cdots f_n(X_{s_n-s_1})]|\mathscr{M}_t]. \end{aligned}$$

记 $g(x)=\mathbf{E}_x[f_2(X_{s_2-s_1})\cdots f_n(X_{s_n-s_1})]$, 则上式可写为

$$\mathbf{E}_x[f_1(X_{t+s_1})g(X_{t+s_1})|\mathscr{M}_t] = \mathbf{E}_{X_t}[f_1(X_{s_1})g(X_{s_1})].$$

上式右边等于 (1.3.4) 的右边. 事实上, 再由归纳假设, 对任何 $x\in E_\Delta$,

$$\begin{aligned} \mathbf{E}_x[f_1(X_{s_1})g(X_{s_1})] &= \mathbf{E}_x[f_1(X_{s_1})\mathbf{E}_x[f_2(X_{s_2})\cdots f_n(X_{s_n})|\mathscr{M}_{s_1}]] \\ &= \mathbf{E}_x[\mathbf{E}_x[f_1(X_{s_1})f_2(X_{s_2})\cdots f_n(X_{s_n})|\mathscr{M}_{s_1}]] \\ &= \mathbf{E}_x[f_1(X_{s_1})\cdots f_n(X_{s_n})]. \end{aligned}$$

(iii) 由于 $\mathscr{F}_t^0\subset\mathscr{M}_t$, $X_t\in\mathscr{F}_t^0/\mathscr{B}(E_\Delta)$, 对 (1.3.4) 两边关于 $\mathscr{F}_t^0$ 取条件期望可知, 将其中 $\mathscr{M}_t$ 换成 $\mathscr{F}_t^0$, 此式仍然成立.

(iv) 设 $F=F(\omega)$ 为 Ω 上 $\mathscr{F}_\infty^0$- 可测的有界实值函数, $\mathscr{G}$ 为其均值 $\mathbf{E}_x(F)$ 作为 x 的函数为 $\mathscr{B}(E_\Delta)$- 可测的 F 的全体. 只需证明 $\mathscr{G}$ 与 $\mathscr{F}_\infty^0$- 可测的有界实值函数的全体是一致的.

由单调收敛定理, 因为 $\mathscr{G}$ 对其中一致有界的非负递增函数列的极限是封闭的, 所以根据命题 A.1.1, 只需证明对任何 n, $0\leqslant s_1<s_2<\cdots<s_n$ 及 E_Δ 上的函数 $f_1,\cdots,f_n\in b\mathscr{B}(E_\Delta)$ 有

$$F=f_1(X_{s_1})f_2(X_{s_2})\cdots f_n(X_{s_n})\in\mathscr{G}.$$

同样对 n 用归纳法证明. 事实上, 当 $n=1$ 时, 采用条件 (X.2) 可与 (ii) 开头的证明相同的方法证明. 设当 $n-1$ 时成立, 则在 (ii) 证明的后面部分所定义的有界函数 $g(x)$ 是 x 的 $\mathscr{B}(E_\Delta)$- 可测函数, 与上面相同的演算可知, $\mathbf{E}_x(F)$ 等于 $\mathbf{E}_x[(f_1\cdot g)(X_{s_1})]$ 且关于 x 是 $\mathscr{B}(E_\Delta)$- 可测的. □

推论 1.3.1 设 X 为 Markov 过程, $\{p_t: t\geqslant 0\}$ 为其在 E 上的转移函数, 设 E 上的函数 f 以 $f(\Delta)=0$ 扩展到 E_Δ 上, 则对任何 n, $0\leqslant s_1<s_2<\cdots<s_n$, E 上任意的函数 $f_1,\cdots,f_n\in b\mathscr{B}(E)$ 及 $x\in E$ 都有

$$\begin{aligned}&\mathbf{E}_x[f_1(X_{s_1})f_2(X_{s_2})\cdots f_n(X_{s_n})]\\=&\int_E\cdots\int_E p_{s_1}(x,dy_1)f_1(y_1)p_{s_2-s_1}(y_1,dy_2)f_2(y_2)\cdots p_{s_n-s_{n-1}}(y_{n-1},dy_n)f_n(y_n),\end{aligned} \tag{1.3.6}$$

其中积分是从最后一个变量 y_n 开始, 依次向前面的变量进行的.

证明 用归纳法证明. 当 $n=1$ 时是显然的, 设 $n-1$ 时式 (1.3.6) 成立, 则由 (1.3.4),

$$\begin{aligned}\mathbf{E}_x[f_1(X_{s_1})f_2(X_{s_2})\cdots f_n(X_{s_n})]&=\mathbf{E}_x[f_1(X_{s_1})h(X_{s_1})]\\&=\int_E p_{s_1}(x,dy)f_1(dy_1)h(y_1),\end{aligned}$$

其中

$$h(y)=\mathbf{E}_y[f_2(X_{s_2-s_1})\cdots f_n(X_{s_n-s_1})],\quad y\in E.$$

由归纳假设, $h(y)$ 满足 (1.3.6), 从而该公式在 n 时也成立. □

(1.3.6) 表示 Markov 过程的分布 $\mathbf{P}_x$ 的有限维分布是如何由转移函数确定的. 因为 Markov 过程 X 的转移函数 $\{p_t: t\geqslant 0\}$ 在 E 上不一定保守, 将点 Δ 添加给 E 只不过为了让它变得保守, 最终关心的是 X 在 E 中的行为. 上面推论所采用的技巧就是用 E_Δ 上的等式来推导 E 上的等式. 时间参数集不取为 $[0,\infty)$ 而包含 ∞ 的理由在于后面会涉及可能取 ∞ 为值的停时, X_∞ 的位置将定为 Δ ((X.1)). 依照这个意义, 点 Δ 的添加即使在转移函数是保守的情形下也提供了方便.

1.4 右过程、标准过程与 Hunt 过程

设 X 为可测空间 $(E,\mathscr{B}(E))$ 上的 Markov 过程. 为了进一步讨论该过程, 需要对状态空间和流进行完备化 (见 5.1 节). 记 $\mathscr{P}(E_\Delta)$ 为状态空间 E_Δ 上的概率测度全体, 对 $\mu\in\mathscr{P}(E_\Delta)$, 设 $\mathscr{B}^\mu(E_\Delta)$ 为 σ- 代数 $\mathscr{B}(E_\Delta)$ 的 μ- 完备化,

$$\mathscr{B}^*(E_\Delta)=\bigcap_{\mu\in\mathscr{P}(E_\Delta)}\mathscr{B}^\mu(E_\Delta),$$

称 $\mathscr{B}^*(E_\Delta)$ 为 $\mathscr{B}(E_\Delta)$ 的**普遍完备化**, 其元素称为**普遍可测集**.

下面定义 Markov 过程所适应的最小流 (1.3.1) 的完备化. 根据定理 1.3.1(iv), 积分

$$\mathbf{P}_\mu(\Lambda) = \int_{E_\Delta} \mathbf{P}(\Lambda)\mu(dx), \quad \mu \in \mathscr{P}(E_\Delta),\ \Lambda \in \mathscr{F}_\infty^0$$

是有意义的, 定义了 $(\Omega, \mathscr{F}_\infty^0)$ 上的概率测度 $\mathbf{P}_\mu$, $\mathbf{P}_\mu$ 被称为 Markov 过程 X 对应**初始分布** μ 的概率测度. 事实上, 由 (X.5),

$$\mathbf{P}_\mu(X_0 \in B) = \int_{E_\Delta} 1_B(x)\mu(dx) = \mu(B), \quad \forall B \in \mathscr{B}(E_\Delta).$$

设 $\mathscr{F}_\infty^\mu$ 为 $\mathscr{F}_\infty^0$ 的 $\mathbf{P}_\mu$- 完备化, $\mathscr{N}$ 为其零测集全体, 对每个 $t \geqslant 0$, 记 $\mathscr{F}_t^\mu = \sigma(\mathscr{F}_t^0, \mathscr{N})$, 流 $\{\mathscr{F}_t^\mu\}_{t\in T}$ 被称为 $\{\mathscr{F}_t^0\}_{t\in T}$ 在 $\mathscr{F}_\infty^0$ 内的 $\mathbf{P}_\mu$- 完备化. 进一步, 设

$$\mathscr{F}_t = \bigcap_{\mu\in\mathscr{P}(E_\Delta)} \mathscr{F}_t^\mu, \quad t \in T.$$

显然, $\{\mathscr{F}_{t+}\}$, $\{\mathscr{F}_t^\mu\}$ 和 $\{\mathscr{F}_t\}$ 均为 X 所适应的流. 特别地, 可以说 $\{\mathscr{F}_t\}_{t\in T}$ 是 X **所适应的最小完备流**. 注意: $\mathscr{F}_t^\mu$ 是比 $\mathscr{F}_t^0$ 自身的 $\mathbf{P}^\mu$- 完备化更大的 σ- 代数. 下面的引理说明这样完备化的一个好处.

引理 1.4.1 若 Markov 过程 X 有关于流 $\{\mathscr{F}_{t+}^0\}$ 的 Markov 性, 则 $\{\mathscr{F}_t^\mu\}$ 与 $\{\mathscr{F}_t\}$ 均有右连续性.

证明 $\{\mathscr{F}_t\}$ 的右连续性可由 $\{\mathscr{F}_t^\mu\}$ 的推出. 假设 X 关于流 $\{\mathscr{F}_{t+}^0\}$ 有 Markov 性, $\mu \in \mathscr{P}(E_\Delta)$, 由定理 1.3.1(ii),(iii), 将 (1.3.4) 中的 $\mathbf{P}_x$ 用 $\mathbf{P}_\mu$ 置换后的式子, 用 $\mathscr{F}_{t+}^0$ 或 $\mathscr{F}_t^0$ 取代 $\mathscr{M}_t$ 后仍然成立. 从而对任何 $0 \leqslant t_1 < \cdots < t_i \leqslant t < t_{i+1} < \cdots < t_n$ 及 $f_1, f_2, \cdots, f_n \in b\mathscr{B}(E_\Delta)$, 函数 $F = f_1(X_{t_1})\cdots f_i(X_{t_i})f_{i+1}(X_{t_{i+1}})\cdots f_n(X_{t_n})$ 满足

$$\begin{aligned}\mathbf{E}_\mu[F|\mathscr{F}_{t+}^0] &= f_1(X_{t_1})\cdots f_i(X_{t_i})\mathbf{E}_{X_t}[f_{i+1}(X_{t_{i+1}-t})\cdots f_n(X_{t_n-t})] \\ &= \mathbf{E}_\mu[F|\mathscr{F}_t^0], \quad \mathbf{P}_\mu\text{-a.s.}\end{aligned}$$

所以类似于定理 1.3.1(iv) 的证明, 利用命题 A.3.1 可得对任何 $F \in b\mathscr{F}_\infty^0$ 都有

$$\mathbf{E}_\mu[F|\mathscr{F}_{t+}^0] = \mathbf{E}_\mu[F|\mathscr{F}_t^0], \quad \mathbf{P}_\mu\text{-a.s.}$$

对任何 $\Lambda \in \mathscr{F}_{t+}^0$, 记 $F = 1_\Lambda$, 则上式说明, F 与某个 $\mathscr{F}_t^0$- 可测函数是 $\mathbf{P}_\mu$- 几乎处处相等的, 所以 $\Lambda \in \mathscr{F}_t^\mu$, 从而 $\mathscr{F}_{t+}^0 \subset \mathscr{F}_t^\mu$, 由此推出 $\sigma(\mathscr{F}_{t+}^0, \mathscr{N}) \subset \mathscr{F}_t^\mu$. 另一方面,

$$\sigma(\mathscr{F}_{t+}^0, \mathscr{N}) = \mathscr{F}_{t+}^\mu, \tag{1.4.1}$$

所以有 $\mathscr{F}_{t+}^\mu \subset \mathscr{F}_t^\mu$, 相反的包含关系是显然的. □

练习 1.4.1　试证式 (1.4.1).

定义 1.4.1　设 $\{\mathscr{M}_t\}$ 是一个流, 称 Ω 上的 $[0,\infty]$- 值函数 σ 为 $\{\mathscr{M}_t\}$-**停时**, 如果对任何 $t\geqslant 0$ 都有 $\{\sigma\leqslant t\}\in\mathscr{M}_t$.

恒等于常数 $r\geqslant 0$ 的函数 σ 显然是一个 $\{\mathscr{M}_t\}$- 停时.

练习 1.4.2　试证下列命题:

(i) Ω 上的 $[0,\infty]$- 函数 σ 是 $\{\mathscr{M}_{t+}\}$- 停时当且仅当对任何 $t\geqslant 0$ 都有 $\{\sigma<t\}\in\mathscr{M}_t$.

(ii) 对任何 $t\geqslant 0$, 若 σ 是 $\{\mathscr{M}_t\}$- 停时, 则 $\sigma+t$ 也是 $\{\mathscr{M}_t\}$- 停时.

(iii) 设 $\{\sigma_n: n\geqslant 1\}$ 为 $\{\mathscr{M}_t\}$- 停时列, 试证

　◦ 若 $\sigma_n(\omega)\uparrow\sigma(\omega)(n\to\infty,\omega\in\Omega)$, 则 σ 是 $\{\mathscr{M}_t\}$- 停时.

　◦ 若 $\sigma_n(\omega)\downarrow\sigma(\omega)(n\to\infty,\omega\in\Omega)$, 则 σ 是 $\{\mathscr{M}_{t+}\}$- 停时.

(iv) 设 σ 为 $\{\mathscr{M}_t\}$- 停时, 对自然数 n 设

$$\sigma_n=\begin{cases}\displaystyle\sum_{k=1}^{\infty}k2^{-n}\cdot 1_{\{(k-1)2^{-n}\leqslant\sigma<k2^{-n}\}}, & \sigma<\infty,\\ +\infty, & \sigma=\infty,\end{cases}\tag{1.4.2}$$

则 σ_n 为 $\{\mathscr{M}_t\}$- 停时且 $\sigma_n(\omega)\downarrow\sigma(\omega)\ (n\to\infty)$, $\omega\in\Omega$.

当 σ 为 $\{\mathscr{M}_t\}$- 停时时, 记

$$\mathscr{M}_\sigma=\{\Lambda\in\mathscr{M}_\infty:\ \Lambda\cap\{\sigma\leqslant t\}\in\mathscr{M}_t,\ \forall t\geqslant 0\}.\tag{1.4.3}$$

易证 $\mathscr{M}_\sigma$ 是 $\mathscr{M}_\infty$ 的子 σ- 代数. 当 σ 为常数函数 $r\geqslant 0$ 时, $\mathscr{M}_\sigma=\mathscr{M}_r$, 称 $\mathscr{M}_\sigma$ 表示停时 σ 为止的信息. 对于 $\{\mathscr{M}_{t+}\}$- 停时 σ, 记

$$\mathscr{M}_{\sigma+}=\{\Lambda\in\mathscr{M}_\infty:\ \Lambda\cap\{\sigma\leqslant t\}\in\mathscr{M}_{t+},\ \forall t\geqslant 0\}.$$

下面的 Dynkin 引理是有用的.

引理 1.4.2　设 $\mu\in\mathscr{P}(E_\Delta)$, 对任何 $\{\mathscr{F}_t^\mu\}$- 停时 σ, 存在 $\{\mathscr{F}_{t+}^0\}$- 停时 σ' 满足 $\mathbf{P}_\mu(\sigma\neq\sigma')=0$. 进一步, 对任何 $\Lambda\in\mathscr{F}_\sigma^\mu$, 存在 $\Lambda'\in\mathscr{F}_{\sigma'+}^0$ 满足 $\mathbf{P}_\mu(\Lambda\bigtriangleup\Lambda')=0$ (其中 $\bigtriangleup$ 表示集合的对称差).

证明　设 σ 为 $\{\mathscr{F}_t^\mu\}$- 停时, 根据 (1.4.2) 定义的收敛于 σ 的递减 $\{\mathscr{F}_t^\mu\}$- 停时列 $\{\sigma_n\}$, 对每个 n 及 $k\geqslant 1$, 可以选取 $\Lambda_n^k\in\mathscr{F}_{k2^{-n}}^0$ 满足 $\mathbf{P}_\mu(\Lambda_n^k\bigtriangleup\{\sigma_n=k2^{-n}\})=0$, 由此定义 $\{\mathscr{F}_t^0\}$- 停时列 $\{\tau_n\}$ 为

$$\tau_n(\omega)=\begin{cases}k2^{-n}, & \omega\in\Lambda_n^k,\\ \infty, & \omega\notin\displaystyle\bigcup_{k\geqslant 1}\Lambda_n^k.\end{cases}$$

记 $\sigma'_n = \min_{m \leqslant n} \tau_m$, 显然, $\{\sigma'_n\}$ 是递减的 $\{\mathscr{F}^0_t\}$- 停时列且 $\mathbf{P}_\mu(\sigma'_n \neq \sigma_n) = 0(n \geqslant 1)$. 根据练习 1.4.2, $\sigma' = \lim_n \sigma'_n$ 是 $\{\mathscr{F}^0_{t+}\}$- 停时且 $\mathbf{P}_\mu(\sigma' \neq \sigma) = 0$.

下面对任何 $\Lambda \in \mathscr{F}^\mu_\sigma$, 记

$$\Lambda_{n,k} = \Lambda \cap \left\{ \frac{k-1}{n} \leqslant \sigma < \frac{k}{n} \right\} (\in \mathscr{F}^\mu_{k/n}),$$

$$\Lambda_\infty = \Lambda \cap \{\sigma = \infty\} (\in \mathscr{F}^\mu_\infty).$$

选取 $\Gamma_{n,k} \in \mathscr{F}^0_{k/n}$ 及 $\Gamma_\infty \in \mathscr{F}^0_\infty$ 满足 $\mathbf{P}_\mu(\Lambda_{n,k} \vartriangle \Gamma_{n,k}) = 0$, $\mathbf{P}_\mu(\Lambda_\infty \vartriangle \Lambda_\infty) = 0$. 令

$$\Lambda' = \left[\liminf_{n\to\infty} \bigcup_{k \geqslant 1} \left(\Gamma_{n,k} \cap \left\{ \frac{k-1}{n} \leqslant \sigma' \right\} \right) \right] \cup [\Gamma_\infty \cap \{\sigma' = \infty\}] \ (\in \mathscr{F}^0_\infty),$$

那么 $\mathbf{P}_\mu(\Lambda \vartriangle \Lambda') = 0$. 对于 $t \geqslant 0$,

$$\Lambda' \cap \{\sigma' \leqslant t\} = \liminf_{n\to\infty} \bigcup_{k \geqslant 1} \left(\Gamma_{n,k} \cap \left\{ \frac{k-1}{n} \leqslant \sigma' \leqslant t \right\} \right),$$

右边关于 k 的并集 (实际上是有限并) 是 $\mathscr{F}^0_{t+1/n}$ 中的元素, 所以左边属于 $\mathscr{F}^0_{t+}$, 从而 $\Lambda' \in \mathscr{F}^0_{\sigma'+}$. □

到现在为止, Markov 过程 X 的状态空间 E 均简单地取为可测空间, 今后将在 E 是可度量的拓扑空间的情形下讨论, 这样可以讨论样本轨道 $X_\cdot(\omega) : T \to E$ 的右连续性、连续性及左连续性. 作为 E 上拓扑的标准选取方法, 有局部紧的可分度量空间、Lusin 空间、Radon 空间等, 前一种空间有许多有限维空间的例子而排除了无限维空间, 而在最后一种空间上讨论又太过繁杂, 从而本书的讨论将限于 Lusin 空间.

设 E 为 Lusin 空间, 即为与某个紧度量空间 F 的 Borel 子集同胚的空间, 可将 E 视为该同胚的象, 即 $E \in \mathscr{B}(F)$, 将 E 的度量取为 F 的度量即可. E 的 Borel 集全体 $\mathscr{B}(E)$ 就是 F 的 Borel 子集全体在 E 上的限制. 不失一般性, 设集合 $F \setminus E$ 非空, 从该集合中选出一个点 Δ, 考虑 F 的子空间 $E_\Delta = E \cup \{\Delta\}$, 其 Borel 集的全体为 $\mathscr{B}(E_\Delta) = \mathscr{B}(E) \cup \{B \cup \{\Delta\} : B \in \mathscr{B}(E)\}$.

设 $X = (\Omega, \mathscr{M}, \{X_t\}_{t\in[0,\infty]}, \{\mathbf{P}_x\}_{x\in E_\Delta})$ 为 E 上的 Markov 过程, 再对 X 加上如下一个附加条件:

$(\mathrm{X}.6)_\mathrm{r}$ 二元组 (Ω, X_t) 满足如下条件:

(i) $X_t(\omega) = \Delta$ $(\forall t \geqslant \zeta(\omega))$, 其中 $\zeta(\omega) = \inf\{t \geqslant 0 : X_t(\omega) = \Delta\}$ (设 $\inf \varnothing = +\infty$);

(ii) 对任何 $t \geqslant 0$, 存在映射 $\theta_t : \Omega \to \Omega$ 满足 $X_s \circ \theta_t = X_{s+t}, \forall s \geqslant 0$, 并且 $\theta_0 \omega = \omega$, $\theta_\infty \omega = [\Delta]$ $(\forall \omega \in \Omega)$, 其中 $[\Delta]$ 表示 Ω 中满足 $X_t([\Delta]) = \Delta, \forall t \in T$ 的一个特别元素;

(iii) 对任何 $\omega\in\Omega$, 样本轨道 $t\mapsto X_t(\omega)$ 在 $[0,\infty)$ 上右连续.

条件 (i) 中的 $\zeta(\omega)$ 称为 ω 所对应的样本轨道的**生命时**, (ii) 中的映射 θ_t 称为 Ω 上的**推移算子**.

下面叙述 Markov 过程 X 由附加条件 $(\mathrm{X}.6)_{\mathrm{r}}$ 可以得到的若干性质. 首先, 采用 θ_t 可将 Markov 性 (1.3.2) 写成更一般的形式, 即对任何 $t\geqslant 0$, $x\in E_\Delta$ 及随机变量 $F\in b\mathscr{F}_\infty^0$, $\mathbf{P}_x$-a.s. 有

$$F\circ\theta_t\in b\mathscr{F}_\infty^0,\quad \mathbf{E}_x[F\circ\theta_t|\mathscr{M}_t]=\mathbf{E}_{X_t}[F]. \tag{1.4.4}$$

事实上, 当 $F=f_1(X_{s_1})f_2(X_{s_2})\cdots f_n(X_{s_n})$ 时, 式 (1.4.4) 就是 (1.3.4), 从而由单调类定理 (命题 A.1.1) 推出满足 (1.4.4) 的函数 $F\in b\mathscr{F}_\infty^0$ 的全体就是 $b\mathscr{F}_\infty^0$ 本身.

由样本轨道的右连续性 $(\mathrm{X}.6)_{\mathrm{r}}$(iii) 还可推出如下两个重要结论：今后 E 上的函数 f 总是取 $f(\Delta)=0$ 扩展到 E_Δ 上; 对于 Markov 过程 X, 由 (1.3.3) 定义的转移函数 $p_t(x,B)$ $(t\geqslant 0,\ x\in E,\ B\in\mathscr{B}(E))$ 是 E 上的 Markov 核, 定理 1.3.1 已经证明了它满足定义 1.1.1 (t.1), (t.3), 而在条件 $(\mathrm{X}.6)_{\mathrm{r}}$ 下, 它还满足 (t.2), (t.4). 事实上, 对任何 $f\in b\mathscr{B}(E)$, 上述 Markov 核可表示为

$$p_tf(x)=\mathbf{E}_x[f(X_t)],\quad \forall t\geqslant 0,\ \forall x\in E. \tag{1.4.5}$$

特别地, 当 $f\in bC(E)$ 时, 由 $(\mathrm{X}.6)_{\mathrm{r}}$(iii) 可知, $f(X_t)$ 关于 $t\geqslant 0$ 右连续, 从而由有界收敛定理, $p_tf(x)$ 对任何 x 关于 $t\geqslant 0$ 也是右连续的. 由 (X.5) 可推出 $p_0f(x)=f(x)$, 从而 (t.4) 成立. (t.2) 可类似于 1.2 节卷积半群的情况利用命题 A.1.2 推出.

练习 1.4.3 满足 $\mathbf{P}_x(\zeta=\infty)=1$ $(\forall x\in E)$ 的 Markov 过程被称为**保守的**. 证明 X 保守的充要条件是其转移函数是保守的, 即 $p_t(x,E)=1,\forall t\geqslant 0,\ x\in E$.

对于 $t\in T=[0,\infty]$, 记时间区间 $[0,t]$ 的 Borel 子集全体为 $\mathscr{B}_t$. 设 $\{\mathscr{M}_t\}_{t\in T}$ 为 X 的适应流, 对每个 $t\in T$, 考虑映射

$$\Phi_t:(s,\omega)\in[0,t]\times\Omega\mapsto X_s(\omega)\in E_\Delta,$$

当对任何 $t\in T$ 有 $\Phi_t\in\mathscr{B}_t\times\mathscr{M}_t/\mathscr{B}(E_\Delta)$ 时, 称 X 关于 $\{\mathscr{M}_t\}$ **循序可测**, 其中 $\mathscr{B}_t\times\mathscr{M}_t$ 表示乘积 σ- 代数. 如果该可测性只是在 $t=\infty$ 时成立, 则简称 X 为**可测的**.

引理 1.4.3 (i) Markov 过程 X 关于它适应的任意流都循序可测;

(ii) 设 $\{\mathscr{M}_t\}$ 为 X 的适应流, σ 为 $\{\mathscr{M}_t\}$- 停时, 则对于复合映射 $X_\sigma:\omega\in\Omega\mapsto X_{\sigma(\omega)}(\omega)\in E_\Delta$ 有 $X_\sigma\in\mathscr{M}_\sigma/\mathscr{B}(E_\Delta)$.

证明 (i) 设 $\{\mathscr{M}_t\}$ 为 X 适应的流, 对于自然数 n, 记

$$X_s^{(n)}(\omega)=X_{k2^{-n}}(\omega),\quad (k-1)2^{-n}\leqslant s<k2^{-n},\ k=1,2,\cdots.$$

任意固定 $t\geqslant 0$, 对任何 $\varepsilon>0$, 定义映射 $\widetilde{X}_s^{n,\varepsilon}(\omega):[0,t]\times\Omega\to E_\Delta$ 为

$$\widetilde{X}_s^{n,\varepsilon}(\omega)=X_{s\wedge(t-\varepsilon)}^{(n)}(\omega),\ 0\leqslant s<t;\quad \widetilde{X}_t^{n,\varepsilon}(\omega)=X_t(\omega),$$

因为 $\{X_t\}$ 是 $\{\mathscr{M}_t\}$- 适应的, 故当 n 充分大时, 上述映射是 $\mathscr{B}_t\times\mathscr{M}_t$- 可测的. 由样本轨道连续性 $(\mathrm{X}.6)_\mathrm{r}$(iii),

$$\lim_n \widetilde{X}_s^{n,\varepsilon}(\omega)=\begin{cases}X_{s\wedge(t-\varepsilon)}(\omega), & 0\leqslant s<t,\\ X_t(\omega), & s=t.\end{cases}$$

由 ε 的任意性可得 Φ_t 的可测性.

(ii) 对任何 $t\geqslant 0$, $X_{\sigma\wedge t}\in\mathscr{M}_t/E_\Delta$ 由两个映射 $\omega\in\Omega\mapsto(\sigma(\omega)\wedge t,\omega)$ 与 $(s,\omega)\in[0,t]\times\Omega\mapsto X_s(\omega)\in E_\Delta$ 复合而成, 从而

$$\{X_\sigma\in B\}\cap\{\sigma\leqslant t\}=\{X_{\sigma\wedge t}\in B\}\cap\{\sigma\leqslant t\}\in\mathscr{M}_t,\quad B\in\mathscr{B}(E_\Delta),$$

即 X_σ 是 $\mathscr{M}_\sigma$- 可测的. □

定义 1.4.2 对 Markov 过程 X, 如果存在一个满足下列性质的右连续适应流 $\{\mathscr{M}_t\}$, 则称 X 有**强 Markov 性**: 对任意 $\{\mathscr{M}_t\}$- 停时 σ 及 $\mu\in\mathscr{P}(E_\Delta)$, $s\geqslant 0$, $B\in\mathscr{B}(E_\Delta)$ 有 $\mathbf{P}_\mu$-a.s.

$$\mathbf{P}_\mu(X_{\sigma+s}\in B|\mathscr{M}_\sigma)=\mathbf{P}_{X_\sigma}(X_s\in B). \tag{1.4.6}$$

注意: 上述强 Markov 性的定义 1.4.2 中, 被适应的流的右连续性是至关重要的. 另外, 根据引理 1.4.3 及条件概率的定义, 可推出如下与 (1.4.6) 等价的关系式:

$$\mathbf{P}_\mu(\{X_{\sigma+s}\in B\}\cap\Lambda)=\mathbf{E}_\mu[\mathbf{P}_{X_\sigma}(X_s\in B);\Lambda],\quad \Lambda\in\mathscr{M}_\sigma. \tag{1.4.7}$$

练习 1.4.4 利用由 Markov 性的等式 (1.3.2) 推导 (1.3.4) 所采用的方法, 根据强 Markov 性的等式 (1.4.6), 采用练习 1.4.2(ii) 的结论及引理 1.4.3 证明下列关系式: 对于任何 n, $t\geqslant 0$, $0\leqslant s_1<s_2<\cdots<s_n$, E_Δ 上函数 $f_1,\cdots,f_n\in b\mathscr{B}(E_\Delta)$ 及 $\mu\in\mathscr{P}(E_\Delta)$ 有 $\mathbf{P}_\mu$-a.s.

$$\mathbf{E}_\mu[f_1(X_{\sigma+s_1})\cdots f_n(X_{\sigma+s_n})|\mathscr{M}_\sigma]=\mathbf{E}_{X_\sigma}[f_1(X_{s_1})\cdots f_n(X_{s_n})]. \tag{1.4.8}$$

对 $\omega\in\Omega$, 记 $\theta_\sigma(\omega)=\theta_{\sigma(\omega)}(\omega)$, 与由 (1.3.4) 到 (1.4.4) 完全相同的推导方法, 采用命题 A.1.1 可得如下 (1.4.8) 的一般推广: 对任何 $\mu\in\mathscr{P}(E_\Delta)$ 及 $F\in b\mathscr{F}_\infty^0$ 有 $\mathbf{P}_\mu$-a.s.

$$F\circ\theta_\sigma\in b\mathscr{M}_\infty,\quad \mathbf{E}_\mu[F\circ\theta_\sigma|\mathscr{M}_\sigma]=\mathbf{E}_{X_\sigma}[F]. \tag{1.4.9}$$

注意: 当 $F\in b\mathscr{F}_t^0$ $(t\geqslant 0)$ 时, $F\circ\theta_\sigma\in b\mathscr{M}_{\sigma+t}$.

定义 1.4.3　Lusin 空间 E 上的 Markov 过程 X 的样本轨道满足性质 $(\mathrm{X}.6)_{\mathrm{r}}$ 且 X 有强 Markov 性, 则称之为**右过程***.

注意到定义 1.4.3 中描述强 Markov 性的右连续适应流是任意选取的, 也许会给人一种暧昧的感觉, 下面的定理是一个重要的结论, 证明强 Markov 本质上只依赖于 X 所适应的最小流 $\{\mathscr{F}_t^0\}$ 的性质.

定理 1.4.1　设 E 为 Lusin 空间, 对于满足 $(\mathrm{X}.6)_{\mathrm{r}}$ 的 E 上的 Markov 过程 $X = (\Omega, \mathscr{M}, X_t, \mathbf{P}_x)$, 下面三个性质等价:

(α) X 为右过程;

(β) X 所适应的最小完备流 $\{\mathscr{F}_t\}$ 是右连续的, 并且 X 关于它有强 Markov 性;

(γ) 对于每个 $\mu \in \mathscr{P}(E_\Delta)$, 流 $\{\mathscr{F}_t^\mu\}$ 右连续且式 (1.4.6) 对任何 $\{\mathscr{F}_t^\mu\}$- 停时 σ 及概率测度 $\mathbf{P}_\mu$ 有

$$\mathbf{P}_\mu(X_{\sigma+s} \in B | \mathscr{F}_\sigma^\mu) = \mathbf{P}_{X_\sigma}(X_s \in B).$$

证明　由 (γ) ⇒ (β) ⇒ (α) 是显然的, 只需证 (α) ⇒ (γ). 设 X 关于某个右连续适应流 $\{\mathscr{M}_t\}$ 是强 Markov 的. 因为 $\mathscr{F}_{t+}^0 \subset \mathscr{M}_{t+} = \mathscr{M}_t$, 故 X 关于 $\{\mathscr{F}_{t+}\}$ 也是强 Markov 的. 根据引理 1.4.1, 对于 $\mu \in \mathscr{P}(E_\Delta)$, $\{\mathscr{F}_t^\mu\}$ 是右连续流. 设 σ 为 $\{\mathscr{F}_t^\mu\}$-停时, 任取 $\Lambda \in \mathscr{F}_\sigma^\mu$, 由此可选取满足引理 1.4.2 的 $\{\mathscr{F}_{t+}^0\}$- 停时 σ' 及 $\Lambda' \in \mathscr{F}_{\sigma'+}^0$. 对于这样的 σ' 和 Λ', 等价于 X 关于 $\{\mathscr{F}_{t+}^0\}$ 的强 Markov 性的 (1.4.7) 成立, 从而同样的等式对 σ 与 Λ 也成立, 证得 X 满足性质 (γ). □

定义右过程 X 首次到达 Borel 集的 $B \in \mathscr{B}(E_\Delta)$ 的首达时间 σ_B 以及 (含有时刻 0 的) 首达时间 $\dot{\sigma}_B$ 如下:

$$\sigma_B(\omega) = \inf\{t > 0 :\ X_t(\omega) \in B\}, \quad \inf \varnothing = \infty, \tag{1.4.10}$$

$$\dot{\sigma}_B(\omega) = \inf\{t \geqslant 0 :\ X_t(\omega) \in B\}, \quad \inf \varnothing = \infty. \tag{1.4.11}$$

当 B 为开集时, 由样本轨道的右连续性, 对任意 $t > 0$,

$$\{\sigma_B(\omega) < t\} = \{\dot{\sigma}_B(\omega) < t\} = \bigcup_{r \in \mathbb{Q} \cap (0,t)} \{X_t \in B\} \in \mathscr{F}_t^0,$$

其中 $\mathbb{Q}$ 为有理数集, 从而 σ_B 与 $\dot{\sigma}_B$ 均为 $\{\mathscr{F}_{t+}^0\}$- 停时, 而由定理 1.4.1 可知 $\mathscr{F}_{t+}^0 \subset \mathscr{F}_{t+} = \mathscr{F}_t$, 故它们都是 $\{\mathscr{F}_t\}$- 停时. 下面的定理是关于一般 Borel 集的结论.

定理 1.4.2　设 X 为右过程, 则任意 Borel 集 $B \in \mathscr{B}(E_\Delta)$ 的首达时间 σ_B 与 $\dot{\sigma}_B$ 都是 $\{\mathscr{F}_t\}$- 停时.

证明　任取 $\mu \in \mathscr{P}(E_\Delta)$, 根据定理 1.4.1, 只需证明 σ_B 与 $\dot{\sigma}_B$ 都是 $\{\mathscr{F}_{t+}^\mu\}$- 停时.

固定 $t > 0$, 考虑乘积集合 $[0, \infty) \times \Omega$ 的子集

$$A = \{(s, \omega) \in (0, t) \times \Omega : X_s(\omega) \in B\}.$$

---

* 精确地说是 Borel 右过程. —— 译者

由于 $\{\mathscr{F}_t^0\}$ 是 X 的适应流, 根据引理 1.4.3,

$$A=\bigcup_{k\geqslant 1}\{\Phi_{t-1/k}^{-1}(B)\setminus\Phi_{1/k}^{-1}(B)\}\in\mathscr{B}_t\times\mathscr{F}_t^0\subset\mathscr{B}_\infty\times\mathscr{F}_\infty^0.$$

记 A 在 Ω 上的投影为 $\Lambda=\{\omega\in\Omega:\ 存在\ s\in(0,\infty),\ (s,\omega)\in A\}$, 根据命题 A.1.3, Λ 为 $\mathscr{F}_t^0$- 解析集, 从而根据命题 A.1.4, 它属于 σ- 代数 $\mathscr{F}_t^0$ 的 $\mathbf{P}_\mu$- 完备化 $\mathscr{F}_t^{\mathbf{P}_\mu}$, 当然属于更大的 σ- 代数 $\mathscr{F}_t^\mu$.

另一方面, 显然 $\{\sigma_B<t\}=\Lambda$, 从而 $\{\sigma_B<t\}\in\mathscr{F}_t^\mu$, 根据 t 的任意性可知, σ_B 是 $\{\mathscr{F}_{t+}^\mu\}$- 停时. 关于 $\dot{\sigma}_B$ 的证明完全类似. □

对于右过程 X, 根据定理 1.4.1 及 (1.4.9), 对任意的 $\{\mathscr{F}_t\}$- 停时 σ, $F\in b\mathscr{F}_\infty^0$ 及 $\mu\in\mathscr{P}(E_\Delta)$ 有

$$F\circ\theta_\sigma\in b\mathscr{F}_\infty,\quad \mathbf{E}_\mu[F\circ\theta_\sigma|\mathscr{F}_\sigma]=\mathbf{E}_{X_\sigma}[F],\ \mathbf{P}_\mu\text{-a.s.}\tag{1.4.12}$$

特别地, 对任意 $t\geqslant 0$, 当 $F\in b\mathscr{F}_t^0$ 时, $F\circ\theta_\sigma\in b\mathscr{F}_{\sigma+t}$.

然而, 为以后关于右过程强 Markov 性的应用, 将把式 (1.4.12) 进一步推广到 $F\in b\mathscr{F}_\infty$ 的情形. 为此, 先做以下练习:

练习 1.4.5 (i) 若 $F\in b\mathscr{F}_\infty$, 试证 $\mathbf{E}_x[F]$ 作为 $x\in E_\Delta$ 的函数是 $\mathscr{B}^*(E_\Delta)$- 可测的; (ii) 当 σ 是 $\{\mathscr{F}_t\}$- 停时时, 试证:

$$\bigcap_{\mu\in\mathscr{P}(E_\Delta)}(\mathscr{F}_\sigma)^{\mathbf{P}_\mu}=\mathscr{F}_\sigma,\qquad X_\sigma\in\mathscr{F}_\sigma/\mathscr{B}^*(E_\Delta),\tag{1.4.13}$$

其中 $(\mathscr{F}_\sigma)^{\mathbf{P}_\mu}$ 为 $\mathscr{F}_\sigma$ 的 $\mathbf{P}_\mu$- 完备化.

定理 1.4.3 设 X 为右过程, σ 为任意一个 $\{\mathscr{F}_t\}$- 停时, 则对任何 $F\in b\mathscr{F}_\infty$, $\mu\in\mathscr{P}(E_\Delta)$ 有 $\mathbf{P}_\mu$-a.s.

$$F\circ\theta_\sigma\in b\mathscr{F}_\infty,\quad \mathbf{E}_\mu[F\circ\theta_\sigma|\mathscr{F}_\sigma]=\mathbf{E}_{X_\sigma}[F].\tag{1.4.14}$$

特别地, 当 $F\in b\mathscr{F}_t$ 时, $F\circ\theta_\sigma\in b\mathscr{F}_{\sigma+t}$ $(\forall t\geqslant 0)$.

证明 设 $F\in b\mathscr{F}_\infty$, 由练习 1.4.5 有

$$\mathbf{E}_{X_\sigma}[F]\in\mathscr{F}_\sigma.\tag{1.4.15}$$

任取 $\mu\in\mathscr{P}(E_\Delta)$, 定义 $\nu\in\mathscr{P}(E_\Delta)$ 为 $\nu(B)=\mathbf{P}_\mu(X_\sigma\in B)$, $B\in\mathscr{B}(E_\Delta)$. 特别地, 当 $F'\in b\mathscr{F}_\infty^0$ 时, 对 (1.4.12) 两边取 $\mathbf{P}_\mu$- 期望得

$$\mathbf{E}_\mu[F'\circ\theta_\sigma]=\mathbf{E}_\mu[\mathbf{E}_{X_\sigma}(F')]=\mathbf{E}_\nu[F'].$$

因为 $F \in b\mathscr{F}_\infty \subset b\mathscr{F}^\nu_\infty$, 上面的等式表示 $F\circ\theta_\sigma \in b(\mathscr{F}_\infty)^{\mathbf{P}_\mu} \subset b\mathscr{F}^\mu_\infty$, 同时注意到 (1.4.15), 由 (1.4.12) 可进一步推出

$$\mathbf{E}_\mu[F\circ\theta_\sigma;\Lambda] = \mathbf{E}_\mu[\mathbf{E}_{X_\sigma}(F);\Lambda], \quad \forall\Lambda \in \mathscr{F}_\sigma.$$

后半部分结论可完全类似地得到证明. □

因为 $\{\mathscr{F}_t\}$- 停时 σ 显然是 $\mathscr{F}_\sigma$- 可测的, 将式 (1.4.14) 两边同乘以 $1_{\{\sigma<\infty\}}$, 则 $\mathbf{P}_\mu$-a.s.

$$\mathbf{E}_\mu[F\circ\theta_\sigma \cdot 1_{\{\sigma<\infty\}}|\mathscr{F}_\sigma] = \mathbf{E}_{X_\sigma}[F]\cdot 1_{\{\sigma<\infty\}}. \tag{1.4.16}$$

式 (1.4.16) 也是很有用的.

下列定理给出了定理 1.4.3 的应用, 在本节中会经常采用. 设 $\{p_t : t \geqslant 0\}$ 为 X 的转移函数, 下面要讨论由 (1.1.1) 和 (1.1.4) 定义的预解 $\{R_\alpha : \alpha > 0\}$ 及 0- 阶预解 R. 如同经常提到的, E 上的函数 u 总是通过定义 $u(\Delta) = 0$ 扩展到 E_Δ 上, 这样 (1.4.5) 对所有 $x \in E_\Delta$ 都成立. 考虑 $\mathscr{B}^*(E_\Delta)$ 在 E 上的限制 $\mathscr{B}^*(E)$, 称 E 上的 $\mathscr{B}^*(E)$- 可测数值函数为 E 上的**普遍可测函数**.

定理 1.4.4　(i) 对于 $\alpha > 0$, $f \in b\mathscr{B}^*(E)$, 设 $\widetilde{F} = \int_0^\infty \mathrm{e}^{-\alpha t} f(X_t)dt$, 则 $R_\alpha f \in b\mathscr{B}^*(E)$, $\widetilde{F} \in \mathscr{F}_\infty$ 且

$$\langle\mu, R_\alpha f\rangle = \mathbf{E}_\mu\left[\int_0^\infty \mathrm{e}^{-\alpha t} f(X_t)dt\right], \quad \forall\mu \in \mathscr{P}(E). \tag{1.4.17}$$

再者, 对任意 $\{\mathscr{F}_t\}$- 停时 σ 有

$$\mathbf{E}_\mu[\mathrm{e}^{-\alpha\sigma} R_\alpha f(X_\sigma)] = \mathbf{E}_\mu\left[\int_\sigma^\infty \mathrm{e}^{-\alpha t} f(X_t)dt\right], \quad \mu \in \mathscr{P}(E). \tag{1.4.18}$$

(ii) 对于 $f \in \mathscr{B}^*_+(E)$, $Rf \in \mathscr{B}^*_+(E)$, 则 $\int_0^\infty f(X_t)dt \in \mathscr{F}_\infty$ 且

$$\langle\mu, Rf\rangle = \mathbf{E}_\mu\left[\int_0^\infty f(X_t)dt\right], \quad \forall\mu \in \mathscr{P}(E). \tag{1.4.19}$$

另外, 对任意 $\{\mathscr{F}_t\}$- 停时 σ 有

$$\mathbf{E}_\mu[Rf(X_\sigma);\sigma<\infty] = \mathbf{E}_\mu\left[\int_\sigma^\infty f(X_t)dt\right], \quad \mu \in \mathscr{P}(E). \tag{1.4.20}$$

证明　(i) 利用 $p_t f(x)$ 的表达式 (1.4.5) 及 Fubini 定理, 对任何 $f \in b\mathscr{B}(E)$, $x \in E$ 及 $\alpha > 0$,

$$R_\alpha f(x) = \int_0^\infty \mathrm{e}^{-\alpha t}\mathbf{E}_x[f(X_t)]dt = \mathbf{E}_x\left[\int_0^\infty \mathrm{e}^{-\alpha t} f(X_t)dt\right],$$

其中 $f(X_t(\omega))$ 根据引理 1.4.3 作为 (t,ω) 的函数是 $\mathscr{B}([0,\infty))\times\mathscr{F}_\infty^0$- 可测的.

设 $f\in\mathscr{B}^*(E)$, 任取 $\mu\in\mathscr{P}(E)$, 记 $\nu(B)=\langle\mu,R_\alpha 1_B\rangle, B\in\mathscr{B}(E)$. 选取 $f_1,f_2\in b\mathscr{B}(E)$ 满足 $f_1\leqslant f\leqslant f_2$, $\langle\nu,f_2-f_1\rangle=0$, 则 f_1,f_2 满足 (1.4.17), 从而有 $R_\alpha f\in b\mathscr{B}^\mu(E)$ 和 $\widetilde{F}\in\mathscr{F}_\infty^{\mathbf{P}_\mu}\subset\mathscr{F}_\infty^\mu$, 并且 f 也满足 (1.4.17). 由 μ 的任意性可知, $R_\alpha f\in b\mathscr{B}^*(E)$ 且 $\widetilde{F}\in\mathscr{F}_\infty$.

下面设 σ 为任意 $\{\mathscr{F}_t\}$- 停时且 $\widetilde{F}$ 适用强 Markov 性 (1.4.14), 因为

$$\int_\sigma^\infty \mathrm{e}^{-\alpha t}f(X_t)dt=\mathrm{e}^{-\alpha\sigma}\cdot F\circ\theta_\sigma,$$

故 (1.4.18) 右边为

$$\mathbf{E}_\mu[\mathrm{e}^{-\alpha\sigma}\widetilde{F}\circ\theta_\sigma]=\mathbf{E}_\mu[\mathbf{E}_\mu[\mathrm{e}^{-\alpha\sigma}\widetilde{F}\circ\theta_\sigma|\mathscr{F}_\sigma]]=\mathbf{E}_\mu[\mathrm{e}^{-\alpha\sigma}\mathbf{E}_{X_\sigma}[\widetilde{F}]],$$

这等于 (1.4.18) 左边.

(ii) 对于 $f\in\mathscr{B}_+^*(E)$, 将 (i) 用于 $f\wedge n$, 再设 $\alpha\downarrow 0$, $n\to\infty$, 即可得 (ii) 成立. □

右过程是 Markov 过程当中最基本的类型, 但很多 Markov 过程有比右过程更好的性质, 多见的有样本轨道的左极限的存在性以及沿递增停时列的左连续性. 这些右过程如果在生命时之前的时间区间满足上述性质, 就被称为标准过程; 如果在整个时间区间 $(0,\infty)$ 满足上述性质, 就被称为 Hunt 过程. 下面将给出它们的严格定义.

构成一个 Markov 过程的条件 $(\mathrm{X.6})_\mathrm{r}$ (iii) 用如下更强的条件 (iii)′ 与 (iii)″ 替换后所得的分别记为 $(\mathrm{X.6})_\mathrm{s}$ 与 $(\mathrm{X.6})_\mathrm{h}$.

(iii)′ 对每个 $\omega\in\Omega$, 样本轨道 $t\mapsto X_t(\omega)$ 在 $[0,\infty)$ 上右连续, 并且在 $(0,\zeta(\omega))$ 上有在 E 内的左极限;

(iii)″ 对每个 $\omega\in\Omega$, 样本轨道 $t\mapsto X_t(\omega)$ 在 $[0,\infty)$ 上右连续, 并且在 $(0,\infty)$ 上有在 E_Δ 内的左极限.

对于 Markov 过程 X, 如果存在 X 所适应的右连续流 $\{\mathscr{M}_t\}$, 对任意递增的 $\{\mathscr{M}_t\}$- 停时列 $\{\sigma_n\}$, 记 $\sigma=\lim\sigma_n$, 有

$$\mathbf{P}_\mu\Big(\lim_n X_{\sigma_n}=X_\sigma,\sigma<\zeta\Big)=\mathbf{P}_\mu(\sigma<\zeta),\quad\forall\mu\in\mathscr{P}(E_\Delta)\tag{1.4.21}$$

或

$$\mathbf{P}_\mu\Big(\lim_n X_{\sigma_n}=X_\sigma,\sigma<\infty\Big)=\mathbf{P}_\mu(\sigma<\infty),\quad\forall\mu\in\mathscr{P}(E_\Delta),\tag{1.4.22}$$

则称 X 在 $[0,\zeta)$ 或 $[0,\infty)$ 上**拟左连续**.

定义 1.4.4 (i) 如果 Lusin 空间 E 上的 Markov 过程 X 满足样本轨道的性质 $(\mathrm{X.6})_\mathrm{s}$, 并且具备强 Markov 性及 $(0,\zeta)$ 上的拟左连续性, 则称 X 为**标准过程**;

(ii) 如果 Lusin 空间 E 上的 Markov 过程 X 满足样本轨道的性质 $(\mathrm{X.6})_\mathrm{h}$, 并且具备强 Markov 性及 $(0,\infty)$ 上的拟左连续性, 则称 X 为 **Hunt 过程**.

练习 1.4.6　分别对标准过程与 Hunt 过程叙述类似于定理 1.4.1 的结论并证明.

给定的 Markov 过程经适当的改变后生成另外的 Markov 过程, 称之为**Markov 过程的变换**, 其中最简单的一种方法是在不变集合上的限制. 这也是定理 1.4.1 的一个好的应用例, 所以作个详细的介绍.

设 $X=(\Omega,\mathscr{M},\{X_t\}_{t\in T},\{\mathbf{P}_x\}_{x\in E_\Delta})$ 为右过程, 称 E 的 Borel 子集 A 是 **X-不变的**, 如果

$$\mathbf{P}_x(\sigma_{E\setminus A}<\infty)=0,\quad \forall x\in A.$$

根据定理 1.4.2, $E\setminus A$ 的首达时间 $\sigma_{E\setminus A}$ 是 $\{\mathscr{F}_t\}$- 停时, 从而记 $\widetilde{\Omega}=\{\omega\in\Omega:\sigma_{E\setminus A}(\omega)=\infty\}$, 于是有 $\widetilde{\Omega}\in\mathscr{F}_\infty$.

设 $A\subset E$ 为 Borel X- 不变集. 记 $A_\Delta=A\cup\{\Delta\}$, $\mathscr{B}(A_\Delta)$ 为 A_Δ 的 Borel 子集全体, 则 $\mathscr{B}(A_\Delta)$ 是 $\mathscr{B}(E_\Delta)$ 在 A_Δ 上的限制. 记

$$X_A=(\widetilde{\Omega},\mathscr{M}\cap\widetilde{\Omega},\{X_t\}_{t\in T},\{\mathbf{P}_x\}_{x\in A_\Delta}),\tag{1.4.23}$$

称之为 X 在不变集 A 上的**限制**.

引理 1.4.4　X_A 是 A 上的右过程.

证明　显然, X_A 是 A 上的 Markov 过程, 即将 $(E_\Delta,\mathscr{B}(E_\Delta))$ 替换为 $(A_\Delta,\mathscr{B}(A_\Delta))$, 定义 1.3.1 中的 5 个条件依然成立. 由二元组 (Ω,X_t) 具备性质 $(\mathrm{X}.6)_\mathrm{r}$ 可知, $(\widetilde{\Omega},X_t)$ 也是如此, 从而只需证明 X_A 满足定理 1.4.1 (γ). 任取 $\mu\in\mathscr{P}(A_\Delta)$, 它也属于 $\mathscr{P}(E_\Delta)$. 将由 X 的 σ- 代数诱导出的 X_A 的 σ- 代数加上~以示区别, 这样有 $\widetilde{\mathscr{F}_t^0}=\mathscr{F}_t^0\cap\widetilde{\Omega}$, 而 $\widetilde{\Omega}\in\mathscr{F}_\infty^\mu$, $\mathbf{P}_\mu(\widetilde{\Omega})=1$, 因此, $\widetilde{\mathscr{F}_t^\mu}=\mathscr{F}_t^\mu\cap\widetilde{\Omega}\subset\mathscr{F}_t^\mu$, 直接由右过程 X 具有的性质 (γ) 推得 X_A 也有此性质. 由定理 1.4.1 可知, X_A 是右过程. □

前面假设右过程 X 的不变集 A 是 Borel 集. 如果将定义 1.3.1 (X.2) 中的 Borel 可测性改为普遍可测性, 那么当 A 是 2.1 节开头所定义的概 Borel 集时, 由上面的证明过程可知, X_A 也是这种意义下的右过程. 再者, 在 X 是标准过程或 Hunt 过程的情形下, 只需将 X- 不变集 A 的定义分别作适当的加强, 利用练习 1.4.6, 以与上述相同的方法, 可以证明 X_A 是标准过程或 Hunt 过程.

对于右过程, 由式 (1.3.3) 定义的相应转移函数可以确定是满足定义 1.1.1 中作为分析的概念导入的转移函数的条件 (t.1)~(t.4). 反过来, 当后者作为分析的量预先给定时, 如何构造以此为转移函数的 Markov 过程是个极其重要的问题, 其中最为基本的、众所周知的构造定理是有关局部紧空间 E 上的 Feller 转移函数对应的过程.

设 E 是可分的局部紧度量空间. 设 $E_\Delta=E\cup\{\Delta\}$ 为 E 的单点紧化, 即加入满足 $\Delta\in U\subset E_\Delta$ 且使 $E\setminus U$ 为紧的集合 U 作为 Δ 的邻域, 将拓扑从 E 扩张到

E_Δ. 当 E 是紧的时, Δ 是个孤立点. 对于 E 上的 Markov 过程, 这样的特殊点 Δ 的作用类似于坟墓. 在此, 设

$$C_\infty(E) = \left\{ f \in C(E) : \lim_{x \to \Delta} f(x) = 0 \right\}.$$

E 上满足

$$p_t(C_\infty(E)) \subset C_\infty(E), \quad \forall t \geqslant 0 \tag{1.4.24}$$

的转移函数 $\{p_t : t \geqslant 0\}$ 称为 **Feller 转移函数**, 或者作为 $C_\infty(E)$ 上的线性算子半群, 称为**Feller 半群**. 类似于 1.2 节开头部分所述, 可以推出满足 (1.4.24) 的 $\{p_t\}$ 自动地满足转移函数的条件 (t.2).

定理 1.4.5 ([9,(9.4)]) 若 $\{p_t\}$ 为 E 上的 Feller 转移函数, 则存在 E 上以 $\{p_t\}$ 为转移函数的 Hunt 过程.

由于篇幅所限, 本书将不再赘述定理 1.4.5 的证明. 还有一个有名的构造定理, 可以通过正则的 Dirichlet 型生成的 L^2- 半群对应构造 Hunt 过程, 将在 5.1 节中再讨论.

例 1.4.1 (作为 Markov 过程的 Lévy 过程) 设 $\{p_t\}$ 为 $\mathbb{R}^d$ 上的空间齐次转移概率, 即满足 (1.2.1). 对于 $f \in C_\infty(\mathbb{R}^d)$, 再看 $p_t f(x)$ 的表达式 (1.2.2), 由 Lebesgue 控制收敛定理可知, $\{p_t\}$ 满足 (1.4.24) 是 $\mathbb{R}^d$ 的 Feller 转移函数. 根据定理 1.4.5, 存在以此为转移函数的 $\mathbb{R}^d$ 上的 Hunt 过程 X, 并且 X 是保守的 (练习 1.4.3).

下面给出引理 1.2.1 的证明, 只需证明下列两个关于 X 的位势核 $R(x,B) = R1_B(x)$ $(x \in \mathbb{R}^d,\ B \in \mathscr{B}(\mathbb{R}^d))$ 的两个条件等价即可:

(i) 对某个 $r > 0$, $R(0, B_r) < \infty$, 其中 $B_r = \{x \in \mathbb{R}^d : |x| < r\}$;

(ii) 对任意 $x \in \mathbb{R}^d$ 及紧集 $K \in \mathbb{R}^d$, $R(x, K) < \infty$.

事实上, 只需在 (i) 的假设下推导 (ii) 即可. 首先, 注意到由转移概率的空间齐次性有 $R(x,B) = R(0, B - x)$. 取 $K = \{x \in \mathbb{R}^d : |x| < r/3\}$, 于是有 $K - K \subset B_r$. 设 σ 为 X 到 K 的首达时间, 由定理 1.4.2 知, 为 $\{\mathscr{F}_t\}$- 停时, 若 $\sigma(\omega) < \infty$, 则 $X_\sigma(\omega) \in K$. 另外, 根据强 Markov 性等式 (1.4.20), 其右边在取 $\mu = \delta_x$, $f = 1_K$ 时等于 $R1_K(x)$, 从而对任何 $x \in \mathbb{R}^d$, 由 (1.4.20) 得

$$\begin{aligned} R(0, B_{r/3} - x) &\leqslant R1_K(x) = \mathbf{E}_x[R1_K(X_\sigma); \sigma < \infty] \\ &\leqslant \sup_{y \in K} R(y, K) = \sup_{y \in K} R(0, K - y) \\ &\leqslant R(0, B_r) < \infty. \end{aligned}$$

现在对任何 $x \in \mathbb{R}^d$ 及紧集 K, 总可以选取有限个点 $x_i \in \mathbb{R}^d$, 使得 $\{B_{r/3} - x_i\}$ 覆盖 $K - x$, 则有 $R(x, K) = R(0, K - x) \leqslant \sum_i R(0, B_{r/3} - x_i) < \infty$.

初始分布集中在原点处的 $X=(\Omega,\mathscr{M},\{X_t\},\mathbf{P}_0)$ 以定义 1.2.2 的意义是个 Lévy 过程. 显然, 其中条件 (L.5) 可由 X 是保守的 Hunt 过程推出. $\mathbf{P}_0$ 的有限维分布可由 (1.3.6) 给出, 并且将其中的乘积 $f_1(y_1)\cdots f_n(y_n)$ 用更一般的函数 $f(y_1,y_2,\cdots,y_n)\in b\mathscr{B}((\mathbb{R}^d)^n)$ 代替后仍然成立. 由于转移函数 $\{p_t\}$ 的空间齐次性, 该式右边使用 $\nu_t(dy)=p_t(0,dy)$, 并作变量替换

$$y_1=z_1,\quad y_2-y_1=z_2,\quad \cdots,\quad y_n-y_{n-1}=z_n,$$

可得

$$\begin{aligned}&\mathbf{E}_0[f(X_{s_1},\cdots,X_{s_n})]\\&=\int_{(\mathbb{R}^d)^n}f(z_1,z_1+z_2,\cdots,z_1+\cdots+z_n)\nu_{s_1}(dz_1)\nu_{s_2-s_1}(dz_2)\cdots\nu_{s_n-s_{n-1}}(dz_n).\end{aligned}$$

该式与 (1.2.4) 相同, 从而 $(X_t,\mathbf{P}_0)$ 是平稳独立增量过程 (见练习 1.2.1).

设 W 是 $[0,\infty)\to\mathbb{R}^d$ 的右连左极函数的全体, $w\in W$ 的 t- 坐标记为 w_t, 再记 $\mathscr{B}(W)=\sigma\{w_t:t\geqslant 0\}$. 可测空间 $(W,\mathscr{B}(W))$ 称为函数空间型的样本空间. 因为 X 为保守的 Hunt 过程, 定义从 $(\Omega,\mathscr{M})$ 到 $(W,\mathscr{B}(W))$ 的可测映射 $\omega\in\Omega\mapsto X_\cdot(\omega)\in W$ 可知, $(\Omega,\mathscr{M})$ 上的概率测度 $\mathbf{P}_x$ $(x\in\mathbb{R}^d)$ 在上面映射下的象测度是 $(W,\mathscr{B}(W))$ 上的概率测度.

不失一般性, 可设 X 的样本空间 $(\Omega,\mathscr{M})$ 为函数空间型, $X_t(\omega)$ 为 ω 的 t- 坐标, 该设定中的 ω 与相应的样本轨道是等同的. 另外, 可以定义 Ω 中元素的和与差. 特别地, 对 $x\in\mathbb{R}^d$ 满足 $\omega_t=x$ $(\forall t\geqslant 0)$ 的 Ω 的元素记为 x, 则由转移函数的空间齐次性,

$$\mathbf{P}_x(\Lambda)=\mathbf{P}_0(\Lambda-x),\quad x\in\mathbb{R}^d,\ \Lambda\in\mathscr{M},\tag{1.4.25}$$

X 的从 x 点出发的概率分布可由 Lévy 过程的分布 $\mathbf{P}_0$ 作空间平移而确定. 由此事实, 今后将 $\mathbb{R}^d$ 上有空间齐次转移概率的 Hunt 过程 X 称为**作为 Markov 过程的 Lévy 过程**, 或者简称为 Lévy 过程. □

第 2 章　右过程的基本性质

2.1　过 分 函 数

设 E 为 Lusin 空间, $X = (\Omega, \mathscr{M}, \{X_t\}_{t\in T}, \{\mathbf{P}_x\}_{x\in E_\Delta})$ 为 E 上的右过程, $\{p_t\}_{t\in T}$ 为其转移函数. X 的相关符号及各种概念与第 1 章相同, 今后在表述右过程时, 经常省略样本空间 $(\Omega, \mathscr{M})$ 但指明生命时, 即表示为 $X = (X_t, \zeta, \mathbf{P}_x)$.

定义 2.1.1　集合 $B \subset E_\Delta$ 满足如下性质时, 称为**概 Borel 集**: 对任何 $\mu \in \mathscr{P}(E_\Delta)$, 存在 $B_1, B_2 \in \mathscr{B}(E_\Delta)$, 使得 $B_1 \subset B \subset B_2$ 且 $\mathbf{P}_\mu(X_t \in B_2 \setminus B_1, \exists t \geqslant 0) = 0$. E_Δ 的概 Borel 子集的全体记为 $\mathscr{B}^n(E_\Delta)$.

练习 2.1.1　试证 $\mathscr{B}^n(E_\Delta)$ 是 σ- 代数且 $\mathscr{B}^n(E_\Delta) \subset \mathscr{B}^*(E_\Delta)$, 其中后者是第 1 章所定义的 E_Δ 的普遍可测子集的全体.

根据定理 1.4.2, 到任意集合 $B \in \mathscr{B}(E_\Delta)$ 的首达时间 σ_B 和 $\dot{\sigma}_B$ 是 $\{\mathscr{F}_t\}$- 停时, 该性质对任意的 $B \in \mathscr{B}^n(E_\Delta)$ 都成立. 实际上, 对任意 $\mu \in \mathscr{P}(E_\Delta)$, 考虑上述概 Borel 集的定义中出现的 $B_1 \in \mathscr{B}(E_\Delta)$, 对任意 $t \geqslant 0$, $\{\sigma_B \leqslant t\}$ 与 $\{\sigma_{B_1} \leqslant t\}$ 至多差一个 $\mathbf{P}_\mu$- 零集, 从而有 $\{\sigma_B \leqslant t\} \in \mathscr{F}_t$.

定义 2.1.2　设 $\alpha \geqslant 0$. 当 E 上取值于 $[0, +\infty]$ 的普遍可测函数 u 满足

$$\mathrm{e}^{-\alpha t} p_t u(x) \uparrow u(x), \quad t \downarrow 0,\ \forall x \in E$$

时, 称之为 **α-过分函数**. 0- 过分函数简称为**过分函数**.

假设 E 上非负普遍可测函数 u 满足不等式

$$\mathrm{e}^{-\alpha t} p_t u(x) \leqslant u(x), \quad \forall t > 0,\ \forall x \in E, \tag{2.1.1}$$

在两边同乘 $\mathrm{e}^{-\alpha s} p_s$, 由半群性得 $\mathrm{e}^{-\alpha(s+t)} p_{s+t} u(x) \leqslant \mathrm{e}^{-\alpha s} p_s u(x)$, 即 $\mathrm{e}^{-\alpha t} p_t u(x)$ 关于 t 递减. 设其当 $t \downarrow 0$ 时的极限为 $\widetilde{u}(x) (\leqslant \infty)$, 显然, $\widetilde{u}$ 是 α- 过分函数且 $\widetilde{u}(x) \leqslant u(x)$ $(x \in E)$. 称此 $\widetilde{u}$ 为 u 的 **α-过分正则化**.

正的常值函数是过分的, 可以由 $p_t 1(x) = p_t(x, E) \leqslant 1$, $\forall t \geqslant 0$, $x \in E$ 及 $\{p_t : t \geqslant 0\}$ 的连续性 (t.4) 推出. 当 $\alpha > 0$, f 为 E 上的非负普遍可测函数时, $R_\alpha f$ 是 α- 过分函数, 其中 $\{R_\alpha : \alpha > 0\}$ 为 (1.1.1) 所定义的 $\{p_t : t \geqslant 0\}$ 的预解. 事实上, 根据定理 1.4.4 可知, $R_\alpha f$ 是普遍可测的且

$$\mathrm{e}^{-\alpha t} p_t R_\alpha f(x) = \int_t^\infty \mathrm{e}^{-\alpha s} p_s f(x) ds \uparrow R_\alpha f(x), \quad t \downarrow 0.$$

引理 2.1.1　设 $\alpha > 0$.

(i) 若 u 是 α- 过分的, 则存在非负有界的普遍可测函数列 $\{f_n\}$ 满足 $R_\alpha f_n(x) \uparrow u(x)(n \to \infty,\ x \in E)$;

(ii) 单调递增的 α- 过分函数列的极限也是 α- 过分的.

证明　(i) 设 $u_n = u \wedge n$. 由预解方程 (1.1.2) 得

$$nR_{n+\alpha}u_n = R_\alpha(n(u_n - nR_{n+\alpha}u_n)).$$

另外

$$nR_{n+\alpha}u_n(x) = \int_0^\infty \mathrm{e}^{-s} g(s,n)ds, \quad g(s,n) = \mathrm{e}^{-\alpha s/n} p_{s/n} u_n(x).$$

因为 u_n 满足 (2.1.1), 当 $t \downarrow$ 及 $n \uparrow$ 时, $\mathrm{e}^{-\alpha t} p_t u_n(x)$ 均为递增, 从而在 $n \uparrow \infty$ 时, $g(s,n)$ 递增并收敛到某个值 a, 它显然满足 $\mathrm{e}^{-\alpha t} p_t u(x) \leqslant a \leqslant u(x)$ $(\forall t \geqslant 0)$. 设 $t \downarrow 0$ 可得 $a = u(x)$, 即当 $n \uparrow \infty$ 时有 $nR_{n+\alpha}u_n(x) \uparrow u(x)$. 随后取 $f_n(x) = n(u_n(x) - nR_{n+\alpha}u_n(x))$ 即可. 注意：它是非负有界的.

(ii) 设 $\{u_n\}$ 为递增的 α- 过分函数列, 其极限为 u, 则 u 普遍可测且满足不等式 (2.1.1). 因为 $\mathrm{e}^{-\alpha t} p_t u_n(x)$ 在 $t \downarrow$ 及 $n \uparrow$ 时都是递增的, 所以可以交换极限顺序得

$$\begin{aligned}\lim_{t\downarrow 0} \mathrm{e}^{-\alpha t} p_t u(x) &= \lim_{t\downarrow 0} \lim_{n\to\infty} \mathrm{e}^{-\alpha t} p_t u_n(x) = \lim_{n\to\infty} \lim_{t\downarrow 0} \mathrm{e}^{-\alpha t} p_t u_n(x) \\ &= \lim_{n\to\infty} u_n(x) = u(x), \quad x \in E.\end{aligned}$$

引理得证. □

如同上面提到过的, 常将 E 上的数值函数 u 赋予 $u(\Delta) = 0$ 扩展为 E_Δ 上的函数.

定理 2.1.1　设 $\alpha \geqslant 0$, u 为 α- 过分函数, 则

(i) u 以如下意义沿着 X 的样本轨道有右连续性：

$$\mathbf{P}_\mu\Big(\lim_{t'\downarrow t} u(X_{t'}) = u(X_t),\ \forall t \geqslant 0\Big) = 1, \quad \forall \mu \in \mathscr{P}(E); \tag{2.1.2}$$

(ii) u 是概 Borel 可测的.

证明　只需证 $\alpha > 0$ 的情形, 因为 (0-) 过分函数关于任意 $\alpha > 0$ 是 α- 过分的.

首先考虑 $u = R_\alpha f$ $(f \in b\mathscr{B}_+(E))$. 因为 u 是 Borel 可测的, $\{X_t\}$ 右连续且适应于 $\{\mathscr{F}_t\}$, 故 $\{u(X_t)\}$ 以 A.2 节中的意义是可选过程. 事实上, 将任意的 $v \in bC(E)$ 赋予 $v(\Delta) = 0$ 扩展到 E_Δ 上, 则由 $(\mathrm{X}.6)_\mathrm{r}$ 知, $\{v(X_t)\}$ 是 $\{\mathscr{F}_t\}$- 适应的右连续过程, 从而是可选过程. 根据命题 A.1.2, $\{u(X_t)\}$ 也是可选的.

设 $\{\sigma_n\}$ 是任意一致有界递减 $\{\mathscr{F}_t\}$- 停时列, 其极限为 σ. 因为 $\{\mathscr{F}_t\}$ 是右连续的, 根据练习 1.4.2, σ 也是 $\{\mathscr{F}_t\}$- 停时. 由定理 1.4.4 可知, 将 (1.4.18) 中的 σ 用 σ_n 代替仍然成立. 设 $n \to \infty$, 其右边的积分下限趋于 σ, 所以

$$\lim_{n\to\infty} \mathbf{E}_\mu[\mathrm{e}^{-\alpha\sigma_n} u(X_{\sigma_n})] = \mathbf{E}_\mu[\mathrm{e}^{-\alpha\sigma} u(X_\sigma)], \quad \mu \in \mathscr{P}(E).$$

根据定理 A.2.3, u 满足 (2.1.2).

下面设 $u = R_\alpha f (f \in b\mathscr{B}^*_+(E))$. 对任何 $\mu \in \mathscr{P}(E)$, 记 $\nu(B) = \langle \mu, R_\alpha 1_B\rangle (B \in \mathscr{B}(E))$, 则 ν 是有限测度, 但一般不是概率测度, 故将它除以 $\nu(E)$ 正规化后可视为 $\mathscr{P}(E)$ 中的元素. 选取 $f_1, f_1 \in b\mathscr{B}(E)$ 满足 $f_1 \leqslant f \leqslant f_2$ 且 $\langle \nu, f_2 - f_1\rangle = 0$. 记 $u_i = R_\alpha f_i \ (i = 1, 2)$, 则 u_1, u_2 是 Borel 可测函数且 $u_1 \leqslant u \leqslant u_2$, 而由 Markov 性 (1.3.2), 对任意 $t \geqslant 0$,

$$\mathbf{E}_\mu[u_2(X_t) - u_1(X_t)] = \langle \mu, p_t R_\alpha(f_2 - f_1)\rangle \leqslant \mathrm{e}^{\alpha t}\langle \nu, f_2 - f_1\rangle = 0.$$

由于 $\{u_i(X_t)\} \ (i = 1, 2)$ 是右连续的, 故 $\mathbf{P}_\mu(u_1(X_t) = u_2(X_t), \ \forall t \geqslant 0) = 1$. 因此, u 满足 (2.1.2) 并是概 Borel 可测的.

此时, 再记 $Y_t = \mathrm{e}^{-\alpha t} u(X_t)$, 注意: 对任何 $\mu \in \mathscr{P}(E)$, $\{Y_t\}$ 是 $(\{\mathscr{F}_t\}, \mathbf{P}_\mu)$- 上鞅. 事实上, 对 $t > s \geqslant 0$, 由 X 的 Markov 性 (特别地, 取 $\sigma = s$ 后的 (1.4.14)),

$$\begin{aligned} \mathbf{E}_\mu[Y_t|\mathscr{F}_s] &= \mathrm{e}^{-\alpha t}\mathbf{E}_{X_s}[u(X_{t-s})] \\ &= \mathrm{e}^{-\alpha s}\mathrm{e}^{-\alpha(t-s)} p_{t-s} u(X_s) \leqslant \mathrm{e}^{-\alpha s} u(X_s) = Y_s, \end{aligned}$$

上面用了 $u(\Delta) = 0$ 及不等式 (2.1.1).

当 u 为任意 α- 过分函数时, 选取满足引理 2.1.1(i) 的函数列 $\{f_n\}$, 则 $u_n = R_\alpha f_n$ 满足 (2.1.2), 从而由定理 A.2.4 知, 其递增极限 u 也满足 (2.1.2). 由于 u_n 是概 Borel 集, 故 u 也是. □

练习 2.1.2 设 $\alpha \geqslant 0$. 如果 u, v 是 α- 过分函数, 试证 $u \wedge v$ 也是 α- 过分的.

对任何概 Borel 集 $B \subset E$, 已经知道 B 的首达时间 σ_B 是 $\{\mathscr{F}_t\}$- 停时, 从而

$$\begin{aligned} &H_B(x, A) = \mathbf{P}_x(X_{\sigma_B} \in A, \sigma_B < \infty), \\ &H_B^\alpha(x, A) = \mathbf{E}_x[\mathrm{e}^{-\alpha\sigma_B}; X_{\sigma_B} \in A], \quad x \in E, A \in \mathscr{B}^*(E) \end{aligned} \tag{2.1.3}$$

均为 $(E, \mathscr{B}^*(E))$ 上的核 (见练习 1.4.5), 分别称之为 B 的**首达分布**和 **α- 阶首达分布**. 分别称

$$p_B(x) = \mathbf{P}_x(\sigma_B < \infty), \quad p_B^\alpha(x) = \mathbf{E}_x[\mathrm{e}^{-\alpha\sigma_B}], \quad x \in E \tag{2.1.4}$$

为 B 的**首达概率**与 **α- 阶首达概率**. 显然, $p_B = H_B 1$, $p_B^\alpha = H_B^\alpha 1$.

引理 2.1.2　(i) 当 $\alpha > 0$ 时, 若 u 为 α- 过分函数, σ 为 $\{\mathscr{F}_t\}$- 停时, 则

$$\mathbf{E}_x[\mathrm{e}^{-\alpha\sigma}u(X_\sigma)] \leqslant u(x), \quad x \in E;$$

(ii) 设 $B \subset E$ 为概 Borel 集. 对于 $\alpha > 0$, 若 u 为 α- 过分, 则 $H_B^\alpha u$ 也是 α- 过分的; 若 u 过分, 则 $H_B u$ 也过分. 特别地, p_B^α 是 α- 过分函数, 而 p_B 是过分的.

证明　(i) 显然, 可以由引理 2.1.1 和式 (1.4.18) 推出.

(ii) 当 $B \subset E$ 为概 Borel 集时, 根据 (1.4.18) 及 Markov 性, 对于 $u = R_\alpha f(f \in \mathscr{B}_+^*(E))$ 及 $\alpha > 0$ 有

$$\begin{aligned}\mathrm{e}^{-\alpha t}p_t(H_B^\alpha u)(x) &= \mathrm{e}^{-\alpha t}\mathbf{E}_x\left[\int_{\sigma_B\circ\theta_t}^\infty \mathrm{e}^{-\alpha s}f(X_s\circ\theta_t)ds\right]\\ &= \mathbf{E}_x\left[\int_{t+\sigma_B\circ\theta_t}^\infty \mathrm{e}^{-\alpha s}f(X_s)ds\right], \quad x \in E.\end{aligned}$$

因为当 $t \downarrow 0$ 时, $t + \sigma_B\circ\theta_t \downarrow \sigma_B$, 故 $H_B^\alpha u$ 是 α- 过分的. 对于一般的 α- 过分函数, 可应用引理 2.1.1 得出同样的结论.

如果 u 是过分的, 则对任何 $\alpha > 0$, u 是 α- 过分的, 从而 $H_B^\alpha u$ 也是. 当 $\alpha \downarrow 0$ 时, $H_B^\alpha u \uparrow H_B u$, 从而 $p_t(H_B u) \leqslant H_B u(\forall t \geqslant 0)$. 再交换递增极限的顺序有

$$\lim_{t\downarrow 0} p_t(H_B u)(x) = \lim_{\alpha\downarrow 0}\lim_{t\downarrow 0} \mathrm{e}^{-\alpha t}p_t(H_B^\alpha u)(x) = H_B u(x), \quad x \in E.$$

引理得证. □

2.2　精细拓扑、过分函数及例外集

和 2.1 节一样, 同样假设 X 为 Lusin 空间 E 上的右过程, $\{p_t : t \geqslant 0\}$ 为相应的转移函数. 这里先讨论 X 的精细拓扑.

引理 2.2.1 (Blumenthal 0-1 律)　设 $\Lambda\in\mathscr{F}_0$, 则对任何 $x\in E$, $\mathbf{P}_x(\Lambda)=0$ 或者 1.

证明　由 $(\mathrm{X}.6)_\mathrm{r}$(ii), $\theta_0^{-1}\Lambda = \Lambda$ $(\forall\Lambda \subset \Omega)$. 当 $\Lambda \in \mathscr{F}_0^0$ 时, 根据 Markov 性 (1.4.4) 及 (X.5) 有

$$\mathbf{P}_x(\Lambda) = \mathbf{P}_x(\Lambda \cap \theta_0^{-1}\Lambda) = \mathbf{E}_x[\mathbf{P}_{X_0}(\Lambda); \Lambda] = (\mathbf{P}_x(\Lambda))^2,$$

从而可得引理的结果. 当 $\Lambda \in \mathscr{F}_0$ 时, 若选取 $\Lambda' \in \mathscr{F}_0^0$ 满足 $\mathbf{P}_x(\Lambda \vartriangle \Lambda') = 0$, 则由 $\mathbf{P}_x(\Lambda) = \mathbf{P}_x(\Lambda')$ 可知, 上述结果依然成立. □

设 $B \subset E$ 是任意的概 Borel 集. 因为 σ_B 是 $\{\mathscr{F}_t\}$- 停时, 特别地, $\{\sigma_B = 0\} \in \mathscr{F}_0$. 根据 Blumenthal 0-1 律, 对任何 $x \in E$, 概率 $\mathbf{P}_x(\sigma_B = 0)$ 的值要么是 0, 要么是 1. 当此值是 1 时, 称 x 为 B 的**正则点**; 否则, 称为**非正则点**. 用 B^r 表示 B 的

正则点的全体. 对于 $\alpha > 0$, $B^r = \{p_B^\alpha = 1\}$, 根据定理 2.1.1 和引理 2.1.2, $p_B^\alpha(x)$ 作为 x 的函数是概 Borel 的, 因此, $B^r \in \mathscr{B}^n(E)$.

下面引入右过程的状态空间 E 的、被称为例外集的几个关于子集的概念.

定义 2.2.1 (i) 称 $B \in \mathscr{B}^*(E)$ 为**位势零集**, 如果对任何 $x \in E$ 有 $R(x, B) = 0$;

(ii) 称集合 $B \subset E$ 为**极集**, 如果存在集合 $D \supset B$, $D \in \mathscr{B}^n(E)$ 满足 $p_D(x) = 0$ $(\forall x \in E)$;

(iii) 称集合 $B \subset E$ 为**瘦集**, 如果存在集合 $D \supset B$, $D \in \mathscr{B}^n(E)$, 使得 D^r 为空集, 即 $\mathbf{P}_x(\sigma_D = 0) = 0$ $(\forall x \in E)$;

(iv) 称集合 $B \subset E$ 为**半极集**, 如果它包含在一个瘦集列的并中;

(v) 称集合 $B \subset E$ 在点 x 处为**瘦的**, 如果存在集合 $D \supset B$, $D \in \mathscr{B}^n(E)$, 使得 x 为 D 的非正则点, 即 $\mathbf{P}_x(\sigma_D = 0) = 0$.

显然, 极集是瘦的, 瘦集是半极集. 刻画右过程的半极集的两个引理将留到本节的最后叙述, 因为这些引理要到 5.2 节才会用到.

定义 2.2.2 称 $B \subset E$ 为**精细开集**, 如果 $B^c = E \setminus B$ 在任何点 $x \in B$ 上都是瘦的, 即对任何 $x \in B$, 存在集合 $D(x)$ 满足 $B^c \subset D(x) \in \mathscr{B}^n(E)$ 且 $\mathbf{P}_x(\sigma_{D(x)} > 0) = 1$.

所谓精细开集 B, 直观地说, 就是从 B 出发的样本轨道在一段小的时间内不会离开 B, 或者说, 会在 B 中至少停留一段时间. 根据样本轨道的右连续性, 在原先拓扑意义下的开集 G 一定是精细开集, 即对 $x \in G$ 有 $\mathbf{P}_x(\sigma_{G^c} > 0) = 1$.

练习 2.2.1 设 E 的精细开子集的全体为 $\mathscr{O}$, 证明 $\mathscr{O}$ 满足下列使 $\mathscr{O}$ 成为一个拓扑的公理:

(1) $\varnothing$, $E \in \mathscr{O}$;

(2) 若 $O_1, O_2 \in \mathscr{O}$, 则 $O_1 \cap O_2 \in \mathscr{O}$;

(3) 若 $\{O_\lambda : \lambda \in \Lambda\} \subset \mathscr{O}$, 则 $\bigcup\limits_{\lambda \in \Lambda} O_\lambda \in \mathscr{O}$.

称 $\mathscr{O}$ 所定义的 E 上的拓扑为**精细拓扑**, 因为它包含所有在原拓扑意义下的开集, 精细拓扑比原拓扑更细. 称 E 上关于精细拓扑连续的函数为**精细连续**的. 通常的连续函数当然是精细连续的.

今后, 对某个事件 $\Lambda \in \mathscr{M}$, 如果对任何 $x \in E$ 有 $\mathbf{P}_x(\Lambda) = 1$, 则称 Λ 为**几乎必然事件**.

定理 2.2.1 E 上的概 Borel 可测函数 u 是精细连续的充要条件是样本轨道 $t \in [0, \infty) \mapsto u(X_t)$ 几乎必然是右连续的, 其中设 $u(\Delta) = 0$. 特别地, E 上的 α- 过分 $(\alpha \geqslant 0)$ 函数是精细连续的.

证明 第二个结论是定理 2.1.1 的推论. 设样本轨道 $t \mapsto u(X_t)$ 几乎必然是右连续的. 对任何实数 $b_1 < b_2$, 设 $B = \{b_1 < u < b_2\}$. 由 $u(X_\cdot)$ 在 $t = 0$ 处的右连续性, 对任何 $x \in B$ 有 $\mathbf{P}_x(\sigma_{B^c} > 0) = 1$, 即 B 是精细开集, 推出 u 是精细连续的.

反过来, 设 u 是概 Borel 可测且是精细连续的. 对 $q \in \mathbb{Q}$, 记 $B_q = \{x \in E : u(x) < q\}$, 则 B_q 是概 Borel 集且精细开. 另一方面, 根据定理 2.1.1 及引理 2.1.2, $p^1_{B_q}(X_t)$ 关于 t 右连续, 设

$$\Omega_{0,q} = \{\omega \in \Omega : t \mapsto p^1_{B_q}(X_t(\omega)) \text{ 右连续}\},$$
$$\Omega_0 = \bigcap_{q\in\mathbb{Q}} \Omega_{0,q},$$

则有 $\mathbf{P}_x(\Omega_0) = 1$ $(\forall x \in E)$.

下面证明对任何 $\omega \in \Omega_0$, $u(X_t(\omega))$ 关于 t 右连续就足够了. 假设存在 $\omega \in \Omega_0$, $t \mapsto u(X_t(\omega))$ 不是右连续的, 那么存在 $t \geqslant 0$, 或者

$$\limsup_{s\downarrow t, s\neq t} u(X_s(\omega)) < u(X_t(\omega)),$$

或者

$$\liminf_{s\downarrow t, s\neq t} u(X_s(\omega)) > u(X_t(\omega)).$$

无论哪种情况都会导致矛盾. 例如, 在前一种情况下, 存在某个 $q \in \mathbb{Q}$ 及数列 $t_n \downarrow t(t_n > t)$, 使得 $\lim\limits_n u(X_{t_n}(\omega)) < q < u(X_t(\omega))$. 此时, 对充分大的 n, $X_{t_n}(\omega)$ 属于精细开集 B_q, 从而有 $p^1_{B_q}(X_{t_n}(\omega)) = 1$. 因为 $\omega \in \Omega_{0,q}$, 从而 $p^1_{B_q}(X_t(\omega)) = \lim\limits_n p^1_{B_q}(X_{t_n}(\omega)) = 1$, 此等式意味着 $y = X_t(\omega) \in B^r_q$, 另一方面, $y = X_t(\omega)$ 属于精细开集 $\{q < u\}$, 这与 y 为 B_q 的正则点矛盾. □

引理 2.2.2　设 $B \in \mathscr{B}^n(E)$.

(i) 对任何 $\mu \in \mathscr{P}(E)$,

$$\mathbf{P}_\mu(X_{\sigma_B} \in B \cup B^r, \sigma_B < \infty) = \mathbf{P}_\mu(\sigma_B < \infty), \tag{2.2.1}$$

更进一步地, 对任何 $x \in E$, B 的 α- 阶首达分布 $H^\alpha_B(x,\cdot)$ 及首达分布 $H_B(x,\cdot)$ 均支撑在 $B \cup B^r$;

(ii) 几乎必然地 $\sigma_{B\cup B^r} = \sigma_B$, 并且 $B \cup B^r$ 是 B 在精细拓扑下的闭包;

(iii) 特别地, 如果 $B \in \mathscr{B}^n(E)$ 是精细闭的, 则对于 $\mu \in \mathscr{P}(E)$ 有

$$\mathbf{P}_\mu(X_{\sigma_B} \in B, \sigma_B < \infty) = \mathbf{P}_\mu(\sigma_B < \infty). \tag{2.2.2}$$

证明　(i) 由于对任何 $t \in (0, \sigma_B)$ 有 $X_t \notin B$, 若 $X_{\sigma_B} \notin B$, 则 $\sigma_B\circ\theta_{\sigma_B} = 0$. 采用 σ_B 上的强 Markov 性 (1.4.16) 得

$$\begin{aligned}\mathbf{P}_\mu(X_{\sigma_B} \notin B, \sigma_B < \infty) &= \mathbf{P}_\mu(X_{\sigma_B} \notin B, \sigma_B\circ\theta_{\sigma_B} = 0, \sigma_B < \infty)\\ &= \mathbf{E}_\mu[\mathbf{P}_{X_{\sigma_B}}(\sigma_B = 0); X_{\sigma_B} \notin B, \sigma_B < \infty].\end{aligned}$$

上式表示在事件 $\{X_{\sigma_B} \notin B, \sigma_B < \infty\}$ 的基础上, $\{X_{\sigma_B} \in B^r\}$ $\mathbf{P}_\mu$-a.s. 成立, 从而式 (2.2.1) 成立. 第二条结论根据定义直接推出.

(ii) 因为 $(B^r)^r = B^r$, 由 (i), $\mathbf{P}_x(X_{\sigma_{B^r}} \in B^r, \sigma_{B^r} < \infty) = \mathbf{P}_x(\sigma_{B^r} < \infty)$, 于是有

$$\begin{aligned}\mathbf{P}_x(\sigma_{B^r} < \sigma_B) &\leqslant \mathbf{P}_x(\sigma_{B^r} < \infty, \sigma_B \circ \theta_{\sigma_{B^r}} > 0)\\ &= \mathbf{E}_x[\mathbf{P}_{X_{\sigma_{B^r}}}(\sigma_B > 0); \sigma_{B^r} < \infty] = 0, \quad x \in E,\end{aligned}$$

从而几乎必然有 $\sigma_{B^r} \geqslant \sigma_B$, 推出 $\sigma_{B \cup B^r} = \sigma_B$. 这表示 B 的非正则点也是 $B \cup B^r$ 的非正则点. 记 $G = E \setminus (B \cup B^r)$, 因为任何 $x \in G$ 都是 B 的非正则点, 故也是 $B \cup B^r$ 的非正则点, 从而可知 G 是包含在 $E \setminus B$ 中的最大精细开集.

(iii) 这时 $B \supset B^r$, 故等式由 (i) 即得. □

下面暂时把右过程的精细拓扑放在一边, 来讨论过分测度以及它定义的例外集. 称 E 上的测度 m 关于 $\{p_t\}$ 过分, 如果 m 是 σ- 有限且满足 (1.1.5) 的条件 $mp_t \leqslant m \, (\forall t \geqslant 0)$.

引理 2.2.3 若 m 是过分的, 则对任何 $B \in \mathscr{B}(E)$ 有

$$mp_t(B) \uparrow m(B), \quad t \downarrow 0. \tag{2.2.3}$$

证明 对 $B \in \mathscr{B}(E)$, 记递增极限 $\lim\limits_{t \downarrow 0} mp_t(B)$ 为 $\nu(B)$, 则 $\nu(B) \leqslant m(B)$ 且对互不相交的 $\{B_n : n \geqslant 1\} \subset \mathscr{B}(E)$, 由递增极限的性质有

$$\nu\left(\bigcup_{n \geqslant 1} B_n\right) = \sum_{n \geqslant 1} \nu(B_n),$$

从而 ν 是 σ- 有限的. 下面证明 $\nu = m$.

固定 $\alpha > 0$. 如果 $A \in \mathscr{B}(E)$ 满足 $\nu(A) < \infty$, 则对任何 $\varepsilon > 0$, $\alpha\nu R_\alpha(A) \leqslant \nu(A)$, 注意到

$$\nu\{x \in E : R_\alpha(x, A) > \varepsilon\} \leqslant (\alpha\varepsilon)^{-1}\nu(A) < \infty.$$

因此, 选取递增趋于 E 的 Borel 集列 $\{A_n\}$: $\nu(A_n) < \infty \ (n \geqslant 1)$. 记

$$B_n = \left\{x \in E : R_\alpha(x, A_n) > \frac{1}{n}\right\},$$

则 $\{B_n\}$ 也是递增趋于 E 的 Borel 精细开集序列, 并且对任何 $n \geqslant 1$ 有 $\nu(B_n) < \infty$.

对于 E 上的任意非负连续函数 f, 根据 Fatou 引理 (参见文献 [5]) 有

$$\liminf_{t \downarrow 0} p_t(f1_{B_n}) \geqslant f1_{B_n}$$

且

$$\langle \nu, f1_{B_n} \rangle = \lim_{t \downarrow 0} \langle mp_t, f1_{B_n} \rangle = \lim_{t \downarrow 0} \langle m, p_t(f1_{B_n}) \rangle \geqslant \langle m, f1_{B_n} \rangle,$$

从而在 B_n 上有 $\nu = m$, 由 B_n 的性质得 $\nu = m$. □

在本节的后面部分, 将固定右过程 X 的 (转移函数的) 过分测度 m.

定义 2.2.3 (i) 称 $N \subset E$ 为 ***m*- 极集**, 如果存在概 Borel 集 $\widetilde{N} \supset N$, 使得

$$\mathbf{P}_m(\sigma_{\widetilde{N}} < \infty) = 0. \tag{2.2.4}$$

(ii) 设 $A \subset E$, $P = P(x)$ 为关于点 $x \in A$ 的结论. 当存在某个 m- 极集 $N \subset E$, 结论 $P(x)$ 对任何 $x \in A \setminus N$ 都成立时, 称 P 在 A 上 q.e. (quasi-everywhere) 成立, 记为 P q.e.(A). 将 P q.e.(E) 简记为 P q.e., 称 P 为 q.e. 成立的.

(iii) 当概 Borel 集 $A \subset E$ 满足

$$\mathbf{P}_x(\sigma_{E\setminus A} < \infty) = 0, \quad x \in A$$

时, 称之为 ***X*- 不变的**. 若 $N \subset E$ 是满足 $m(N) = 0$ 的概 Borel 集, 并且 $E \setminus N$ 是 X- 不变的, 则称 N 为**真例外集**.

显然, 真例外集是 m- 极集. 反过来, 任意 m- 极集包含于某个 Borel 的真例外集中的结论会在定理 2.2.3 中得以证明.

如果集合 $A \subset E$ 是 X- 不变的, 则关于 X 的转移函数 $\{p_t\}$ 依定义 1.1.2 的意义也是不变的.

下面考虑 m- 极集与精细拓扑的关系.

定理 2.2.2 (i) 若 f 为 E 上的概 Borel 可测函数, 则存在 Borel 可测函数 g, h 满足 $g \leqslant f \leqslant h$, 并且 $g = h$ q.e. 任意的 m- 极集都包含在某个 Borel m- 极集中;

(ii) 若 $B \subset E$ 是 m- 极集, 则 $m(B) = 0$; 如果存在某 $\alpha > 0$, $B \in \mathscr{B}^m(E)$ 满足 $mR_\alpha(B) = 0$, 则 $m(B) = 0$;

(iii) 若 $B \subset E$ 为概 Borel 的精细开集且 $m(B) = 0$, 则 B 是 m- 极集;

(iv) 若 f, g 是 E 上精细连续的概 Borel 函数且 $f \geqslant g$ $[m]$, 则 $f \geqslant g$ q.e..

证明 (i) 根据概 Borel 性的定义, 存在 Borel 函数 g, h, 使得 $g \leqslant f \leqslant h$ 且

$$\mathbf{P}_m(g(X_s) < h(X_s),\ \exists s \geqslant 0) = 0.$$

这意味着 $g = h$ q.e.. 特别地, 如果 B 为概 Borel 的 m- 极集, 则存在 Borel 集 B_1, B_2: $B_1 \subset B \subset B_2$, 使得 $B_2 \setminus B_1$ 是 m- 极集, 那么 $B_2 = B_1 \cup (B_2 \setminus B_1)$ 是 Borel 的 m- 极集且 $B \subset B_2$.

(ii) 设 B 是 Borel 的 m- 极集, 则有 $mp_t(B) = \mathbf{P}_m(X_t \in B) = 0$ $(\forall t \geqslant 0)$. 由引理 2.2.3 可知 $m(B) = 0$. 下面注意：对每个 $t > 0$, $\alpha > 0$, 集合 $B \in \mathscr{B}^m(E)$ 分别属于 $\mathscr{B}(E)$ 关于测度 mp_t 和 mR_α 的完备化空间. 因为

$$\int_0^\infty \mathrm{e}^{-\alpha t} mp_t(B)dt = mR_\alpha(B) = 0,$$

故对几乎所有的 $t>0$ 有 $mp_t(B)=0$. 再令 $t\downarrow 0$, 根据引理 2.2.3 可知 $m(B)=0$.
(iii) 由 Fubini 定理以及 m 的过分性有

$$\mathbf{E}_m\left[\int_0^\infty 1_B(X_s)ds\right]=\int_0^\infty mp_t(B)dt=0.$$

由 B 是精细开集可知

$$\mathbf{P}_m(\sigma_B<\infty)\leqslant \mathbf{P}_m\left(\bigcup_{r_1<r_2,r_1,r_2\in\mathbb{Q}_+}\{X_t\in B,\ \forall t\in(r_1,r_2)\}\right)=0.$$

(iv) $\{f<g\}$ 是精细开集, 由 (iii) 即得. □

引理 2.2.4 设 $\alpha\geqslant 0$. 若 f 是 α- 过分的, 则存在 Borel 可测的 α- 过分函数 g,h, 使得 $g\leqslant f\leqslant h$ 且 $g=h$ q.e..

证明 首先设 $\alpha>0$, 考虑 $f=R_\alpha q$ 的场合, 其中 $q\in b\mathscr{B}_+^*(E)$. 选取 $q_1,q_2\in b\mathscr{B}_+(E)$ 满足

$$q_1\leqslant q\leqslant q_2,\quad mR_\alpha(q_2-q_1)=0,$$

则 $R_\alpha q_1\leqslant R_\alpha q\leqslant R_\alpha q_2$ 且 $R_\alpha q_1=R_\alpha q_2$ $[m]$. 而 $R_\alpha q_i$ $(i=1,2)$ 是 Borel 可测的 α- 过分函数, 由定理 2.2.2, 二者在 E 上 q.e. 一致.

其次, 设 f 为 α- 过分函数, 选取 $f_n\in b\mathscr{B}_+^*(E)$ 满足 $R_\alpha f_n\uparrow f(n\uparrow\infty)$. 根据上面的结论, 对每个 n, 可以选取 Borel 可测的 α- 过分函数 g_n,h_n 满足 $g_n\leqslant R_\alpha f_n\leqslant h_n$ 且 $g_n=h_n$ q.e.. 设

$$\overline{g}=\liminf_n g_n,\quad \overline{h}=\liminf_n h_n,$$

则 $\overline{g}\leqslant f\leqslant\overline{h}$ 且 $\overline{g}=\overline{h}$ q.e., $\mathrm{e}^{-\alpha t}p_t\overline{g}\leqslant\overline{g}$, $\mathrm{e}^{-\alpha t}p_t\overline{h}\leqslant\overline{h}$ $(t\geqslant 0)$.

进一步地, 记

$$g=\lim_{t\downarrow 0}\mathrm{e}^{-\alpha t}p_t\overline{g},\quad h=\lim_{t\downarrow 0}\mathrm{e}^{-\alpha t}p_t\overline{h},$$

则 g,h 是 Borel 的 α- 过分函数 (Borel 过分修正) 且 $g\leqslant\overline{g}\leqslant f\leqslant h\leqslant\overline{h}$. 然而, 对任何 $x\in E$, $\mathrm{e}^{-\alpha t}p_t\overline{g}(x)$ 关于 t 递减, 所以它至多只有可数个不连续点, 在连续点处可知 $p_tg(x)=p_t\overline{g}(x)$, 因此有 $R_\alpha g=R_\alpha\overline{g}$. 根据定理 2.2.2(ii), $m(g<\overline{g})=0$. 再由定理 2.2.2(ii) 有 $m(\overline{g}<h)=0$. 所以 $m(g<h)=0$. 再根据定理 2.2.2(iv) 得 $g=h$ q.e..

最后考虑 f 是 (0-) 过分的场合. 此时, 对任何 n, f 是 $1/n$- 过分的. 根据上面的结论, 存在 Borel 的 $1/n$- 过分函数 g_n 与 h_n 满足

$$g_n\leqslant f\leqslant h_n,\quad g_n=h_n\ \text{q.e.}.$$

然后, 记 $\overline{g}=\liminf_n g_n$, $\overline{h}=\liminf_n h_n$, 于是有

$$\overline{g} \leqslant f \leqslant \overline{h}, \quad \overline{g} = \overline{h} \text{ q.e.}, \quad p_t\overline{g} \leqslant \overline{g}, \quad p_t\overline{h} \leqslant \overline{h}, \quad \forall t > 0.$$

与前面的情况类似, $\overline{g}$, $\overline{h}$ 的 Borel 过分修正 g, h 满足要求. □

定理 2.2.3　任何 m- 极集包含在某个 Borel 的真例外集中.

证明　设 B 为 m- 极集. 根据定理 2.2.2(i), 不妨设 B 是 Borel 集. 设 $\phi(x) = \mathbf{P}_x(\sigma_B < \infty)$ $(x \in E)$, 则 $\phi = 0$ $[m]$. 因为 ϕ 是过分的, 根据引理 2.2.4, 存在 Borel 可测的过分函数 g, 使得 $\phi \leqslant g$ 且 $g = 0$ $[m]$. 在此, 记

$$\widehat{B} = B \cup C, \quad C = \{x \in E : g(x) > 0\},$$

则 $\widehat{B}$ 是 Borel 集且由定理 2.2.2 可知 $m(\widehat{B}) = 0$. 下证 $\widehat{B}^{\mathrm{c}} = B^{\mathrm{c}} \cap \{g = 0\}$ 是 X- 不变的. 设 $x \in \widehat{B}^{\mathrm{c}}$, 则 $g(x) = 0$ 且 $\phi(x) = \mathbf{P}_x(\sigma_B < \infty) = 0$. 根据约定 $g(\Delta) = 0$ 可将 g 扩张到 E_Δ 上. 由于 $\mathbf{E}_x[g(X_t)] = p_t g(x) \leqslant g(x) = 0$, 由 $t \mapsto g(X_t)$ 的右连续性得 $\mathbf{P}_x(g(X_t) = 0, \ \forall t \geqslant 0) = 1$. 这意味着 $\mathbf{P}_x(\sigma_C < \infty) = 0$, 所以有 $\mathbf{P}_x(\sigma_{\widehat{B}} < \infty) = 0$.□

定义 2.2.4　下列条件分别是 (过程 X 的) 转移函数 $\{p_t\}$ 和预解 $\{R_\alpha\}$ 的**绝对连续性条件**:

(AC) 对任何 $t > 0$, $x \in E$, 测度 $p_t(x, \cdot)$ 关于 m 绝对连续;

(AC)′ 存在一个 $\alpha > 0$, 对任何 $x \in E$, 测度 $R_\alpha(x, \cdot)$ 关于 m 绝对连续*.

定理 2.2.4　(i) (AC) 蕴涵着 (AC)′.

(ii) 下列条件等价:

(a) 条件 (AC)′ 满足;

(b) 任意 m- 极集是极集.

(iii) 假设 (AC)′ 成立, 若对某个 $\alpha \geqslant 0$, f, g 是 α- 过分函数且 $f \geqslant g$ $[m]$, 则 $f \geqslant g$.

证明　(i) 是自明的.

(ii) 设 B 是概 Borel 的 m- 极集. 令 $\varphi(x) = \mathbf{P}_x(\sigma_B < \infty)$ $(x \in E)$, 则 $\varphi = 0$ $[m]$, 所以如果 (AC)′ 成立, 则对任何 $x \in E$ 有

$$\varphi(x) = \lim_{\beta \to \infty} \beta \int_E R_\beta(x, dy)\varphi(y) = 0,$$

即 B 是极集.

反过来, 设条件 (b) 成立且 B 是 Borel 的 m- 零测集. 则由 m 的过分性, 对任何 $\alpha > 0$ 有 $mR_\alpha(B) = 0$, 从而 $R_\alpha(\cdot, B) = 0$ $[m]$. 再根据定理 2.2.2 及条件 (b), $N = \{x \in E : R_\alpha(x, B) > 0\}$ 是个 m- 极集, 也是极集. 对任何 $x \in E$,

$$R_\alpha(x, B) = \lim_{t \downarrow 0} \mathbf{E}_x[R_\alpha(X_t, B), X_t \notin N] = 0.$$

---

* 这里应该指出, 由预解方程, 此性质对某个 α 成立可推出对所有 $\alpha > 0$ 都成立. —— 译者

(iii) 在假设之下, 对任何 $x \in E$ 有

$$f(x) = \lim_{\beta \to \infty} \beta \int_E R_{\alpha+\beta}(x, dy) f(y) \geqslant \lim_{\beta \to \infty} \beta \int_E R_{\alpha+\beta}(x, dy) g(y) = g(x).$$

这就完成了证明. □

作为本节的结尾, 如定义 2.2.1 后面所言, 给出关于半极集的两个重要结果, 并给予证明.

引理 2.2.5 对任何 $B \in \mathscr{B}^n(E)$, $B \setminus B^r$ 是半极集.

证明 先证明一个不等式. 设 $A \in \mathscr{B}^n(E)(x \in A^r)$, 则对任何 α- 过分函数 u 有

$$\inf_{y \in A} u(y) \leqslant u(x) \leqslant \sup_{y \in A} u(y). \tag{2.2.5}$$

实际上, 如果设

$$\Omega_0 = \{\omega \in \Omega : \ u(X_t(\omega)) \text{ 在 } t=0 \text{ 处右连续且 } \sigma_A(\omega) = 0, X_0(\omega) = x\},$$

则 $\mathbf{P}_x(\Omega_0) = 1$. 任取 $\omega \in \Omega_0$, 会存在时间序列 $t_n \downarrow 0$ 满足 $X_{t_n}(\omega) \in A$, 从而可知 (2.2.5) 成立.

现在对于 $B \in \mathscr{B}^n(E)$, 记

$$B_n = \left\{ x \in B : \ p_B^1(x) \leqslant 1 - \frac{1}{n} \right\}.$$

显然, $B \setminus B^r = \bigcup\limits_n B_n$. 只要证明 B_n 是瘦集就够了. 设 $x \in B_n^r$, 将 $A = B_n$ 与 $u = p_B^1$ 代入 (2.2.5) 得 $p_B^1(x) \leqslant 1 - \dfrac{1}{n}$, 这意味着 x 是 B 的非正则点, 故也是其子集 B_n 的非正则点, 导致矛盾, 所以 B_n 没有正则点, 是个瘦集. □

为了证明下一个引理, 先叙述一个需要注意到的事实. 设 σ, τ 为 $\{\mathscr{F}_t\}$- 停时, 记 $\eta = \sigma + \tau \circ \theta_\sigma$, 则 η 也是 $\{\mathscr{F}_t\}$- 停时. 这是因为对任何 $t \geqslant 0$,

$$\{\eta < t\} = \bigcup_{r \in \mathbb{Q}_+} \{\sigma < t - r\} \cap \Lambda_r, \quad \Lambda_r = \{\tau \circ \theta_\sigma < r\}.$$

令 $\Gamma = \{\tau < r\}$, 则 $\Gamma \in \mathscr{F}_r$, 根据定理 1.4.3 有 $\Lambda_r = \theta_\sigma^{-1} \Gamma \in \mathscr{F}_{\sigma+r}$, 从而

$$\{\sigma < t - r\} \cap \Lambda_r = \{\sigma + r < t\} \cap \Lambda_r \in \mathscr{F}_t.$$

引理 2.2.6 若 $B \subset E$ 为半极集, 则几乎必然地对至多可数个 $t \geqslant 0$ 有 $X_t \in B$.

证明 只要假设 B 是瘦的概 Borel 集即可. 设 $a < 1$, $A = B \cap \{p_B^1 \leqslant a\}$, 则 B 是形如 A 的集合的可列并, 所以针对 A 来证明引理的结论. 定义 $\{\sigma_n\}$ 如下:

$$\sigma_1 = \sigma_A, \quad \sigma_{n+1} = \sigma_n + \sigma_A \circ \theta_{\sigma_n}, \ n = 2, 3, \cdots .$$

根据前面的解释, σ_n 是 $\{\mathscr{F}_t\}$- 停时. 因为 $A \subset B$ 且 B 是瘦集, 故 $A^r = \varnothing$. 再由引理 2.2.2,

$$\mathbf{P}_x(X_{\sigma_n} \in A, \sigma_n < \infty) = \mathbf{P}_x(\sigma_n < \infty), \quad x \in E,$$

利用强 Markov 性 (定理 1.4.3) 有

$$\mathbf{E}_x[\mathrm{e}^{-\sigma_{n+1}}] = \mathbf{E}_x[p_A^1(X_{\sigma_n})\mathrm{e}^{-\sigma_n}] \leqslant a\mathbf{E}_x[\mathrm{e}^{-\sigma_n}], \quad x \in E.$$

因此, 当 $n \to \infty$ 时, $\mathbf{E}_x[\mathrm{e}^{-\sigma_n}] \to 0$, 从而推出 $\mathbf{P}_x\left(\lim\limits_{n\to\infty} \sigma_n = \infty\right) = 1$. 注意到当 $t \in (\sigma_n, \sigma_{n+1})$ 时, $X_t \notin A$, 引理得证. □

普遍可测集 $B \subset E$ 是位势零集等价于 X 在 B 上的**逗留时间** $\int_0^\infty 1_B(X_s)ds$ 几乎处处等于零. 根据引理 2.2.6, 半极集包含在一个概 Borel 的位势零集中. 如下例所示, 半极集未必是极集.

例 2.2.1 (Lévy 过程的例外集) 设 X 为 $\mathbb{R}^d$ 上的 Lévy 过程. 如 1.2 节所述, $\mathbb{R}^d$ 上的 Lebesgue 测度就是 X 的转移函数 $\{p_t\}$ 的过分测度. 可以自然地取 m 为 Lebesgue 测度. 说集合 $N \subset \mathbb{R}^d$ 为 m- 极集等价于说存在 $\widetilde{N} \in \mathscr{B}(\mathbb{R}^d)$, 满足 $N \subset \widetilde{N}$ 且

$$p_{\widetilde{N}}(x) = 0, \text{ a.e. } x \in \mathbb{R}^d,$$

其中 a.e. 表示在 Lebesgue 测度下几乎处处的意思. 这样的 N 称为**本质极集**.

测度 $p_t(0, \cdot)$ 对任意的 $t > 0$ 都是离散的, 即以 $\mathbb{R}^d$ 的可列个点为支撑的充要条件是在特征函数的 Lévy-Khinchin 公式 (1.2.9) 中, $V = 0$, $n(\mathbb{R}^d) < \infty$ 且 n 是离散的. 在这个情况下, 条件 (AC) 肯定不满足.

由 1.2 节所示, d- 维 Brown 运动及旋转不变的稳定过程、一维稳定过程等都满足条件 (AC), 那么根据定理 2.2.4, 它们的本质极集与极集是等价的.

设 X 在 $\mathbb{R}^1$ 上向右一致移动, 即对任何 $x \in \mathbb{R}$ 有

$$X_t = x + t, \quad t \geqslant 0, \ \mathbf{P}_x\text{-a.s.},$$

则 $p_t(x, B) = \delta_{x+t}(B) (B \in \mathscr{B}(\mathbb{R}))$, 所以 X 不满足条件 (AC), 但因为相应的预解 $R_\alpha(x, dy)$ 关于 Lebesgue 测度有密度函数

$$R_\alpha(x, y) = \mathrm{e}^{-\alpha(y-x)} \cdot 1_{\{y>x\}},$$

因此, 条件 (AC)$'$ 被 X 满足. 在此情形下, 本质极集与极集也是等价的. 此时, 任意的单点集 $\{x\}$ 没有正则点, 所以是瘦的. 但是从 x 的左侧出发的样本轨道一定会抵达 x, 所以 $\{x\}$ 不是极集, 从而也不是本质极集. □

2.3 正连续加泛函的 Revuz 测度

本节将针对右过程 X 及其给定的过分测度 m, 引入相应的容许例外集的加泛函的概念, 并给出正连续加泛函的 Revuz 测度的公式. 这些概念在 X 是正则 Dirichlet 型对应的 m- 对称 Hunt 过程的情形, 如在 5.4 节、第 6 章以及以后, 扮演着重要角色.

与 2.1 节和 2.2 节相同, 设 E 为 Lusin 空间, $X=(\Omega,\mathscr{M},X_t,\zeta,\mathbf{P}_x)$ 为 E 上的右过程, $\{p_t\}$ 为相应转移函数. 本节也给定一个 σ- 有限的过分测度 m, 并在 m 固定的情况下进行讨论, 同样将 E 上的函数 f 通过定义 $f(\Delta)=0$ 扩展到 E_Δ 上. 仍采用 1.4 节中的符号 $\{\mathscr{F}_t\}$ 表示 X 所适应的最小完备流.

定义 2.3.1 称二元实值函数 $(t,\omega)\in[0,\infty)\times\Omega\mapsto A_t(\omega)$ 为 X 的**加泛函**, 如果

(A.1) 对任何 $t\geqslant 0$, $A_t(\cdot)$ 是 $\mathscr{F}_t$- 可测的;

(A.2) 存在 $\Lambda\in\mathscr{F}_\infty$ 及真例外集 $N\subset E$, 使得

$$\mathbf{P}_x(\Lambda)=1,\ \forall x\in E\setminus N,\quad \theta_t\Lambda\subset\Lambda,\ \forall t>0, \tag{2.3.1}$$

并且对 $\omega\in\Lambda$, $A_\cdot(\omega)$ 在 $[0,\infty)$ 上右连续, 在 $(0,\zeta(\omega))$ 上有左极限,

$$A_0(\omega)=0,\ |A_t(\omega)|<\infty,\quad \forall t<\zeta(\omega),\quad A_t(\omega)=A_{\zeta(\omega)}(\omega),\ \forall t\geqslant\zeta(\omega),$$

并有如下加性:

$$A_{t+s}(\omega)=A_t(\omega)+A_s(\theta_t\omega),\quad \forall t,s\geqslant 0. \tag{2.3.2}$$

定义 2.3.1 中出现的 Λ 和 N 分别称为加泛函 A 的**定义域**与**例外集**. 特别地, 当 N 可取为空集, 即 $\mathbf{P}_x(\Lambda)=1$ $(\forall x\in E)$ 时, 称加泛函 A 为**狭义的**. 称两个加泛函 A,B 互为 $\boldsymbol{m}$-**修正**, 如果

$$\mathbf{P}_m(A_t\neq B_t)=0,\quad \forall t>0 \tag{2.3.3}$$

成立. 此时, 记为 $A\sim B$.

引理 2.3.1 如果加泛函 A,B 互为 m- 修正, 则存在公共的定义域 Λ 及例外集 N, 使得

$$A_t(\omega)=B_t(\omega),\quad \forall t\geqslant 0,\ \omega\in\Lambda. \tag{2.3.4}$$

证明 记 A,B 的定义域、例外集分别为 $\Lambda_A,N_A,\Lambda_B,N_B$, 再记

$$N_0=N_A\cup N_B,\quad \Lambda_0=\Lambda_A\cap\Lambda_B,\quad \Lambda_1=\{A_t=B_t,\ \forall t>0\},\quad \Lambda=\Lambda_0\cap\Lambda_1,$$

则 N_0 是真例外集, 并且易证 $\theta_t(\Lambda) \subset \Lambda$ $(\forall t > 0)$.

另外, 对于 $x \in E \setminus N_0$ 有 $\mathbf{P}_x(\Lambda_0^c) = 0$, 从而

$$\mathbf{P}_x(\Lambda^c) \leqslant \mathbf{P}_x(\Lambda_0^c) + \mathbf{P}_x(\Lambda_0 \setminus \Lambda_1) = \mathbf{P}_x(\Lambda_0 \setminus \Lambda_1).$$

由 A 与 B 互为修正的假设及右连续性, 下面 $x \in E$ 的函数 $g(x) = \mathbf{P}_x(\Lambda_0 \setminus \Lambda_1)$ 是 m-a.e. 等于零的. 易知, $g|_{E\setminus N_0}$ 是限制过程 $X_{E\setminus N_0}$ 的过分函数, 针对右过程 $X_{E\setminus N_0}$, 利用定理 2.2.1 有 $g = 0$ q.e. $(E \setminus N_0)$, 所以存在一个 m- 极集 N_1, 使得 $g(x) = 0\,(x \in E \setminus N_1)$. 再根据定理 2.2.3, 存在包含 $N_0 \cup N_1$ 的真例外集 N. 此 Λ 与 N 即为所求. □

如果对任何 $\omega \in \Lambda$, $t \in [0,\infty) \mapsto A_t(\omega)$ 是 $[0,\infty]$- 值的连续函数, 则称加泛函 $A = (A_t)$ 为**正连续的***. 记 $\mathbf{A}_c^+$ 为正连续的加泛函的全体, 所关心的是 $\mathbf{A}_c^+$ 中等价类的集合.

一个简单的正连续加泛函的例子是: 对于 $f \in b\mathscr{B}_+(E)$, 记

$$A_t(\omega) = \int_0^t f(X_s(\omega))ds, \quad t \geqslant 0,\ \omega \in \Omega. \tag{2.3.5}$$

在此情形下, $A_t(\omega)$ 是以 Ω 为定义域的狭义加泛函, 其加性 (2.3.2) 可由等式

$$\int_t^{t+s} f(X_u)du = \int_0^s f(X_u\circ\theta_t)du$$

推出. 特别地, 取在 E 上恒为 1 的函数 1_E, 可以得到一个更简单的正连续加泛函 $A_t = t \wedge \zeta$.

对 $A \in \mathbf{A}_c^+$, $f \in \mathscr{B}_+(E)$, 定义 $f \cdot A$ 为

$$(f \cdot A)_t(\omega) = \int_0^t f(X_s(\omega))dA_s(\omega), \quad t \geqslant 0, \omega \in \Lambda.$$

练习 2.3.1　若 $A \in \mathbf{A}_c^+$, $f \in b\mathscr{B}_+(E)$, 试证 $f \cdot A \in \mathbf{A}_c^+$.

引理 2.3.2　(i) 对 $A \in \mathbf{A}_c^+$, 记 $\varphi(t) = \mathbf{E}_m[A_t]$ $(t \geqslant 0)$. 若 $\varphi(t)$ 在某个点 $t > 0$ 有限, 则对任何 $t > 0$ 都有限. 此时, $\varphi(t)$ 关于 $t \geqslant 0$ 是连续凹函数.

(ii) 对于 $A \in \mathbf{A}_c^+$, $f \in \mathscr{B}_+(E)$ 有

$$\frac{1}{t}\mathbf{E}_m[(f \cdot A)_t] \uparrow, \quad t \downarrow 0. \tag{2.3.6}$$

证明　(i) 设 $c_t(x) = \mathbf{E}_x[A_t]$, 由 (2.3.2) 有

$$\varphi(t+s) = \varphi(t) + \langle mp_t, c_s \rangle, \quad t, s \geqslant 0. \tag{2.3.7}$$

---

* 正连续加泛函是英文 positive continuous additive functional 的字面意思, 若更精确的翻译应该是非负连续加泛函, 因为它未必是严格正的. —— 译者

因为 m 是过分的, 所以 $\varphi(t+s) \leqslant \varphi(t)+\varphi(s)(t,s \geqslant 0)$. 这与 φ 是递增的性质结合可推出 (i) 的第一个结论. 下面设对任何 $t \geqslant 0$, $\varphi(t)<\infty$, 则 φ 显然是连续的. 再由 m 的过分性, 测度 mp_t 关于 t 递减, 所以当 $0<t<t'$, $s>0$ 时, 由式 (2.3.7) 可知

$$\varphi(t'+s)-\varphi(t') \leqslant \varphi(t+s)-\varphi(t)$$

成立. 取 $t'=t+s$, 就有

$$\frac{1}{2}(\varphi(t+2s)+\varphi(t)) \leqslant \varphi\left(\frac{(t+2s)+t}{2}\right), \quad s,t>0,$$

即 φ 关于中点满足凹性, 再由连续性推出 φ 是凹函数.

(ii) 设 $A \in \mathbf{A}_c^+$, 如果 $f \in b\mathscr{B}_+(E)$. 由练习 2.3.1 知 $f\cdot A \in \mathbf{A}_c^+$. 记 $\varphi(t)=\mathbf{E}_m[(f\cdot A)_t]$, 如果存在 $t>0$, 使得 $\varphi(t)<\infty$, 则由 (i) 可知, φ 在 $[0,\infty)$ 上是凹的, 因为 $\varphi(0)=0$, 当 $0<s<t$ 时有 $\varphi(s) \geqslant \dfrac{s}{t}\varphi(t)$, 即单调性 (2.3.6) 成立. 当 $\varphi \equiv \infty$ 时, 单调性是显然的. 对一般的 $f \in \mathscr{B}_+(E)$, 取 $f_n = f \wedge n$, 则当 $n \to \infty$ 时,

$$\mathbf{E}_m[(f_n \cdot A)_t] \uparrow \mathbf{E}_m[(f \cdot A)_t],$$

从而由 f_n 满足 (2.3.6) 推出 f 也满足. □

定理 2.3.1 (i) 对于 $A \in \mathbf{A}_c^+$, 存在 $(E,\mathscr{B}(E))$ 上唯一的测度 μ_A, 使得

$$\int_E f(x)\mu_A(dx) = \lim_{t\downarrow 0}\frac{1}{t}\mathbf{E}_m\left[\int_0^t f(X_s)dA_s\right], \quad \forall f \in \mathscr{B}_+(E). \tag{2.3.8}$$

(ii) 对 $A,B \in \mathbf{A}_c^+$, 若 $A \sim B$, 则 $\mu_A=\mu_B$. 对 $A \in A_c^+$, μ_A 在半极集上的值为零, 在 m- 极集上的值也为零.

(iii) 当 $A \in \mathbf{A}_c^+$, $f \in b\mathscr{B}_+(E)$ 时, 在 (i) 的意义下, $f\cdot A \in \mathbf{A}_c^+$ 对应的测度是 $f\cdot\mu_A$.

(iv) 对于 $A \in \mathbf{A}_c^+$, $f \in b\mathscr{B}_+(E)$ 有

$$\int_E f(x)\mu_A(dx) = \lim_{\alpha\to+\infty}\alpha\mathbf{E}_m\left[\int_0^\infty \mathrm{e}^{-\alpha t}f(X_t)dA_t\right]. \tag{2.3.9}$$

证明 (i) 根据引理 2.3.2, 对于 $B \in \mathscr{B}(E)$, 取 $f=1_B$ 时, (2.3.8) 右边的值是确定的, 将其定义为 μ_A, 则交换单调极限可得 μ_A 的可列可加性, 进一步可以证明 μ_A 满足 (2.3.8).

(ii) 根据引理 2.3.1, 半极集的性质 (引理 2.2.6) 及 m- 极集的定义 2.2.3 即可推出.

(iii) 可由 (i) 推出.

(iv) 只需针对 $f \in b\mathscr{B}_+(E)$ 证明. 记 $\varphi(t) = \mathbf{E}_m[(f \cdot A)_t]$, 分部积分再取期望得

$$\mathbf{E}_m\left[\int_0^t \mathrm{e}^{-\alpha s} f(X_s) dA_s\right] = \mathrm{e}^{-\alpha t}\varphi(t) + \alpha \int_0^t \mathrm{e}^{-\alpha s}\varphi(s) ds.$$

根据引理 2.3.2, 若对某个 $t > 0$, $\varphi(t)$ 有限, 则对所有 $t > 0$, $\varphi(t)$ 有限且 $\varphi(t) \leqslant \varphi(1)t (t \geqslant 1)$. 因此, 上式两边乘 α, 令 $t \to \infty$ 推出

$$\alpha \mathbf{E}_m\left[\int_0^\infty \mathrm{e}^{-\alpha s} f(X_s) dA_s\right] = \alpha^2 \int_0^\infty \mathrm{e}^{-\alpha s}\varphi(s) ds < \infty. \tag{2.3.10}$$

当 $\alpha \to \infty$ 时, 由于式 (2.3.10) 右边递增地按 (2.3.8) 的意义趋向于 $\int_E f d\mu_A$. 当 $\varphi \equiv \infty$ 时, (2.3.9) 自明. □

称由 (2.3.8) 定义的测度 μ_A 为 $A \in \mathbf{A}_c^+$ 的**Revuz 测度**. 该测度源于 D.Revuz[45] 1970 年引入的一个概念. $A_t = t \wedge \zeta$ 是最简单的正连续加泛函, 根据引理 2.2.3, 其 Revuz 测度就是 m, 所以对于 $f \in b\mathscr{B}_+(E)$, 由 (2.3.5) 给定的正连续加泛函的 Revuz 测度就等于 $f \cdot m$. 但在 5.4 节中将会看到 $A \in \mathbf{A}_c^+$ 的 Revuz 测度一般不一定关于 m 绝对连续.

第 3 章　右过程的暂留性、常返性与既约性

3.1　暂留的右过程在无穷远处的流出

设 E 为 Lusin 空间, $X = (X_t, \zeta, \mathbf{P}_x)$ 为 E 上的右过程, $\{p_t : t \geqslant 0\}$ 为其转移函数. 本节自始至终, m 是 E 上一个固定的 $\{p_t : t > 0\}$ 的 σ- 有限的过分测度.

定义 3.1.1　当 $\{p_t : t \geqslant 0\}$ 在定义 1.1.2, 定义 1.1.3 及 (1.1.10) 的意义下分别为暂留、常返、既约与既约常返时, 称相应**右过程为暂留、常返、既约与既约常返的**.

本节将根据样本轨道的行为特征考虑 X 的暂留性. 对于 $B \in \mathscr{B}^n(E)$, 设 σ_B 为 (1.4.10) 定义的 B 的首达时间, 定义 B 的末离时为

$$L_B = \sup\{t : X_t \in B\}, \quad \sup\varnothing = 0. \tag{3.1.1}$$

设 $\{\mathscr{F}_t\}_{0 \leqslant t \leqslant \infty}$ 为 $\{X_t\}$ 所适应的最小完备流, 则 σ_B 是 $\{\mathscr{F}_t\}$- 停时, L_B 是 $\mathscr{F}_\infty$- 可测的. 为了证明第一个主要结果, 需要准备如下引理:

引理 3.1.1　设 g 为有界过分函数, 对某个 $x_0 \in E$ 有 $\lim\limits_{t\to\infty} p_t g(x_0) = 0$. 记 $g_n = n(g - p_{1/n} g)$, 则 g_n 非负有界且

$$Rg_n(x_0) = n\int_0^{1/n} p_s g(x_0) ds \uparrow g(x_0), \quad n \to \infty.$$

证明　对任何 $t > 1/n$,

$$\begin{aligned}\int_0^t p_s g_n(x_0) ds &= n\int_0^t p_s g(x_0) ds - n\int_{1/n}^{t+1/n} p_s g(x_0) ds \\ &= n\int_0^{1/n} p_s g(x_0) ds - n\int_t^{t+1/n} p_s g(x_0) ds.\end{aligned}$$

由假设及中值定理, 最后的一项在 $t \to \infty$ 时的极限是零, 所以令 $t \to \infty$ 得

$$Rg_n(x_0) = n\int_0^{1/n} p_s g(x_0) ds.$$

上式在 $n \to \infty$ 时递增收敛到 $g(x)$. □

定理 3.1.1　下列条件等价:

(i) X 是暂留的;

(ii) 存在满足 $B_n \uparrow E$ 的 Borel 精细开集列 $\{B_n\}$ 与 m- 极集 N, 使得对任何 $x \in E \setminus N, n \geqslant 1$ 有

$$\mathbf{P}_x(L_{B_n} < \infty) = 1. \tag{3.1.2}$$

证明　(i)⇒(ii)　设 f 是 E 上的 m- 可积的 Borel 可测函数, 并且对任何 $x \in E$ 有 $f(x) > 0$. 记 $N = \{x \in E : Rf(x) = \infty\}$, 则

$$\mathbf{P}_m(\sigma_N < \infty) = 0, \quad Rf(x) > 0, \ x \in E. \tag{3.1.3}$$

事实上, 在 (i) 的假设之下, 由命题 1.1.1 有 $m(N) = 0$. 再者, Rf 是过分函数, 则由定理 2.2.1, 它是精细连续的. 特别地, N 是精细闭集, 因而由引理 2.2.2,

$$\mathbf{P}_x(X_{\sigma_N} \in N, \sigma_N < \infty) = \mathbf{P}_x(\sigma_N < \infty), \quad x \in E.$$

又由 (1.4.20) 可得

$$\infty > Rf(x) \geqslant \mathbf{E}_x[Rf(X_{\sigma_N}); \sigma_N < \infty], \quad x \in E \setminus N,$$

从而由上述两个关系式可知 $\mathbf{P}_x(\sigma_N < \infty) = 0 (x \in E \setminus N)$, 推出 N 是 m- 极集, 即 (3.1.3) 的前半部分成立. 另一方面, 由转移函数的连续性, $\lim\limits_{t \downarrow 0} p_t 1(x) = 1 (x \in E)$, 对任何 $x \in E$, $R1(x) > 0$. 因为 f 在 E 上处处正, 故 Rf 也必定处处正.

现在记 $B_n = \left\{x \in E: \ Rf(x) > \dfrac{1}{n}\right\} (n = 1, 2, \cdots)$, 则 B_n 是递增收敛到 E 的 Borel 可测的精细开集列. 对于每个 n, 由 (1.4.20),

$$p_t(Rf)(x) \geqslant \mathbf{E}_x[(Rf)(X_{t+\sigma_{Bn} \circ \theta_t})] \geqslant \frac{1}{n} \mathbf{P}_x(\sigma_{B_n} \circ \theta_t < \infty).$$

当 $x \in E \setminus N$ 时, 由引理 3.1.1, $\lim\limits_{t \to \infty} p_t(Rf)(x) = 0$, 故 $\mathbf{P}_x(\sigma_{B_n} \circ \theta_l < \infty, \forall l) = 0$, 即 $\mathbf{P}_x(L_{B_n} < \infty) = 1$.

(ii)⇒(i)　假设 (ii) 成立, 记

$$\varphi_k(x) = \mathbf{P}_x(\sigma_{B_k} < \infty) = \mathbf{P}_x(L_{B_k} > 0), \quad x \in E, \ k \geqslant 1, \tag{3.1.4}$$

则 φ_k 是过分函数. 由 (3.1.2), 当 $x \in E \setminus N$ 时, 对每个 k,

$$p_t \varphi_k(x) = \mathbf{P}_x(L_{B_k} \circ \theta_t > 0) = \mathbf{P}_x(L_{B_k} > t) \to 0, \quad t \to \infty. \tag{3.1.5}$$

因为 $\{B_k\}$ 是递增到 E 的精细开集, 所以 $\varphi_k(x) \uparrow 1 (k \uparrow \infty)$. 在此, 记 $g_{n,k} = n(\varphi_k - p_{1/n}\varphi_k)$, 则 $0 \leqslant g_{n,k} \leqslant n$, 由引理 3.1.1 可知, 当 $n \to \infty$ 时, $Rg_{n,k}(x) \uparrow \varphi_k(x) \leqslant 1 (x \in E \setminus N)$. 因此, 对任何 $x \in E \setminus N$, 存在 $n, k \geqslant 1$, 使得 $Rg_{n,k}(x) > 0$.

现在定义 E 上的函数 h 为

$$h(x) = \sum_{n,k\geqslant 1} \frac{1}{n2^{n+k}} g_{n,k}(x), \quad x \in E,$$

则有

$$0 \leqslant h(x) \leqslant 1,\ x \in E, \quad 0 < Rh(x) \leqslant 1,\ x \in E \setminus N.$$

此时, 对任何 $x \in E \setminus N$, 存在 $t > 0$, 使得 $s_t h(x)$ 为正, 从而有 $R_1 h(x) > 0$. 取 E 上一个严格正的 Borel 可测函数 $f \in L^1(E, m)$, 记 $g(x) = R_1 h(x) \wedge f(x)(x \in E)$, 则 g 是 $E \setminus N$ 上严格正的 m- 可积 Borel 可测函数. 根据预解方程 (1.1.2),

$$Rg(x) \leqslant RR_1 h(x) = Rh(x) - R_1 h(x) \leqslant Rh(x) \leqslant 1, \quad x \in E \setminus N.$$

因为 $m(g = 0) = 0$, $Rg < \infty\ [m]$, 故 $\{p_t\}$ 的暂留性得以证明. □

推论 3.1.1 若右过程 X 满足

$$\mathbf{P}_x(\zeta < \infty) \text{ q.e. } x \in E, \tag{3.1.6}$$

则 X 是暂留的.

事实上, (3.1.6) 是 (3.1.2) 的特殊场合.

定理 3.1.1 (ii) 表示, 若右过程 X 的样本轨道的生命时间是无穷大, 则当 $t \to \infty$ 时, X 在 "远方" 流出. 在状态空间 E 是局部紧的情形下, 这种特征可以更清晰地表示出来.

当 E 为非紧的局部紧空间时, 记其无穷远点为 Δ, E_Δ 的子集 U 称为 Δ 的邻域, 如果 $\Delta \in U$ 且 $E \setminus U$ 是紧集. 下面叙述的定理可由如下关于转移函数的条件以及定理 3.1.1 得到:

定义 3.1.2 称 X 的预解有 **Feller 性**, 如果

(F) $\forall \alpha > 0,\ R_\alpha(bC(E)) \subset bC(E)$.

定理 3.1.2 设 E 是局部紧的可分度量空间, X 的预解有 Feller 性 (F), 则如下两个条件等价:

(i) X 是暂留的;

(ii) (无穷时间后自远处流出) 存在某 m- 极集 $N \in \mathscr{B}(E)$, 使得

$$\mathbf{P}_x\Big(\lim_{t\to\infty} X_t = \varDelta, \zeta = \infty\Big) = \mathbf{P}_x(\zeta = \infty), \quad x \in E \setminus N. \tag{3.1.7}$$

证明 (i)⇒(ii) 与定理 3.1.1 相应部分的证明一样. 取 f 为 E 上有界的严格正 m- 可积连续函数, 则在 (F) 下, $R_\alpha f \in bC(E)$, 从而设 $\alpha \to \infty$, 则 Rf 在 E 上下半连续, 如同定理 3.1.1 的证明中所述, $\{B_n\}$ 是递增到 E 的开集列. 如果 E 是局部紧的, 则任何一个紧集 K 都会包含在某个 B_n 中. 因此, 由定理 3.1.1,

$$\mathbf{P}_x(L_K < \infty) = 1, \quad x \in E \setminus N. \tag{3.1.8}$$

由此推出 (3.1.7).

(ii)⇒(i) 对任何紧集 K, 由 (3.1.7),

$$\mathbf{P}_x(L_K < \infty, \zeta = \infty) = \mathbf{P}_x(\zeta = \infty), \quad x \in E \setminus N,$$

而下式是显然的：

$$\mathbf{P}_x(L_K < \infty, \zeta < \infty) = \mathbf{P}_x(\zeta < \infty), \quad x \in E \setminus N,$$

从而 (3.1.8) 成立. 那么取递增到 E 的相对紧开集列 $\{B_n\}$, 推出定理 3.1.1 (ii) 成立, 从而可得 (i), 即 $\{p_t\}$ 是暂留的. □

例 3.1.1 (暂留的 Lévy 过程) 设 $\mathbb{R}^d$ 上的 Markov 过程 X 为 Lévy 过程, 即转移函数为空间齐次的 Hunt 过程. 根据其预解方程

$$R_\alpha f(x) = \int_{\mathbb{R}^d} R_\alpha(0, dy) f(x+y), \quad x \in \mathbb{R}^d, \ \alpha > 0$$

可知, X 满足性质 (F). 对于 X, 如下条件等价：

(i) X 是暂留的;

(ii) 对某个 $r > 0$, $R(0, B_r) < \infty$;

(iii) 对任何 $x \in \mathbb{R}^d$,

$$\mathbf{P}_x\left(\lim_{t\to\infty} X_t = \Delta\right) = 1; \tag{3.1.9}$$

(iv) $\mathbf{P}_0\left(\lim_{t\to\infty} X_t = \Delta\right) = 1$.

这里, 由定理 1.2.1 可知 (i) 和 (ii) 的等价性. 该 X 满足定理 3.1.2 的条件, 并且是保守的, 所以只需证明如果 (3.1.9) 对于某 m- 极集 $N \subset \mathbb{R}^d$ 之外的点 $x \in \mathbb{R}^d$ 成立, 则对任何 $x \in \mathbb{R}^d$ 也成立. 因为 X 有空间齐次性 (1.4.25), 故若选取一个 $x_0 \in \mathbb{R}^d$, 使得 (3.1.9) 成立, 则对任何 $x \in \mathbb{R}^d$,

$$\mathbf{P}_x\left(\lim_{t\to\infty} X_t = \Delta\right) = \mathbf{P}_{x_0}\left(\lim_{t\to\infty} (X_t - (x - x_0)) = \Delta\right) = 1.$$

特别地, 取 $x = 0$ 时即为 (iv), 而 (iv) 同样可以推出 (iii). □

下面考虑在定义 2.2.4 的转移函数 $\{p_t : t \geqslant 0\}$ 的绝对连续性的条件 (AC), 而不具备空间齐次性的情形下, 如何得到没有例外集 N 的上述两个定理.

定理 3.1.3 设转移函数 $\{p_t : t \geqslant 0\}$ 满足条件 (AC), 则如下两个条件等价：

(i) X 是暂留的;

(ii) 存在满足 $B_n \uparrow E$ 的 Borel 精细开集列 $\{B_n\}$, 使得对任何 $x \in E$, $n = 1, 2, \cdots$, 有

$$\mathbf{P}_x(L_{B_n} < \infty) = 1. \tag{3.1.10}$$

证明 为区别起见, 将定理 3.1.1 (ii) 和上述条件 (ii) 分别记为 $(\text{ii})_\text{w}$ 和 $(\text{ii})_\text{s}$. 只需证明在转移函数在 (AC) 的假设下, $(\text{ii})_\text{w}$ 可以推得 $(\text{ii})_\text{s}$ 即可.

假设 $(\text{ii})_\text{w}$ 与 (AC) 成立. 根据 (3.1.4), 定义 $\varphi_k (k \geqslant 1)$, 则 (3.1.5) 对于任何 $x \in E \setminus N$ 都成立. 因为 $m(N) = 0$, 由 (AC) 可知, 对任何 $x \in E$,

$$\lim_{t\to\infty} p_t\varphi_k(x) = \lim_{t\to\infty} p_{1+t}\varphi_k(x) = \lim_{t\to\infty} \int_{E\setminus N} p_1(x, dy) p_t\varphi_k(y) = 0,$$

从而在定理 3.1.1 的证明的后面所构造的 h 满足

$$0 \leqslant h(x) \leqslant 1, \quad 0 < Rh(x) \leqslant 1, \quad x \in E. \tag{3.1.11}$$

特别地, 对任何 $x \in E$ 有 $\lim\limits_{t\to\infty} p_t(Rh)(x) = 0$.

将其中集列 $\{B_n\}$ 改写为

$$B_n = \left\{ x \in E : Rh(x) > \frac{1}{n} \right\}, \quad n = 1, 2, \cdots. \tag{3.1.12}$$

类似于定理 3.1.1 前半部分的证明方法可证 $\{B_n\}$ 满足 (3.1.10). □

定义 3.1.3 称如下条件为 X 的位势算子 R 的**下半连续性**(LSC): 对于 E 上任意非负 Borel 函数 f, Rf 在 E 上是下半连续的.

定理 3.1.4 设 E 为局部紧可分度量空间, 右过程 X 满足性质 (AC) 与 (LSC), 则如下两个条件等价:

(i) X 是暂留的;

(ii) (无穷时间后自远处流出)

$$\mathbf{P}_x\Big(\lim_{t\to\infty} X_t = \Delta, \zeta = \infty \Big) = \mathbf{P}_x(\zeta = \infty), \quad x \in E. \tag{3.1.13}$$

证明 (ii)⇒(i) 可由定理 3.1.2 推得.

反之, 假设 (i) 成立, 则定理 3.1.1 (ii) 成立, 并且可以在条件 (AC) 下构造定理 3.1.3 的证明中满足 (3.1.11) 的函数 $h \in \mathscr{B}(E)$. 再在条件 (LSC) 下, 对于该 h, 由 (3.1.12) 定义的集合列 $\{B_n\}$ 不仅满足 (3.1.10), 还是递增到 E 的开集列, 所以 (3.1.8) 对任何 $x \in E$ 都成立, 即 (ii). □

最后, 需要注意的是, 在本书中, 虽然定义 1.1.2 关于转移函数 $\{p_t\}$ 的暂留性是与过分测度 m 相关联的, 是在假设存在满足 $g > 0$ $[m]$ 的函数 $g \in L^1(E, m)$, 使得 $Rg < \infty$ $[m]$ 成立的条件下定义的, 但是也可以有与过分测度无关的定义:

$$\exists g \in \mathscr{B}_+(E),\ g(x) > 0\ (\forall x \in E), \text{ 使得 } Rg(x) < \infty\ (\forall x \in E). \tag{3.1.14}$$

练习 3.1.1　对于右过程 X, 条件 (3.1.14) 成立的充分必要条件是定理 3.1.1 (ii) 对任何 $x \in E$ 成立. 将定理 3.1.1 的证明略作修改证明之.

3.2　右过程的既约性、既约常返性和样本轨道的行为

设 E 为 Lusin 空间, $X = (X_t, \zeta, \mathbf{P}_x)$ 为 E 上的右过程, $\{p_t\}$ 为其转移函数. 在本节, 自始至终, m 都是 E 上一个固定的 $\{p_t\}$ 的 σ- 有限的过分测度.

引理 3.2.1　设 X 是既约常返的, 则任意有界过分函数 u 满足对任何 $t>0$ 有

$$p_t u(x) = u(x), \quad \text{q.e. } x \in E. \tag{3.2.1}$$

证明　记 $\psi(x) = \lim\limits_{t\to\infty} p_t u(x)$ $(x \in E)$, 则对任何 $s > 0$, $p_s\psi = \lim\limits_{t\to\infty} p_s(p_t u) = \psi$. 记 $f = u - \psi \geqslant 0$, 则当 $t \downarrow 0$ 时, $p_t f = p_t u - p_t\psi = p_t u - \psi \uparrow u - \psi = f$, 即 f 是有界过分的且满足 $\lim\limits_{t\to\infty} p_t f(x) = 0$ $(\forall x \in E)$. 记 $f_n = n(f - p_{1/n} f)$, 则

$$Rf_n = n\int_0^{1/n} p_s f ds.$$

由引理 3.1.1, 当 $n \to \infty$ 时, $Rf_n \uparrow f$. 如果集合 $A_n = \{x \in E : f_n > 0\}$ 的 m- 测度为正, 则根据 $\{p_t\}$ 的既约常返性的假设 (1.1.10) 知, $f \geqslant Rf_n = \infty$ m-a.e.. 这与 f 的有界性相矛盾, 从而 $m(A_n) = 0$, 即对任何 n, $f_n = 0$ m-a.e.. 又因为 f 是过分的, 所以有 $u = \psi$ q.e., 显然有 (3.2.1) 成立. □

当右过程 X 对 q.e. $x \in E$ 满足

$$\mathbf{P}_x(\zeta = \infty) = 1 \tag{3.2.2}$$

时, 称之为**弱保守的**. 特别地, 当 (3.2.2) 对任何 $x \in E$ 都成立时, 则称之为保守 (见练习 1.4.3). 这里考虑 $B \in \mathscr{B}^n(E)$ 的首达分布 $p_B(x) = \mathbf{P}_x(\sigma_B < \infty)$ $(x \in E)$.

定理 3.2.1　设右过程 X 是既约常返的, 则它满足如下条件:

(i) X 是弱保守的;

(ii) 任何过分函数在 E 上 q.e. 都等于常数;

(iii) 如果 $B \in \mathscr{B}^n(E)$ 不是 m- 极集, 则

$$p_B(x) = 1, \quad \text{q.e. } x \in E. \tag{3.2.3}$$

证明　(i) 因为 1 是有界的过分函数, 由 (3.2.1), 对任何 $t>0$, $p_t 1 = 1$ q.e., 从而

$$\mathbf{P}_x(\zeta = \infty) = \lim_{N\to\infty} p_N 1(x) = 1, \quad \text{q.e.},$$

即 X 是弱保守的.

(ii) 如果存在过分函数 u q.e. 不是常数, 那么也 m-a.e. 不是常数, 因此, 存在两个常数 $0 < a < b$, 精细开集 $A = \{u < a\}$, $B = \{u > b\}$ 均有正的 m- 测度. 由练习 2.1.2, $u \wedge b$ 是过分的, 从而根据 (3.2.1), 对任何 $t > 0$ 有 $u \wedge b = p_t(u \wedge b)$ q.e.. 特别地, 对于 q.e. $x \in B$,

$$b = u(x) \wedge b = \mathbf{E}_x[u(X_t) \wedge b], \quad \forall t > 0.$$

由定理 2.1.1 推出对 q.e. $x \in B$ 有 $\mathbf{P}_x(X_t \in A, \exists t \geqslant 0) = 0$, 从而 $R1_A(x) = 0$. 取严格正的有界 m- 可积函数 f, 记 $g = f \cdot 1_A$, 则 $m(g > 0) > 0$. 但对于 q.e. $x \in B$, $Rg(x) = 0$, 这与转移函数的既约常返性矛盾.

(iii) 因为 p_B 是有界过分函数, 根据 (ii) 及定理 2.2.3, 对某个常数 $c > 0$ 与真例外集 N, $p_B(x) = c$ $(x \in E \setminus N)$ 成立. 对任何 $t > 0$, $x \in E \setminus N$ 有

$$\begin{aligned} c &= \mathbf{P}_x(\sigma_B < \infty) = \mathbf{P}_x(\sigma_B \leqslant t) + \mathbf{P}_x(t < \sigma_B < \infty) \\ &= \mathbf{P}_x(\sigma_B \leqslant t) + \mathbf{E}_x[\mathbf{P}_{X_t}(\sigma_B < \infty); X_t \in E \setminus N, t < \sigma_B] \\ &= \mathbf{P}_x(\sigma_B \leqslant t) + c\mathbf{P}_x(t < \sigma_B). \end{aligned}$$

设 $t \to \infty$, 可得 $c(1-c) = 0$, 因为 $c > 0$, 所以 $c = 1$. □

定理 3.2.2 如下条件等价:

(i) X 是既约常返的;

(ii) 如果 $B \in \mathscr{B}^n(E)$ 不是 m- 极集, 则

$$\mathbf{P}_x(L_B = \infty) = 1, \quad \text{q.e. } x \in E, \tag{3.2.4}$$

其中 L_B 是由 (3.1.1) 定义的 B 的末离时.

如果 X 还满足定义 3.1.3 中的条件 (LSC), 则上述两个条件分别与下列条件也是等价的:

(iii) 若 $B \subset E$ 是开集且 $m(B) > 0$, 则

$$\mathbf{P}_x(L_B = \infty) = 1, \quad \text{q.e. } x \in E. \tag{3.2.5}$$

证明 (i)⇒(ii) 根据定理 3.2.1 (i), (iii) 及 X 的 Markov 性可知

$$\mathbf{P}_x(\sigma_B \circ \theta_n < \infty) = p_n(p_B(x)) = p_n 1(x) = 1, \quad \text{q.e. } x \in E,$$

从而 $\mathbf{P}_x(\sigma_B \circ \theta_n < \infty, \forall n) = 1$ q.e. $x \in E$, 这正是性质 (ii).

(ii)⇒(i) 假设 (ii) 成立. 特别地, 因为 (3.2.4) 关于 $B = E$ 成立, 故对任何 $t > 0$ 有

$$1 = \mathbf{P}_x(\sigma_B \circ \theta_t < \infty) \leqslant \mathbf{P}_x(t < \zeta), \quad \text{q.e. } x \in E,$$

即 X 是弱保守的. 可以取某个 m- 极集 N_1, 使得 (3.2.2) 对任何 $x \in E \setminus N_1$ 都成立. 再由命题 1.1.3, 对任何 Borel 函数 $f \in L^1_+(E,m)$, 只需证明 $m(Rf>0)>0$ 蕴涵着 $Rf=\infty$ q.e. 即可.

记 $B=\{x\in E: Rf(x)>a\}$, 则存在 $a>0$, 使得 $m(B)>0$. 因为 B 是 Borel 的精细开集, 从而不是 m- 极集. 由假设 (ii), 存在某个 m- 极集 N_2, 使得 B 对所有 $x\in E\setminus N_2$ 都满足 (3.2.4). 对任何 $t>0$, 根据 X 的 Markov 性, 式 (1.4.20) 及 Rf 沿样本轨道的右连续性 (定理 2.1.1), 对任何 $x\in E\setminus(N_1\cup N_2)$ 有

$$
\begin{aligned}
\mathbf{E}_x\left[\int_{t+\sigma_B\circ\theta_t}^{\infty} f(X_s)ds\right] &= \mathbf{E}_x\left\{\mathbf{E}_{X_t}\left[\int_{\sigma_B}^{\infty} f(X_s)ds\right];t<\zeta\right\} \\
&= \mathbf{E}_x\{\mathbf{E}_{X_t}[Rf(X_{\sigma_B});\sigma_B<\infty];t<\zeta\} \\
&\geqslant a\mathbf{E}_x[\mathbf{P}_{X_t}(\sigma_B<\infty);t<\zeta] \\
&= a\mathbf{P}_x(\sigma_B\circ\theta_t<\infty,t<\zeta)=a,
\end{aligned}
$$

从而对任何 $x\in E\setminus(N_1\cup N_2)$,

$$
\begin{aligned}
Rf(x) &\geqslant \mathbf{E}_x\left[\int_0^t f(X_s)ds\right]+\mathbf{E}_x\left[\int_{t+\sigma_B\circ\theta_t}^{\infty} f(X_s)ds\right] \\
&\geqslant \mathbf{E}_x\left[\int_0^t f(X_s)ds\right]+a.
\end{aligned}
$$

令 $t\to\infty$, 则对任何 $x\in E\setminus(N_1\cup N_2)$ 有 $Rf(x)\geqslant Rf(x)+a$, 因此, $Rf(x)=\infty$ q.e..

(ii)⇒(iii) 是显然的, 因为在条件 (LSC) 下, (ii)⇒(i) 的证明中的集合 $B=\{Rf>a\}$ 是开集. 用同样的方法可以证明 (iii)⇒(i). □

下面给出转移函数既约的右过程的刻画. 不管怎样, 既约性总要弱于既约常返性.

定理 3.2.3 下列条件等价:

(i) X 是既约的;

(ii) 如果 $B\in\mathscr{B}^n(E)$ 不是 m- 极集, 则

$$
p_B(x)>0, \quad \text{q.e. } x\in E. \tag{3.2.6}
$$

如果 X 满足条件 (LSC), 则上述两个条件分别等价于

(iii) 如果 B 是 E 的开子集且 $m(B)>0$, 则

$$
p_B(x)>0, \quad \text{q.e. } x\in E. \tag{3.2.7}
$$

证明 (i)⇒(ii) 设 $B\in\mathscr{B}^n(E)$ 不是 m- 极集, 记

$$A = \{x \in E : p_B(x) > 0\},$$

则 $m(A) > 0$. 对任何 n, 记 $A_n = \{x \in E : p_B(x) \geqslant 1/n\}$ 是精细闭集, 并且当 $x \in A^c$ 时, 由引理 2.2.2,

$$\begin{aligned} p_{A_n}(x) &= \mathbf{P}_x(\sigma_B = \infty, \sigma_{A_n} < \infty) \\ &= \mathbf{E}_x[\mathbf{P}_{X_{\sigma_{A_n}}}(\sigma_B = \infty); \sigma_{A_n} < \infty] \leqslant \left(1 - \frac{1}{n}\right) p_{A_n}(x), \end{aligned}$$

所以 $p_{A_n}(x) = 0$ $(x \in A^c)$. 设 $n \to \infty$ 可得 $p_A(x) = 0$ $(x \in A^c)$. 也就是说, A^c 是精细开集, 并且是 X- 不变集.

假设 $\{p_t\}$ 是既约的, 则 $m(A) > 0$ 蕴涵有 $m(A^c) = 0$. 因为 A^c 是精细开集, 根据定理 2.2.2 可知, A^c 是 m- 极集, 即 (3.2.6).

(ii)⇒(i) 设 (ii) 成立, $A \in \mathscr{B}(E)$ 是 $\{p_t\}$- 不变的, 并记 $B = E \setminus A$. 假设 $m(B) > 0$, 只需证 $m(A) = 0$ 即可. 取 E 上严格正的 m- 可积函数 f, 记 $g = 1_B \cdot f$, 则 $\int_B gdm > 0$. 根据 (1.1.11) 有 $\int_E Rgdm > 0$, 从而对适当的 $a > 0$, $C := \{Rg > a\}$ 是 m- 测度为正的精细开集, 而非 m- 极集. 另外, 对任何 $x \in A$, 由 (1.4.20) 及定理 2.1.1 有

$$0 = Rg(x) \geqslant \mathbf{E}_x[Rg(X_{\sigma_C}), \sigma_C < \infty] \geqslant a \cdot p_C(x),$$

于是可知在 $x \in A$, $p_C(x) = 0$. 由 (ii) 的假设即得 $m(A) = 0$.

定理的后半部分可与定理 3.2.2 完全类似地加以证明. □

根据定义 2.2.3 的意义, 假设预解有绝对连续性 (AC)′, 则可以将上述结论中的 “去掉一个 m- 极集成立” 置换为 “对所有 x 成立”. 虽然只是重复, 但还是重述定理 2.2.4, 在 (AC)′ 下, m- 极集等同于极集, 并且若 α- 过分函数 f, g 满足 $f \geqslant g$ $[m]$, 则有 $f \geqslant g$.

引理 3.2.2 设 X 是既约常返的且满足 (AC)′, 则任意有界过分函数 u 满足对任何 $t > 0$ 有

$$p_t u(x) = u(x), \quad x \in E. \tag{3.2.8}$$

定理 3.2.4 设右过程 X 是既约常返的且满足 (AC)′, 则它满足如下条件:

(i) X 是保守的;

(ii) 任何过分函数在 E 上等于常数;

(iii) 如果 $B \in \mathscr{B}^n(E)$ 不是极集, 则

$$p_B(x) = 1, \quad x \in E. \tag{3.2.9}$$

定理 3.2.5 设预解满足 (AC)′, 则如下条件等价：
(i) X 是既约常返的;
(ii) 如果 $B \in \mathscr{B}^n(E)$ 不是极集, 则

$$\mathbf{P}_x(L_B = \infty) = 1, \quad x \in E. \tag{3.2.10}$$

如果 X 还满足条件 (LSC), 则上述两个条件分别与下列条件也是等价的：
(iii) 若 $B \subset E$ 是开集且 $m(B) > 0$, 则

$$\mathbf{P}_x(L_B = \infty) = 1, \quad x \in E. \tag{3.2.11}$$

定理 3.2.6 设预解满足 (AC)′, 则下列条件等价：
(i) X 是既约的;
(ii) 如果 $B \in \mathscr{B}^n(E)$ 不是极集, 则

$$p_B(x) > 0, \quad x \in E. \tag{3.2.12}$$

如果 X 满足条件 (LSC), 则上述两个条件分别等价于
(iii) 如果 B 是 E 的开子集且 $m(B) > 0$, 则

$$p_B(x) > 0, \quad x \in E. \tag{3.2.13}$$

注意到当 X 满足 (AC)′ 时, (3.2.6) 蕴涵着 (3.2.12). 固定 $x \in E$, 由 $\{p_t\}$ 的连续性, 存在 $\alpha > 0$ 满足 $R_\alpha 1(x) > 0$. 记 $E_n = \{p_B > 1/n\}$, 则由 (AC)′ 与 (3.2.6) 有 $\lim_n R_\alpha 1_{E_n}(x) = R_\alpha 1(x)$, 从而对某个 n 有 $R_\alpha 1_{E_n}(x) > 0$, 故

$$p_B(x) \geqslant \alpha R_\alpha p_B(x) \geqslant \frac{\alpha}{n} R_\alpha 1_{E_n}(x) > 0.$$

例 3.2.1 (Lévy 过程的既约性与既约常返性) 设 X 为 $\mathbb{R}^d$ 上的 Lévy 过程. 对于 $x \in \mathbb{R}^d$, $r > 0$, 记 $B_r(x) = \{y \in \mathbb{R}^d : |y - x| < r\}$ 及

$$\Sigma = \{x \in \mathbb{R}^d :\ \forall r > 0, p_{B_r(x)}(0) > 0\}. \tag{3.2.14}$$

称 Σ 为 Lévy 过程 $(X_t, \mathbf{P}_x)$ 的**支撑**.

首先考虑 X 的既约性与下列条件的关系：
(a.1) $\Sigma = \mathbb{R}^d$;
(a.2) 对任何 $y \in \mathbb{R}^d$, $r > 0$, 下式对任何 $x \in \mathbb{R}^d$ 都成立：

$$p_{B_r(y)}(x) > 0. \tag{3.2.15}$$

根据 X 的空间齐次性, (a.1) 与 (a.2) 等价. 若 X 是既约的, 则 (a.2) 成立, 从而 (a.1) 成立. 事实上, 根据定理 3.2.3, X 既约推出 (3.2.15) 对 q.e. $x \in \mathbb{R}^d$ 成立. 对任

何 $y \in \mathbb{R}^d$, $r > 0$, 设 (3.2.15) 对 $y, r/2$ 及 $x \in \mathbb{R}^d \setminus N$ 成立, 其中 N 为本质极集. 任取 $x_0 \in N$, 因为 N 的 Lebesgue 测度为零, 故可取 $x \in \mathbb{R}^d \setminus N$, 使得 $|x - x_0| < r/2$. 再由 X 的空间齐次性有

$$p_{B_r(y)}(x_0) = p_{B_r(y+(x-x_0))}(x) \geqslant p_{B_{r/2}(y)}(x) > 0.$$

因此, (a.2) 成立.

如果 Lévy 过程 X 满足定义 3.1.3 的条件 (LSC), 则根据定理 3.2.3 的后半部分的结论, (a.2) 可以推出 X 的既约性, 从而 X 的既约性与 (a.1) 等价. 但从下面的论述中会发现 (LSC) 是个较强的条件.

下面考虑 X 的既约常返性与下列条件的关系：

(b.1) 对任何 $x \in \mathbb{R}^d$, $r > 0$, $\mathbf{P}_0(L_{B_r(x)} = \infty) = 1$;

(b.2) 对任何 $y \in \mathbb{R}^d$, $r > 0$, 对所有 $x \in \mathbb{R}^d$ 有

$$\mathbf{P}_x(L_{B_r(y)} = \infty) = 1; \tag{3.2.16}$$

(b.3) 对任何 $r > 0$ 有 $R(0, B_r) = \infty$ 且 $\Sigma = \mathbb{R}^d$.

由 X 的空间齐次性可知, (b.1) 与 (b.2) 是等价的. 如果 X 是既约常返的, 则 (b.2) 成立, 从而 (b.1) 成立的结论可由定理 3.2.2 及类似前面的论述证明. 由该定理的后半部分知, 当 X 满足 (LSC) 时, (b.1) 与既约常返性等价.

另一方面, 考虑定理 1.2.1 与既约性的情形可知, X 的既约常返性可以推出 (b.3), 并且在条件 (LSC) 下, 二者是等价的.

当 X 满足条件 (AC)$'$ 时, 由定理 3.2.5 可知, X 的既约常返性与下列每个条件等价：

(b.4) 若 $B \in \mathscr{B}^n(\mathbb{R}^d)$ 不是极集, 则 $\mathbf{P}_0(L_B = \infty) = 1$;

(b.5) 若 $B \in \mathscr{B}^n(\mathbb{R}^d)$ 不是极集, 则对任何 $x \in \mathbb{R}^d$, $\mathbf{P}_x(L_B = \infty) = 1$.

当 X 是 $\mathbb{R}^d$ 上的复合 Poisson 过程 (见例 1.2.2), Lévy 测度 $n = c\sigma$ 是离散的, 即 σ 是 $\mathbb{R}^d$ 上的概率测度且对某个可数集 C, $\sigma(C) = 1$ 时, 注意到 X 不满足条件 (LSC). 事实上, 设 Σ_0 为 C 生成的 $\mathbb{R}^d$ 的子群, 则 Σ_0 是可数的. 而如同例 1.2.2 中提到的, $p_t(0, \Sigma_0) = 1 (\forall t > 0)$, 从而对任何 $\alpha > 0$, $R_\alpha(0, \Sigma_0) = 1/\alpha$. 又因为

$$R_\alpha 1_{\Sigma_0}(x) = \sum_{y \in \Sigma_0} 1_{\Sigma_0}(x+y) R_\alpha(0, \{y\}) = \begin{cases} 1/\alpha, & x \in \Sigma_0, \\ 0, & x \notin \Sigma_0, \end{cases}$$

设 $\alpha \to 0$, 则

$$R 1_{\Sigma_0}(x) = \begin{cases} \infty, & x \in \Sigma_0, \\ 0, & x \notin \Sigma_0. \end{cases}$$

因此, 不是下半连续的. □

作为本节的结束, 指出一个该注意的事实. 1.1 节中转移函数 $\{p_t : t \geqslant 0\}$ 的既约常返性是相对于过分测度 m 定义的, 并在命题 1.1.3 中给出了它的等价条件. 与 m 无关的既约常返性可以如下定义: 对任何 E 上的非负 Borel 可测函数 f,

$$Rf \equiv \infty \quad 或 \quad Rf \equiv 0. \tag{3.2.17}$$

对状态空间 E 有至少两个点的右过程的情形, 在上述强的定义下, 引理 3.2.1 与定理 3.2.1 的各结论无例外集地成立, 并且该条件与定理 3.2.2(ii) 的结论对任何非极集 B 和所有 $x \in E$ 成立都是等价的, 证明与本节所用的方法几乎完全相同.

3.3 既约常返右过程的遍历性与遍历定理

本节设 E 为局部紧可分的度量空间, m 为 E 上的 Radon 测度, 即对任何紧集 $K \subset E$ 都有 $m(K) < \infty$. 给定 E 上两个右过程 $X = (X_t, \mathbf{P}_x)$ 与 $\widehat{X} = (\widehat{X}_t, \widehat{\mathbf{P}}_x)$, 设其相应的转移函数分别为 $\{p_t : t \geqslant 0\}$ 和 $\{\widehat{p}_t : t \geqslant 0\}$, 再设两者关于 m 对偶, 即满足

$$\int_E \widehat{p}_t f(x) g(x) m(dx) = \int_E f(x) p_t g(x) m(dx), \quad t > 0,\ f, g \in \mathscr{B}_+(E). \tag{3.3.1}$$

称 $\widehat{X}$ 为 X 关于 m 的**对偶过程.** 根据命题 1.1.4, m 是 X 的过分测度. 若记 $\{T_t : t > 0\}$ 为 $\{p_t : t \geqslant 0\}$ 定义的 $L^1(E, m)$ 上的半群, 则它是强连续的.

下面进一步假设 X 是既约常返的. 再由命题 1.1.4 可知, $\widehat{X}$ 也是既约常返的. 特别地, 根据定理 3.2.1, X 与 $\widehat{X}$ 都是弱保守的, 从而由 (3.3.1) 推出

$$\int_E p_t f dm = \int_E \widehat{p}_t 1 \cdot f dm = \int_E f dm, \quad f \in \mathscr{B}_+(E),$$

即 m 是 $\{p_t\}$ 的不变测度,

$$\int_E p_t(x, B) m(dx) = m(B), \quad t > 0,\ B \in \mathscr{B}(E). \tag{3.3.2}$$

由上式可知, 由右过程 $X = (\Omega, \mathscr{M}, X_t, \mathbf{P}_x)$ 确定的过程 $(\Omega, \mathscr{F}^0_\infty, \mathbf{P}_m)$ 是如下意义的平稳过程:

$$\mathbf{P}_m(\theta_t^{-1}\Lambda) = \mathbf{P}_m(\Lambda), \quad t \geqslant 0,\ \Lambda \in \mathscr{F}^0_\infty, \tag{3.3.3}$$

其中 $\mathscr{F}^0_\infty$ 为过程 $\{X_s : s \geqslant 0\}$ 生成的 σ- 代数, $\mathbf{P}_m$ 如下定义:

$$\mathbf{P}_m(\Lambda) = \int_E \mathbf{P}_x(\Lambda) m(dx), \quad \Lambda \in \mathscr{F}^0_\infty,$$

并且 θ_t 是 Ω 上的推移算子. 注意: $\mathbf{P}_m$ 是 $(\Omega, \mathscr{F}^0_\infty)$ 上的 σ- 有限测度, 但不一定有限. 本节的目的在于证明该过程的遍历性, 顺便证明遍历定理.

引理 3.3.1 若 $u \in L^1_+(E;m)$ 是 $\{T_t\}$- 不变的, 即对任何 $t>0$, $T_t u = u$, 则 u 为常数函数.

证明 根据定理 3.2.1 (ii), 只需证明, 如有非负 m- 可积的 Borel 可测函数 u, 使得 $p_t u = u\ [m]\ (t>0)$, 则 u 几乎处处等于一个常数. 利用 (1.1.1) 定义的预解 $\{R_\alpha : \alpha > 0\}$, 记

$$\widetilde{u}(x) = R_1 u(x), \quad x \in E.$$

因为 $\{T_t\}$ 是 $L^1(E;m)$ 上的强连续压缩半群, 所以有

$$\widetilde{u} = \int_0^\infty \mathrm{e}^{-s} T_s u ds, \quad T_t \widetilde{u} = \int_0^\infty \mathrm{e}^{-s} T_{t+s} u ds, \quad t > 0,$$

其中上面的积分为 Bochner 积分, 从而由假设可知

$$\widetilde{u} = u\ [m], \quad p_t \widetilde{u} = \widetilde{u}\ [m],\ t > 0.$$

只需证 $\widetilde{u}$ m-a.e. 是常数就够了. 然而, $\widetilde{u}$ 与 $\mathrm{e}^{-t} p_t \widetilde{u}$ 都是 1- 过分函数, 因此, 精细连续, 由定理 2.2.2 有 $p_t \widetilde{u} = \widetilde{u}$ q.e. 又因为 $p_t \widetilde{u}$ 关于 t 右连续, 所以作为例外集的 m-极集可针对所有 $t \geqslant 0$ 取为共同的. 再利用定理 2.2.3, 存在一个 Borel 的真例外集 N, 使得

$$p_t \widetilde{u}(x) = \widetilde{u}(x), \quad \forall t > 0,\ x \in E \setminus N.$$

由于 $E \setminus N$ 是 Borel 的 X- 不变集, 所以根据引理 1.4.4, 由 (1.4.23) 所定义的右过程 X 在 $E \setminus N$ 上的限制 $X_{E\setminus N}$ 是 $E \setminus N$ 上的右过程, 从而 $\widetilde{u}|_{E\setminus N}$ 是 $X_{E\setminus N}$ 的过分函数. 因为 X 是既约常返, 故 $X_{E\setminus N}$ 也是. 根据定理 3.2.1(ii), $\widetilde{u}$ 在 $E \setminus N$ 上 m-a.e., 从而在 E 上 m-a.e. 为常数. □

设 $\mathscr{F}^m$ 为 $\mathscr{F}^0_\infty$ 关于 $\mathbf{P}_m$ 的完备化. 如果一个关于样本轨道的结论对于满足 $\mathbf{P}_m(\Lambda_0) = 0(\Lambda_0 \in \mathscr{F}^m)$ 的 Λ_0 的补集中的所有元素都成立, 则称之为**关于 $\mathbf{P}_m$ 几乎处处成立**, 记为 $\mathbf{P}_m$-a.s. 式 (3.3.3) 对于 $\Lambda \in \mathscr{F}^m$ 也是成立的. 用 $L^1(\Omega, \mathbf{P}_m)$ 表示 Ω 上 $\mathscr{F}^m$ 可测且关于 $\mathbf{P}_m$ 可积的函数 (随机变量) 的全体, 其中非负的全体记为 $L^1_+(\Omega, \mathbf{P}_m)$.

定理 3.3.1 平稳过程 $(\Omega, \mathscr{F}^m, \mathbf{P}_m)$ 以如下意义是遍历的: 如果 $\Phi \in L^1_+(\Omega; \mathbf{P}_m)$ 是推移不变函数, 即

$$\Phi \circ \theta_t = \Phi, \quad \mathbf{P}_m\text{-a.s.},\ t \geqslant 0,$$

则 Φ 关于 $\mathbf{P}_m$ 几乎处处等于常数.

证明 不妨设 Φ 是 $\mathscr{F}^0_\infty$- 可测的, 记 $u(x) = \mathbf{E}_x[\Phi](x \in E)$. 对任何 $v \in b\mathscr{B}_+(E)$, 由

$$0 = \mathbf{E}_m[(\Phi \circ \theta_t - \Phi) v(X_0)] = \mathbf{E}_m[(p_t u(X_0) - u(X_0)) v(X_0)]$$

推出对任何 $t>0$, $T_tu=u$. 根据引理 3.3.1, 有一个常数 c, 使得 $u=c\ [m]$. 特别地, 对任何 $t>0$ 有 $u(X_t)=c$, $\mathbf{P}_m$-a.s.

取 E 上严格正的 Borel 可测函数 h 满足 $\int_E hdm=1$, 则有 $\mathbf{P}_{h\cdot m}$-a.s. 地 $u(X_t)=c$. 根据条件期望的收敛定理 (参见文献 [5]), $\mathbf{P}_{h\cdot m}$-a.s. 地有当 $n\to\infty$ 时,

$$c=u(X_n)=\mathbf{E}_{X_n}[\Phi]=\mathbf{E}_{h\cdot m}[\Phi\circ\theta_n|\mathscr{F}_n^0]=\mathbf{E}_{h\cdot m}[\Phi|\mathscr{F}_n^0]\to\Phi,$$

从而 $\Phi=c$, $\mathbf{P}_m$-a.s. □

基于定理 3.3.1, 可以得到关于右过程 X 的遍历定理的形式及其证明. 为此, 需要做一些准备, 就是先叙述 σ- 有限测度空间上的保测变换所导出的遍历定理的一般结果, 并给予证明.

设 (Ξ,Σ,Q) 为 σ- 有限的完备测度空间, T 为其上的保测变换, 即 T 是 Ξ 到自身的可测映射且 $Q\circ T^{-1}=Q$, i.e., $Q(T^{-1}\Lambda)=Q(\Lambda)(\forall\Lambda\in\Sigma)$. 记

$$\Sigma_0=\{\Lambda\in\Sigma:\ Q(\Lambda\bigtriangleup T^{-1}\Lambda)=0\}$$

表示 T- 不变集合的全体, 显然, 它也是 Σ 的子 σ- 代数. 对于 Ξ 上定义的 Σ- 可测的数值函数 Φ 和 $\Lambda\in\Sigma$, 记

$$\mathbf{E}^Q(\Phi;\Lambda)=\int_\Lambda\Phi(\xi)Q(d\xi)$$

表示在 Λ 上 Φ 关于测度 Q 的积分. 对于 $\Phi\in L^1(\Xi;\Sigma)$, 根据 Radon-Nikodym 定理, 唯一存在 Σ_0- 可测的 $\Phi_0\in L^1(\Xi;Q)$, 满足

$$\mathbf{E}^Q(\Phi;\Lambda)=\mathbf{E}^Q(\Phi_0;\Lambda),\quad\forall\Lambda\in\Sigma_0.$$

类似地, 用 $\mathbf{E}^Q(\Phi|\Sigma_0)$ 表示 Φ_0 的条件期望. 因为 Φ_0 是 Σ_0- 可测的, 所以它是 T-不变的, 即满足 $\Phi_0=\Phi_0\circ T$, Q-a.s. 事实上, 只要注意到 $\Lambda\in\Sigma_0$ 的示性函数 1_Λ 是 T- 不变的即可.

对于 Ξ 上的 Σ- 可测函数 Φ, 记

$$S_n=\sum_{k=0}^{n-1}\Phi\circ T^k,\quad n\geqslant 1,$$

其中 T^0 为 Ξ 上的恒等映射. 下列不等式成立:

引理 3.3.2 (Hopf 的最大遍历不等式 II) 对于 $\Phi\in L^1(\Xi;Q)$ 有

$$\mathbf{E}^Q\Big[\Phi;\ \sup_n S_n>0\Big]\geqslant 0.$$

练习 3.3.1 试将引理 1.1.1 的证明中的非负线性算子 T_h 换成保测变换 T, 证明引理 3.3.2.

利用引理 3.3.2, 可以证明如下关于保测变换的遍历定理:

定理 3.3.2 设 $\Phi \in L^1(\Xi; Q)$.

(i) Q-a.s. 有

$$\lim_{n\to\infty} \frac{S_n}{n} = \mathbf{E}^Q[\Phi|\Sigma_0]; \tag{3.3.4}$$

(ii) $\{S_n/n\}$ 关于 Q 以如下意义一致可积:

$$\lim_{r\to\infty} \sup_n \mathbf{E}^Q \left\{ \left| \frac{S_n}{n} \right|; \left| \frac{S_n}{n} \right| > r \right\} = 0. \tag{3.3.5}$$

特别地, 当 $Q(\Xi) < \infty$ 时, 极限 (3.3.4) 以 $L^1(\Xi; Q)$ 的意义也是成立的.

证明 (i) 设

$$\Phi' = \Phi - \mathbf{E}^Q[\Phi|\Sigma_0],$$

$$S_n' = \sum_{k=0}^{n-1} \Phi' \circ T^k, \quad n \geqslant 1,$$

则 $\mathbf{E}^Q[\Phi|\Sigma_0]$ 的 T- 不变性推出 $S_n' = S_n - n\mathbf{E}^Q[\Phi|\Sigma_0]$.

下面任意固定 $\varepsilon > 0$, 记

$$\Lambda_\varepsilon = \left\{ \xi : \limsup_n \frac{S_n'(\xi)}{n} > \varepsilon \right\}, \quad \Phi''(\xi) = (\Phi'(\xi) - \varepsilon) 1_{\Lambda_\varepsilon}(\xi).$$

考虑和式

$$S_n'' = \sum_{k=0}^{n-1} \Phi'' \circ T^k, \quad n \geqslant 1.$$

由 $\Lambda_\varepsilon \in \Sigma_0$ 可知 $S_n'' = (S_n' - n\varepsilon) 1_{\Lambda_\varepsilon}$, 从而

$$\left\{ \sup_n S_n'' > 0 \right\} = \left\{ \sup_n \frac{S_n''}{n} > 0 \right\} = \left\{ \sup_n \frac{S_n'}{n} > \varepsilon \right\} \cap \Lambda_\varepsilon = \Lambda_\varepsilon.$$

采用引理 3.3.2 得

$$0 \leqslant \mathbf{E}^Q[\Phi''; \Lambda_\varepsilon] = \mathbf{E}^Q[(\Phi' - \varepsilon); \Lambda_\varepsilon] = -\varepsilon Q(\Lambda_\varepsilon).$$

由此可得 $Q(\Lambda_\varepsilon) = 0$, 由 ε 的任意性, $\limsup_n S_n'/n \leqslant 0$, 用 $-\Phi'$ 替换 Φ' 可得 $\liminf_n S_n'/n \geqslant 0$, 从而 $\lim_n S_n'/n = 0$.

(ii) 由 T 的保测性得

$$\mathbf{E}^Q[|S_n/n|] \leqslant n^{-1} \sum_{1\leqslant v\leqslant n} \mathbf{E}^Q[|\Phi(T^{v-1}\xi)|] = \mathbf{E}^Q[|\Phi|].$$

记 $\Lambda_{n,r} = \{\xi : |S_n(\xi)/n| > r\}$, 由 Chebyshev 不等式有

$$\sup_n Q(\Lambda_{n,r}) \leqslant \frac{1}{r}\mathbf{E}^Q[|\Phi|], \quad r > 0. \tag{3.3.6}$$

又对任何 $s > 0$,

$$\begin{aligned}
&\mathbf{E}^Q\left(\left|\frac{S_n}{n}\right|; \Lambda_{n,r}\right)\\
\leqslant& n^{-1} \sum_{1\leqslant v\leqslant n} \mathbf{E}^Q[|\Phi| \cdot 1_{\{|\Phi|\leqslant s\}}(T^{v-1}\xi); \Lambda_{n,r}] + \mathbf{E}^Q[|\Phi| \cdot 1_{\{|\Phi|>s\}}(T^{v-1}\xi)]\\
\leqslant& sQ(\Lambda_{n,r}) + \mathbf{E}^Q[|\Phi| \cdot 1_{\{|\phi|>s\}}],
\end{aligned}$$

所以由 (3.3.6) 得

$$\lim_{r\to\infty} \sup_n \mathbf{E}^Q[|S_n/n|; \Lambda_{n,r}] \leqslant \mathbf{E}^Q[|\Phi| \cdot 1_{\{|\Phi|>s\}}]. \tag{3.3.7}$$

令 $s \to \infty$ 可得一致可积性 (3.3.5).

当 $Q(\Xi) < \infty$ 时, Q 可以正规化后视为一个概率测度, 再由 (3.3.5) 可知, (3.3.4) 的收敛性在 L^1 收敛意义下也是成立的. □

回到开头, 考虑关于 E 上的测度 m 有对偶过程的既约常返右过程 $X=(X_t, \mathbf{P}_x)$, 下面来叙述其遍历定理. 对于 $f \in L^1(E; m)$, 记

$$c_f = \begin{cases} \dfrac{1}{m(E)} \displaystyle\int_E f dm, & m(E) < \infty, \\ 0, & m(E) = \infty. \end{cases} \tag{3.3.8}$$

定理 3.3.3 设 $f \in L^1(E; m)$.

(i) $\mathbf{P}_m$-a.s. 有

$$\lim_{t\to\infty} \frac{1}{t} \int_0^t f(X_s) ds = c_f; \tag{3.3.9}$$

(ii) 对于非负有界的 m- 可积 Borel 函数 h, (3.3.9) 在 $L^1(\Omega, \mathbf{P}_{h\cdot m})$ 的意义下也收敛;

(iii) 当 $f \in L^1(E; m)$ 为有界 Borel 函数时, 对于 q.e. $x \in E$, (3.3.9) 是 $\mathbf{P}_x$-a.s. 成立的;

(iv) 当 $f \in L^1(E; m)$ 为有界 Borel 函数时, 如果 X 以定义 2.2.4 的意义满足条件 (AC), 则 (3.3.9) 几乎处处成立, 即对任何 $x \in E$, $\mathbf{P}_x$-a.s 成立.

证明 (i), (ii) 设 $f \in L^1(E;m)$, 记

$$\Phi(\omega) = \int_0^1 f(X_s(\omega))ds, \quad T\omega = \theta_1\omega,\ \omega \in \Omega.$$

由于 T 是 $(\Omega, \mathscr{F}^m, \mathbf{P}_m)$ 上的保测变换, 于是有

$$\mathbf{E}_m|\Phi| \leqslant \int_0^1 \langle m, p_s|f|\rangle ds = \|f\|_1, \quad \Phi(T^k\omega) = \int_k^{k+1} f(X_s(\omega))ds,\ k \geqslant 1.$$

根据定理 3.3.2(i), 极限

$$\Psi(\omega) = \lim_n \frac{1}{n}\int_0^n f(X_s(\omega))ds, \quad \omega \in \Omega \tag{3.3.10}$$

是 $\mathbf{P}_m$-a.s. 存在的, 并且该收敛性在 $L^1(\Omega; \mathbf{P}_{h\cdot m})$ 上成立, 其中 h 为满足 (ii) 的函数. 事实上, 因为 h 是有界的, 那么与式 (3.3.6) 及 (3.3.7) 相应的关系式成立, 并且一致可积性成立, 从而由 $h \cdot m$ 是有限测度推出 L^1- 收敛性.

由于 Ψ 满足平移不变性：对任何 $t > 0$, $\mathbf{P}_m$-a.s. 有 $\Psi\circ\theta_t = \Psi$, 所以应用定理 3.3.1 可知, 存在某个常数 c, 使得 $\Psi = c$, $\mathbf{P}_m$-a.s. 进一步地有

$$\lim_{t\to\infty} \frac{1}{t}\int_0^t f(X_s)ds = c, \quad \mathbf{P}_m\text{-a.s.}. \tag{3.3.11}$$

当 $m(E) < \infty$ 时, (ii) 对于 $h \equiv 1$ 是成立的, 因为 (3.3.11) 是 $L^1(\Omega, \mathbf{P}_m)$- 收敛的, 将其两边关于 $\mathbf{P}_m$ 积分,

$$\langle m, f\rangle = \lim_{n\to\infty} \frac{1}{n}\int_0^n \langle m, p_s f\rangle ds = cm(E),$$

从而 $c = c_f$.

当 $m(E) = \infty$ 时, 取递增到 E 的 m- 测度有限的 Borel 集列 $\{E_l\}$, 对非负的 $f \in L^1(E;m)$, 根据 (3.3.11) 及 Fatou 引理,

$$\langle m, f\rangle = \liminf_n \frac{1}{n}\int_0^n \langle m, p_s f\rangle ds \geqslant c\mathbf{P}_m(X_0 \in E_l) = cm(E_l).$$

设 $l \to \infty$ 得 $c = 0 = c_f$. 对于一般的函数 $f \in L^1(E;m)$, 将 f 分成正部与负部, 并分别应用上述结果即可. 由此, (i) 得证. 另外, (3.3.11) 左边的随机变量族的 $\mathbf{P}_{h\cdot m}$-一致可积性与 t 为自然数的情形一样证明, 可以推出 (ii) 成立.

(iii), (iv) 设 $f \in L^1(E;m)$ 为有界 Borel 函数, Λ 为使 (3.3.11) 的左边收敛到 c_f 的 ω 的全体. 记 $g(x) = \mathbf{P}_x(\Lambda)$ $(x \in E)$. 由 (i) 可知 $g \equiv 1$ $[m]$, 又由 f 的有界性推出

$\Lambda = \theta_t^{-1}\Lambda(t \geqslant 0)$, 从而 g 满足 $p_t g = g$. 特别地, 它是 X 的过分函数, 所以由定理 2.2.1 及定理 2.2.2 得 (iii), 定理 2.2.4 可推出 (iv) 成立. □

根据定理 3.3.3 及定理 3.2.2, 关于 m 有对偶过程的既约常返右过程 X, 当 $m(E) < \infty$ 时称为**正常返**, 当 $m(E) = \infty$ 时称为**零常返**.

例 3.3.1 (既约常返 Lévy 过程的遍历定理) 作为 Markov 过程的 Lévy 过程 X 关于 $\mathbb{R}^d$ 上的 Lebesgue 测度 m 有对偶过程 $\widehat{X}$, 它也是 Lévy 过程, 其转移函数与 X 的转移函数对偶. 设 X 既约常返, 再由定理 3.3.3, 对任意有界的 Borel 函数 $f \in L^1(\mathbb{R}^d)$, $\mathbf{P}_x$-a.s. 有

$$\lim_{t\to\infty} \frac{1}{t}\int_0^t f(X_s)ds = 0$$

对于一个本质极集外的 $x \in \mathbb{R}^d$ 成立, 而当 X 的转移函数满足条件 (AC) 时, 对所有 $x \in \mathbb{R}^d$ 都成立. □

如上所述, 相对于 Lévy 过程的遍历定理是一个退化了的结果.

最后, 作为本章的结尾, 再稍加说明一下遍历定理的意义. 设 X 是关于 σ- 有限测度 m 有对偶过程的既约常返右过程. 为简单起见, 再设其转移函数满足条件 (AC). 用 $\mathscr{P}(E)$ 表示 E 上概率测度的全体. 对于 $t > 0$, 记

$$L_t(\omega, B) = \frac{1}{t}\int_0^t 1_B(X_s(\omega))ds, \quad \omega \in \Omega,\ B \in \mathscr{B}(E). \tag{3.3.12}$$

由定理 3.2.4 知, X 是保守的, 于是有 $L_t(\omega, E) = 1$, 即固定 ω, $L_t(\omega, \cdot) \in \mathscr{P}(E)$. 因为它表示样本轨道 $X_\cdot(\omega)$ 到时间 t 为止在 E 上逗留时间的分布, 故称之为 X 的**逗留时间分布**. 由此可知, 对任意 $f \in bC(E)$ 有

$$\frac{1}{t}\int_0^t f(X_s)ds = \int_E f(y)L_t(\omega, dy).$$

设 $m(E) < \infty$, 记 $\widetilde{m} = (m(E))^{-1} \cdot m$, 则 $\widetilde{m} \in \mathscr{P}(E)$. 由定理 3.3.3(iv), 几乎处处有

$$\lim_{t\to\infty} \int_E f(y)L_t(\omega, dy) = \int_E f(y)\widetilde{m}(dy), \quad \forall f \in bC(E) \tag{3.3.13}$$

成立. 这意味着作为 E 上的概率测度, X 的逗留时间分布几乎处处弱收敛到概率测度 $\widetilde{m}$.

在此, 设 C 为 $\mathscr{P}(E)$ 的不包含 $\widetilde{m}$ 的子集, 粗略地有 $\lim\limits_{t\to\infty} \mathbf{P}_x(L_t \in C) = 0$, 但收敛到 0 的速度是指数函数且有如下渐近行为成立:

$$\mathbf{P}_x(L_t \in C) \sim \exp\Big\{ - t \inf_{\mu\in C} I(\mu)\Big\}, \quad t \to \infty, \tag{3.3.14}$$

即在第 7 章中将要讨论的大偏差理论. 这里一个大的问题就是右式中所出现的 $\mathscr{P}(E)$ 上的泛函 $I(\mu)$ 是如何由 X 确定的. 当 X 是 m- 对称过程时, 如第 7 章所述, 该泛函就是被 X 的 Dirichlet 型所刻画的. 由此可知, 可以通过 Dirichlet 型捕捉到处于 Markov 过程遍历定理研究范围之外的稀有事件发生的机制.

当 X 暂留或零常返时, 显然, (3.3.13) 变成退化的形式, 但根据 6.4 节所定义的上鞅乘泛函将 X 变换成正常返过程, 从而适用于遍历定理, 得到 7.1 节中的大偏差原理 (3.3.14). 这种方法还可以应用于多维 Brown 运动与旋转不变的稳定过程.

第 4 章　Dirichlet 型及其暂留性、常返性与既约性

4.1　Markov 过程对称算子半群与 Dirichlet 型

Dirichlet 型*、Dirichlet 空间等概念是 1959 年由 A. Beurling 和 J.Deny[29] 引入的, 从那以后, 到 1974 年, 又有 M. Silverstein 提出的扩大 Dirichlet 空间的概念. 他们都是以假设基本空间 E 为局部紧可分度量空间为前提的. 在本节的前半部分, 只简单假设 E 为可测空间, 而不需要 E 有拓扑结构, 将考察这些概念与 Markov 过程对称线性算子之间的对应关系. 为此, 这部分内容会显得有些啰嗦, 或者说, 只是一些比较初等或标准的结论的陈述. 在后半部分, 将假设 E 有适当的拓扑结构, 在确定了它与对称转移函数的对应关系之后, 给出几个 Dirichlet 型的典型例子, 最后考虑它们的正则性与局部性.

设 $(E, \mathscr{B}(E))$ 为可测空间, m 为其上的 σ- 有限测度. 记 $\mathscr{B}^m(E)$ 为 $\mathscr{B}(E)$ 关于 m 的完备化, $\mathscr{N}$ 为 m- 零测集的全体. 对于 $p \geqslant 1$, 用 $L^p(E;m)$ 表示使得

$$\|f\|_p := \left(\int_E |f(x)|^p m(dx)\right)^{1/p}$$

有限的 E 上的 $\mathscr{B}^m(E)$- 可测函数 f 的全体, 则它是以 $\|\cdot\|_p$ 为范数的完备线性空间, 也就是 Banach 空间. 用 $L^\infty(E;m)$ 表示 E 上的 $\mathscr{B}^m(E)$- 可测函数且 a.e. 有界的全体, 则它是以 $\|f\|_\infty = \inf_{N\in\mathscr{N}} \sup_{x\in E\setminus N} |f(x)|$ 为范数的 Banach 空间. $L^2(E;m)$ 是内积为

$$(f,g) = \int_E f(x)g(x)m(dx), \quad f,g \in L^2(E;m)$$

的 (实)Hilbert 空间.

一般的实 Hilbert 空间 H 上的闭对称型 $\mathscr{E}$, 强连续压缩对称线性算子半群 $\{T_t : t > 0\}$, 强连续压缩对称线性算子的预解 $\{G_\alpha : \alpha > 0\}$ 以及负定的自共轭算子 A 这 4 个概念之间的一一对应关系将在 A.4 节中整理并叙述. 本节将讨论除自共轭算子外的三个概念之间的直接对应关系. 另外, 本书所关心的是 Hilbert 空间 H 是 $L^2(E;m)$ 的情形.

设 H 是有内积 $(\cdot,\cdot)$ 的实 Hilbert 空间, 记 $\|f\| = \sqrt{(f,f)}(f \in H)$. 称 $\mathscr{E}$ 或 $(\mathscr{E}, \mathscr{D}(\mathscr{E}))$ 为 H 上的**对称型**, 如果 $\mathscr{D}(\mathscr{E})$ 是 H 的稠密线性子空间且 $\mathscr{E}$ 是 $\mathscr{D}(\mathscr{E}) \times$

---

* 从中文字面意思说, 称之为 Dirichlet 形式更为准确, 但习惯上都称为 Dirichlet 型, 如同二次形式称为二次型一样. —— 译者

$\mathscr{D}(\mathscr{E})$ 上定义的非负定对称双线性型, 即满足对任何 $f,g,h\in\mathscr{D}(\mathscr{E})$,

$$\mathscr{E}(f,g)=\mathscr{E}(g,f),\quad \mathscr{E}(f,f)\geqslant 0,$$
$$\mathscr{E}(af+bg,h)=a\mathscr{E}(f,h)+b\mathscr{E}(g,h),\quad a,b\in\mathbb{R}.$$

此时, 记

$$\mathscr{E}_\alpha(f,g)=\mathscr{E}(f,g)+\alpha(f,g),\quad \alpha>0,\ f,g\in\mathscr{D}(\mathscr{E}).$$

称 H 上的对称型 $(\mathscr{E},\mathscr{D}(\mathscr{E}))$ 为**闭对称型**, 如果 $\mathscr{D}(\mathscr{E})$ 关于范数 $\sqrt{\mathscr{E}_1(f,f)}(f\in\mathscr{D}(\mathscr{E}))$ 完备. 此时, $\mathscr{D}(\mathscr{E})$ 对任意 $\alpha>0$ 是以 $\mathscr{E}_\alpha$ 为内积的实 Hilbert 空间.

称 H 上的线性映射 L 为对称算子, 如果 $\mathscr{D}(L)=H$ 且对任何 $f,g\in H$ 有 $(f,Lg)=(Lf,g)$. 当 H 上的对称算子族 $\{T_t:t>0\}$ 满足对任何 $f\in H$ 有

$$T_sT_tf=T_{s+t}f,\quad \|T_tf\|\leqslant\|f\|,\quad \lim_{t\downarrow 0}\|T_tf-f\|=0$$

时, 称之为**强连续压缩半群**. 当 H 上对称算子族 $\{G_\alpha:\alpha>0\}$ 满足对任意 $f\in H$ 有

$$G_\alpha f-G_\beta f+(\alpha-\beta)G_\alpha G_\beta f=0,\quad \alpha\|G_\alpha f\|\leqslant\|f\|,\quad \lim_{\alpha\to\infty}\|\alpha G_\alpha f-f\|=0$$

时, 称之为**强连续压缩预解**.

H 上强连续压缩半群的全体与强连续压缩预解的全体有由如下两个关系式所确定的一一对应关系:

$$G_\alpha f=\int_0^\infty \mathrm{e}^{-\alpha t}T_tfdt,\quad f\in H,\tag{4.1.1}$$

$$T_tf=\lim_{\beta\to\infty}\mathrm{e}^{-t\beta}\sum_{n=0}^\infty\frac{(t\beta)^n}{n!}(\beta G_\beta)^nf,\quad f\in H.\tag{4.1.2}$$

根据 (4.1.1), 称由 $\{T_t\}$ 确定的 $\{G_\alpha\}$ 为**半群 $\{T_t\}$ 的预解.** 但是这里的积分 (Laplace 变换) 是 Bochner 积分 (参见文献 [52]).

给定 H 上强连续压缩半群 $\{T_t\}$, 定义

$$\mathscr{E}^{(t)}(f,g)=\frac{1}{t}(f-T_tf,g),\quad t>0,\ f,g\in H,\tag{4.1.3}$$

则 $\mathscr{E}^{(t)}$ 是 H 上的对称型 (定义域为 H), 并且对任意 $f\in H$, $\mathscr{E}^{(t)}(f,f)$ 非负且随着 t 的增加而递减. 这里设

$$\mathscr{D}(\mathscr{E})=\left\{f\in H:\lim_{t\downarrow 0}\mathscr{E}^{(t)}(f,f)<\infty\right\},\tag{4.1.4}$$

$$\mathscr{E}(f,g)=\lim_{t\downarrow 0}\mathscr{E}^{(t)}(f,g),\quad f,g\in\mathscr{D}(\mathscr{E}),\tag{4.1.5}$$

则 $(\mathscr{E},\mathscr{D}(\mathscr{E}))$ 是 H 上的闭对称型, 称之为半群 $\{T_t\}$ 对应的闭对称型. $\mathscr{E}^{(t)}$ 也称为 $\mathscr{E}$ 的**逼近型**.

反过来, 给定 H 上的闭对称型 $(\mathscr{E},\mathscr{D}(\mathscr{E}))$. 对任何 $\alpha>0$, $f\in H$, 由于

$$|(f,v)|\leqslant \|f\|\|v\|\leqslant \alpha^{-1/2}\|f\|\sqrt{\mathscr{E}_\alpha(v,v)},\quad v\in\mathscr{D}(\mathscr{E}),$$

故 $\Phi(v):=(f,v)(v\in\mathscr{D}(\mathscr{E}))$ 是 Hilbert 空间 $(\mathscr{D}(\mathscr{E}),\mathscr{E}_\alpha)$ 上的有界线性泛函. 由 Riesz 表示定理, 存在唯一的 $u\in\mathscr{D}(\mathscr{E})$, 使得

$$\Phi(v)=\mathscr{E}_\alpha(u,v),\quad v\in\mathscr{D}(\mathscr{E}).$$

记这个 u 为 $G_\alpha f$, 也就是说, 对任何 $f\in H$, $v\in\mathscr{D}(\mathscr{E})$ 有

$$G_\alpha f\in\mathscr{D}(\mathscr{E}),\quad \mathscr{E}_\alpha(G_\alpha f,v)=(f,v). \tag{4.1.6}$$

如此确定的 $\{G_\alpha\}$ 是 H 上的一个强连续压缩预解, 称之为由闭对称型 $(\mathscr{E},\mathscr{D}(\mathscr{E}))$ 生成的预解. 进一步, 根据 (4.1.2), 由此预解可确定 H 上的强连续压缩半群 $\{T_t\}$, 称之为由闭对称型 $(\mathscr{E},\mathscr{D}(\mathscr{E}))$ 生成的半群.

实际上, 前面给出的 $\{T_t\}$ 到 $(\mathscr{E},\mathscr{D}(\mathscr{E}))$ 以及 $(\mathscr{E},\mathscr{D}(\mathscr{E}))$ 到 $\{T_t\}$ 的映射正好互为逆映射. 再回到本节主题, 设 m 是可测空间 $(E,\mathscr{B}(E))$ 上的 σ- 有限测度, $H=L^2(E;m)$. 在本书中, 今后也会同时考虑 $L^2(E;m)$ 上的闭对称型 $\mathscr{E}$ 的定义域 $\mathscr{D}(\mathscr{E})$ 扩张的场合, 故将 $\mathscr{D}(\mathscr{E})$ 记为 $\mathscr{F}$, 闭对称型 $(\mathscr{E},\mathscr{D}(\mathscr{E}))$ 记为 $(\mathscr{E},\mathscr{F})$. 继续沿用第 1 章中的符号, 当 E 上 m-a.e. 定义的 m- 可测函数 f,g 满足 $f\leqslant g$ m-a.e. 时, 记为 $f\leqslant g$ $[m]$, 其他不等式及等式的情形也是类似的.

定义 4.1.1 对于 $1\leqslant p\leqslant\infty$, 当 $L^p(E;m)$ 上的线性算子 L 满足

$$\forall 0\leqslant f\leqslant 1\ [m],\ f\in\mathscr{D}(L)\Rightarrow 0\leqslant Lf\leqslant 1\ [m]$$

时, 称 L 为 **Markov 的**.

当实函数 $\varphi:\mathbb{R}\to\mathbb{R}$ 满足

$$\varphi(0)=0,\quad |\varphi(s)-\varphi(t)|\leqslant|s-t|,\ \forall s,t\in\mathbb{R}$$

时, 称之为一个**正规压缩**. 而函数 $\varphi(t)=(0\vee t)\wedge 1(t\in\mathbb{R})$ 是一个特殊的正规压缩, 称为**单位压缩**. 对于 $\varepsilon>0$, 满足如下条件的实函数 φ_ε 也是正规压缩:

$$\begin{aligned}&\varphi_\varepsilon(t)=t,\ \forall t\in[0,1],\quad -\varepsilon\leqslant\varphi_\varepsilon(t)\leqslant 1+\varepsilon,\ \forall t\in\mathbb{R}, \\ &0\leqslant\varphi_\varepsilon(t)-\varphi_\varepsilon(s)\leqslant t-s,\quad \forall s,t\in\mathbb{R},s<t.\end{aligned} \tag{4.1.7}$$

定义 4.1.2 称 $L^2(E;m)$ 上的对称型 $(\mathscr{E},\mathscr{D}(\mathscr{E}))$ 是**Markov 的**, 如果对任何 $\varepsilon>0$, 存在满足 (4.1.7) 的实函数 φ_ε, 使得对任何 $f\in\mathscr{D}(\mathscr{E})$ 有

$$g:=\varphi_\varepsilon\circ f\in\mathscr{D}(\mathscr{E}),\quad \mathscr{E}(g,g)\leqslant\mathscr{E}(f,f). \tag{4.1.8}$$

称 $L^2(E;m)$ 上 Markov 的闭对称型 $(\mathscr{E},\mathscr{F})$ 为**Dirichlet 型**, 此时, 称 $\mathscr{F}$ 为**Dirichlet 空间**.

定理 4.1.1 设 $(\mathscr{E},\mathscr{F})$ 为 $L^2(E;m)$ 上的闭对称型, $\{T_t\}_{t>0}$ 与 $\{G_\alpha\}_{\alpha>0}$ 分别为 $(\mathscr{E},\mathscr{F})$ 生成的 $L^2(E;m)$ 上的强连续压缩半群和预解. 此时, 下列条件等价:
(a) 对任何 $t>0$, T_t 是 Markov 的;
(b) 对任何 $\alpha>0$, αG_α 是 Markov 的;
(c) $(\mathscr{E},\mathscr{F})$ 是 Dirichlet 型;
(d) 单位压缩可操作于 $(\mathscr{E},\mathscr{F})$: 对任何 $f\in\mathscr{F}$ 有

$$g:=(0\vee f)\wedge 1\in\mathscr{F}\quad 且\quad \mathscr{E}(g,g)\leqslant\mathscr{E}(f,f);$$

(e) 正规压缩可操作于 $(\mathscr{E},\mathscr{F})$: 对任何正规压缩 φ 与 $f\in\mathscr{F}$ 有

$$g:=\varphi\circ f\in\mathscr{F}\quad 且\quad \mathscr{E}(g,g)\leqslant\mathscr{E}(f,f).$$

证明 (a)⇒(b) 及 (b)⇒(a) 可分别由 (4.1.1) 与 (4.1.2) 推出. 而 (e)⇒(d) ⇒ (c) 是显然的.

(c)⇒(b) 固定 $\alpha>0$ 及满足 $0\leqslant f\leqslant 1$ $[m]$ 的 $f\in L^2(E;m)$, 定义 $\mathscr{F}$ 上的二次型

$$\Phi(v)=\mathscr{E}(v,v)+\alpha\left(v-\frac{f}{\alpha},v-\frac{f}{\alpha}\right),\quad v\in\mathscr{F}.$$

由 (4.1.6) 可知

$$\Phi(G_\alpha f)+\mathscr{E}_\alpha(G_\alpha f-v,G_\alpha f-v)=\Phi(v),\quad v\in\mathscr{F},$$

即 $G_\alpha f$ 是 $\mathscr{F}$ 上使得 Φ 达到最小的唯一元素. 因为 $(\mathscr{E},\mathscr{F})$ 是 $L^2(E;m)$ 上的 Dirichlet 型, 故对任意 $\varepsilon>0$, 存在满足 (4.1.7) 的实函数 φ_ε, 使得 (4.1.8) 成立. 这里记

$$\widetilde{\varphi}_\varepsilon(t)=\frac{1}{\alpha}\varphi_{\alpha\varepsilon}(\alpha t),\quad u=\widetilde{\varphi}_\varepsilon\circ G_\alpha f,$$

则有

$$u\in\mathscr{F}\quad 且\quad \mathscr{E}(u,u)\leqslant\mathscr{E}(G_\alpha f,G_\alpha f).$$

又由于对任何 $s\in[0,1/\alpha]$, $t\in\mathbb{R}$ 有 $|\widetilde{\varphi}_\varepsilon(t)-s|\leqslant|t-s|$, 故推出对 m-a.e. 的 x,

$$\left|u(x)-\frac{f(x)}{\alpha}\right|\leqslant\left|G_\alpha f(x)-\frac{f(x)}{\alpha}\right|,$$

因此有

$$\left\|u-\frac{f}{\alpha}\right\|_2 \leqslant \left\|G_\alpha f-\frac{f}{\alpha}\right\|_2,$$

从而有 $\Phi(u) \leqslant \Phi(G_\alpha f)$. 由最小值的唯一性, $u = G_\alpha f$ $[m]$. 特别地有 $-\varepsilon \leqslant G_\alpha f \leqslant \frac{1}{\alpha}+\varepsilon$ $[m]$. 由 ε 的任意性可得 (b) 成立.

剩下的 (a)⇒(e) 的证明可通过如下更一般的定理的证明完成. □

今后, 对于 $L^2(E;m)$ 上的 Dirichlet 型 $(\mathscr{E},\mathscr{F})$, 定义如下记号：对 $f\in\mathscr{F}$ 和 $\alpha>0$,

$$\|f\|_{\mathscr{E}}=\sqrt{\mathscr{E}(f,f)},\quad \|f\|_{\mathscr{E}_\alpha}=\sqrt{\mathscr{E}_\alpha(f,f)}.$$

定义 4.1.3 设 $(\mathscr{E},\mathscr{F})$ 为 $L^2(E;m)$ 上的闭对称型, 用 $\mathscr{F}_e$ 表示满足下列条件的 E 上 m- 可测函数全体：

$$|f|<\infty\ [m],\ \exists\{f_n\}\subset\mathscr{F},\ \lim_{n,n'\to\infty}\|f_n-f_{n'}\|_{\mathscr{E}}=0,\ \lim_n f_n=f\ [m], \tag{4.1.9}$$

称之为 $(\mathscr{E},\mathscr{F})$ 的**扩展空间**. 称上面的 $\{f_n\}\subset\mathscr{F}$ 为 $f\in\mathscr{F}_e$ 的**近似列**. 特别地, 当 $(\mathscr{E},\mathscr{F})$ 是 $L^2(E;m)$ 上的 Dirichlet 型时, 称 $\mathscr{F}_e$ 为**扩展 Dirichlet 空间**.

定理 4.1.2 设 $(\mathscr{E},\mathscr{F})$ 为 $L^2(E;m)$ 上的闭对称型, $\mathscr{F}_e$ 为其扩展空间. 如果 $(\mathscr{E},\mathscr{F})$ 所生成的 $L^2(E;m)$ 上的强连续半群 $\{T_t\}$ 是 Markov 的, 则下列结论都成立：

(i) 对于 $f\in\mathscr{F}_e$ 及任意近似列 $\{f_n\}\subset\mathscr{F}$, 存在

$$\mathscr{E}(f,f):=\lim_n\mathscr{E}(f_n,f_n),$$

其右边与 $\{f_n\}$ 的选取方式无关;

(ii) 任意的正规压缩可操作于 $(\mathscr{F}_e,\mathscr{E})$, 即对任意正规压缩的实函数 φ, $f\in\mathscr{F}_e$ 有

$$g:=\varphi\circ f\in\mathscr{F}_e \quad 且 \quad \mathscr{E}(g,g)\leqslant\mathscr{E}(f,f);$$

(iii) $\mathscr{F}=\mathscr{F}_e\cap L^2(E;m)$, 特别地, $(\mathscr{E},\mathscr{F})$ 是 $L^2(E;m)$ 上的 Dirichlet 型.

定理 4.1.2 的最后一个结论正是定理 4.1.1 的 (a)⇒(e).

当给定的 $(\mathscr{E},\mathscr{F})$ 是 $L^2(E;m)$ 上的 Dirichlet 型时, 根据已经证明的定理 4.1.1 得 (c)⇒(a), 相应的 $\{T_t:t>0\}$ 是 Markov 的, 从而扩展 Dirichlet 空间 $\mathscr{F}_e$ 满足上述定理的所有性质.

为了证明定理 4.1.2, 设 T 为 $L^2(E;m)$ 上 Markov 的压缩对称线性算子, 暂时考虑关于 T 的一般结果.

根据 T 在 $L^2(E;m)\cap L^\infty(E;m)$ 上的线性性质与 Markov 性, 对任何 $f_1,f_2\in L^2\cap L^\infty$,

$$0\leqslant f_1\leqslant f_2\ [m]\ \Rightarrow\ 0\leqslant Tf_1\leqslant Tf_2\leqslant\|f_2\|_\infty\ [m].$$

因为 m 是 σ- 有限的, 所以在 E 上可构造一个严格正的函数 $\eta \in L^1(E;m)$. 记 $\eta_n(x) = (n\eta(x)) \wedge 1$, 则 $0 \leqslant \eta_n \leqslant 1$, $\eta_n \uparrow 1$ $(n \to \infty)$. 可以定义 T 的从 $L^2(E;m) \cap L^\infty(E;m)$ 到 $L^\infty(E;m)$ 的扩展,

$$\begin{cases} Tf(x) = \lim\limits_n T(f \cdot \eta_n)(x), & m\text{-a.e. } x \in E,\ f \in L_+^\infty(E;m), \\ Tf = Tf^+ - Tf^-, & f \in L^\infty(E;m),\ f = f^+ - f^-. \end{cases} \tag{4.1.10}$$

由 T 的对称性, 对任何 $g \in bL^1(E;m)$ 有 $(g, T(f \cdot \eta_n)) = (Tg, f \cdot \eta_n)$, 从而当 $n \to \infty$ 时, 由 (4.1.10) 的定义的函数 $Tf(f \in L^\infty)$ 满足对任何 $g \in bL^1(E;m)$,

$$\int_E g \cdot Tf\, dm = \int_E Tg \cdot f\, dm, \tag{4.1.11}$$

并且该函数是 m-a.e. 意义下唯一确定的. 也就是说, T 是不依赖于 η 的选取方式而唯一确定的 $L^\infty(E;m)$ 上的 Markov 线性算子, 并且满足对任何 $f_n, f \in L_+^\infty(E;m)$,

$$f_n \uparrow f\ [m] \Rightarrow \lim_{n\to\infty} Tf_n = Tf\ [m]. \tag{4.1.12}$$

引理 4.1.1 (i) 对任意 $g \in L^\infty(E;m)$ 有

$$T(g^2) - 2g \cdot Tg + g^2 \cdot T1 \geqslant 0\ [m];$$

(ii) 对任意 $g \in L^\infty(E;m)$, 设

$$\mathscr{A}_T(g) = \frac{1}{2}\int_E [T(g^2) - 2gTg + g^2T1]dm + \int_E g^2(1 - T1)dm, \tag{4.1.13}$$

如果 $g \in L^2(E;m) \cap L^\infty(E;m)$, 则有

$$\mathscr{A}_T(g) = (g - Tg, g); \tag{4.1.14}$$

(iii) 对任意 $g \in L^\infty(E;m)$ 及正规压缩函数 φ 有

$$\mathscr{A}_T(\varphi \circ g) \leqslant \mathscr{A}_T(g). \tag{4.1.15}$$

证明 (i) 对于 E 上的简单函数

$$s = \sum_{i=1}^n a_i 1_{B_i}, \quad a_i \in \mathbb{R},\ B_i \in \mathscr{B}(E),\ \sum_{i=1}^n B_i = E \tag{4.1.16}$$

有

$$T(g^2) - 2sTg + s^2T1 = \sum_{i=1}^n 1_{B_i} \cdot T(g - a_i)^2 \geqslant 0\ [m]. \tag{4.1.17}$$

然后取上述类型的几乎处处收敛于 g 的简单函数列 $\{s_l\}$ 即可.

(ii) 若 $g\in L^2\cap L^\infty$, 则由 T 的对称性有 $(Tg^2,\eta_n)=(g^2,T\eta_n)$. 设 $n\to\infty$ 得

$$\int_E Tg^2dm=\int_E g^2\cdot T1dm<\infty,$$

从而有

$$(g-Tg,g)=\frac{1}{2}\int_E[2g^2T1-2gTg]dm+\int_E g^2(1-T1)dm=\mathscr{A}_T(g).$$

(iii) 对于 $g\in L^\infty(E;m)$ 及 $k\geqslant 1$, 设

$$\mathscr{A}_T^k(g)=\frac{1}{2}\int_E[T(g^2)-2gTg+g^2T1]\eta_k dm+\int_E g^2(1-T1)\eta_k dm,$$

当 g 是形如 (4.1.16) 的简单函数 s 时,

$$\mathscr{A}_T^k(s)=\frac{1}{2}\sum_{1\leqslant i,j\leqslant n}(a_i-a_j)^2J_{i,j}^k+\sum_{1\leqslant i\leqslant n}a_i^2\kappa_i^k,$$

其中

$$J_{i,j}^k=\int_E(T1_{B_i})1_{B_j}\eta_k dm,\quad \kappa_i^k=\int_E 1_{B_i}(1-T1)\eta_k dm.$$

设 φ 是正规压缩的实函数, 因为

$$(\varphi(a_i)-\varphi(a_j))^2\leqslant(a_i-a_j)^2,\quad \varphi(a_i)^2\leqslant a_i^2,$$

故得 $\mathscr{A}_T^k(\varphi\circ s)\leqslant\mathscr{A}_T^k(s)$. 对任意 $g\in L^\infty(E;m)$, 可选取一致有界的简单函数列 $\{s_l\}$, m-a.e. 收敛于 g, 则

$$\mathscr{A}_T^k(\varphi\circ s_l)\leqslant\mathscr{A}_T^k(s_l).$$

最后令 $l,k\to\infty$ 即可得 (4.1.15). □

定义一个特别的正规压缩函数列 $\{\varphi^l\}_{l\in\mathbb{N}}$ 为

$$\varphi^l(t)=[(-l)\vee t]\wedge l,\quad t\in\mathbb{R}. \tag{4.1.18}$$

对任意满足 $|g|<\infty$ $[m]$ 的 E 上 m- 可测函数 g, $\mathscr{A}_T(\varphi^l\circ g)$ 随着 l 的增加而增加. 事实上, 只要注意到 $\varphi^l\circ(\varphi^{l+1}\circ g)=\varphi^l\circ g$ 与引理 4.1.1(iii) 即可, 所以下面这个极限存在, 记

$$\mathscr{A}_T(g)=\lim_{l\to\infty}\mathscr{A}_T(\varphi^l\circ g)\ \ (\leqslant\infty), \tag{4.1.19}$$

将 $\mathscr{A}_T(g)$ 的定义扩展到这样的 g 上.

引理 4.1.2 (i) 对 $g \in L^2(E;m)$ 有 $\mathscr{A}_T(g) = (g - Tg, g)$;
(ii) (Fatou 不等式) 设 g_n 与 g 是 E 上的 m- 可测函数, 并且满足 $|g_n| < \infty$, $|g| < \infty\ [m]$, $\lim\limits_{n\to\infty} g_n = g\ [m]$, 则

$$\mathscr{A}_T(g) \leqslant \liminf_{n\to\infty} \mathscr{A}_T(g_n); \tag{4.1.20}$$

(iii) 设 g 为 E 上 m- 几乎处处有限的 m- 可测函数, φ 为正规压缩的实函数, 则 $\mathscr{A}_T(\varphi \circ g) \leqslant \mathscr{A}_T(g)$.

证明 (i) 可以由引理 4.1.1(ii) 及 T 在 $L^2(E;m)$ 上的压缩性推出.
(ii) 首先证明存在 M, 使得 $|g_n| \leqslant M$, $|g| \leqslant M$ 且 $\lim\limits_{n\to\infty} g_n = g\ [m]$ 的情形. 当 $b \in \mathbb{R}$ 时, 由 T 在 $L^\infty(E;m)$ 上的线性性、Markov 性与 (4.1.12) 有

$$T((g-b)^2) = \lim_{j\to\infty} T\left(\inf_{n\geqslant j}(g_n - b)^2\right) \leqslant \liminf_n T((g_n - b)^2).$$

因为 (4.1.17) 在 s 是简单函数 (4.1.16) 时成立, 所以由上述不等式可得

$$0 \leqslant T(g^2) - 2sTg + s^2T1 \leqslant \liminf_n \{T(g_n)^2 - 2sTg_n + s^2T1\}.$$

另一方面, 因为

$$\begin{aligned}&\left| \{T(g_n^2) - 2g_nTg_n + g_n^2T1\} - \{T(g_n^2) - 2sTg_n + s^2T1\} \right| \\ \leqslant& 2|Tg_n| \cdot |g_n - s| + |g_n^2 - s^2|T1 \leqslant 2M|g_n - s| + |g_n^2 - s^2|,\end{aligned}$$

故有

$$\begin{aligned}0 &\leqslant T(g^2) - 2sTg + s^2T1 \\ &\leqslant \liminf_n \{T(g_n^2) - 2g_nTg_n + g_n^2T1\} + 2M|g - s| + |g^2 - s^2|.\end{aligned}$$

取满足 $s \to g\ [m]$ 的简单函数列 s, 则

$$0 \leqslant T(g^2) - 2gTg + g^2T1 \leqslant \liminf_n \{T(g_n^2) - 2g_nTg_n + g_n^2T1\}.$$

将上式关于 m 积分, 再注意定义式 (4.1.13), 利用关于 Lebesgue 积分的 Fatou 引理 (参见文献 [5]) 即可得要证的不等式 (4.1.20).

在 g_n, g 未必有界的情形下, 也可以根据前面推得的结果得

$$\mathscr{A}_T(\varphi^l \circ g) \leqslant \liminf_n \mathscr{A}_T(\varphi^l \circ g_n) \leqslant \liminf_n \mathscr{A}_T(g_n),$$

再令 $l \to \infty$ 即可证得 (4.1.20).

(iii) 设 $f=\varphi\circ g$, $f_l=\varphi\circ\varphi^l\circ g$, 则 $\lim\limits_l f_l=f$, 从而根据 (4.1.15) 与 (4.1.20) 可知

$$\mathscr{A}_T(f)\leqslant\liminf_{l\to\infty}\mathscr{A}_T(f_l)\leqslant\liminf_l\mathscr{A}_T(\varphi^l\circ g)=\mathscr{A}_T(g).$$

完成证明. □

定理 4.1.2 的证明 (i) 对任意的 $f\in\mathscr{F}_e$, 设 $\{f_n\}\subset\mathscr{F}$ 为其近似列. 由于 f_n 是 $\mathscr{E}$-Cauchy 列, 据三角不等式知, 极限 $\mathscr{E}(f,f)=\lim\limits_n\mathscr{E}(f_n,f_n)$ 存在. 如果能证明

$$\frac{1}{t}\mathscr{A}_{T_t}(f)\uparrow\mathscr{E}(f,f),\quad t\downarrow 0,\tag{4.1.21}$$

则显然, $\mathscr{E}(f,f)$ 与近似列的选取方式无关.

对任意的 l, 因为 $f-f_l\in\mathscr{F}_e$ 且 $\{f_n-f_l:n\geqslant 1\}\subset\mathscr{F}$ 为其近似列, 根据引理 4.1.2 及 (4.1.4),

$$\frac{1}{t}\mathscr{A}_{T_t}(f-f_l)\leqslant\liminf_n\frac{1}{t}\mathscr{A}_{T_t}(f_n-f_l)\leqslant\lim_{n\to\infty}\|f_n-f_l\|_{\mathscr{E}}^2,$$

所以 $\lim\limits_l\mathscr{A}_{T_t}(f-f_l)=0$. 再由三角不等式得 $\mathscr{A}_{T_t}(f)=\lim\limits_l\mathscr{A}_{T_t}(f_l)$, 这特别地蕴涵有单调性

$$\frac{1}{t}\mathscr{A}_{T_t}(f)\uparrow,\quad t\downarrow 0.$$

再者, $\lim\limits_{t\downarrow 0}\dfrac{1}{t}\mathscr{A}_{T_t}(f_l)=\|f_l\|_{\mathscr{E}}^2$, 根据三角不等式及上面所得的不等式有

$$\left|\lim_{t\downarrow 0}\sqrt{\frac{1}{t}\mathscr{A}_{T_t}(f)}-\|f_l\|_{\mathscr{E}}\right|\leqslant\lim_{t\downarrow 0}\sqrt{\frac{1}{t}\mathscr{A}_{T_t}(f-f_l)}\leqslant\lim_{n\to\infty}\|f_n-f_l\|_{\mathscr{E}}.$$

最后一项在 $l\to\infty$ 时趋向于零, 从而得 (4.1.21) 成立.

(ii) 对 $f\in\mathscr{F}_e$ 及正规压缩 φ, 由引理 4.1.2(iii) 与 (4.1.21), 对任何 $t>0$ 有

$$\frac{1}{t}\mathscr{A}_{T_t}(\varphi\circ f)\leqslant\frac{1}{t}\mathscr{A}_{T_t}(f)\leqslant\mathscr{E}(f,f),$$

从而只需证明 $\varphi\circ f\in\mathscr{F}_e$. 对于 f 的近似列 $\{f_n\}\subset\mathscr{F}$, 根据引理 4.1.2 及 (4.1.4),

$$\frac{1}{t}\mathscr{A}_{T_t}(\varphi\circ f_n)\leqslant\frac{1}{t}\mathscr{A}_{T_t}(f_n)\leqslant\mathscr{E}(f_n,f_n),$$

因此, $\varphi\circ f_n\in\mathscr{F}$ 且 $\mathscr{E}(\varphi\circ f_n,\varphi\circ f_n)\leqslant\mathscr{E}(f_n,f_n)$. 也就是说, $\{\varphi\circ f_n\}$ 是 $\mathscr{F}$ 中 $\mathscr{E}$-范数一致有界的序列. 根据推论 A.4.1, 在其适当子列 $\{n_k\}$ 的 Cesaro 平均 $g_k=(1/k)\sum\limits_{j=1}^{k}\varphi\circ f_{n_j}$ 是 $\mathscr{E}$-Cauchy 列. 由 $\lim\limits_k g_k=\varphi\circ f$ $[m]$ 可知 $\varphi\circ f\in\mathscr{F}_e$.

(iii) 第一个等式由 (4.1.4), 引理 4.1.2 及 (4.1.21) 推出. 根据 (ii) 得任意的正规压缩可操作于 $(\mathscr{E},\mathscr{F})$, 故 $(\mathscr{E},\mathscr{F})$ 是 Markov 的, 因而是 Dirichlet 型. □

练习 4.1.1 对 $f,g \in \mathscr{F}_e$, 当 $\|f\|_\infty \leqslant M$, $\|g\|_\infty \leqslant M$ 时, 试证 $f \cdot g \in \mathscr{F}_e$ 且 $\|f \cdot g\|_{\mathscr{E}} \leqslant M(\|f\|_{\mathscr{E}} + \|g\|_{\mathscr{E}})$.

为今后的方便起见, 叙述如下引理:

引理 4.1.3 设 $\{\varphi_l\}_{l\geqslant 1}$ 是正规压缩的序列, 并且对任何 $t \in \mathbb{R}$ 有 $\lim\limits_{l\to\infty} \varphi_l(t) = t$, 则对任意 $f \in \mathscr{F}$ 有 $\|\varphi_l(f) - f\|_{\mathscr{E}_1} \to 0(l \to \infty)$.

证明 设 $f_l = \varphi_l(f)$, 则 $f_l \in \mathscr{F}$ 且 $\|f_l\|_{\mathscr{E}_1} \leqslant \|f\|_{\mathscr{E}_1}$. 根据 (4.1.6) 可证明 $G_1(L^2)$ 在 $\mathscr{F}$ 中 $\mathscr{E}_1$- 稠密, 并且对任何 $g \in L^2(E;m)$ 有*

$$\mathscr{E}_1(f_l, G_1 g) = (f_l, g) \to (f, g) = \mathscr{E}_1(f, G_1 g),$$

从而当 $l \to \infty$ 时, f_l 在 $(\mathscr{F}, \mathscr{E}_1)$ 上弱收敛于 f. 再由 $\|f_l - f\|_{\mathscr{E}_1}^2 \leqslant 2\|f\|_{\mathscr{E}_1}^2 - 2\mathscr{E}_1(f_l, f)$ 可知, 强收敛也是成立的. □

下面重拾 1.1 节中拓扑的设定. E 是 Lusin 空间, $\mathscr{B}(E)$ 为其 Borel 集的全体, 设 m 为 $(E, \mathscr{B}(E))$ 上满足在 (A.1.7) 意义下外正则的 σ- 有限测度. 当 $(E, \mathscr{B}(E))$ 上的 Markov 核族 $\{p_t : t \geqslant 0\}$ 满足定义 1.1.1 的条件 (t.1)~(t.4) 时, 称之为转移函数. 如果进一步满足对任何 $f, g \in \mathscr{B}_+(E)$,

$$\int_E p_t f(x) g(x) m(dx) = \int_E f(x) p_t g(x) m(dx),$$

则称之为 m- 对称的.

引理 4.1.4 ** 设 $\{p_t : t \geqslant 0\}$ 是 m- 对称的转移函数, 则存在唯一的 $L^2(E;m)$ 上的 Markov 对称线性算子的强连续压缩半群 $\{T_t : t > 0\}$, 使得

$$T_t f = p_t f, \quad f \in b\mathscr{B}(E) \cap L^2(E;m),\ t > 0.$$

证明 对 $f \in b\mathscr{B}(E)$, 针对每个 x, 用 Schwarz 不等式有

$$(p_t f(x))^2 = \left(\int_E f(y) p_t(x, dy)\right)^2 \leqslant p_t(f^2)(x) p_t 1(x) \leqslant p_t(f^2)(x).$$

对 x 关于 m 积分, 再用对称性 (1.1.17) 得

$$\int_E (p_t f(x))^2 m(dx) \leqslant \int_E 1 \cdot p_t(f^2)(x) m(dx) = \int_E p_t 1(x) \cdot f^2(x) m(dx),$$

从而

$$\|p_t f\|_2 \leqslant \|f\|_2, \quad f \in b\mathscr{B}(E) \cap L^1(E;m)\ (\subset L^2(E;m)). \tag{4.1.22}$$

---

* 下式应该先用控制收敛定理证明 f_l 在 L^2 意义下收敛于 f. —— 译者

** 原著上本引理证明中所应用的命题 A.1.6 是错误的. 经过译者与本书作者 Fukushima 讨论, 认为应该对 m 加上外正则的条件后, 命题 A.1.6 以及本引理才是正确的: 对任何 $B \in \mathscr{B}(E)$, $m(B) = \inf\{m(G) : G \supset B, G$ 是开集$\}$. 例如, 当 m 是 Radon 测度时. —— 译者

由此可知, $\{p_t\}$ 的扩展 $\{T_t\}$ 是唯一存在的. 例如, 对 $f \in L^2(E;m)$, 取 $f_n = [(-n) \vee f] \wedge n$, 它在 $n \to \infty$ 时强收敛于 f, 从而由上述不等式, $p_t f_n$ 也是 L^2- 强收敛的, 其极限记为 $T_t f$ 即可. 这样得到的 $\{p_t\}$ 在 $L^2(E;m)$ 上的扩张 $\{T_t\}$ 显然是满足压缩性的对称线性算子半群, 并且每个 T_t 都是 Markov 的.

下面证明 $\{T_t\}$ 是强连续的. 对于 $f \in bC(E) \cap L^1(E;m)$, 利用 (4.1.22) 有

$$\int_E (p_t f(x) - f(x))^2 m(dx) \leqslant 2\int_E f(x)^2 m(dx) - 2\int_E f(x) p_t f(x) m(dx).$$

在此, 记 $M = \sup\limits_{x\in E} |f(x)|$, 则上式右边第二项被积函数的绝对值被可积函数 $M|f(x)|$ 控制, 由 (t.4) 知, 当 $t \downarrow 0$ 时, $p_t f(x)$ 点点地收敛于 $f(x)$. 然后, 根据 Lebesgue 控制收敛定理 (参见文献 [5]), 上式右边收敛于零.

设 $f \in L^2(E;m)$, 根据命题 A.1.6, 对任意 $\varepsilon > 0$, 可选择满足 $\|f - g\|_2 < \varepsilon$ 的 $g \in bC(E) \cap L^1(E;m)$. 由 $\{T_t\}$ 的压缩性得

$$\|T_t f - f\|_2 \leqslant \|T_t(f-g)\|_2 + \|T_t g - g\|_2 + \|f-g\|_2 \leqslant 2\varepsilon + \|T_t g - g\|_2.$$

由 $\varepsilon > 0$ 的任意性以及上面的结论推出 $\{T_t\}$ 的强连续性. □

给定 E 上 m- 对称转移函数 $\{p_t : t \geqslant 0\}$, 由此, 根据引理 4.1.4 定义半群 $\{T_t\}$, 并由 (4.1.4) 与 (4.1.5) 定义 $\{T_t\}$ 的闭对称型 $(\mathscr{E}, \mathscr{F})$. 根据定理 4.1.1 可知, $(\mathscr{E}, \mathscr{F})$ 是 $L^2(E;m)$ 上的 Dirichlet 型, 称之为 **m-对称的转移函数 $\{p_t : t \geqslant 0\}$ 的 Dirichlet 型.**

此时, 由 $\{p_t\}$, $\{T_t\}$ 分别根据 (1.1.1) 与 (4.1.1) 定义的预解 $\{R_\alpha : \alpha > 0\}$ 与 $\{G_\alpha : \alpha > 0\}$ 满足对任何 $\alpha > 0$,

$$G_\alpha f = R_\alpha f, \quad f \in b\mathscr{B}(E) \cap L^2(E;m). \tag{4.1.23}$$

特别地, 注意: 根据 (4.1.6) 可得对任何 $f \in b\mathscr{B}(E) \cap L^2(E;m)$ 及 $v \in \mathscr{F}$ 有

$$R_\alpha f \in \mathscr{F}, \quad \mathscr{E}_\alpha(R_\alpha f, v) = (f, v). \tag{4.1.24}$$

在 4.3 节之后, 测度空间 $(E, \mathscr{B}(E), m)$ 将作如下更强的假设: 设 E 为局部紧的可分度量空间, $\mathscr{B}(E)$ 为其 Borel 集全体, m 为 $(E, \mathscr{B}(E))$ 上支撑在全空间上的正 Radon 测度, 即对任何紧集 $K \subset E$ 有 $m(K) < \infty$ 且 $\mathrm{supp}[m] = E$, 其中 $\mathrm{supp}[m]$ 表示满足 $m(E \setminus F) = 0$ 的闭集 F 中的最小者, 称为 m 的**支撑**.

此时, 如果 E 上的连续函数 f 满足 $f = 0\ [m]$, 则 f 必恒等于 0, 从而 $L^2(E;m) \cap C(E)$, $\mathscr{F}_e \cap C(E)$ (作为 m- 等价类) 分别可视为 $L^2(E;m)$ 与 $\mathscr{F}_e$ 的子空间. E 上的

m-a.e. 定义的 m- 可测函数 f 对应的测度 $f \cdot m$ 的支撑称为 f 的支撑. 当 f 连续时, f 的支撑就等于集合 $\{f \neq 0\}$ 的闭包. 记 $C_0(E)$ 为 E 上紧支撑连续函数的全体, $C_\infty(E)$ 为 E 上在无穷远处趋于零的连续函数 f 的全体, 即对任何 $\varepsilon > 0$, 存在某个紧集 K 满足对任何 $x \notin K$ 都有 $|f(x)| < \varepsilon$. $C_\infty(E)$ 关于一致范数 $\|f\|_\infty = \sup\limits_{x \in E} |f(x)|$ 是 Banach 空间.

定义 4.1.4 设 E 为局部紧可分度量空间, m 为其上满支撑的 Radon 测度, $(\mathscr{E}, \mathscr{F})$ 是 $L^2(E; m)$ 上的 Dirichlet 型. 称 $\mathscr{C} \subset \mathscr{F} \cap C_0(E)$ 是 $(\mathscr{E}, \mathscr{F})$ 的一个**核心**, 如果 $\mathscr{C}$ 在 $(\mathscr{F}, \|\cdot\|_{\mathscr{E}_1})$ 与 $(C_0(E), \|\cdot\|_\infty)$ 中均稠密. 有核心的 $(\mathscr{E}, \mathscr{F})$ 称为**正则的**.

称 $(\mathscr{E}, \mathscr{F})$ 为**局部的**, 如果对任何两个支撑不交且紧的 $f, g \in \mathscr{F}$ 都有 $\mathscr{E}(f, g) = 0$.

称 $(\mathscr{E}, \mathscr{F})$ 是**强局部的**, 如果对任何紧支撑的 $f \in \mathscr{F}$ 以及在 $\mathrm{supp}\,[f]$ 的某个邻域上 m-a.e. 为常数的 $g \in \mathscr{F}$ 都有 $\mathscr{E}(f, g) = 0$.

引理 4.1.5 设 (E, m) 满足定义 4.1.4 的条件, $(\mathscr{E}, \mathscr{F})$ 为 $L^2(E; m)$ 上的 Dirichlet 型. 如果 $\mathscr{F} \cap C_\infty(E)$ 分别在 $(\mathscr{F}, \|\cdot\|_{\mathscr{E}_1})$ 与 $(C_\infty(E), \|\cdot\|_\infty)$ 中稠密, 则 $(\mathscr{E}, \mathscr{F})$ 是正则的.

证明 固定 $f \in \mathscr{F} \cap C_\infty(E)$, 取如下正规压缩函数列:

$$\varphi_l(t) = t - \left[\left(-\frac{1}{l}\right) \vee t\right] \wedge \frac{1}{l}, \quad t \in \mathbb{R},\ l \geqslant 1. \tag{4.1.25}$$

记 $f_l = \varphi_l \circ f$, 于是可知

$$f_l \in \mathscr{F} \cap C_0(E), \quad \|f_l - f\|_\infty \leqslant 1/l,\ l \geqslant 1$$

成立. 因此, $\mathscr{F} \cap C_0(E)$ 在 $(C_0(E), \|\cdot\|_\infty)$ 中稠密. 另一方面, 由引理 4.1.3 也可以推出 f_l 是 $\mathscr{E}_1$- 收敛于 f, 即 $\mathscr{F} \cap C_0(E)$ 在 $(\mathscr{F}, \|\cdot\|_{\mathscr{E}_1})$ 中也是稠密的. □

练习 4.1.2 设 $(\mathscr{E}, \mathscr{F})$ 是 $L^2(E; m)$ 上正则的 Dirichlet 型, 试证对任何 $f \in C_0(E)$, 存在满足 $f_n \in \mathscr{F} \cap C_0(E)$, $\mathrm{supp}\,[f_n] \subset \{f \neq 0\}$ $(n \geqslant 1)$ 的函数列 $\{f_n\}$ 在 E 上一致收敛于 f.

例 4.1.1 (空间齐次 Dirichlet 型) 设 m 为 $\mathbb{R}^d$ 上的 Lebesgue 测度, $L^2(\mathbb{R}^d; m)$ 简记为 $L^2(\mathbb{R}^d)$. 设 $\{p_t\}$ 为 $\mathbb{R}^d$ 上空间齐次的转移概率. 如同 1.2 节中所述, 记 $\nu_t(B) = p_t(0, B)(B \in \mathscr{B}(\mathbb{R}^d))$, 则 $\{\nu_t : t \geqslant 0\}$ 是定义 1.2.1 意义下的卷积半群. 以后假设它满足**对称性**:

$$\nu_t(-B) = \nu_t(B), \quad B \in \mathscr{B}(\mathbb{R}^d),\ t > 0. \tag{4.1.26}$$

$\{\nu_t\}$ 的对称性与 $\{p_t\}$ 关于 Lebesgue 测度 m 的对称性是等价的. 将对称且空间齐次的转移概率 $\{p_t\}$ 所确定的 $L^2(\mathbb{R}^d)$ 上的 Dirichlet 型 $(\mathscr{E}, \mathscr{F})$ 称为 $\mathbb{R}^d$ 上的**空间齐次 Dirichlet 型**.

空间齐次 Dirichlet 型是正则的. 事实上, 由 (1.2.2), $\{p_t\}$ 的预解 $\{R_\alpha\}$ 可表示为

$$R_\alpha f(x) = \int_{\mathbb{R}^d} f(x+y) R_\alpha(0,dy), \quad x \in \mathbb{R}^d,\ f \in b\mathscr{B}(\mathbb{R}^d).$$

如果 $f \in C_\infty(\mathbb{R}^d)$, 则 $R_\alpha f \in C_\infty(\mathbb{R}^d)$ 且

$$\|\alpha R_\alpha f - f\|_\infty \to 0, \quad \alpha \to \infty. \tag{4.1.27}$$

另一方面, 由预解方程 (1.1.2) 可知, 空间 $\mathscr{D} = R_\alpha(C_\infty(\mathbb{R}^d) \cap L^2(\mathbb{R}^d))$ $(\subset C_\infty(\mathbb{R}^d))$ 与 $\alpha > 0$ 无关. 再由 (4.1.24) 有 $\mathscr{D} \subset \mathscr{F} \cap C_\infty(\mathbb{R}^d)$, 于是可知 $\mathscr{F}$ 中与 $\mathscr{D}$ $\mathscr{E}_1$- 正交的元素只有零, 也就是说, $\mathscr{D}$ 在 $\mathscr{F}$ 中是 $\mathscr{E}_1$- 稠密的. 由引理 4.1.5 推出 $(\mathscr{E},\mathscr{F})$ 的正则性.

$\mathbb{R}^d$ 上空间齐次的 Dirichlet 型 $(\mathscr{E},\mathscr{F})$ 可用对称卷积半群的特征函数由如下 (4.1.29) 与 (4.1.30) 具体表示出来. 因为 $\{\nu_t\}$ 是具有对称性的连续卷积半群, 由 (1.2.6) 定义的相应特征函数 $\varphi_t(z)$ $(= \widehat{\nu}_t(z),\ z \in \mathbb{R}^d)$ 满足 $\overline{\varphi_t(z)} = \varphi_t(z)$, 故是实值的, 相应的 Lévy-Khinchin 公式 (1.2.8) 与 (1.2.9) 有如下形式:

$$\varphi_t(z) = \mathrm{e}^{-t\psi(z)}, \quad \psi(z) = \frac{1}{2}\langle z, Vz\rangle + \int_{\mathbb{R}^d} (1 - \cos\langle z, x\rangle) n(dx), \tag{4.1.28}$$

其中 V 为非负定 d- 阶对称方阵, n 是满足 (1.2.10) 的 $\mathbb{R}^d$ 上被称为 Lévy 测度的对称测度.

对于 $\mathbb{R}^d$ 上的可积函数 f, 定义其 Fourier 变换为

$$\widehat{f}(z) = (2\pi)^{-d/2} \int_{\mathbb{R}^d} \mathrm{e}^{\mathrm{i}\langle z,y\rangle} f(y) dy, \quad z \in \mathbb{R}^d.$$

在定理 1.2.2 的证明中出现的 $Ff(z)$ 乘上 $(2\pi)^{-d/2}$ 即为 $\widehat{f}(z)$. $\widehat{f}$ 甚至可以扩张到 $f \in L^2(\mathbb{R}^d)$ 的情形, 并且 Parseval 等式

$$(f,g) = (\widehat{f}, \overline{\widehat{g}}), \quad f, g \in L^2(\mathbb{R}^d)$$

成立.

根据 $p_t f$ 与 ν_t 的关系式 (1.2.2), $\widehat{p_t f} = \widehat{\nu}_t \cdot \widehat{f}$, 所以关于 $f \in L^2(\mathbb{R}^d)$ 的近似型 (4.1.3) 可演算为

$$\begin{aligned}\mathscr{E}^{(t)}(f,f) &= \frac{1}{t}(f - T_t f, f) = \frac{1}{t}\int_{\mathbb{R}^d} (\widehat{f}(z) - \widehat{\nu}_t(z)\widehat{f}(z))\overline{\widehat{f}}(z) dz \\ &= \int_{\mathbb{R}^d} |\widehat{f}(z)|^2 \frac{1 - \mathrm{e}^{-t\psi(z)}}{t} dz.\end{aligned}$$

当 $t\downarrow 0$ 时, 最后一个积分递增收敛到 $\int_{\mathbb{R}^d}|\widehat{f}(z)|^2\psi(z)dz$. 结合定义式 (4.1.4) 与 (4.1.5) 可得

$$\mathscr{F}=\left\{f\in L^2(\mathbb{R}^d):\ \int_{\mathbb{R}^d}|\widehat{f}(z)|^2\psi(z)dz<\infty\right\}, \tag{4.1.29}$$

$$\mathscr{E}(f,g)=\int_{\mathbb{R}^d}\widehat{f}(z)\overline{\widehat{g}}(z)\psi(z)dz,\quad f,g\in\mathscr{F}. \tag{4.1.30}$$

特别地, 当 $n=0$, V 为单位矩阵, 即 $\psi(z)=\dfrac{1}{2}|z|^2$ 时, 上面的 Dirichlet 型 $(\mathscr{E},\mathscr{F})$ 就是 d- 维 Brown 运动的转移概率 (1.2.15) 的 Dirichlet 型, 并且可以写为

$$(\mathscr{E},\mathscr{F})=\left(\frac{1}{2}\mathbf{D},H^1(\mathbb{R}^d)\right), \tag{4.1.31}$$

其中

$$\mathbf{D}(f,g)=\sum_{i=1}^d\int_{\mathbb{R}^d}\frac{\partial f(x)}{\partial x_i}\frac{\partial g(x)}{\partial x_i}dx, \tag{4.1.32}$$

$$H^1(\mathbb{R}^d)=\left\{f\in L^2(\mathbb{R}^d):\ \frac{\partial f(x)}{\partial x_i}\in L^2(\mathbb{R}^d),\ 1\leqslant i\leqslant d\right\}, \tag{4.1.33}$$

$\dfrac{\partial}{\partial x_i}$ 表示广义函数的偏导数. 称 $\mathbf{D}(f,g)$ 为函数 f 与 g 的**Dirichlet 积分**, $H^1(\mathbb{R}^d)$ 为 $\mathbb{R}^d$ 上的一阶**Sobolev 空间**. 当年, Beurling 将任意正规压缩可操作的空间命名为 Dirichlet 空间, 其灵感正是来自于这个例子. □

练习 4.1.3 (i) 证明 (4.1.27);

(ii) 当 $V=0$ 时, 试证 (4.1.29) 与 (4.1.30) 可用 (4.1.28) 中的 Lévy 测度 n 改写为

$$\mathscr{E}(f,g)=\frac{1}{2}\int_{\mathbb{R}^d\times\mathbb{R}^d}(f(x+y)-f(x))(g(x+y)-g(x))n(dy)dx, \tag{4.1.34}$$

$$\mathscr{F}=\left\{f\in L^2(\mathbb{R}^d):\ \int_{\mathbb{R}^d\times\mathbb{R}^d}(f(x+y)-f(x))^2n(dy)dx<\infty\right\}. \tag{4.1.35}$$

(4.1.31) 与练习 4.1.3 中的两个 Dirichlet 型都是空间齐次的, 但它们的显著差别在于前者是强局部的, 而后者没有局部性.

例 4.1.2 (一维的局部 Dirichlet 型) 将一维开区间 $I=(r_1,r_2)$ 上的 Lebesgue 测度对应的 L^2 空间记为 $L^2(I)$, I 上其 Radon-Nikodym 导数 f' 属于 $L^2(I)$ 的绝对连续函数 f 的全体记为 $\mathscr{G}$. 设

$$\mathbf{D}(f,g)=\int_I f'(x)g'(x)dx,\quad \|f\|_{\mathbf{D}}=\sqrt{\mathbf{D}(f,f)},\quad f,g\in\mathscr{G}. \tag{4.1.36}$$

再取 I 上满足 $\operatorname{supp}[m]=I$ 的 Radon 测度 m, 由

$$\mathscr{E}(f,g)=\frac{1}{2}\mathbf{D}(f,g),\quad \mathscr{F}=\mathscr{G}\cap L^2(I;m) \tag{4.1.37}$$

定义 $(\mathscr{E},\mathscr{F})$. 下面证明 $(\mathscr{E},\mathscr{F})$ 是 $L^2(I;m)$ 上的 Dirichlet 型. 由等式 $f(b)-f(a)=\int_a^b f'(x)dx$ 有

$$(f(b)-f(a))^2\leqslant |b-a|\mathbf{D}(f,f),\quad a,b\in I,\ f\in\mathscr{G}. \tag{4.1.38}$$

若 $\mathscr{G}$ 中的 $\mathbf{D}$-Cauchy 列在 I 中某点收敛, 则在 I 上的任意紧子集上一致收敛, 从而可推出

$$\begin{aligned}&f_n\in\mathscr{G},\ \lim_{m,n\to\infty}\|f_n-f_m\|_{\mathbf{D}}=0,\ \lim_{n\to\infty}f_n=f\ [m]\\ \Rightarrow &f\in\mathscr{G},\ \lim_{n\to\infty}\|f_n-f\|_{\mathbf{D}}=0.\end{aligned} \tag{4.1.39}$$

实际上, 在 (4.1.39) 的假设下, $\{f_n'\}$ 在 $L^2(I)$ 上强收敛于某个 g, 由上面的论述, f_n 在 I 的任意紧区间上一致收敛于 f 的连续修正, 从而对任意 I 上紧支撑连续可导函数 h 有

$$\begin{aligned}\int_I g(x)h(x)dx&=\lim_{n\to\infty}\int_I f_n'(x)h(x)dx\\ &=-\lim_{n\to\infty}\int_I f_n(x)h'(x)dx=-\int_I f(x)h'(x)dx,\end{aligned}$$

这意味着 $f\in\mathscr{G}$, $f'=g$ 且 $\|f_n-f\|_{\mathbf{D}}\to 0\ (n\to\infty)$.

从 (4.1.39) 直接推出由 (4.1.37) 定义的 $(\mathscr{E},\mathscr{F})$ 是 $L^2(I;m)$ 上的闭对称型, 其 Markov 性 (4.1.7) 可简单地证明. 特别地, 如果 (4.1.7) 中的正规压缩实函数 φ_ε 可微, 则 $0\leqslant\varphi_\varepsilon'\leqslant 1$, 从而由 $f\in\mathscr{G}$ 可以看出 $g=\varphi_\varepsilon\circ f\in\mathscr{G}$ 且

$$\mathbf{D}(g,g)=\int_I(\varphi_\varepsilon'(f(x)))^2f'(x)^2dx\leqslant\mathbf{D}(f,f).$$

因此, $(\mathscr{E},\mathscr{F})$ 是 $L^2(I;m)$ 上的 Dirichlet 型.

设 $\mathscr{F}_e$ 为由定义 4.1.3 引入的 $(\mathscr{E},\mathscr{F})$ 的扩展 Dirichlet 空间, 则由 (4.1.39) 可知 $\mathscr{F}_e\subset\mathscr{G}$. 分三种情况考虑更多的细节.

(I) $I=(r_1,r_2)$ 是有界的且 $m(I)<\infty$ 的情形. $\mathscr{F}=\mathscr{F}_e=\mathscr{G}$ 且 $(\mathscr{E},\mathscr{F})$ 是 $L^2([r_1,r_2];\widetilde{m})$ 上强局部的正则 Dirichlet 型, 其中 $\widetilde{m}$ 为测度 m 通过定义 $\widetilde{m}(\{r_1\})=\widetilde{m}(\{r_2\})=0$ 成为 $\bar{I}$ 上的测度.

当 I 有界时, 由 (4.1.38), $f\in\mathscr{G}$ 可连续扩张到 $\bar{I}$ 上, 并且 (4.1.38) 对任何 $a,b\in\bar{I}$ 也成立. 特别地, G 是线性空间, 包含常数, 因此, 包含线性函数, 从而也包

含所有多项式, 故在 $C(\bar{I})$ 中稠密. 因为 $m(I)<\infty$, 故 $\mathscr{F}=\mathscr{F}_e=\mathscr{G}$ 且 $(\mathscr{E},\mathscr{F})$ 作为 $L^2(\bar{I};\widetilde{m})=L^2(I;m)$ 上的 Dirichlet 型是正则的, 其强局部性是显然的.

(II) $I=(r_1,r_2)$ 有界且 m 在两个端点的邻域上都是无穷的情形. $\mathscr{F}\subset\mathscr{F}_e=\mathscr{G}_0$ 且 $(\mathscr{E},\mathscr{F})$ 是 $L^2(I;m)$ 上强局部正则的 Dirichlet 型, 其中 $\mathscr{G}_0=\{f\in\mathscr{G}:\ f(r_1)=f(r_2)=0\}$.

因为 $\mathscr{G}\subset C(\bar{I})^*$, 所以有 $\mathscr{F}\subset\mathscr{G}_0$. 设 $\{f_n\}\subset\mathscr{F}$ 为 $f\in\mathscr{F}_e$ 的近似列, 则由 f_n 在 $[r_1,r_2]$ 上一致收敛于 f 可知, $f(r_1)=f(r_2)=0$ 且 $\mathscr{F}_e\subset\mathscr{G}_0$. 下面对任意的 $f\in\mathscr{G}_0$, 考虑由 (4.1.25) 定义的正规压缩函数 φ_l 与 f 的复合 $f_l=\varphi_l\circ f$, 因为它在 I 上的支撑是紧的, $f_l\in\mathscr{F}$ 且 f_l 一致收敛于 f. 由此及 $\mathscr{G}$ 在 $C(\bar{I})$ 中稠密推出 $\mathscr{G}_0$ 与 $\mathscr{F}$ 也在 $C_\infty(I)$ 中稠密. 因为 $\mathscr{F}\subset C_\infty(I)$, 由引理 4.1.5 可知 $(\mathscr{E},\mathscr{F})$ 的正则性. 其次由 $\|f_l\|_{\mathscr{E}}\leqslant\|f\|_{\mathscr{E}}$ 与推论 A.4.1, f_l 的某个子列的 Cesaro 平均是 $\mathscr{E}$-Cauchy 列且 $f\in\mathscr{F}_e$, 即 $\mathscr{G}_0\subset\mathscr{F}_e$.

(III) $I=\mathbb{R}$ 的情形. $\mathscr{F}_e=\mathscr{G}$ 且 $(\mathscr{E},\mathscr{F})$ 是 $L^2(\mathbb{R};m)$ 上强局部正则的 Dirichlet 型.

取 $f\in\mathscr{G}$, 为证明 $f\in\mathscr{F}_e$, 不妨假设存在 M, 使得 $|f|\leqslant M$. 当 f 无界时, 考虑它与 (4.1.18) 定义的正规压缩函数 φ_l 的复合, 与上面 (II) 证明的最后部分作类似讨论就可以了. 这里考虑满足如下性质的可微函数 $h_n\in C_0(\mathbb{R})$:

$$
\begin{aligned}
&h_n(x)=1,|x|<n;\quad h_n(x)=0,\ |x|>2n+1;\\
&|h_n'(x)|\leqslant\frac{1}{n},\ n\leqslant|x|\leqslant 2n+1,\quad 0\leqslant h_n(x)\leqslant 1,\ x\in\mathbb{R}.
\end{aligned}
$$

记 $f_n=f\cdot h_n$, 则 $f_n\in\mathscr{F}\cap C_0(\mathbb{R})$ 且

$$
\begin{aligned}
\|f-f_n\|_{\mathbf{D}}&\leqslant\int_{\mathbb{R}}f'(x)^2(1-h_n(x))^2dx+\int_{\mathbb{R}}f(x)^2(h_n'(x))^2dx\\
&\leqslant\int_{\{|x|\geqslant n\}}f'(x)^2dx+M^2\int_{\{n\leqslant|x|<2n+1\}}(h_n'(x))^2dx\\
&\leqslant\int_{\{|x|\geqslant n\}}f'(x)^2dx+2M^2\frac{n+1}{n^2}\longrightarrow 0,\quad n\to\infty,
\end{aligned}
$$

从而 $f\in\mathscr{F}_e$. 对任意 $f\in\mathscr{F}$, 上述函数列 $\{f_n\}\subset\mathscr{F}\cap C_0(\mathbb{R})$ 是 $\mathscr{E}_1$- 收敛于 f 的, 而这样的函数的全体显然在 $C_0(\mathbb{R})$ 内是稠密的, 所以 $(\mathscr{E},\mathscr{F})$ 是正则的, 其强局部性是显然的. □

例 4.1.3 (区域上的一阶 Sobolev 空间) 设 D 是 $\mathbb{R}^d$ 上的一个区域, 即连通开集. 关于 D 上 Lebesgue 测度平方可积的实函数全体记为 $L^2(D)$, 定义 D 上的**Dirichlet**

---

* 原书误为 $\mathscr{G}=C(\bar{I})$. —— 译者

积分与 D 上的一阶 **Sobolev** 空间为

$$\mathbf{D}(f,g)=\sum_{i=1}^{d}\int_D \frac{\partial f(x)}{\partial x_i}\frac{\partial g(x)}{\partial x_i}dx, \tag{4.1.40}$$

$$H^1(D)=\left\{f\in L^2(D):\ \frac{\partial f}{\partial x_i}\in L^2,\ 1\leqslant i\leqslant d\right\}, \tag{4.1.41}$$

其中 $\dfrac{\partial}{\partial x_i}$ 表示广义函数偏导数. (4.1.32) 与 (4.1.33) 是 $D=\mathbb{R}^d$ 的情形.

引入与例 4.1.2 中的 $\mathscr{G}$ 相当的

$$\mathscr{G}(D)=\left\{f\in L^2_{\rm loc}(D):\frac{\partial f}{\partial x_i}\in L^2(D),1\leqslant i\leqslant d\right\}, \tag{4.1.42}$$

其中 $f\in L^2_{\rm loc}(D)$ 是指对于任意相对紧的开集 $U\subset D$, 存在 $g\in L^2(D)$ 满足 $f=g$ a.e.. 由此推出 $H^1(D)\subset\mathscr{G}(D)$. 下列罗列函数空间 $\mathscr{G}(D)$ 广为所知的几个性质 (参见文献 [50]).

($\mathscr{G}$.1) $\mathscr{G}(D)=\left\{T:\dfrac{\partial T}{\partial x_i}\in L^2(D),1\leqslant i\leqslant d\right\}$, 其中 T 表示 Schwarz 广义函数.

($\mathscr{G}$.2) $\mathscr{G}(D)$ 中的函数差为常数这样的等价关系所确定的商空间记为 $\dot{\mathscr{G}}(D)$, 则它是以 $\mathbf{D}$ 为内积的 Hilbert 空间. 若 $\{f_n\}\subset\mathscr{G}(D)$ 为 $\mathbf{D}$-Cauchy 列, 则存在 $f\in\mathscr{G}(D)$ 及常数列 c_n, 使得 f_n 是 $\mathbf{D}$- 收敛到 f 的, 并且 f_n+c_n 在 $L^2_{\rm loc}(D)$ 内收敛到 f.

($\mathscr{G}$.3) $f\in\mathscr{G}(D)$ 的充要条件是对任何 $1\leqslant i\leqslant d$, 存在满足 $\widetilde{f}=f$ a.e. 的函数 $\widetilde{f}$, 使得 $\widetilde{f}$ 在几乎所有的与 x_i- 轴平行的直线上绝对连续, 并且关于此 x_i 的通常意义的导数 $\dfrac{\partial\widetilde{f}}{\partial x_i}$ (在 D 上 a.e. 存在) 属于 $L^2(D)$, 其中通常意义的导数与广义导数是一致的.

下面由下式:

$$(\mathscr{E},\mathscr{F})=\left(\frac{1}{2}\mathbf{D},H^1(D)\right) \tag{4.1.43}$$

定义的形式为 $L^2(D)$ 上的 Dirichlet 型. 实际上, 由 $L^2(D)$ 的完备性与 Schwarz 广义函数的定义可知, 它是 $L^2(D)$ 上的闭对称型. 根据 $\mathscr{G}(D)$ 的性质 ($\mathscr{G}$.3), 其 Markov 性可以与例 4.1.2 中 (4.1.37) 的 Markov 性完全相同地给予证明. 显然, (4.1.43) 是强局部的. 再用 $\mathscr{F}_e$ 表示 (4.1.43) 的扩展 Dirichlet 空间, 由性质 ($\mathscr{G}$.2) 直接推出

$$\mathscr{F}_e\subset\mathscr{G}(D). \tag{4.1.44}$$

设区域 D 为有界, 记其边界为 ∂D, 闭包为 $\overline{D}$. 用 $C_0^k(\mathbb{R}^d)$ 表示 $\mathbb{R}^d$ 上 k- 阶连续可微的紧支撑函数的全体, 记 $C_0^k(\mathbb{R}^d)|_{\overline{D}}$ 为 $C_0^k(\overline{D})$. 称 D 为**C- 类**的, 如果对任何 $x\in\partial D$, 存在其邻域 U 有

$$D\cap U=\{(x_1,\cdots,x_d):x_d>F(x_1,\cdots,x_{d-1})\}\cap U \tag{4.1.45}$$

成立, 其中 $(x_1,\cdots,x_d)$ 为适当的正交坐标, F 为某个连续函数.

当 D 为 C- 类时, $C_0^1(\overline{D})$ 关于 $H^1(D)$ 内的范数 $\sqrt{\mathbf{D}(f,f)}+\|f\|_{L^2(D)}$ 或者 $\mathscr{G}(D)$ 内的 $\sqrt{\mathbf{D}(f,f)}$ 稠密 (参见文献 [50]), 所以此时 (4.1.43) 是 $L^2(\overline{D},\widetilde{m})$ $(=L^2(D))$ 上的正则 Dirichlet 型, 其中 $\widetilde{m}$ 表示通过定义 ∂D 上的值等于零的 D 上的 Lebesgue 测度的扩张. 实际上, $C_0^1(\overline{D})$ 是这样重新定义的 L^2- 空间的 (4.1.44) 的核心, 并且此时有 $\mathscr{F}_e=\mathscr{G}(D)$ 成立.

一般地, $C_0^1(\overline{D})$ 在 $H^1(D)$ 并不一定稠密, 如考虑由平面上的圆环区域 $D_1=\{(r,\theta):1<r<2,0\leqslant\theta<2\pi\}$ 除去 x- 轴的正半部分所得的区域 $D=\{(r,\theta):1<r<2,0<\theta<2\pi\}$. 函数 $f(r,\theta)=\theta$ 属于 $\mathscr{G}(D)$ 但不属于 $\mathscr{G}(D_1)$, 这是因为 f 作为 D_1 上的函数不满足性质 ($\mathscr{G}$.3). 如果设 f 可以用 $C_0^1(\overline{D})=C_0^1(\overline{D_1})$ 中的函数列逼近, 则根据 ($\mathscr{G}$.2), 极限函数属于 $\mathscr{G}(D_1)$, 导致矛盾. □

4.2 Dirichlet 型的暂留性、常返性、既约性与遍历性

在本节中, 仍如 4.1 节前面那样, 假设 E 为简单的可测空间而没有拓扑结构, 针对 $L^2(E;m)$ 上的 Dirichlet 型 $(\mathscr{E},\mathscr{F})$ 生成的 L^2- 半群, 考虑其暂留性、常返性、既约性及遍历性, 用 $(\mathscr{E},\mathscr{F})$ 的语言来描述相关性质. 仅在最后一个定理中, 在考虑遍历定理时, 需要假设 E 有适当的拓扑.

设 m 是可测空间 $(E,\mathscr{B}(E))$ 上的 σ- 有限测度, $(\mathscr{E},\mathscr{F})$ 为 $L^2(E;m)$ 上的 Dirichlet 型, 其生成的 $L^2(E;m)$ 上的半群与预解分别记为 $\{T_t\}$ 与 $\{G_\alpha\}$. 由于 $\{T_t\}$ 是压缩强连续的, 所以积分

$$S_tf=\int_0^t T_sfds,\quad f\in L^2(E;m), \tag{4.2.1}$$

由 Riemann 和在 $L^2(E;m)$ 中强收敛的极限意义下确定. S_t 是 $L^2(E;m)$ 上的有界线性算子 $\|S_tf\|_2\leqslant t\|f\|_2(f\in L^2(E;m))$.

设 $f\in L^1(E;m)\cap L^2(E;m)$. 因为 m 是 σ- 有限的, 于是可取满足 $B_n\in\mathscr{B}(E)$, $B_n\uparrow E$, $m(B_n)<\infty$ 的集合列 $\{B_n\}$. 由对称性与 Markov 性得

$$\int_{B_n}|T_tf(x)|m(dx)\leqslant(T_t|f|,1_{B_n})=(|f|,T_t1_{B_n})\leqslant\int|f(x)|m(dx).$$

令 $n\to\infty$, 则有 $\|T_tf\|_1\leqslant\|f\|_1$, 因此, $\|S_tf\|_1\leqslant t\|f\|_1(f\in L^1\cap L^2)$, 从而 $\{T_t\}$ 与 $\{S_t\}$ 分别由 $L^1\cap L^2$ 唯一地扩张为 $L^1(E;m)$ 上的有界线性算子, 并且满足

$$T_sT_tf=T_{s+t}f,\quad \|T_tf\|_1\leqslant\|f\|_1,\ \|S_tf\|_1\leqslant t\|f\|_1,\quad f\in L^1(E;m). \tag{4.2.2}$$

T_t 与 $\dfrac{1}{t}S_t$ 都是 Markov 的, 关于 G_α 有类似的结果. 注意：这种扩张的具体实现也可以采用由 (4.1.18) 定义的 φ^l, 设 $T_t f = \lim\limits_{l\to\infty} T_t(\varphi^l \circ f)(f \in L^1(E;m))$.

由此可知, 由 Dirichlet 型 $(\mathscr{E},\mathscr{F})$ 确定的 $L^1(E;m)$ 上的线性算子 S_t, G_α, 对于任意的 $f \in L^1_+(E;m)$, 满足正值性与单调性：

$$0 \leqslant S_s f \leqslant S_t f \ [m],\ 0 < s < t; \quad 0 \leqslant G_\beta f \leqslant G_\alpha f \ [m],\ 0 < \alpha < \beta,$$

从而根据

$$Gf(x) = \lim_{N\to\infty} S_N f(x) = \lim_{N\to\infty} G_{1/N} f(x)\ (\leqslant \infty)[m], \quad f \in L^1_+(E;m), \tag{4.2.3}$$

m-a.e. 定义的 E 上函数 $Gf(x)$ $(\leqslant \infty)$ 除去 m- 等价性是唯一确定的.

定义 4.2.1 (i) 称 Dirichlet 型 $(\mathscr{E},\mathscr{F})$ 为**暂留的**, 如果存在 $m(g=0)=0$ 的函数 $g \in L^1_+(E;m)$, 使得 $Gg < \infty\ [m]$ 成立;

(ii) 称 Dirichlet 型 $(\mathscr{E},\mathscr{F})$ 为**常返的**, 如果对任意函数 $f \in L^1_+(E;m)$, $Gf = 0$ 或 $\infty\ [m]$, 即 $m(\{0 < Gf < \infty\}) = 0$;

(iii) 称集合 $A \in \mathscr{B}(E)$ 为 $\{T_t\}$-**不变的**, 如果对任何 $t > 0$, $f \in L^2(E;m)$ 有 $1_A \cdot T_t(1_{A^c} f) = 0\ [m]$;

(iv) 称 Dirichlet 型 $(\mathscr{E},\mathscr{F})$ 为**既约的**, 如果 $\{T_t\}$- 不变集 $A \in \mathscr{B}(E)$ 是平凡的, 即或者 $m(A)=0$, 或者 $m(A^c)=0$.

关于 Dirichlet 型的这些定义与有过分测度 m 的转移函数的暂留性、常返性及既约性的定义 1.1.2 和定义 1.1.3 是完全类似的. 特别地, 当 E 上 m- 对称转移函数 $\{p_t\}$ 的 Dirichlet 型是 $(\mathscr{E},\mathscr{F})$ 时, 关于前者在 1.1 节中定义的暂留常返既约性与上面所定义的关于后者的这些性质的含义是一致的.

在 1.1 节中已经证明的有关暂留常返既约性的定理 1.1.1, 引理 1.1.1, 引理 1.1.3, 命题 1.1.1~ 命题 1.1.3, 只要像下面的引理那样, 对证明的一部分加以修正就可以都搬到 Dirichlet 型的框架下作为类似结果的证明, 所以本节将直接使用这些结果. 特别地, 既约的 Dirichlet 型要么暂留, 要么常返. Dirichlet 型是暂留的充要条件是

$$Gf < \infty\ [m], \quad \forall f \in L^1_+(E;m). \tag{4.2.4}$$

另外, Dirichlet 型的常返性与下列两个条件分别等价：

$$f \in L^1_+(E;m),\ f > 0\ [m] \ \Rightarrow\ Gf = \infty\ [m], \tag{4.2.5}$$

$$\exists g \in L^1_+(E;m),\ Gg = \infty\ [m]. \tag{4.2.6}$$

下列引理的结论与引理 1.1.2 及定理 1.1.1 证明的开头部分相当, 由于 1.1 节中是用转移函数证明的, 所以这里给出在本节框架下的证明作为例子.

引理 4.2.1 (i) 对任意 $g\in L^1_+(E;m)$, $B\in\mathscr{B}(E)$ 有

$$\liminf_{h\downarrow 0}\frac{1}{h}\int_B S_hgdm\geqslant\int_B gdm;\tag{4.2.7}$$

(ii) 对于 $g\in L^1_+(E;m)$, 集合 $B=\{Gg=\infty\}$ 是 $\{T_t\}$- 不变的.

证明 (i) 对于 $f\in L^2(E;m)$, 因为 $\left\|\frac{1}{h}S_hf-f\right\|_2\to 0(h\downarrow 0)$, 选取 $B_N\in\mathscr{B}(E)$, $B_N\uparrow E$, 满足 $m(B_N)<\infty$, 则当 $h\downarrow 0$ 时,

$$\frac{1}{h}\int_B S_hgdm\geqslant\left(1_{B\cap B_N},\frac{1}{h}S_h(g\wedge N)\right)\to(1_{B\cap B_N},g\wedge N),$$

这里令 $N\to\infty$ 即可.

(ii) 设 $m(E_n)<\infty$, $E_n\uparrow E$, $E_n\in\mathscr{B}(E)$, 记 $C_n=\{x\in E_n:Gg(x)\leqslant n\}$, 则 $C_n\uparrow B^{\rm c}$. 记 $g_l=g\wedge l$, 则对于 $f\in L^2_+(E;m)$,

$$(T_t(1_{C_n}f),Gg_l)=(1_{C_n}f,T_tGg_l)\leqslant(1_{C_n}f,Gg)\leqslant n(f,1_{C_n})<\infty.$$

令 $l\to\infty$ 得 $(T_t(1_{C_n}f),Gg)<\infty$, 从而有 $1_B\cdot T_t(1_{C_n}f)=0\ [m]$. 继续令 $n\to\infty$ 得 $1_B\cdot T_t(1_{B^{\rm c}}f)=0\ [m]$. □

本节的目的是直接利用 $(\mathscr{E},\mathscr{F})$ 刻画 Dirichlet 型 $(\mathscr{E},\mathscr{F})$ 的暂留性、常返性、既约性. 首先从暂留性开始.

引理 4.2.2 对任意 $g\in L^1(E;m)\cap L^2(E;m)$ 有

$$\sup_{f\in\mathscr{F}}\frac{(|f|,g)}{\|f\|_{\mathscr{E}}}=\sqrt{\int_E g\cdot Ggdm}\ (\leqslant\infty).\tag{4.2.8}$$

证明 首先, 注意到对任意 $g\in L^2(E;m)$,

$$S_tg\in\mathscr{F},\quad \mathscr{E}(S_tg,f)=(g-T_tg,f),\ \forall f\in\mathscr{F}.\tag{4.2.9}$$

事实上, 由 $S_tg-T_sS_tg=-\int_t^{s+t}T_ugdu+\int_0^sT_ugdu$ 有

$$\lim_{s\downarrow 0}\frac{1}{s}(S_tg-T_sS_tg,S_tg)=(g,S_tg)-(T_tg,S_tg)<\infty,$$

从而 $S_tg\in\mathscr{F}$. (4.2.9) 的后半部分可以类似地证明.

记 (4.2.8) 的左端为 c_1. 若 $c_1<\infty$, 则

$$(S_tg,g)\leqslant c_1\|S_tg\|_{\mathscr{E}}\leqslant c_1\sqrt{(S_tg,g)},$$

从而有 $\sqrt{(S_t g, g)} \leqslant c_1$. 令 $t \uparrow \infty$ 可知, (4.2.8) 的右边不超过 c_1.

记 (4.2.8) 的右边为 c_2, 若 $c_2 < \infty$, 则 $c_2^2 = \int_0^\infty (T_s g, g) ds$ 且 $(T_s g, g) = \|T_{s/2} g\|_2^2$. 随着 s 的增大而减少, 所以当 $s \to \infty$ 时, $(T_s g, g) \to 0$. 由 (4.2.9), 对任意 $f \in \mathscr{F}$ 有

$$
\begin{aligned}
(|f|, g) &= \mathscr{E}(|f|, S_t g) + (|f|, T_t g) \leqslant \|S_t g\|_{\mathscr{E}} \cdot \|f\|_{\mathscr{E}} + \|T_t g\|_2 \|f\|_2 \\
&\leqslant \sqrt{(S_t g, g)} \|f\|_{\mathscr{E}} + \sqrt{(T_{2t} g, g)} \|f\|_2 \to c_2 \|f\|_{\mathscr{E}}, \quad t \uparrow \infty,
\end{aligned}
$$

引理得证. □

定理 4.2.1 Dirichlet 型 $(\mathscr{E}, \mathscr{F})$ 是暂留的充要条件是存在 E 上有界的 m- 可积函数 g 满足 $g > 0$ $[m]$, 使得对任何 $f \in \mathscr{F}$ 有

$$
\int_E |f| g dm \leqslant \|f\|_{\mathscr{E}}. \tag{4.2.10}
$$

证明 设 (4.2.10) 成立, 则 (4.2.8) 的左边不超过 1, 从而 $Gg < \infty$ $[m]$. 由定义 4.2.1 可知, $(\mathscr{E}, \mathscr{F})$ 是暂留的.

反之, 设 $(\mathscr{E}, \mathscr{F})$ 是暂留的, 则由于 (4.2.4) 成立, 取 E 上严格正的有界可测函数 h 满足 $\int_E h dm = 1$. 记 $g = h/(Gh \vee 1)$, 则 $0 < g \leqslant h$ 且

$$
\int_E g \cdot Gg dm \leqslant \int_E h \cdot Gg dm \leqslant \int_E Gh \cdot \frac{h}{Gh} dm = \int_E h dm = 1,
$$

从而由 (4.2.8) 可得 (4.2.10). □

命题 4.2.1 若 Dirichlet 型 $(\mathscr{E}, \mathscr{F})$ 是暂留的, 则不等式 (4.2.10) 对于扩展 Dirichlet 空间的元素 $f \in \mathscr{F}_e$ 也成立, 并且扩展 Dirichlet 空间 $\mathscr{F}_e$ 是以 $\mathscr{E}$ 为内积的 Hilbert 空间.

证明 设 $f \in \mathscr{F}_e$, $\{f_n\} \subset \mathscr{F}$ 为其近似列, 则 $\lim_{n\to\infty} f_n = f$ $[m]$, 因为 $\|f_n\|_{\mathscr{E}}$ 收敛于 $\|f\|_{\mathscr{E}}$, 对于 $\{f_n\}$ 成立的不等式 (4.2.10) 应用 Fatou 引理可知, 对于 f 也有相同的不等式.

另外, 注意到对每个 n, 由于 $\{f_l - f_n\}_{l \geqslant 1}$ 也是 $f - f_n \in \mathscr{F}_e$ 的近似列, 故 $\{f_n\} \subset \mathscr{F}$ 是 $\mathscr{E}$- 收敛于 f 的. 现在, 设 $\{f_n\} \subset \mathscr{F}_e$ 是 $\mathscr{E}$-Cauchy 列, 由上述注意的事实, 可选取 $\mathscr{E}$-Cauchy 列 $\{h_n\} \subset \mathscr{F}$ 满足 $\lim_{n\to\infty} \|f_n - h_n\|_{\mathscr{E}} = 0$. 此时, 根据不等式 (4.2.10), $\{h_n\}$ 是 $L^1(E; g \cdot m)$-Cauchy 列且 $L^1(E; g \cdot m)$- 收敛于某个 $f \in L^1(E; g \cdot m)$, 再选取适当的子列 h_{n_k} m-a.e. 收敛于 f, 则 h_{n_k} 是 f 的近似列且 $f \in \mathscr{F}_e$, $\lim_k \|h_{n_k} - f\|_{\mathscr{E}} = 0$. 再看不等式

$$
\|f_n - f\|_{\mathscr{E}} \leqslant \|f_n - f_{n_k}\|_{\mathscr{E}} + \|f_{n_k} - h_{n_k}\|_{\mathscr{E}} + \|h_{n_k} - f\|_{\mathscr{E}}.
$$

令 $k \to \infty$, 再令 $n \to \infty$ 可知, f_n 是 $\mathscr{E}$- 收敛于 f 的, $\mathscr{F}_e$ 的完备性得证. □

下面给出并讨论 Dirichlet 型 $(\mathscr{E}, \mathscr{F})$ 在 $\{T_t\}$- 不变集合上的限制的定义及其性质.

命题 4.2.2 对于 m- 可测集 $A \subset E$, 下列条件等价:

(i) A 是 $\{T_t\}$- 不变的;

(ii) 对任何 $t > 0$, $f \in L^2(E;m)$ 有 $T_t(1_A f) = 1_A T_t f$;

(iii) 对任何 $\alpha > 0$, $f \in L^2(E;m)$ 有 $G_\alpha(1_A f) = 1_A \cdot G_\alpha f$;

(iv) 对任意 $f \in \mathscr{F}$, $1_A \cdot f \in \mathscr{F}$ 且

$$\mathscr{E}(f,g) = \mathscr{E}(1_A f, 1_A g) + \mathscr{E}(1_{A^c} f, 1_{A^c} g), \quad f,g \in \mathscr{F}. \tag{4.2.11}$$

证明 由 T_t 的对称性,

$$(1_A f, T_t(1_{A^c} g)) = (T_t(1_A f), 1_{A^c} g), \quad f,g \in L^2(E;m),$$

从而 A 的 $\{T_t\}$- 不变性同 A^c 的等价. 如果 (i) 成立, 则有

$$T_t(1_A f) = 1_A T_t(1_A f) = 1_A(T_t f - T_t(1_{A^c} f)) = 1_A T_t f,$$

即 (ii) 成立. (ii)⇒(i) 及 (ii) ⇔ (iii) 是显然的.

假设 (i) 成立, 则由

$$(f, (I - T_t)f) = (1_A f, (I - T_t)(1_A f)) + (1_{A^c} f, (I - T_t)(1_{A^c} f)),$$

再根据 (4.1.4) 及 (4.1.5) 可得 (iv) 成立.

反之, 假设 (iv) 成立, 将 (4.2.11) 中的 f, g 分别用 $1_A f, 1_A g$ 代替并整理得

$$\mathscr{E}(1_A f, g) = \mathscr{E}(1_A f, 1_A g) = \mathscr{E}(f, 1_A g), \quad f,g \in \mathscr{F},$$

从而对于 $f \in L^2(E;m)$, $g \in \mathscr{F}$ 有

$$\begin{aligned}\mathscr{E}_\alpha(G_\alpha(1_A f), g) &= (1_A f, g) = (f, 1_A g) \\ &= \mathscr{E}_\alpha(G_\alpha f, 1_A g) = \mathscr{E}_\alpha(1_A G_\alpha f, g),\end{aligned}$$

这表明 (iii) 成立. □

设 $A \subset E$ 为 m- 可测的 $\{T_t\}$- 不变集, 用 f_A, m_A 分别表示 E 上的函数 f 与测度 m 在 A 上的限制, 记

$$\mathscr{F}^A = \{f_A : f \in \mathscr{F}\}, \quad \mathscr{E}^A(f_A, g_A) = \mathscr{E}(1_A f, 1_A g), \; f,g \in \mathscr{F}^A, \tag{4.2.12}$$

则根据命题 4.2.2, $(\mathscr{E}^A,\mathscr{F}^A)$ 为 $L^2(A;m_A)$ 上的闭对称型, 其生成的 $L^2(A;m_A)$ 上的半群 $\{T_t^A\}$ 与预解 $\{G_\alpha^A\}$ 满足

$$T_t^A f_A = T_t(1_A f)|_A,\quad G_\alpha^A f_A = G_\alpha(1_A f)|_A,\quad f\in L^2(E;m), \tag{4.2.13}$$

所以 $(\mathscr{E}^A,\mathscr{F}^A)$ 是 $L^2(A;m_A)$ 上的 Dirichlet 型, 称之为 **Dirichlet 型 $(\mathscr{E},\mathscr{F})$ 在不变集 A 上的限制**.

接下来, 讨论 Dirichlet 型的常返性. 为此, 采用简单的扰动法. 设 $(\mathscr{E},\mathscr{F})$ 为 $L^2(E;m)$ 上的 Dirichlet 型, 选取函数 η 满足

$$\eta>0\ [m],\quad \eta\in L^1(E;m)\cap L^\infty(E;m). \tag{4.2.14}$$

记

$$\mathscr{E}^\eta(f,g)=\mathscr{E}(f,g)+(f,g)_{\eta\cdot m},\quad f,g\in\mathscr{F}, \tag{4.2.15}$$

其中 $(f,g)_{\eta\cdot m}=\displaystyle\int_E f(x)g(x)\eta(x)m(dx)$. 因为

$$\mathscr{E}(f,f)\leqslant\mathscr{E}^\eta(f,f)\leqslant\mathscr{E}(f,f)+(f,f)\|\eta\|_\infty,\quad f\in\mathscr{F},$$

$(\mathscr{E}^\eta,\mathscr{F})$ 显然是 $L^2(E;m)$ 上的 Dirichlet 型. 由它生成的各个量都在右上方加个 η 以示区别.

引理 4.2.3 设 Dirichlet 型 $(\mathscr{E},\mathscr{F})$ 是常返的. 记 $f_n=G_{1/n}^\eta\eta$, 则

$$f_n\in\mathscr{F},\ 0\leqslant f_n\uparrow 1,\ n\uparrow\infty,\ [m],\quad \lim_{n\to\infty}\mathscr{E}(f_n,f_n)=0. \tag{4.2.16}$$

证明 对任意 $f\in L^2(E;m)$, $g\in\mathscr{F}$, $\alpha>0$,

$$\mathscr{E}_\alpha(G_\alpha^\eta f,g)=\mathscr{E}_\alpha^\eta(G_\alpha^\eta f,g)-(G_\alpha^\eta f,g)_{\eta\cdot m}=(f-\eta G_\alpha^\eta f,g), \tag{4.2.17}$$

从而

$$G_\alpha^\eta f=G_\alpha(f-\eta G_\alpha^\eta f),\quad \alpha>0. \tag{4.2.18}$$

另一方面, 对任意 $\varepsilon>0$, $(\mathscr{E},\mathscr{F})$ 也是 $L^2(E;(\eta+\varepsilon)\cdot m)$ 上的 Dirichlet 型. 因为下列等式成立:

$$\begin{aligned}&\mathscr{E}(G_\varepsilon^\eta(\varepsilon f+\eta f),g)+(G_\varepsilon^\eta(\varepsilon f+\eta f),g)_{(\eta+\varepsilon)\cdot m}\\=&\mathscr{E}_\varepsilon^\eta(G_\varepsilon^\eta(\varepsilon f+\eta f),g)=(\varepsilon f+\eta f,g)=(f,g)_{(\eta+\varepsilon)\cdot m},\end{aligned}$$

故 $G_\varepsilon^\eta(\varepsilon f+\eta f)$ 正是 f 关于 $L^2(E;(\eta+\varepsilon)\cdot m)$ 上的 Dirichlet 型 $(\mathscr{E},\mathscr{F})$ 的 1- 阶预解, 从而根据预解的 Markov 性 (定理 4.1.1), 对任意满足 $0\leqslant f\leqslant 1$ 的 $f\in L^2(E;m)$ 有

$0 \leqslant G_\varepsilon^\eta(\varepsilon f + \eta f) \leqslant 1$. 因为 $\varepsilon G_\varepsilon^\eta$ 也是 Markov 的, 所以 $0 \leqslant G_\varepsilon^\eta(\eta f) \leqslant 1$. 令 $\varepsilon \downarrow 0$ 及 $f \uparrow 1$ 得

$$0 \leqslant G^\eta \eta \leqslant 1 \ [m]. \tag{4.2.19}$$

注意到上面的不等式, 将 (4.2.18) 中的 f 用 η 代替, 并令 $\alpha \downarrow 0$, 则

$$G(\eta(1 - G^\eta \eta)) = G^\eta \eta \leqslant 1 \ [m]. \tag{4.2.20}$$

然后由于 Dirichlet 型的常返性假设, 因为 (4.2.6), 由引理 1.1.3 及 (4.2.20) 可得 $G^\eta \eta = 1 \ [m]$. 现在, 记 $f_n = G_{1/n}^\eta \eta$, 则 $0 \leqslant f_n \uparrow 1 (n \to \infty)$. 由 (4.2.17) 可知, 当 $n \to \infty$ 时,

$$\begin{aligned} \mathscr{E}(f_n, f_n) &\leqslant \mathscr{E}_{1/n}(f_n, f_n) = (\eta(1 - f_n), f_n) \\ &\leqslant \int_E \eta(1 - f_n) dm \to 0. \end{aligned}$$

完成证明. □

定理 4.2.2 对于 $L^2(E; m)$ 上的 Dirichlet 型 $(\mathscr{E}, \mathscr{F})$, 下列条件等价:

(i) $(\mathscr{E}, \mathscr{F})$ 常返;

(ii) 存在有下列性质的函数列 $\{f_n\} \subset \mathscr{F}$:

$$\lim_{n \to \infty} f_n = 1 \ [m], \quad \lim_{n \to \infty} \mathscr{E}(f_n, f_n) = 0;$$

(iii) $1 \in \mathscr{F}_e$, $\mathscr{E}(1, 1) = 0$.

证明 由扩展 Dirichlet 型 $\mathscr{F}_e$ 的定义 4.1.3 知, (ii) 与 (iii) 等价. 而 (i)⇒(ii) 在前面的引理中已经证明.

假设 (ii) 成立, 但 (i) 不成立, 则 (4.2.5) 也不成立, 从而存在满足 $g > 0 \ [m]$ 的 $g \in L_+^1(E; m)$, 记 $A = \{Gg < \infty\}$, 则有 $m(A) > 0$. 根据引理 4.2.1(ii) 及命题 4.2.2 的证明开头提到的注意, A 是 $\{T_t\}$- 不变的, 可以考虑由 (4.2.12) 定义的 $(\mathscr{E}, \mathscr{F})$ 在 A 上的限制 Dirichlet 型 $(\mathscr{E}^A, \mathscr{F}^A)$.

根据 (4.2.13), $G^A g_A < \infty \ [m_A]$ 蕴涵着 $(\mathscr{E}^A, \mathscr{F}^A)$ 作为 $L^2(A, m_A)$ 上的 Dirichlet 型是暂留的. 由定理 4.2.1, 存在 A 上有界 m_A- 可积函数 h 满足 $h > 0 \ [m_A]$, 使得对任意 $f \in \mathscr{F}$ 有

$$\int_A |f| h dm \leqslant \|1_A f\|_{\mathscr{E}} \leqslant \|f\|_{\mathscr{E}}.$$

由假设 (ii) 看出 $\int_A h dm = 0$, 导致矛盾. □

定理 4.2.3 对于 $L^2(E; m)$ 上的 Dirichlet 型 $(\mathscr{E}, \mathscr{F})$, 下列条件等价:

(i) $(\mathscr{E}, \mathscr{F})$ 暂留;

(ii) $f \in \mathscr{F}_e$, $\|f\|_{\mathscr{E}} = 0 \Rightarrow f = 0 \ [m]$;

(iii) $\mathscr{F}_e$ 是以 $\mathscr{E}$ 为内积的 Hilbert 空间.

证明 (i)⇒(iii) 在命题 4.2.1 中已经证明. (iii) ⇒ (ii) 显然.

假设 (ii) 成立, 而 (i) 不成立, 则 (4.2.4) 不成立, 从而存在 $g \in L^1_+(E;m)$, 满足 $m(\{Gg=\infty\})>0$. 记 $A=\{Gg=\infty\}$, 由引理 4.2.12(ii), A 是 $\{T_t\}$- 不变的, 考虑由 (4.2.12) 定义的限制 Dirichlet 型 $(\mathscr{E}^A,\mathscr{F}^A)$. 由 (4.2.13),

$$G^A g_A = G(1_A g)|_A = Gg|_A = \infty\ [m_A],$$

所以 $(\mathscr{E}^A,\mathscr{F}^A)$ 满足 (4.2.6), 是常返的. 根据定理 4.2.2, 存在 $f_n\in\mathscr{F}$, 满足当 $n\to\infty$ 时有

$$1_A f_n \to 1_A \quad 及 \quad \mathscr{E}(1_A f_n, 1_A f_n)\to 0.$$

这意味着 $1_A\in\mathscr{F}_e$, 并且 $\mathscr{E}(1_A,1_A)=0$, 导致矛盾. □

设 $(\mathscr{E},\mathscr{F})$ 为 $L^2(E;m)$ 上的 Dirichlet 型, $\{T_t\}$ 为相应半群. 如同 (4.1.10) 下面的文字所述, $\{\eta_n\}\subset L^1(E;m)$ 满足 $\eta_n\uparrow 1$, 记 $T_t f=\lim\limits_{n\to\infty} T_t(f\cdot\eta_n)(f\in L^\infty(E;m))$, 这将 $\{T_t\}$ 唯一地扩张成 $L^\infty(E;m)$ 上的 Markov 半群. 当对任意 $t>0$ 有 $T_t1=1\ [m]$ 时, 称半群 $\{T_t\}$ 或 Dirichlet 型 $(\mathscr{E},\mathscr{F})$ 为**保守的**.

引理 4.2.4 常返的 Dirichlet 型 $(\mathscr{E},\mathscr{F})$ 是保守的. 若对某个 $t>0$ 有 $T_t1<1\ [m]$, 则 $(\mathscr{E},\mathscr{F})$ 是暂留的.

证明 设 $f\in L^1(E;m)\cap L^\infty(E;m)$, $f>0\ [m]$, 则

$$\begin{aligned}(S_N f,\eta_n-T_t\eta_n) &= \left(f,\int_0^N T_s(\eta_n-T_t\eta_n)ds\right)\\ &= \left(f,\int_0^t T_s\eta_n ds-\int_N^{N+t}T_s\eta_n ds\right)\\ &\leqslant \left(f,\int_0^t T_s\eta_n ds\right)\leqslant t\int_E f dm.\end{aligned}$$

令 $n\to\infty$ 及 $N\to\infty$ 得

$$\int_E Gf(x)(1-T_t1(x))m(dx)\leqslant t\int_E f dm<\infty.$$

若 $(\mathscr{E},\mathscr{F})$ 常返, 由 (4.2.5), $Gf=\infty\ [m]$, 从而推出保守性. 后一个结论由上面的不等式也是显然的. □

根据定理 4.2.2, 当 $m(E)<\infty$ 时, Dirichlet 型 $(\mathscr{E},\mathscr{F})$ 的常返性与下列条件等价:

$$1\in\mathscr{F},\quad \mathscr{E}(1,1)=0. \tag{4.2.21}$$

定理 4.2.4 设 $m(E)<\infty$, $L^2(E;m)$ 上的 Dirichlet 型 $(\mathscr{E},\mathscr{F})$, 此时, 下列条件等价:

(i) $(\mathscr{E},\mathscr{F})$ 是常返的;

(ii) 若 $f\in\mathscr{F}$, $\mathscr{E}(f,f)=0$, 则 f 等于常数 m-a.e.;

(iii) 若 $f\in L^2(E;m)$ 满足对任意 $t>0$, $T_tf=f$, 则 f 等于常数 m-a.e..

证明 (i)⇒(ii) 首先注意到下面的性质. 设 $f\in\mathscr{F}$, $\mathscr{E}(f,f)=0$. 由非负定对称型 $\mathscr{E}$ 的 Schwarz 不等式知, 对任意 $g\in\mathscr{F}$ 有 $\mathscr{E}(f,g)=0$, 从而对任意 $\alpha>0$, $\mathscr{E}_\alpha(f,g)=\alpha(f,g)$. 再由 (4.1.6) 有 $\alpha G_\alpha f=f$. 根据 (4.1.2), 对任意 $t>0$, $T_tf=f$, 即 f 是 $\{T_t\}$- 不变的.

由常返性的假设及 (4.2.21), 对任意 $\lambda\in\mathbb{R}$, $f-\lambda\in\mathscr{F}$ 且 $\mathscr{E}(f-\lambda,f-\lambda)=0$. 因为 $t^+=t\vee 0$ $(t\in\mathbb{R})$ 是正规压缩, 故 $f_\lambda=(f-\lambda)^+\in\mathscr{F}$, $\mathscr{E}(f_\lambda,f_\lambda)=0$, 从而 f_λ 是 $\{T_t\}$- 不变的.

记 $B_\lambda=\{f_\lambda=0\}$, 则在 B_λ 上 m-a.e. 有

$$T_t(1_{B_\lambda^c}f_\lambda)=T_t(f_\lambda)=f_\lambda=0.$$

再应用 T_t 的 Markov 性, 对任意 n, 在 B_λ 上 m-a.e. 有

$$T_t(1_{B_\lambda^c}1_{\{f_\lambda\geqslant\frac{1}{n}\}})=0.$$

令 $n\to\infty$, 则 $1_{B_\lambda}T_t(1_{B_\lambda^c})=0$ $[m]$. 由此可推出对任何 $f\in L^2(E;m)$,

$$1_{B_\lambda}T_t(1_{B_\lambda^c}f)=0\ [m],$$

集合 B_λ 在定义 4.2.1 的意义下 $\{T_t\}$- 不变.

由既约性的假设, $m(B_\lambda)=0$ 或 $m(B_\lambda^c)=0$. 记 $\lambda_0=\sup\{\lambda:m(B_\lambda)=0\}$, 则对任意 $\lambda>\lambda_0$, $m(B_\lambda)\neq 0$, 故 $m(B_\lambda^c)=0$, 从而 $m(\{f>\lambda_0\})=0$. 另一方面, 对任意 $\lambda<\lambda_0$ 有 $m(B_\lambda)=0$, 从而 $m(\{f<\lambda_0\})=0$, 于是可得 $f=\lambda_0$ $[m]$.

(ii)⇒(iii) 若 $f\in L^2(E;m)$ 为 $\{T_t\}$- 不变的, 由 (4.1.4) 及 (4.1.5) 有 $f\in\mathscr{F}$, $\mathscr{E}(f,f)=0$.

(iii)⇒(i) 若 m- 可测集 $A\subset E$ 依定义 4.2.1 的意义是 $\{T_t\}$- 不变的, 则根据命题 4.2.2, (4.2.21) 及本证明开头所言的事实 (或引理 4.2.4), $T_t1_A=1_AT_t1=1_A$. 由 (iii) 推出 $m(A)=0$ 或 $m(A^c)=0$, 即推出 (i). □

最后, 以涉及遍历定理与 Dirichlet 型既约常返性之间的对应关系作为本节的结尾.

设 E 为 Lusin 空间, $\mathscr{B}(E)$ 为其 Borel 集全体, m 为 $(E,\mathscr{B}(E))$ 上的 σ- 有限测度. 当 E 上的右过程 $X=(X_t,\mathbf{P}_x)$ 有 m- 对称的转移函数 $\{p_t\}$ 时, 称 X 为 ***m*-**

对称右过程. 此时, 根据引理 4.1.4, $\{p_t\}$ 可以唯一地确定 $L^2(E;m)$ 上的 Markov 对称线性算子的强连续半群 $\{T_t\}^*$, 所以可以考虑相应的 Dirichlet 型 $(\mathscr{E},\mathscr{F})$, 称之为 **$m$- 对称右过程 X 的 Dirichlet 型.**

定理 4.2.5 设 E 为 Lusin 空间, m 为 E 上有限测度. 设 $X=(\Omega,\mathscr{M},X_t,\mathbf{P}_x)$ 为 E 上的 m- 对称右过程, $(\mathscr{E},\mathscr{F})$ 为相应 $L^2(E;m)$ 上的 Dirichlet 型. 此时, $(\mathscr{E},\mathscr{F})$ 为既约常返的充要条件是 X 为弱保守过程且满足如下意义的遍历定理, 即对任意 $f\in L^1(E;m)$, $\mathbf{P}_m$-a.s. 且 $L^1(\Omega,\mathbf{P}_m)$ 意义有

$$\lim_{t\to\infty}\frac{1}{t}\int_0^t f(X_s)ds=c_f,\quad c_f=\frac{1}{m(E)}\int_E fdm. \tag{4.2.22}$$

证明 该定理必要性的部分实际上在定理 3.3.3 中已被证明, 3.3 节涉及的是更一般的具有对偶的右过程 $\widehat{X}$ 的既约常返右过程 X. 为了保证 X 的转移函数定义的 L^1- 半群有强连续性, 需假设 E 是局部紧可分度量空间. 而在 m- 对称的情形下, 引理 4.1.4 断言只要假设 E 是 Lusin 空间就能保证强连续性了.

反过来, 对于 m- 对称弱保守的右过程 X, 假定遍历定理中 (4.2.22) 成立. 设 $f\in b\mathscr{B}(E)$ 满足对任何 $t>0$, $T_tf=f$, 则由 (4.2.22), 对任意 $g\in b\mathscr{B}(E)$, 当 $t\to\infty$ 时,

$$(f,g)=\frac{1}{t}\left(\int_0^t p_tfdt,g\right)=\mathbf{E}_m\left[\frac{1}{t}\int_0^t f(X_s)ds\cdot g(X_0)\right]\to c_f\int_E gdm,$$

可以推出 $f=c_f$ $[m]$. 因为 X 假设是弱保守的, 所以 $T_t1=1$, 与前面定理中 (iii)⇒(i) 的证明完全相同地可得 $(\mathscr{E},\mathscr{F})$ 的既约性.

在既约的条件下, $(\mathscr{E},\mathscr{F})$ 要么暂留, 要么常返. 若为暂留, 则由 (4.2.4), $G1<\infty$ $[m]$. 在此, 取满足 $0\leqslant g\leqslant 1$ 及 $\int_E G1\cdot gdm<\infty$ 的 Borel 函数 g, 由 (4.2.22) 有

$$0=\lim_{t\to\infty}\frac{1}{t}\int_E G1\cdot gdm\geqslant\lim_{t\to\infty}\frac{1}{t}\mathbf{E}_m\left[\int_0^t 1(X_s)ds\cdot g(X_0)\right]=\int_E gdm>0,$$

导致矛盾, 所以 $(\mathscr{E},\mathscr{F})$ 必为常返. □

根据定理 4.2.5 可知, 在 $m(E)<\infty$ 的情形下, 将既约常返的 Dirichlet 型 $(\mathscr{E},\mathscr{F})$ 称为**遍历的**.

4.3 正则 Dirichlet 型的位势论①

设 E 为局部紧可分度量空间, $\mathscr{B}(E)$ 为 E 的 Borel 集的全体, m 为 E 上的正

* 此处强连续性是对的, 但不能从引理 4.1.4 推出. 如果要应用引理 4.1.4, 则需要假设 m 是外正则的. —— 译者

① 本节内容与日文书 [6] 与英文书 [16], [17] 的相当部分重复.

Radon 测度, $\operatorname{supp}[m]=E$. 设 $(\mathscr{E},\mathscr{F})$ 为 $L^2(E;m)$ 上的 Dirichlet 型, 并且依定义 4.1.4 的意义正则.

设 $\mathscr{O}$ 为 E 的开集的全体, 对于 $A\in\mathscr{O}$, 用 $\mathscr{L}_A$ 表示 A 上 m-a.e. 满足 $f\geqslant 1$ 的函数 $f\in\mathscr{F}$ 的全体. 记 $\mathscr{O}_0=\{A\in\mathscr{O}:\mathscr{L}_A\neq\varnothing\}$. 定义 $A\in\mathscr{O}$ 的容度 $\operatorname{Cap}(A)$ 为

$$\operatorname{Cap}(A)=\begin{cases}\inf\{\mathscr{E}_1(f,f):\ f\in\mathscr{L}_A\}, & A\in\mathscr{O}_0,\\ \infty, & A\notin\mathscr{O}_0.\end{cases}\tag{4.3.1}$$

对任意 $B\subset E$, 定义其容度 $\operatorname{Cap}(B)$ 为

$$\operatorname{Cap}(B)=\inf\{\operatorname{Cap}(A):\ A\in\mathscr{O},B\subset A\},\quad \inf\varnothing=\infty.\tag{4.3.2}$$

引理 4.3.1 (i) 对于 $A\in\mathscr{O}_0$, 存在唯一的 $e_A\in\mathscr{L}_A$ 满足

$$\mathscr{E}_1(e_A,e_A)=\operatorname{Cap}(A);\tag{4.3.3}$$

(ii) $0\leqslant e_A\leqslant 1$ $[m]$ 且在 A 上 m-a.e. 有 $e_A=1$;
(iii) e_A 是唯一满足下列性质的 $\mathscr{F}$ 的元素: e_A 在 A 上 m-a.e. 等于 1, 并且对任意 A 上 m-a.e. 非负的 $g\in\mathscr{F}$ 有 $\mathscr{E}_1(e_A,g)\geqslant 0$;
(iv) 如果 $g\in\mathscr{F}$ 且 $g=1$ 在 A 上 m-a.e. 成立, 则 $\mathscr{E}_1(e_A,g)=\operatorname{Cap}(A)$.

证明 (i) $\mathscr{L}_A$ 是 Hilbert 空间 $(\mathscr{F},\mathscr{E}_1)$ 的闭凸子集, 所以由平行四边形法则

$$\left\|\frac{f+g}{2}\right\|_{\mathscr{E}_1}^2+\left\|\frac{f-g}{2}\right\|_{\mathscr{E}_1}^2=\frac{1}{2}\|f\|_{\mathscr{E}_1}^2+\frac{1}{2}\|g\|_{\mathscr{E}_1}^2\tag{4.3.4}$$

可知, 任意的最小化列 $\{f_n\}\subset\mathscr{L}_A$ $\left(\lim\limits_n\|f_n\|_{\mathscr{E}_1}=\operatorname{Cap}(A)\right)$ 收敛于满足 (4.3.3) 的唯一元素 $e_A\in\mathscr{L}_A$.
(ii) 由定理 4.1.1(d),

$$g:=(0\vee e_A)\wedge 1\in\mathscr{L}_A\quad 且\quad \mathscr{E}_1(g,g)\leqslant\mathscr{E}_1(e_A,e_A)=\operatorname{Cap}(A),$$

从而有 $g=e_A$.
(iii) 如果 g 满足假设, 则对任意 $\varepsilon>0$, $e_A+\varepsilon g\in\mathscr{L}_A$ 且 $\|e_A+\varepsilon g\|_{\mathscr{E}_1}\geqslant\|e_A\|_{\mathscr{E}_1}$, 因此有 $\mathscr{E}_1(e_A,g)\geqslant 0$. 如果 $f\in\mathscr{F}$ 也满足这个性质, 则 $f\in\mathscr{L}_A$ 且对任意 $h\in\mathscr{L}_A$ 有 $h-f$ 在 A 上 m-a.e. 非负, 所以 $\|h\|_{\mathscr{E}_1}=\|f+(h-f)\|_{\mathscr{E}_1}\geqslant\|f\|_{\mathscr{E}_1}$, 即 f 最小化 $\mathscr{L}_A$, 由唯一性, $f=e_A$.
(iv) 可直接由 (iii) 推出. □

称引理 4.3.1 中的 e_A 为 $A\in\mathscr{O}_0$ 的 **1- 阶平衡位势.**

引理 4.3.2　(i) $A,B\in\mathscr{O}$, $A\subset B\Rightarrow \mathrm{Cap}(A)\leqslant\mathrm{Cap}(B)$;
(ii) $\mathrm{Cap}(A\cup B)+\mathrm{Cap}(A\cap B)\leqslant\mathrm{Cap}(A)+\mathrm{Cap}(B)(A,B\in\mathscr{O})$;
(iii) $A_n\in\mathscr{O}$, $A_n\uparrow\Rightarrow \mathrm{Cap}\left(\bigcup_n A_n\right)=\sup_n\mathrm{Cap}(A_n)$.

证明　(i) 是显然的. 关于 (ii), 对于 $A,B\in\mathscr{O}$,

$$\begin{aligned}\mathrm{Cap}(A\cup B)+\mathrm{Cap}(A\cap B)&\leqslant\|e_A\vee e_B\|_{\mathscr{E}_1}^2+\|e_A\wedge e_B\|_{\mathscr{E}_1}^2\\&=\frac{1}{2}\|e_A+e_B\|_{\mathscr{E}_1}^2+\frac{1}{2}\|e_A-e_B\|_{\mathscr{E}_1}^2\\&=\|e_A\|_{\mathscr{E}_1}^2+\|e_B\|_{\mathscr{E}_1}^2=\mathrm{Cap}(A)+\mathrm{Cap}(B).\end{aligned}$$

(iii) 不妨设 $\sup_n\mathrm{Cap}(A_n)<\infty$. 此时, 由引理 4.3.1, 对 $n>l$ 有

$$\|e_{A_n}-e_{A_l}\|_{\mathscr{E}_1}^2=\mathrm{Cap}(A_n)-\mathrm{Cap}(A_l),$$

从而 e_{A_n} 是 $\mathscr{E}_1$- 收敛于某个 $f\in\mathscr{F}$, 并且在 $A=\bigcup_n A_n$ 上 m-a.e. 有 $f=1$. 如果 $g\in\mathscr{F}$ 在 A 上是 m-a.e. 非负的, 则 $\mathscr{E}_1(f,g)=\lim_n\mathscr{E}_1(e_{A_n},g)\geqslant 0$, 从而再由引理 4.3.1 $f=e_A$ 且

$$\sup_n\mathrm{Cap}(A_n)=\lim_{n\to\infty}\|e_{A_n}\|_{\mathscr{E}_1}^2=\|f\|_{\mathscr{E}_1}^2=\mathrm{Cap}(A).$$

引理得证. □

将引理 4.3.2 与命题 A.1.5 相结合得到如下的定理:

定理 4.3.1　由 (4.3.1) 及 (4.3.2) 定义的集合函数 Cap 是 $\mathscr{K}$- 容度, 即
(a) $A\subset B\ \Rightarrow\ \mathrm{Cap}(A)\leqslant\mathrm{Cap}(B)$;
(b) $A_n\uparrow\Rightarrow\ \mathrm{Cap}\left(\bigcup_n A_n\right)=\sup_n\mathrm{Cap}(A_n)$;
(c) $A_n\in\mathscr{K}$, $A_n\downarrow\Rightarrow\ \mathrm{Cap}\left(\bigcap_n A_n\right)=\inf_n\mathrm{Cap}(A_n)$, 其中 $\mathscr{K}$ 表示 E 的紧子集全体.
进一步, 由 (A.1.6),

$$\mathrm{Cap}(A)=\sup_{K\in\mathscr{K},K\subset A}\mathrm{Cap}(K),\quad\forall A\in\mathscr{B}(E).\tag{4.3.5}$$

对任意 $A\in\mathscr{O}$, 由于 $m(A)\leqslant\mathrm{Cap}(A)$, 零容度集的 m- 测度为零. 设 $A\subset E$, 所谓关于 $x\in A$ 的结论 P 在 A 上 q.e. 成立是指, 存在某个零容度集 $N\subset A$, 使得 P 对于所有 $x\in A\setminus N$ 都成立, 记为 q.e. (A). 在 E 上 q.e. 成立的结论简称为 q.e. 成立, 记为 q.e.①.

设 $E_\Delta=E\cup\{\Delta\}$ 为 E 的单点紧化. 设 $f(\Delta)=0$ 将 E 上的数值函数 f 扩张到 E_Δ 上. 特别地, 属于 $C_\infty(E)$ 上的连续函数视为 E_Δ 上的连续函数.

① "q.e." 是 "quasi-everywhere" 的缩写.

定义 4.3.1 (i) E 上 q.e. 定义的函数 f 称为**拟连续的**, 如果对任意 $\varepsilon>0$, 存在满足 $\mathrm{Cap}(G)<\varepsilon$ 的开集 $G\subset E$, 使得 $f|_{E\setminus G}$ 有限且连续.
(ii) 当上面的 $f|_{E\setminus G}$ 换为 $f|_{E_\Delta\setminus G}$ 时, f 称为**狭义拟连续**的;
(iii) 当闭集的递增列 $\{F_k\}$ 满足对任意的 $K\in\mathscr{K}$ 有 $\mathrm{Cap}(K\setminus F_k)\to 0(k\to\infty)$ 时, 称之为**嵌套**;
(iv) 当递增闭集列 $\{F_k\}$ 满足 $\mathrm{Cap}(E\setminus F_k)\to 0\,(k\to\infty)$ 时, 称之为**强嵌套**;
(v) 当强嵌套 $\{F_k\}$ 满足对任意 k, $\mathrm{supp}\,[1_{F_k}\cdot m]=F_k$, 即对任意 $x\in F_k$ 及其邻域 $U(x)$, $m(U(x)\cap F_k)>0$ 成立时, 称之为 **m- 正则**.

q.e. 定义在 E 上的函数 f 为拟连续的充分必要条件是存在适当的强嵌套 $\{F_k\}$, 使得对任何 k, $f|_{F_k}$ 都是有限且连续的. 当给定强嵌套 $\{F_k\}$ 时, 记对任何 k, $f|_{F_k}$ ($f|_{F_k\cup\Delta}$) 有限且连续的函数 f 全体为 $C(\{F_k\})$ (对应地, $C_\infty(\{F_k\})$). 显然, $C(E)\subset C(\{F_k\})$, $C_\infty(E)\subset C_\infty(\{F_k\})$.

练习 4.3.1 (i) 设 S 为可列个拟连续函数的集合, 试证存在适当的强嵌套 $\{F_k\}$, 使得 $S\subset C(\{F_k\})$, 结论对狭义拟连续函数一样成立 (狭义拟连续情况下对应结论亦成立);
(ii) 试证 q.e. 定义在 E 上的函数 f 是拟连续的充要条件是存在适当的嵌套 $\{F_k\}$, 使得对任何 k, $f|_{F_k}$ 是有限且连续的.

对于闭集 F, 记 $F'=\mathrm{supp}\,[1_F\cdot m]$. F' 是使得其余集的 $1_F\cdot m$- 测度为零的最小闭集, 从而 $F'\subset F$, 并且对于 $G'=E\setminus F'$ 及 $G=E\setminus F$, $m(G'\setminus G)=\displaystyle\int_{G'}1_F dm=0$. 特别地, $\mathrm{Cap}(G')=\mathrm{Cap}(G)$.

引理 4.3.3 (i) 若 $\{F_k\}$ 是强嵌套, 则 $\{F_k'\}$ 是 m- 正则的强嵌套;
(ii) 若 q.e. 定义在 E 上的函数 f 是拟连续的且 $f\geqslant 0$ $[m]$, 则 $f\geqslant 0$ q.e..

证明 (i) 由上一段文字推得.
(ii) 根据 (i), 存在适当的 m- 正则的强嵌套 $\{F_k\}$, 使得 $f\in C(\{F_k\})$. 此时, $f(x)\geqslant 0\Big(x\in\bigcup\limits_k F_k\Big)$. 事实上, 如果对某个 $x\in F_k$, $f(x)<0$, 则由 $f|_{F_k}$ 的连续性, 对 x 的某个邻域 $U(x)$ 有 $f(y)<0(y\in U(x)\cap F_k)$. 而 $\{F_k\}$ 是 m- 正则的, 从而 $m(U(x)\cap F_k)>0$, 更与 f 是 m-a.e. 非负的假设矛盾. □

注 4.3.1 函数拟连续的概念可以对任意开集 $G\subset E$ 局部化. 用 G 代替 E, 同样定义 q.e. 定义在 G 上函数 f 的拟连续性. 如果 G 上的拟连续函数 f 在 G 上满足 $f\geqslant 0$ $[m]$, 则可与引理 4.3.3 同样证明, 该不等式在 G 上 q.e. 成立.

到现在为止, 还没有用到 Dirichlet 型的正则性条件, 这里叙述两个基于正则性的定理. 对于 E 上的函数 f,g, 称 g 为 f 的**拟连续修正**(**狭义拟连续修正**), 如果 g 是拟连续的 (狭义拟连续的) 且 $f=g$ $[m]$. 此时, g 特别地记为 $\widetilde{f}$. 由引理 4.3.3 可知, 对 m- 可测函数的 m- 等价类, 如果其拟连续修正存在, 则在 q.e. 相等的意义下唯一.

定理 4.3.2 (i) 对任意 $f\in\mathscr{F}$, 其狭义拟连续修正 $\widetilde{f}$ 存在;
(ii) 对 $f\in\mathscr{F}$ 的任意拟连续修正 $\widetilde{f}$, 下列不等式成立: 对任何 $\lambda>0$,

$$\mathrm{Cap}(\{x\in E:|\widetilde{f}(x)|>\lambda\})\leqslant\frac{1}{\lambda^2}\mathscr{E}_1(f,f);\tag{4.3.6}$$

(iii) 若 $f_n,f\in\mathscr{F}$ 满足 $\lim\limits_{n\to\infty}\|f_n-f\|_{\mathscr{E}_1}=0$ 且每个 f_n 拟连续, 则存在适当的子列 f_{n_l} q.e. 收敛于 f 的某个拟连续修正.

证明 (i) 对于 $f\in\mathscr{F}\cap C(E)$ 与 $\lambda>0$, 由于 $G=\{x\in E:|f(x)|>\lambda\}\in\mathscr{O}$ 且 $|f|/\lambda\in\mathscr{L}_G$, 故

$$\mathrm{Cap}(\{|f|>\lambda\})\leqslant\frac{1}{\lambda^2}\mathscr{E}_1(f,f).\tag{4.3.7}$$

由正则性假设, 对任意 $f\in\mathscr{F}$, 取满足 $\|f_n-f\|_{\mathscr{E}_1}\to0$ 的函数列 $\{f_n\}\subset\mathscr{F}\cap C_0(E)$. 不妨假设 (如果必要, 取 $\{f_n\}$ 的一个子列) 对任何 $k\geqslant1$, $\|f_{k+1}-f_k\|_{\mathscr{E}_1}\leqslant2^{-3k}$. 记 $G_k=\{x\in E:|f_{k+1}(x)-f_k(x)|>2^{-k}\}$, 由 (4.3.7) 有 $\mathrm{Cap}(G_k)<2^{-k}$.

在此, 记 $F_k=\bigcap\limits_{l=k}^{\infty}G_l^{\mathrm{c}}$. 显然, $\{F_k\}$ 是强嵌套, 并且对任何 $x\in F_k$, $n,n'\geqslant N\geqslant k$ 有

$$|f_n(x)-f_{n'}(x)|\leqslant\sum_{\nu=N+1}^{\infty}|f_{\nu+1}(x)-f_\nu(x)|\leqslant2^{-N}.$$

这蕴涵着对任意 k, $f_n|_{F_k\cup\Delta}$ $(f_n(\Delta):=0)$ 一致收敛. 置 $\widetilde{f}(x)=\lim\limits_{n\to\infty}f_n(x)\Big(x\in\bigcup\limits_k F_k\Big)$, 则有 $\widetilde{f}\in C_\infty(\{F_k\})$ 且 $f=\widetilde{f}$ $[m]$.

(ii) 设 f_0 为 $f\in\mathscr{F}$ 的一个拟连续修正, $\widetilde{f}$ 与 $\{f_n\}$ 分别为 (i) 中构造的 f 的拟连续修正及其近似列. 由引理 4.3.3, $f_0=\widetilde{f}$ q.e., 从而对任意 $\varepsilon>0$, 可取开集 G 满足 $\mathrm{Cap}(G)<\varepsilon$, 使得 f_n 在 G^{c} 上一致收敛于 f_0. 对任何 $\lambda>\varepsilon_1>0$, 当 n 充分大时有

$$\{x\in E:|f_0(x)|>\lambda\}\subset\{x\in E:|f_n(x)|>\lambda-\varepsilon_1\}\cup G.$$

再应用 (4.3.7) 得

$$\mathrm{Cap}(\{|f_0|>\lambda\})\leqslant\frac{\mathscr{E}_1(f_n,f_n)}{(\lambda-\varepsilon_1)^2}+\varepsilon.$$

最后令 $n\to\infty$, $\varepsilon_1\to0$, $\varepsilon\to0$, 得到 (4.3.6).

(iii) 在所设的条件下, 采用 (ii) 中的不等式与 (i) 的证明过程完全类似地, 找到适当子列 $\{n_l\}$ 和满足 $\lim\limits_k\mathrm{Cap}(B_k)=0$ 的递减集列 $\{B_k\}$, 使得当 $l\to\infty$ 时, $\{f_{n_l}\}$ 在各集合 $E\setminus B_k$ 上一致收敛, 记极限为 $\widetilde{f}$, 则 $\widetilde{f}=f$ $[m]$.

对任意 $\varepsilon > 0$, 选取满足 $\mathrm{Cap}(G_1) < \varepsilon/2$ 的开集 G_1 和包含充分大的 k 对应的 B_k, 还可选取满足 $\mathrm{Cap}(G_2) < \varepsilon/2$ 的开集 G_2, 使得对任意的 l, $f_{n_l}|_{E\setminus G_2}$ 连续. 记 $G = G_1 \cup G_2$ 满足 $\mathrm{Cap}(G) < \varepsilon$, 并且在 G^c 上 f_{n_l} 一致收敛到 $\widetilde{f}$, 从而 $\widetilde{f}$ 是拟连续的. □

引理 4.3.1 的推广可以陈述为下列形式：对任意集合 $B \subset E$, 记 $\mathscr{L}_B$ 为 B 上 q.e. 满足 $\widetilde{f} \geqslant 1$ 的 $f \in \mathscr{F}$ 的全体. 由注 4.3.1, 在 B 是开集的情形下, 此 $\mathscr{L}_B$ 与引理 4.3.1 所考虑的相应集合是一致的.

定理 4.3.3 任意固定集合 $B \subset E$.

(i) 若 $\mathscr{L}_B \neq \varnothing$, 则 $\mathscr{L}_B$ 内唯一存在使得 $\mathscr{E}_1(f,f)$ 达到最小的元素 e_B,

$$\mathrm{Cap}(B) = \mathscr{E}_1(e_B, e_B); \tag{4.3.8}$$

(ii) $\mathrm{Cap}(B) = \inf\{\mathscr{E}_1(f,f) :\ f \in \mathscr{L}_B\}$;

(iii) $0 \leqslant e_B \leqslant 1\ [m]$, 并且在 B 上 q.e. 有 $\widetilde{e}_B = 1$;

(iv) e_B 是满足如下条件的 $\mathscr{F}$ 中的唯一元素, 即在 B 上 q.e. 有 $\widetilde{e}_B = 1$, 并且对任意在 B 上 q.e. 有 $\widetilde{f} \geqslant 0$ 的 $f \in \mathscr{F}$, $\mathscr{E}_1(e_B, f) \geqslant 0$.

证明 (ii) 由 (i) 推出. (iii), (iv) 也可仿照引理 4.3.1 的证明那样, 由 (i) 推出, 所以只需证明 (i).

设 $\mathscr{L}_B$ 非空. 由定理 4.3.2 知, $\mathscr{L}_B$ 是 $\mathscr{F}$ 的闭凸集, 从而类似于引理 4.3.1 的证明, 可以证明唯一存在 $\mathscr{E}_1$- 极小化元素 $e_B \in \mathscr{L}_B$. 选取 $A \in \mathscr{O}_0$, 满足对任意 $\varepsilon > 0$, $B \subset A$ 且 $\mathrm{Cap}(B) > \mathrm{Cap}(A) - \varepsilon$. 由注 4.3.1, A 的 1- 阶平衡位势 e_A 属于 $\mathscr{L}_B$. 由此, $\mathrm{Cap}(A) = \mathscr{E}_1(e_A, e_A) \geqslant \mathscr{E}_1(e_B, e_B)$ 且 (4.3.8) 中的 "$\geqslant$" 成立.

为了证明反向的不等号, 固定 e_B 的拟连续修正 $\widetilde{e}_B$. 对任意 $\varepsilon > 0$, 存在开集 A_ε, 满足 $\mathrm{Cap}(A_\varepsilon) < \varepsilon$, $\widetilde{e}_B|_{A_\varepsilon^c}$ 连续且对任何 $x \in B \cap A_\varepsilon^c$ 有 $\widetilde{e}_B(x) \geqslant 1$. 在此, 记

$$G_\varepsilon = \{x \in A_\varepsilon^c : \widetilde{e}_B(x) > 1 - \varepsilon\} \cup A_\varepsilon,$$

则 G_ε 是包含 B 的开集. 若设 e_ε 是 A_ε 的 1- 阶平衡位势, 则在 G_ε 上 m-a.e. 有 $e_B + e_\varepsilon > 1 - \varepsilon$, 从而

$$\begin{aligned}\mathrm{Cap}(B) &\leqslant \mathrm{Cap}(G_\varepsilon) \leqslant (1-\varepsilon)^{-2}\|e_B + e_\varepsilon\|_{\mathscr{E}_1}^2 \\ &\leqslant (1-\varepsilon)^{-2}(\|e_B\|_{\mathscr{E}_1} + \|e_\varepsilon\|_{\mathscr{E}_1})^2 \leqslant (1-\varepsilon)^{-2}(\|e_B\|_{\mathscr{E}_1} + \sqrt{\varepsilon})^2.\end{aligned}$$

令 $\varepsilon \downarrow 0$ 即得 (4.3.8). □

定理 4.3.3 中的 e_B 称为使得 $\mathscr{L}_B$ 非空的集合 B 的**1- 阶平衡位势**. 当 $B \in \mathscr{O}_0$ 时, e_B 与引理 4.3.1 中的位势是一致的.

下面记 S_0 为 E 上满足下列不等式的正 Radon 测度 μ 的全体: 存在常数 C_μ, 使得对任意 $g \in \mathscr{F} \cap C_0(E)$ 有

$$\int_E |g(x)|\mu(dx) \leqslant C_\mu \|g\|_{\mathscr{E}_1}. \tag{4.3.9}$$

对 $\mu \in S_0$, 由 $\ell_\mu(g) := \int_E g(x)\mu(dx)$ 定义的 $\mathscr{F} \cap C_0(E)$ 上的线性泛函是有界的, 即 $|\ell_\mu(g)| \leqslant C_\mu \|g\|_{\mathscr{E}_1}$, 从而根据 Dirichlet 型正则性的假设, 对任何 $\alpha > 0$, ℓ_μ 可唯一扩张为 Hilbert 空间 $(\mathscr{F}, \mathscr{E}_\alpha)$ 上的有界线性泛函. 因此, 由 Riesz 表示定理 (参见文献 [52]), 唯一存在 $U_\alpha\mu \in \mathscr{F}$, 满足对任何 $g \in \mathscr{F} \cap C_0(E)$ 有

$$\mathscr{E}_\alpha(U_\alpha\mu, g) = \int_E g(x)\mu(dx). \tag{4.3.10}$$

称之为 μ 的 **α- 位势**, 并且称 μ 为**具有限能量积分的测度**.

设 $\{T_t\}$ 为 Dirichlet 型 $(\mathscr{E}, \mathscr{F})$ 生成的 $L^2(E;m)$ 上的半群. 对 $\alpha > 0$, $f \in L^2(E;m)$, 若

$$f \geqslant 0\ [m], \quad \mathrm{e}^{-\alpha t}T_t f \leqslant f\ [m],\ \forall t > 0, \tag{4.3.11}$$

则称 f 关于 $\{T_t\}$ 为 **α- 过分的**.

引理 4.3.4 给定 $f \in \mathscr{F}$ 与 $\alpha > 0$, 下列条件相互等价:

(i) $\exists \mu \in S_0$, $f = U_\alpha\mu$;

(ii) 对任何非负的 $g \in \mathscr{F} \cap C_0(E)$ 有 $\mathscr{E}_\alpha(f, g) \geqslant 0$;

(iii) 对任何 $g \in \mathscr{F}$ 满足 $g \geqslant 0\ [m]$ 有 $\mathscr{E}_\alpha(f, g) \geqslant 0$;

(iv) f 关于 $\{T_t\}$ 是 α- 过分的.

证明 (i) 推出 (ii) 是显然的. 假设 (ii) 成立. 设 $g \in \mathscr{F}$ 为 m-a.e. 非负, 取 $\mathscr{E}_1$- 收敛于 g 的 $g_n \in \mathscr{F} \cap C_0(E)$, 则 $g_n^+ \in \mathscr{F} \cap C_0(E)$, 它的某个子列 m-a.e. 收敛于 g 且其 $\mathscr{E}_1$- 范数是一致有界的. 由定理 A.4.2, g_n 的某个子列的 Cesaro 平均 h_n 是 $\mathscr{E}_1$- 收敛于 g 的. 由 $\mathscr{E}_1(f, h_n) \geqslant 0$ 推出 $\mathscr{E}_1(f, g) \geqslant 0$.

假设 (iii), 根据平行四边形法则 (4.3.4) 可知, f 是凸集 $\mathscr{L}_f = \{h \in \mathscr{F} : h \geqslant f\ [m]\}$ 中使得 $\mathscr{E}_\alpha(h, h)$ 达到最小的唯一元素. 又因为 $|f| \in \mathscr{L}_f$ 且 $\mathscr{E}_\alpha(|f|, |f|) \leqslant \mathscr{E}_\alpha(f, f)$, 故有 $f = |f| \geqslant 0$. 对于任意 m-a.e. 非负的 $g \in \mathscr{F}$, 由 $\{T_t\}$ 的对称性及预解 $\{G_\alpha\}$ 的预解方程式 (4.1.6),

$$(f - \mathrm{e}^{-\alpha t}T_t, g) = (f, g - \mathrm{e}^{-\alpha t}T_t g) = \mathscr{E}_\alpha(f, G_\alpha g - \mathrm{e}^{-\alpha t}G_\alpha T_t g),$$

而由于

$$G_\alpha g - \mathrm{e}^{-\alpha t}G_\alpha T_t g = \int_0^t \mathrm{e}^{-\alpha s}T_s g ds \geqslant 0\ [m],$$

故上述内积是非负的, 从而 f 是 α- 过分的.

下面对任意 $f,g\in\mathscr{F}$, 由 (4.1.5) 可知, 当 $t\downarrow 0$ 时,

$$\frac{1}{t}(f-\mathrm{e}^{-\alpha t}T_tf,g)=\frac{1}{t}(f-T_tf,g)+\frac{1-\mathrm{e}^{-\alpha t}}{t}(T_tf,g)\to\mathscr{E}_\alpha(f,g), \tag{4.3.12}$$

即 (iv) 推出 (iii). (iii) 推出 (ii) 是自明的.

最后证明 (ii) 蕴涵 (i). 对任意紧集 $K\subset E$, 选取 K 上 $g_K\geqslant 1$ 的非负函数 $g_K\in\mathscr{F}\cap C_0(E)$. 设 $\ell_f(g)=\mathscr{E}_\alpha(f,g)(g\in\mathscr{F}\cap C_0(E))$, 则由假设条件, 对任意满足 $\mathrm{supp}\,[g]\subset K$ 的 $g\in\mathscr{F}\cap C_0(E)$ 有 $|\ell_f(g)|\leqslant\|g\|_\infty\cdot\ell_f(g_K)$. 根据练习 4.1.2, 任意的 $h\in C_0(E)$ 是某个满足 $\mathrm{supp}\,[g_n]\subset\mathrm{supp}\,[h]$ 的序列 $g_n\in\mathscr{F}\cap C_0(E)$ 的一致收敛的极限, 所以 ℓ_f 可以唯一地扩张为 $C_0(E)$ 上的非负线性泛函, 它可由某个正 Radon 测度 μ 表示为 $\ell_f(g)=\int_E gd\mu(g\in\mathscr{F}\cap C_0(E))$, 这意味着 (i) 成立. □

下面针对关于 $\{T_t\}$ 的 α- 过分函数给出一个简单而非常有用的引理.

引理 4.3.5 设 $\alpha>0$, f,g 都是关于 $\{T_t\}$ 的 α- 过分函数且 $0\leqslant g\leqslant f$. 若 $f\in\mathscr{F}$, 则 $g\in\mathscr{F}$ 且 $\mathscr{E}_\alpha(g,g)\leqslant\mathscr{E}_\alpha(f,f)$.

证明 根据 (4.3.11) 及 $\{T_t\}$ 的对称性得

$$(g-\mathrm{e}^{-\alpha t}T_tg,g)\leqslant(g-\mathrm{e}^{-\alpha t}T_tg,f)=(g,f-\mathrm{e}^{-\alpha t}T_tf)\leqslant(f,f-\mathrm{e}^{-\alpha t}T_tf).$$

注意到 (4.3.12) 即可得所需结果. □

定理 4.3.4 设 $\mu\in S_0$.

(i) 如果 $A\subset E$ 的容度 $\mathrm{Cap}(A)=0$, 则 $\mu(A)=0$;

(ii) 用 $\widetilde{\mathscr{F}}$ 表示 $\mathscr{F}$ 中函数的拟连续修正的全体, 此时,

$$\widetilde{\mathscr{F}}\subset L^1(E;\mu),\quad \mathscr{E}_\alpha(U_\alpha\mu,g)=\int_E\widetilde{g}(x)\mu(dx),\ \alpha>0,\ g\in\mathscr{F}. \tag{4.3.13}$$

证明 (i) 设 $g_n=n(U_1\mu-\mathrm{e}^{-1/n}T_{1/n}(U_1\mu))(n\geqslant 1)$, 则由引理 4.3.4 有 $g_n\geqslant 0\ [m]$. 根据 (4.3.10) 及 (4.3.12), 对任意 $h\in\mathscr{F}\cap C_0(E)$,

$$\lim_{n\to\infty}\int_E h(x)g_n(x)m(dx)=\mathscr{E}_1(U_1\mu,h)=\int_E hd\mu,$$

所以对任意紧集 K 及包含 K 的相对紧开集 G, 应用引理 4.3.1 有

$$\begin{aligned}\mu(K)&\leqslant\liminf_{n\to\infty}\int_G g_n(x)m(dx)\leqslant\liminf_{n\to\infty}(g_n,e_G)\\&=\mathscr{E}_1(U_1\mu,e_G)\leqslant\|U_1\mu\|_{\mathscr{E}_1}\sqrt{\mathrm{Cap}(G)}.\end{aligned}$$

该不等式蕴涵着 (i) 成立.

(ii) 对任意的 $g \in \mathscr{F}$, 选取 $\mathscr{E}_1$- 收敛于 g 的 $g_n \in \mathscr{F} \cap C_0(E)$. 由定理 4.3.2(i) 的证明, 存在适当的子列 g_{n_k} q.e. 收敛于 $\widetilde{g}$. 因为等式 (4.3.10) 对每个 g_n 都成立, 所以应用 (i) 与 Fatou 引理可知

$$\int_E |\widetilde{g}(x) - g_n(x)|\mu(dx) = \int_E \liminf_{k\to\infty} |g_{n_k}(x) - g_n(x)|\mu(dx)$$
$$\leqslant C_\mu \liminf_{k\to\infty} \|g_{n_k} - g_n\|_{\mathscr{E}_1}.$$

由此可得 g_n 是 $L^1(E;\mu)$ 收敛于 $\widetilde{g}$, 故而 $\widetilde{g} \in L^1(E;\mu)$. 最后, 式 (4.3.13) 对任意 g_n 成立, 令 $n \to \infty$ 即可. □

对于 $\mu \in S_0$, 称 $\mathscr{E}_\alpha(\mu) = \mathscr{E}_\alpha(U_\alpha\mu, U_\alpha\mu)$ 为其 **α-能量积分**. 由定理 4.3.4, 等于积分 $\int_E \widetilde{U_\alpha\mu}(x)\mu(dx)$.

练习 4.3.2　设 $\mu \in S_0$, $\alpha, \beta > 0$, 证明

$$U_\alpha\mu - U_\beta\mu + (\alpha - \beta)G_\alpha U_\beta\mu = 0. \tag{4.3.14}$$

引理 4.3.6 (最大值原理)

(i) 对于 $\mu \in S_0$ 及常数 $C \geqslant 0$, 若 $\widetilde{U_\alpha\mu} \leqslant C$, μ-a.e., 则有 $U_\alpha\mu \leqslant C$ $[m]$;

(ii) 对于 $\mu \in S_0$, 存在适当的强嵌套 $\{F_k\}$, 使得对任何 k 有 $\|U_1(1_{F_k} \cdot \mu)\|_\infty < \infty$.

证明　(i) 设 $f = U_\alpha\mu \wedge C$, 由引理 4.3.4, f 也是 α- 过分的, 从而是 α- 位势. 根据定理 4.3.4,

$$\mathscr{E}_\alpha(f, U_\alpha\mu) = \langle \widetilde{f}, \mu\rangle = \langle \widetilde{U_\alpha\mu}, \mu\rangle = \mathscr{E}_\alpha(U_\alpha\mu, U_\alpha\mu).$$

因为 $f \leqslant U_\alpha\mu$ $[m]$, 再由引理 4.3.4,

$$\|f - U_\alpha\mu\|^2_{\mathscr{E}_\alpha} = \mathscr{E}_\alpha(f, f - U_\alpha\mu) \leqslant 0,$$

从而 $U_\alpha\mu = f \leqslant C$ $[m]$.

(ii) 取 $\mu \in S_0$ 的 1- 阶位势的拟连续修正 $\widetilde{U_1\mu}$, 设其相应强嵌套为 $\{F_k^0\}$. 记 $F_k = \{x \in F_k^0 : \widetilde{U_1\mu}(x) \leqslant k\}(k \geqslant 1)$. 对于每个 k, 在 F_k 上 q.e. 有 $U_1(1_{F_k} \cdot \mu) \leqslant \widetilde{U_1\mu} \leqslant k$, 从而根据 (i), $U_1(1_{F_k} \cdot \mu) \leqslant k$ $[m]$. 再者,

$$\mathrm{Cap}(E \setminus F_k) \leqslant \mathrm{Cap}(E \setminus F_k^0) + \mathrm{Cap}(\{\widetilde{U_1\mu} > k\}).$$

由 (4.3.6), 当 $k \to \infty$ 时, 右边极限为零. □

引理 4.3.7　对于 $f \in \mathscr{F}$ 及闭集 $F \subset E$, 下列条件相互等价:

(i) 存在满足 supp $[\mu] \subset F$ 的 $\mu \in S_0$, $f = U_\alpha\mu$;

(ii) 对任意满足在 F 上 $\widetilde{g} \geqslant 0$ q.e. 的 $\widetilde{g} \in \mathscr{F}$ 有 $\mathscr{E}_\alpha(f, \widetilde{g}) \geqslant 0$;

(iii) 对任意 $g \in \mathscr{F} \cap C_0(E)$ 在 F 上非负有 $\mathscr{E}_\alpha(f, g) \geqslant 0$.

证明 (i)⇒(ii) 由前面定理推出, (ii)⇒(iii) 是显然的. (iii)⇒(i) 可由引理 4.3.4 及练习 4.1.2 推得. □

在此, 回顾满足 $\mathscr{L}_B$ 非空的集合 $B \subset E$ 的 1- 阶平衡位势 e_B 相关的定理 4.3.3, 将描述 e_B 的性质的定理 4.3.3(iv) 与引理 4.3.7 相结合可知, 存在唯一的测度 $\mu_B \in S_0$ 满足 $e_B = U_1\mu_B$, 并且 μ_B 的支撑包含于 B 的闭包, 称 μ_B 为集合 B 的**1-阶平衡测度**. 特别地, 对于紧集 $K \subset E$, 由定理 4.3.3 与定理 4.3.4 有

$$\mathrm{Cap}(K) = \mathscr{E}_1(e_K, e_K) = \mu_K(K). \tag{4.3.15}$$

定义 S_0 的子类 S_{00} 为

$$S_{00} = \{\mu \in S_0 : \mu(E) < \infty, \|U_1\mu\|_\infty < \infty\}. \tag{4.3.16}$$

任意紧集 K 的 1- 阶平衡测度 μ_K 是 S_{00} 中的元素.

定理 4.3.5 对于 $B \subset E$, 下列条件相互等价:

(i) $\mathrm{Cap}(B) = 0$;

(ii) $\mu(B) = 0,\ \forall \mu \in S_0$;

(iii) $\mu(B) = 0,\ \forall \mu \in S_{00}$.

证明 (i)⇒(ii) 是定理 4.3.4(i) 的结果, (ii) ⇒ (iii) 是显然的. 为证 (iii)⇒(i), 设 $\mathrm{Cap}(B) > 0$, 再由 (4.3.5), 存在紧集 $K \subset B$, 使得 $\mathrm{Cap}(K) > 0$. 由 (4.3.15) 可得 $\mu_K(K) > 0$. 因为 $\mu_K \in S_{00}$, 故得证. □

固定 $\alpha > 0$ 与集合 $B \subset E$. 设 $f \in \mathscr{F}$ 关于 $\{T_t\}$ 是 α- 过分的, 记

$$\mathscr{L}_{f,B} = \{g \in \mathscr{F} :\ \widetilde{g} \geqslant \widetilde{f} \text{ q.e. } (B)\}. \tag{4.3.17}$$

与定理 4.3.3 中考虑 $\mathscr{L}_B$ 的情形类似, 由于 $\mathscr{L}_{f,B}$ 是 $(\mathscr{F}, \mathscr{E}_\alpha)$ 的闭凸子集, 根据平行四边形法则 (4.3.4), $\mathscr{L}_{f,B}$ 内存在唯一的元素 f_B, 使得 $\mathscr{L}_{f,B}$ 中的函数的 $\mathscr{E}_\alpha$- 范数最小, 那么

$$\mathscr{E}_\alpha(f_B, g) \geqslant 0, \quad \forall g \in \mathscr{F},\ \widetilde{g} \geqslant 0, \text{ q.e. } (B). \tag{4.3.18}$$

由引理 4.3.4, f_B 也是 α- 过分的, 称之为 f 在集合 B 上的 **α-消减函数**. 由引理 4.3.4, 存在唯一的 $\mu, \nu \in S_0$, 使得 $f = U_\alpha\mu$ 与 $f_B = U_\alpha\nu$. 由引理 4.3.7 有 $\mathrm{supp}\,[\nu] \subset \overline{B}$. 相应地, $\mu \in S_0 \mapsto \nu \in S_0$ 称为 μ 在 B 上的 **α- 扫除.**

引理 4.3.8 f_B 是 α- 过分函数 $f \in \mathscr{F}$ 在集合 B 上的 α- 消减函数的充分必要条件是它是 $\mathscr{F}$ 中的元素且满足 (4.3.18) 及

$$\widetilde{f}_B = \widetilde{f} \text{ q.e. } (B). \tag{4.3.19}$$

证明 显然, $h = f_B \wedge f$ 也是 α- 过分的, 并且 $h \leqslant f_B \in \mathscr{F}$. 由引理 4.3.5, $h \in \mathscr{F}$ 且 $\|h\|_{\mathscr{E}_\alpha} \leqslant \|f_B\|_{\mathscr{E}_\alpha}$, 故 $h \in \mathscr{L}_{f,B}$, $f_B = h \leqslant f$. 由此可得 (4.3.19). □

根据引理 4.3.8, 可以给出消减函数的其他重要意义. 记

$$\mathscr{F}_{E\backslash B} = \{g \in \mathscr{F} : \widetilde{g} = 0 \text{ q.e. } (B)\}, \tag{4.3.20}$$

则 $\mathscr{F}_{E\backslash B}$ 是 Hilbert 空间 $(\mathscr{F}, \mathscr{E}_\alpha)$ 的闭线性子空间. 记其正交补为 $\mathscr{H}_B^\alpha$: $\mathscr{F} = \mathscr{F}_{E\backslash B} \oplus \mathscr{H}_B^\alpha$. 记 $P_{\mathscr{H}_B^\alpha}$ 为 $\mathscr{H}_B^\alpha$ 上的投影算子, 则

$$P_{\mathscr{H}_B^\alpha} f = f_B. \tag{4.3.21}$$

实际上, 由引理 4.3.8 有正交分解 $f = (f - f_B) + f_B$ 成立.

根据注 4.3.1, 特别地, 当 B 为开集时, 在 (4.3.17)~(4.3.20) 中, "*函数的拟连续修正在* B *上* q.e." 这样的语句换成 "*函数在* B *上* m-a.e." 就可以了.

在本节最后, 引入在 5.4 节后起着重要作用的光滑测度的概念, 证明它可以用 S_{00} 的元素逼近.

定义 4.3.2 称 $(E, \mathscr{B}(E))$ 上的测度 μ 为**光滑的**, 如果下列两个条件成立:

(S.1) μ 在零容度集上的值为零;

(S.2) 存在适当的嵌套 $\{F_k\}$, 使得对任何 $k \geqslant 1$, $\mu(F_k) < \infty$.

定义 4.3.2 中的嵌套 $\{F_k\}$, 称为光滑测度 μ 的**附带嵌套**. 此时, 注意有

$$\mu\Big(E \setminus \bigcup_k F_k\Big) = 0.$$

用 S 表示光滑测度的全体. 若 μ 是有性质 (S.1) 的 Radon 测度, 则 $\mu \in S$. 在此情形下, 设 $\{G_k\}$ 为闭包紧的且收敛到 E 的递增开集列, 记 $F_k = \overline{G_k}$, 则 $\{F_k\}$ 满足 (S.2). 因此, $S_{00} \subset S_0 \subset S$.

引理 4.3.9 设 ν 为 $(E, \mathscr{B}(E))$ 上的有限测度. 若存在常数 $c > 0$, 使得对任何 $A \in \mathscr{B}(E)$ 都有 $\nu(A) \leqslant c \cdot \mathrm{Cap}(A)$, 则 $\nu \in S_0$.

证明 对于非负的 $g \in \mathscr{F} \cap C_0(E)$ 满足 $\mathscr{E}_1(g, g) = 1$, 由 (4.3.7) 有

$$\begin{aligned}
\int_E g d\nu &\leqslant \nu(E) + \sum_{k \geqslant 0} 2^{k+1} \nu(\{x : 2^k < g(x) \leqslant 2^{k+1}\}) \\
&\leqslant \nu(E) + c \sum_{k \geqslant 0} 2^{k+1} \mathrm{Cap}(\{x : g(x) > 2^k\}) \\
&\leqslant \nu(E) + c \sum_{k \geqslant 0} 2^{k+1} \cdot 2^{-2k} = \nu(E) + 4c,
\end{aligned}$$

从而 $\nu \in S_0$. □

引理 4.3.10 设 ν 为 $(E,\mathscr{B}(E))$ 上的有限测度, 并且在零容度集上的值为零. 此时, 存在递减开集列 $\{G_n\}$, 使得

$$\mathrm{Cap}(G_n)\to 0,\quad \nu(G_n)\to 0,\quad n\to\infty, \tag{4.3.22}$$

$$\nu(A)\leqslant 2^n\cdot\mathrm{Cap}(A),\quad \forall A\in\mathscr{B}(E),\ A\subset E\setminus G_n. \tag{4.3.23}$$

证明 固定 n, 记 $\alpha=\inf\{2^n\mathrm{Cap}(A)-\nu(A):\ A\in\mathscr{B}(E)\}$. 显然, $\alpha\geqslant-\nu(E)$. 如果 $\alpha<0$, 选取满足 $2^n\mathrm{Cap}(B_1)-\nu(B_1)\leqslant\alpha/2$ 的开集 B_1, 记 $\alpha_1=\inf\{2^n\mathrm{Cap}(A)-\nu(A):A\in\mathscr{B}(E),A\subset E\setminus B_1\}$. 对于满足 $A\subset E\setminus B_1$ 的 $A\in\mathscr{B}(E)$, 由

$$\begin{aligned}\alpha&\leqslant 2^n\mathrm{Cap}(A\cup B_1)-\nu(A\cup B_1)\\&\leqslant\{2^n\mathrm{Cap}(A)-\nu(A)\}+\{2^n\mathrm{Cap}(B_1)-\nu(B_1)\}\end{aligned}$$

可知 $\alpha/2\leqslant\alpha_1$. 如果 $\alpha_1<0$, 则取满足 $2^n\cdot\mathrm{Cap}(B_2)-\nu(B_2)\leqslant\alpha_1/2$ 的开集 $B_2\subset E\setminus B_1$. 如此继续, 可得开集列 $\{B_1,B_2,\cdots,B_k\}$ 满足

$$\begin{aligned}&2^n\mathrm{Cap}(B_1\cup\cdots\cup B_k)-\nu(B_1\cup\cdots\cup B_k)\leqslant 0,\\&2^n\mathrm{Cap}(A)-\nu(A)\geqslant 2^{-k}\alpha,\quad\forall A\subset E\setminus(B_1\cup\cdots\cup B_k).\end{aligned}$$

记 $G_n'=\bigcup\limits_{k\geqslant1}B_k$, 则对任何 $A\subset E\setminus G_n'$ 都有 $2^n\mathrm{Cap}(A)\geqslant\nu(A)$ 且

$$2^n\mathrm{Cap}(G_n')\leqslant\nu(G_n')\leqslant\nu(E)<\infty.$$

然后定义 $G_n=\bigcup\limits_{l\geqslant n}G_l'$ 即引理中的所求集列, 因为 $\{G_n\}$ 是递减开集列且

$$\mathrm{Cap}(G_n)\leqslant 2^{-n+1}\nu(E)\to 0,\quad n\to\infty.$$

又由于 ν 在零容度集上的值为零, 故 $\lim\limits_n\nu(G_n)=\nu\left(\bigcap\limits_n G_n\right)=0$. □

定理 4.3.6 对 $(E,\mathscr{B}(E))$ 上的测度 μ, 下列条件等价:

(i) $\mu\in S$;

(ii) 存在满足下面条件的嵌套 $\{F_k\}$: 对任何 $k\geqslant1$,

$$\mu(F_k)<\infty,\quad 1_{F_k}\cdot\mu\in S_0,\quad \mu\left(E\Big\backslash\bigcup_k F_k\right)=0; \tag{4.3.24}$$

(iii) 存在满足下面条件的嵌套 $\{F_k\}$: 对任何 $k\geqslant1$,

$$1_{F_k}\cdot\mu\in S_{00},\quad \mu\left(E\Big\backslash\bigcup_k F_k\right)=0. \tag{4.3.25}$$

证明　(i)⇒(ii)　若 μ 是有限光滑测度, 设 F_k 为引理 4.3.10 中开集 G_k 的补集, 则 $\{F_k\}$ 是满足 (4.3.24) 后半部分的强嵌套, 并由引理 4.3.9 可知, 其前半部分也成立.

设 μ 是一般的光滑测度, $\{E_l\}$ 是其附带嵌套, 则对任何 l, $\mu_l := 1_{E_l} \cdot \mu$ 是有限光滑测度, 故存在关于 μ_l 的满足 (4.3.24) 的强嵌套 $\{F_k^{(l)}\}$. 记 $F_k = \bigcup\limits_{l=1}^{k} (E_l \cap F_k^{(l)})$, 则 $\{F_k\}$ 是递增闭集列且满足 (4.3.24) 的前半部分. 再对任意紧集 K, 由于

$$\mathrm{Cap}(K \setminus F_k) \leqslant \mathrm{Cap}(K \setminus E_l) + \mathrm{Cap}(E \setminus F_k^{(l)}), \quad l \leqslant k,$$

令 $k \to \infty$, 然后 $l \to \infty$, 可得 $\{F_k\}$ 是嵌套. 又因为 μ 在零容度集上为零, 所以 (4.3.24) 的后半部分成立.

(ii)⇒(iii)　设 $\{E_l\}$ 为关于 μ 满足 (4.3.24) 的嵌套. 对每个 l, 取与 $\mu_l := 1_{E_l} \cdot \mu$ 相对应的满足引理 4.3.6(ii) 的强嵌套 $\{F_k^{(l)}\}$. 若采用与上面的证明相同的方法生成嵌套 $\{F_k\}$, 则对任何 k, $1_{F_k} \cdot \mu \in S_{00}$.

(iii)⇒(i)　若 μ 对于某个嵌套 $\{F_k\}$ 满足 (4.3.25), 则由定理 4.3.4 可知, μ 在零容度集上为零, 从而是光滑的. □

第 5 章　对称 Markov 过程与 Dirichlet 型

5.1　对称 Hunt 过程与正则 Dirichlet 型 I

与 4.3 节一样, 设 E 是局部紧可分度量空间, $\mathscr{B}(E)$ 是 E 的 Borel 集的全体, m 为 E 上满支撑的 Radon 测度. 设 $X=(X_t,\mathbf{P}_x)$ 是在定义 1.4.4(ii) 意义下的 E 上的 Hunt 过程, 其转移函数为 $\{p_t\}$. 当 $\{p_t\}$ 满足 (1.1.17) 所示 m- 对称性时, 称 Hunt 过程 X 为 $\boldsymbol{m}$**-对称**的.

根据引理 4.1.4, E 上的 m- 对称 Hunt 过程 X 的转移函数唯一确定 $L^2(E;m)$ 上 Markov 对称线性算子的强连续半群 $\{T_t: t\geqslant 0\}$, 根据 (4.1.4) 与 (4.1.5), 后者确定 $L^2(E;m)$ 上的闭对称型 $(\mathscr{E},\mathscr{F})$, 并且根据定理 4.1.1, 它是一个 Dirichlet 型, 称之为 $\boldsymbol{m}$**-对称 Hunt 过程 $\boldsymbol{X}$ 的 Dirichlet 型**. 一般来说, 该 Dirichlet 型不一定在定义 4.1.4 的意义下是正则的, 但是反过来, 给定正则的 Dirichlet 型, 则可以构造与之相对应的 m- 对称 Hunt 过程 [6].

定理 5.1.1(Fukushima)　设 $(\mathscr{E},\mathscr{F})$ 为 $L^2(E;m)$ 上正则的 Dirichlet 型, 则存在 E 上 m- 对称的 Hunt 过程 X, 使得 $(\mathscr{E},\mathscr{F})$ 是 X 的 Dirichlet 型.

存在性定理 5.1.1 与 $C_\infty(E)$ 上的 Feller 转移函数对应的 Hunt 过程的存在性定理 (定理 1.4.4) 相并列, 在 Markov 过程理论中起着非常重要的作用, 本书限于篇幅, 不写定理 5.1.1 的具体证明. 证明的关键在于, 利用 4.3 节的位势论, 将 Feller 转移函数情形下的 C_∞- 函数置换为拟连续函数, 从而容许零容度的例外集.

之后, 在本节和 5.2 节都给定 $L^2(E;m)$ 上的正则 Dirichlet 型 $(\mathscr{E},\mathscr{F})$ 与对应的 m- 对称 Hunt 过程 $X=(X_t,\mathbf{P}_x)$. 关于 $(\mathscr{E},\mathscr{F})$, 在 4.3 节中有平衡位势、零容度集、函数的拟连续性、消减函数等位势论的概念, 而关于 X, 在 2.1 节与 2.2 节中有首达概率、m- 极集、函数的精细连续性、首达分布等概率论的概念. 本节与 5.2 节的主要目的是把这些看起来不相干的概念对应地联系起来.

设 e_A 为引理 4.3.1 所确定的容度有限的开集 $A\subset E$ 的平衡位势, p_A^1 为 (2.1.4) 定义的 A 的 1- 阶首达概率, 即

$$p_A^1(x)=\mathbf{E}_x[\mathrm{e}^{-\sigma_A}],\quad \sigma_A=\inf\{t>0:\ X_t\in A\},\quad \inf\varnothing=\infty. \tag{5.1.1}$$

引理 5.1.1　对于 $A\in\mathscr{O}_0$, $p_A^1=e_A$ $[m]$.

证明　生成 Dirichlet 型的半群 $\{T_t\}$ 与 Hunt 过程 X 的转移半群 $\{p_t\}$ 有以下关系: 对任何 $t>0$, $f\in\mathscr{B}_+(E)\cap L^2(E;m)$ 有 $T_tf=p_tf$ $[m]$. 由引理 4.3.1 及引理 4.3.4,

e_A 关于 $\{T_t\}$ 是 1- 过分的. 另一方面, 由引理 2.1.2, 因为 p_A^1 关于 $\{p_t\}$ 是 1- 过分的, 由上面提到的结论, 它也关于 $\{T_t\}$ 1- 过分. 又由于对任何 $x \in A$, $p_A^1(x) = 1$, 故只需证明

$$p_A^1 \leqslant e_A \ [m]. \tag{5.1.2}$$

实际上, 如果该不等式成立, 则由引理 4.3.5 有 $p_A^1 \in \mathscr{F}$ 且 $\|p_A^1\|_{\mathscr{E}_1} \leqslant \|e_A\|_{\mathscr{E}_1}$. 再由引理 4.3.1(i) 可得结论 $p_A^1 = e_A \ [m]$.

取 e_A 的 Borel 修正 $\widetilde{e_A}$ 满足对任何 $x \in A$, $\widetilde{e_A}(x) = 1$. 记

$$Y_t(\omega) = \mathrm{e}^{-t}\widetilde{e_A}(X_t(\omega)), \quad t \geqslant 0, \ \omega \in \Omega.$$

对任意满足 $\int_E hdm = 1$ 的非负 Borel 可测函数 h, 随机过程 $(Y_t, \mathscr{F}_t^0, \mathbf{P}_{h\cdot m})$ 是上鞅. 事实上, 对任意 $0 \leqslant s < t$, 由 X 的 Markov 性, $\mathbf{P}_{h\cdot m}$-a.s. 有

$$\mathbf{E}_{h\cdot m}[Y_t|\mathscr{F}_s^0] = \mathrm{e}^{-s}\mathrm{e}^{-(t-s)}p_{t-s}\widetilde{e_A}(X_s) \leqslant \mathrm{e}^{-s}\widetilde{e_A}(X_s).$$

最后一个不等式由 $\widetilde{e_A}$ 关于 $\{T_t\}$ 的 1- 过分性推出.

取有限集合 $D \subset (0, \infty)$, 设 D 的最小值与最大值分别为 a, b, 记 $\sigma(D, A) = \min\{t \in D : X_t \in A\}$, $\min \varnothing = b$. 根据上鞅的 Doob 停止定理 (参见 [5]),

$$\mathbf{E}_{h\cdot m}[\mathrm{e}^{-\sigma(D,A)}; \sigma(D, A) < b] \leqslant \mathbf{E}_{h\cdot m}[Y_{\sigma(D,A)}] \leqslant \mathbf{E}_{h\cdot m}[Y_a] \leqslant (h, \widetilde{e_A}).$$

在此, 设 $D \uparrow \mathbb{Q}_+ \cap (0, b)$ $(b \uparrow +\infty)$, 于是可得 $(h, p_A^1) \leqslant (h, e_A)$, 从而 (5.1.2) 得证. □

引理 5.1.2　对于容度有限的递减开集列 $\{A_n\}$, 下列两个条件等价:

$$\lim_{n\to\infty} \mathrm{Cap}(A_n) = 0, \tag{5.1.3}$$

$$\lim_{n\to\infty} p_{A_n}^1(x) = 0, \quad m\text{-a.e. } x \in E. \tag{5.1.4}$$

证明　若 (5.1.3) 成立, 则由引理 5.1.1, $\mathrm{Cap}(A_n) = \|p_{A_n}^1\|_{\mathscr{E}_1}^2 \geqslant \|p_{A_n}^1\|_2^2$, 从而 (5.1.4) 成立. 反之, 设 (5.1.4) 成立, 采用引理 5.1.1 以及类似引理 4.3.2(iii) 的证明, 可得 $\mathrm{Cap}(A_n) = \|p_{A_n}^1\|_{\mathscr{E}_1}^2 \to 0 (n \to \infty)$. □

这里, 回顾关于 Hunt 过程 X (更一般地, 以 m 为过分测度的右过程) 的 m- 极集的概念 (定义 2.2.3).

定理 5.1.2　E 的子集是零容度集等价于是 m- 极集.

证明　设 $N \subset E$, $\mathrm{Cap}(N) = 0$, 则存在包含 N 的递减开集列 $\{A_n\}$ 满足 (5.1.3). 设 $B = \bigcap_n A_n$, 则 $N \subset B$ 且由引理 5.1.2 得 $p_B^1 = 0$, m-a.e., 从而 N 是 m- 极集.

在证明逆命题之前, 也为了今后方便起见, 对于一般的紧集 K, 选取相对紧开集列 $\{G_n\}$ 满足

$$G_n \supset \overline{G}_{n+1}, \quad n \geqslant 1, \ \bigcap_{n\geqslant 1} G_n = K, \tag{5.1.5}$$

注意到

$$\lim_{n\to\infty} \sigma_{G_n} = \sigma_K, \quad \mathbf{P}_m\text{-a.s.}. \tag{5.1.6}$$

事实上, 设 $\sigma = \lim\limits_{n\to\infty} \sigma_{G_n}$. 显然, $\sigma \leqslant \sigma_K$. 另一方面, 根据 Hunt 过程的拟左连续性 (1.4.22), 若 $\sigma < \infty$, 则几乎处处地有

$$X_\sigma = \lim_{n\to\infty} X_{\sigma_{Gn}} \in \bigcap_n \overline{G_n} = K,$$

从而 $\dot{\sigma}_K \leqslant \sigma$. 若 $x \notin K \setminus K^r$, 则 $\mathbf{P}_x$-a.s. 有 $\dot{\sigma}_K = \sigma_K$. 但是 $K \setminus K^r$ 是半极集 (引理 2.2.5), 所以也是位势零集 (引理 2.2.6). 由定理 2.2.2(ii), 其 m- 测度为零, 证得结论 (5.1.6).

如果 K 是紧的 m- 极集, 选取上述集列 $\{G_n\}$, 由 (5.1.6) 可知, $\lim\limits_n p^1_{G_n} = p^1_K = 0[m]$ 且 $\mathrm{Cap}(G_n) < \infty$, 从而由引理 5.1.2 推出 $\mathrm{Cap}(K) \leqslant \lim\limits_n \mathrm{Cap}(G_n) = 0$. 设 N 是任意的 m- 极集, 由定理 2.2.2 知, 存在 Borel 的 m- 极集 $\widetilde{N}$ 满足 $N \subset \widetilde{N}$. 此时, 任意包含在 $\widetilde{N}$ 的紧子集是 m- 极集, 因此, 容度为零. 由 (4.3.5) 可知 $\widetilde{N}$, 从而 N 都是零容度集. □

设 $A \subset E$. 根据定义 2.2.3(ii), 当关于 $x \in A$ 的结论 $P = P(x)$ 除某个 m- 极集外对所有 x 都成立时, 称 P 在 A 上**q.e. 成立**, 记为 P q.e. (A). P q.e. (E) 简记为 P q.e.. 根据定理 5.1.2, q.e. 同样意味着“除去某个零容度集”. 以后, q.e. 就假设是这两方面的含义.

定义 4.3.1 引入了递增的闭集列 $\{F_k\}$ 的嵌套、强嵌套的概念. 特别地, 强嵌套是指当 $A_k = E \setminus F_k$ 时, $\{A_k\}$ 满足 (5.1.3). 下述定理给出这两个概念的概率特征:

定理 5.1.3 设 $\{F_k\}$ 是递增的闭集列.

(i) $\{F_k\}$ 是强嵌套的充分必要条件是对某个 n, $\mathrm{Cap}(E \setminus F_n) < \infty$ 且

$$\mathbf{P}_x\left(\lim_{k\to\infty} \sigma_{E\setminus F_k} < \infty\right) = 0, \quad \text{q.e. } x \in E; \tag{5.1.7}$$

(ii) $\{F_k\}$ 是嵌套的充分必要条件是

$$\mathbf{P}_x\left(\lim_{k\to\infty} \sigma_{E\setminus F_k} < \zeta\right) = 0, \quad \text{q.e. } x \in E. \tag{5.1.8}$$

证明 (i) 记 $A_k = E \setminus F_k$, $p(x) = \lim_{k\to\infty} p^1_{A_n}(x)(x \in E)$, 则由引理 5.1.2, $\{F_k\}$ 为强嵌套等价于 $p = 0\ [m]$. 这等于说 (5.1.7) 对 m-a.e. $x \in E$ 成立, 所以为了证明 (i), 只需证明 $p = 0\ [m]$ 蕴涵有 $p = 0$ q.e..

因为 A_k 是开集, 故由定理 1.3.1 知, $p^1_{A_k}$ 是 Borel 函数, 并且 p 也是. 对任意 $\varepsilon > 0$, 设 K 为 Borel 集 $\{p \geqslant \varepsilon\}$ 的紧子集. 设 H^1_K 为由 (2.1.3) 定义的 K 的 1- 阶首达分布, 由引理 2.1.2 有 $H^1_K p^1_{A_k} \leqslant p^1_{A_k}(k \geqslant 1)$, 从而令 $k \to \infty$ 得 $H^1_K p \leqslant p$. 因此, $\varepsilon p^1_K(x) \leqslant p(x)(x \in E)$. 若 $p = 0\ [m]$, 则 K 为 m- 极集, 所以定理 5.1.2 及 (4.3.5) 推出集合 $\{p \geqslant \varepsilon\}$, 从而 $\{p > 0\}$ 是零容度集.

(ii) $\{F_k\}$ 为嵌套等价于对任意相对紧开集 G, 递减开集列 $A_k = G \setminus F_k(k \geqslant 1)$ 满足 (5.1.3). 由 (i) 的证明, 它又等价于

$$\mathbf{P}_x\left(\lim_{k\to\infty} \sigma_{G\setminus F_k} < \infty\right) = 0, \quad \text{q.e. } x \in E. \tag{5.1.9}$$

假设 (5.1.8) 成立, 固定使得等式成立的一个 $x \in E$. 假设对该 x, (5.1.9) 不成立, 则存在某个相对紧开集 G, 有 $\mathbf{P}_x(\sigma < \infty) = \delta > 0$, 其中 $\sigma = \lim_{k\to\infty} \sigma_{G\setminus F_k}$. 由 Hunt 过程 X 的拟左连续性 (1.4.22), $\mathbf{P}_x(X_\sigma \in \overline{G}, \sigma < \infty) = \delta$, 从而有 $\mathbf{P}_x(\lim_{k\to\infty} \sigma_{E\setminus F_k} \leqslant \sigma < \zeta) \geqslant \delta$, 导致矛盾.

反之, 为了证明 (5.1.9) 推出 (5.1.8), 只要取收敛于 E 的相对紧的递增开集列 $\{G_l\}$, 应用不等式 $\sigma_{E\setminus F_k} \geqslant \sigma_{G_l\setminus F_k} \wedge \sigma_{E\setminus G_l}$ 即可. □

Hunt 过程 X 的几乎所有样本轨道在任意 $t > 0$ 处有左极限 $X_{t-} = \lim_{s\uparrow t} X_s \in E_\Delta$, 定义左极限对于集合 $B \subset E_\Delta$ 的首达时间 $\widehat{\sigma}_B$ 为

$$\widehat{\sigma}_B(\omega) = \inf\{t > 0 : X_{t-} \in B\}, \quad \inf \varnothing = \infty. \tag{5.1.10}$$

练习 5.1.1 证明对于 Borel 集 $B \subset E_\Delta$, $\widehat{\sigma}_B$ 为 $\{\mathscr{F}_t\}$- 停时.

定义 5.1.1 称 Borel 集 $A \subset E$ 关于 Hunt 过程 X 是 **X-不变的**, 如果对任意 $x \in A$,

$$\mathbf{P}_x(\sigma_{E\setminus A} \wedge \widehat{\sigma}_{E\setminus A} < \infty) = 0. \tag{5.1.11}$$

定义 5.1.1 是在 1.3 节的最后部分所引入的关于右过程的不变集合所需的条件下, 再加上 $\widehat{\sigma}_{E\setminus A}$ 有限的条件.

当 Borel 集 $A \subset E$ 关于 Hunt 过程 $X = (\Omega, \mathscr{M}, \{X_t\}_{t\geqslant 0}, \{\mathbf{P}_x\}_{x\in E_\Delta})$ 为 X- 不变时, 记

$$\widetilde{\Omega} = \{\omega \in \Omega : \sigma_{E\setminus A} = \infty, \widehat{\sigma}_{E\setminus A} = \infty\}, \tag{5.1.12}$$

与 (1.4.22) 类似, 定义 X 上的**限制**为

$$X_A = \{\widetilde{\Omega}, \mathscr{M} \cap \widetilde{\Omega}, \{X_t\}_{t\geqslant 0}, \{\mathbf{P}_x\}_{x\in A_\Delta}\}, \tag{5.1.13}$$

其中设 $A_\Delta = A \cup \{\Delta\}$ 作为 E_Δ 的子集, 赋以相应的拓扑. 注意: $\widetilde{\Omega}$ 也被写为

$$\widetilde{\Omega} = \{\omega \in \Omega : X_t(\omega) \in A_\Delta, X_{t-}(\omega) \in A_\Delta, \ \forall t > 0\}.$$

练习 5.1.2 仿照引理 1.4.4 的证明及其后的注意, 证明由 (5.1.13) 定义的 X_A 是 A 上的 Hunt 过程.

称概 Borel 集 $B \subset E$ 关于 m- 对称 Hunt 过程 X 为**真例外集**, 如果 $m(B) = 0$ 且 $E \setminus B$ 以 (5.1.11) 的意义 X- 不变. 显然, 真例外集是 m- 极集. 真例外集的定义方法与针对以 m 为过分测度的右过程的定义 2.2.3 相同, 注意: X- 不变集的概念在 Hunt 过程的情形下作了上述强化. 下列定理是关于右过程的定理 2.2.3 的 m- 对称 Hunt 过程版:

定理 5.1.4 对任意 m- 极集 N 都存在包含 N 的 Borel 的真例外集.

证明 设 N 为 m- 极集, 则由定理 5.1.2 知, N 为零容度集, 从而存在某强嵌套 $\{F_k\}$, 使得 N 包含于零容度的 G_δ 集 $B_0 = \bigcap\limits_{k\geqslant 1} E \setminus F_k$. 对任意 $k \geqslant 1$, 不但 $\sigma_{E\setminus F_k} \leqslant \sigma_{B_0}$, 而且 $\sigma_{E\setminus F_k} = \widehat{\sigma}_{E\setminus F_k} \leqslant \widehat{\sigma}_{B_0}$. 由强嵌套的性质 (5.1.7), $\mathbf{P}_x(\sigma_{B_0} \wedge \widehat{\sigma}_{B_0} < \infty) = 0$ 是 q.e. 成立的, 从而存在某强嵌套 $\{F_k'\}$, 记 $B_1 = \bigcap\limits_{k\geqslant 1} E \setminus F_k'$, 于是有 $B_0 \subset B_1$ 且上式对任意 $x \in E \setminus B_1$ 都成立.

如此继续, 可得零容度的递增 G_δ 集列 B_n, 满足

$$\mathbf{P}_x(\sigma_{B_n} \wedge \widehat{\sigma}_{B_n} < \infty) = 0, \quad \forall x \in E \setminus B_{n+1}.$$

记 $B = \bigcup\limits_{n\geqslant 1} B_n$, 则 B 是包含 N 的 Borel 的真例外集. □

在 2.2 节中, 假设针对以 m 为过分测度的右过程所引入的各个概念, 除 m- 不变集 (定义 5.1.1) 以外, 全部可以照搬在本节中 m- 对称 Hunt 过程的情形使用.

定义 5.1.2 称 E 上 q.e. 定义的数值函数 f 为**q.e. 精细连续**, 如果存在概 Borel 的 m- 极集 N 且 $E \setminus N$ 为精细开集, 使得 f 在 $E \setminus N$ 上概 Borel 可测且精细连续.

与第 1 章相同, 约定将 E 上的数值函数在 Δ 处的值设为 0 扩张为 E_Δ 上的函数.

定理 5.1.5 (i) 若 E 上 q.e. 定义的函数 f 为拟连续的, 则 f 是 q.e. 有限且 q.e. 精细连续的. 进一步, 存在某 Borel 的真例外集 N, 使得 f 在 $E \setminus N$ 是有限 Borel

可测函数, 并且对任意 $x \in E \setminus N$,

$$\mathbf{P}_x\left(\lim_{t'\downarrow t} f(X_{t'}) = f(X_t),\ \forall t \geqslant 0\right) = 1, \tag{5.1.14}$$

$$\mathbf{P}_x\left(\lim_{t'\uparrow t} f(X_{t'}) = f(X_{t-}),\ \forall t \in (0,\zeta)\right) = 1. \tag{5.1.15}$$

(ii) 若 f 在 E 上 q.e. 有限、q.e. 精细连续且 $f \in \mathscr{F}$, 则 f 是拟连续的.

证明 (i) 设 f 是拟连续的, 则存在适当强嵌套 $\{F_k\}$, 对各 k, $f|_{F_k}$ 是连续的. 该 $\{F_k\}$ 对应的 (5.1.7) 的例外集设为 N_0, 根据定理 5.1.4, 可选取包含 $N_0 \cup \left(\bigcap\limits_{k\geqslant 1}(E \setminus F_k)\right)$ 的 Borel 的真例外集 N. 显然, f 在 $E \setminus N$ 上是有限 Borel 可测的. 又对 $x \in E \setminus N$ 有 $\mathbf{P}_x(\lim\limits_k \sigma_{E\setminus F_k} = \infty) = 1$, 从而可知对于 $x \in E \setminus N$, (5.1.14) 与 (5.1.15) 也成立. 由于 $f(\Delta) = 0$, 从而 $f(X_t) = 0$ $(t > \zeta)$. 在 (5.1.14) 中的事件不仅对于 $t \in [0,\zeta)$, 而是对所有 $t \geqslant 0$ 都成立.

特别地, 定理 2.2.1 适用于 Hunt 过程 $X_{E\setminus N}$, 由 (5.1.14) 可得 f 是 q.e. 有限的且 q.e. 精细连续的.

(ii) 设 f 是 q.e. 精细连续且 $f \in \mathscr{F}$. 根据定理 4.3.2, $\mathscr{F}$ 中的元素 f 有拟连续修正 $\widetilde{f}$. 将 (i) 的结果适用于 $\widetilde{f}$ 可知, $\widetilde{f}$ 是 q.e. 精细连续的, $\widetilde{f} = f$ $[m]$. 又根据定理 2.2.3, 存在作为某个右过程的 Borel 的真例外集 N, 使得 $\widetilde{f}$ 与 f 都是右过程 $X_{E\setminus N}$ 的精细连续函数, 从而定理 2.2.2 适用, 可得 $\widetilde{f} = f$ q.e., 即 f 除零容度集外等于其拟连续修正 $\widetilde{f}$, 从而 f 本身也是拟连续的. □

当 E 上的数值函数 $f, g \in L^2(E;m)$ 满足 $f = g$ $[m]$ 时, 称 f 为 g 的**修正**. X 的转移函数 $\{p_t\}$ 及其相应 L^2- 半群 $\{T_t\}$ 的预解分别记为 $\{R_\alpha\}$ 与 $\{G_\alpha\}$. R_α 由 (1.1.1) 所定义, 根据 (4.1.23), 对于 $f \in b\mathscr{B}(E) \cap L^2(E;m)$, $R_\alpha f$ 是 $G_\alpha f$ 的修正, 所以对于非负普遍可测的 $f \in L^2(E;m)$, $R_\alpha f$ 是 $G_\alpha f \in \mathscr{F}$ 的修正, 而由于前者关于 X 是 α- 过分的, 从而由定理 2.2.1 为精细连续的, 并且由定理 5.1.5 可知, 是 $G_\alpha f$ 的拟连续修正, 即证明了下面命题的 (ii).

命题 5.1.1 设 f 是非负普遍可测函数且属于 $L^2(E;m)$.

(i) 对任意 $t > 0$, $p_t f$ 是 $T_t f$ 的拟连续修正;

(ii) 对任意 $\alpha > 0$, $R_\alpha f$ 是 $G_\alpha f$ 的拟连续修正.

证明 只需证 (i). 如果 f 是非负普遍可测的, 则存在 $f_1, f_2 \in \mathscr{B}_+(E)$, 使得 $0 \leqslant f_1 \leqslant f \leqslant f_2$, $m(\{f_2 > f_1\}) = 0$, 从而 $p_t f_1 \leqslant p_t f \leqslant p_t f_2$ 且 $m(\{p_t f_2 > p_t f_1\}) = 0$. 如果 $p_t f_i$ $(i = 1, 2)$ 是拟连续的, 则由引理 4.3.3 知, $p_t f$ 也是, 从而只需在 f 是 Borel 可测的情形下证明即可.

记 $\mathbb{F}$ 为满足 $f \in L^2(E;m)$ 且 $p_t f$ 为拟连续的非负 Borel 可测函数的全体. 设

$C_0^+(E)$ 为非负紧支撑连续函数的全体, 则 $C_0^+(E) \subset \mathbb{F}$. 事实上, 若 $f \in C_0^+(E)$, 则

$$\alpha R_\alpha(p_t f)(x) = p_t(\alpha R_\alpha f)(x) \to p_t f(x), \quad x \in E, \alpha \uparrow \infty.$$

而由引理 A.4.2, 上述收敛也是 $\mathscr{F}$ 中 $\mathscr{E}_1$- 收敛的. 再由 (ii) 得 $R_\alpha(p_t f) \in \mathbb{F}$, 从而根据定理 4.2.2 可得 $f \in \mathbb{F}$.

再者, 设 $f_n \in \mathbb{F}$ 递增点点收敛于 $f \in L^2(E;m)$, 则 $f \in \mathbb{F}$. 事实上, 注意到由引理 A.4.2,

$$p_t g \in \mathscr{F}, \quad \|p_t g\|_{\mathscr{E}}^2 \leqslant \frac{1}{t}\|g\|_2^2, \quad g \in L^2(E;m),$$

于是推出 $p_t f_n$ 在 $\mathscr{F}$ 内 $\mathscr{E}_1$- 收敛于 $p_t f$. 综上所述可得 $\mathbb{F} = \mathscr{B}_+(E) \cap L^2(E;m)$. 这是因为对任意相对紧开集 $G \subset E$, 记 $\mathscr{C} = \{A \subset G : A \in \mathscr{B}(E), 1_A \in \mathbb{F}\}$, 则 $\mathscr{C}$ 是包含于 G 的任意开集的 Dynkin 类. 由命题 A.1.1 可得 $\mathscr{C} = \mathscr{B}(G)$. □

5.2 对称 Hunt 过程与正则 Dirichlet 型 II

关于 E, m 的设定与 5.1 节相同, 接下来, 假设 X 是 E 上的 m- 对称 Hunt 过程, 其 $L^2(E;m)$ 上的 Dirichlet 型是正则的. 为了更深入地展开讨论, 有必要证明 X 的半极集是 m- 极集. 为此, 先做一些准备工作.

X 在概 Borel 集 $B \subset E$ 上的 α- 首达分布 H_B^α 由 (2.1.3) 所定义,

$$H_B^\alpha g(x) = \mathbf{E}_x\left[\mathrm{e}^{-\alpha\sigma_B} g(X_{\sigma_B})\right].$$

根据定理 1.4.4, 对非负普遍可测函数 f, 等式

$$H_B^\alpha(R_\alpha f)(x) = \mathbf{E}_x\left[\int_{\sigma_B}^{\infty} \mathrm{e}^{-\alpha t} f(X_t)dt\right], \quad x \in E \tag{5.2.1}$$

成立. 在本节的最后部分将证明在由 (4.3.20) 定义的 $(\mathscr{F}, \mathscr{E}_\alpha)$ 的闭线性子空间的正交补空间 $\mathscr{H}_B^\alpha$ 上, $g \in \mathscr{F}$ 的投影等于 $H_B^\alpha \widetilde{g}$. 这里先在 B 为开集且 $g = G_\alpha f$ 的简单情形下给予证明.

设 $G \subset E$ 为开集,

$$\mathscr{F}_{E\setminus G} = \{g \in \mathscr{F} :\ g = 0 \ m\text{-a.e.}\ (G)\}. \tag{5.2.2}$$

因为 G 是开的, 所以由 (5.2.2) 定义的空间 $\mathscr{F}_{E\setminus G}$ 与 (4.3.20) 中取 $B = G$ 所得的空间一致. 固定 $\alpha > 0$, 则 $\mathscr{F}_{E\setminus G}$ 是 Hilbert 空间 $(\mathscr{F}, \mathscr{E}_\alpha)$ 的闭线性子空间. 记 $\mathscr{H}_G^\alpha$ 为相应的正交补空间, 设 $P_{\mathscr{H}_G^\alpha}$ 为空间 $\mathscr{H}_G^\alpha$ 上的投影算子.

引理 5.2.1 对任意 Borel 函数 $f \in L^2(E;m)$ 有

$$P_{\mathscr{H}_G^\alpha}(R^\alpha f) = H_G^\alpha(R_\alpha f).$$

证明 不妨假设 f 非负. 此时, $R_\alpha f$ 属于 $\mathscr{F}$ 且关于 $\{T_t\}$ 是 α- 过分的, 从而由 (4.3.21) 知, $P_{\mathscr{H}_G^\alpha}(R_\alpha f)$ 等于 $R_\alpha f$ 关于开集 G 的 α- 消减函数 $(R_\alpha f)_G$, 所以只需证明

$$H_G^\alpha(R_\alpha f) = (R_\alpha f)_G \tag{5.2.3}$$

即可.

由定义, $(R_\alpha f)_G$ 是集合 $\{g \in \mathscr{F} : g \geqslant R_\alpha f \ m\text{-a.e.}\ (G)\}$ 中使得 $\mathscr{E}_\alpha(g,g)$ 达到最小的唯一元素. 因为 G 是开集, 显然, 对任何 $x \in G$ 有 $H_G^\alpha(R_\alpha f)(x) = R_\alpha f(x)$, 从而由引理 4.3.5, 只需证明不等式

$$H_G^\alpha(R_\alpha f) \leqslant (R_\alpha f)_G \ [m]. \tag{5.2.4}$$

注意到 $(R_\alpha f)_G$ 在 G 上 m-a.e. 等于 $R_\alpha f$ 且关于 $\{T_t\}$ 是 α- 过分的, 另外, $R_\alpha f(X_\cdot)$ a.s. 右连续, 应用与 (5.1.2) 类似的证明推出 (5.2.4), 留作习题. □

练习 5.2.1 证明 (5.2.4).

引理 5.2.1 可推出下面引理中的**交换公式**.

引理 5.2.2 设 A, B 是开集或者紧集. 对任意 Borel 函数 $f, g \in L^2(E;m)$,

$$(H_A^\alpha R_\alpha f, g) = (f, H_A^\alpha R_\alpha g), \tag{5.2.5}$$

$$(H_A^\alpha H_B^\alpha R_\alpha f, g) = (f, H_B^\alpha H_A^\alpha R_\alpha g). \tag{5.2.6}$$

证明 由引理 5.2.1 及方程 (4.1.6), 对任意开集 A 有

$$(H_A^\alpha R_\alpha f, g) = \mathscr{E}_\alpha(H_A^\alpha R_\alpha f, R_\alpha g) = \mathscr{E}_\alpha(R_\alpha f, H_A^\alpha R_\alpha g) = (f, H_A^\alpha R_\alpha g),$$

即 (5.2.5) 对于开集成立. 设 K 为紧集, 取开集列 $\{G_n\}$ 以 (5.1.5) 的意义逼近 K, 则关于非负的等式 (5.2.5) 中取 $A = G_n$, 再令 $n \to \infty$, 并注意 (5.1.6) 和 (5.2.1), 可得当 $A = K$ 时, 对应的等式 (5.2.5) 成立.

下面设 A, B 为任意的开集或紧集, 由 (5.2.5) 及预解方程与 R_α 的对称性可得

$$\begin{aligned}(H_A^\alpha R_{\beta+\alpha} H_B^\alpha R_\alpha f, g) &= (H_A^\alpha R_\alpha (I - \beta R_{\beta+\alpha}) H_B^\alpha R_\alpha f, g) \\ &= (f, H_B^\alpha R_\alpha (I - \beta R_{\beta+\alpha}) H_A^\alpha R_\alpha g) = (f, H_B^\alpha R_{\beta+\alpha} H_A^\alpha R_\alpha g).\end{aligned}$$

对于非负的 f, g, 留意到 $H_B^\alpha R_\alpha f$ 与 $H_A^\alpha R_\alpha g$ 是 α- 过分函数, 将上式乘以 β, 再设 $\beta \to \infty$ 即可得 (5.2.6). □

定理 5.2.1 X 的半极集是 m- 极集.

证明 由定义 2.2.1, 因为半极集包含于可数个瘦集的并中, 所以只需证瘦集是 m-极集, 即为零容度集, 又考虑到 (4.3.5), 于是可知只需在紧的情形下证明即可.

现在设 K 为紧的瘦集, 即 $K^r=\varnothing$. 设 G 为包含 K 的开集, 将 (5.2.6) 中取 $A=G, B=K$. 由于 $H_K^\alpha(x,\cdot)$ 支撑在 K 上, 并且若 $y\in K$, 则 $H_G^\alpha R_\alpha f(y)=R_\alpha f(y)$, 故有

$$(H_G^\alpha H_K^\alpha R_\alpha f,g)=(f,H_K^\alpha R_\alpha g)=(H_K^\alpha R_\alpha f,g).$$

由预解方程可知, 对任何 $\beta>0$,

$$\beta(H_G^\alpha H_K^\alpha R_\beta f,g)=\beta(H_K^\alpha R_\beta f,g).$$

设 $\alpha=1$, 取在 K 上等于 1 的函数 $f\in C_0(E)$ 及任意 $g\in C_0(E)$, 令 $\beta\to\infty$ 得

$$p_K^1=H_G^1p_K^1\ [m]. \tag{5.2.7}$$

取相对紧的递减开集列 $\{G_n\}$ 以 (5.1.5) 的意义收敛于 K, 记 $\sigma_n=\sigma_{G_n}$, 由 (5.1.6) 对于 m-a.e. $x\in E$ 有

$$\lim_{n\to\infty}\sigma_n=\sigma_K,\ \mathbf{P}_x\text{-a.s.},\quad \lim_{n\to\infty}p_{G_n}^1(x)=p_K^1(x). \tag{5.2.8}$$

由引理 4.3.1 及引理 5.1.1,

$$\left\|p_{G_n}^1-p_{G_l}^1\right\|_{\mathscr{E}_1}^2=\mathrm{Cap}(G_n)-\mathrm{Cap}(G_l),\quad n<l.$$

结合 (5.2.8) 可知 $p_{G_n}^1$ 在 $\mathscr{F}$ 中 $\mathscr{E}_1$- 收敛于 p_K^1 且 $p_K^1\in\mathscr{F}$. 另一方面, p_K^1 是 1- 过分函数, 由定理 2.2.1, 它是精细连续的. 再根据定理 5.1.5, 也是拟连续的. 特别地, (5.1.15) 成立.

因为 (5.2.7) 对所有 G_n 都成立, 故可取零测集 N, 使得当 $x\in E\backslash N$ 时, (5.1.15) 中取 $f=p_K^1$ 时成立及 (5.2.8) 成立, 并且 $p_K^1(x)=H_{G_n}^1p_K^1(x)$ 对任意 n 成立.

设 $x\in E\setminus N$. 最后一个式子意味着在 $\{\sigma_K<\infty\}$ 上 $\mathbf{P}_x$-a.s. 有 $\sigma_n+\sigma_K\circ\theta_{\sigma_n}=\sigma_K$. 因为 K 是瘦的, 故

$$\begin{aligned}\mathbf{P}_x(\sigma_n=\sigma_K,\sigma_K<\infty)&=\mathbf{P}_x(\sigma_K\circ\theta_{\sigma_n}=0,\sigma_n<\infty)\\&=\mathbf{E}_x[\mathbf{P}_{X_{\sigma_n}}(\sigma_K=0);\sigma_n<\infty]=0,\end{aligned}$$

所以在 $\{\sigma_K<\infty\}$ 上 $\mathbf{P}_x$-a.s. 有 $\sigma_n<\sigma_K(\forall n\geqslant 1)$. 考虑到 X 的拟左连续性,

$$\mathbf{E}_x[\mathrm{e}^{-\sigma_K}]=\lim_{n\to\infty}\mathbf{E}_x[\mathrm{e}^{-\sigma_n}p_K^1(X_{\sigma_n})]=\mathbf{E}_x[\mathrm{e}^{-\sigma_K}p_K^1(X_{\sigma_K})].$$

因为 K 是瘦的, 故 p_K^1 严格小于 1, 代入上式得 $\mathbf{P}_x(\sigma_K<\infty)=0$, 即推出 K 是 m-极集. □

应用定理 5.2.1, 可以将定理 5.1.5(ii) 中的条件"$f\in\mathscr{F}$"去掉, 在这之前, 先叙述一些概念.

定义 5.2.1　(i) 当 $B_1, B_2 \in \mathscr{B}^n(E)$ 满足 $\mathrm{Cap}(B_1 \vartriangle B_2) = 0$ 时, 记 $B_1 = B_2$ q.e., 称 B_1 与 B_2 **q.e. 相等**. 与某概 Borel 精细开集 q.e. 相等的集合称为**q.e. 精细开集.**

(ii) 称 $B \subset E$ 为**拟开集**, 若对任何 $\varepsilon > 0$, 存在开集 G, 使得 $\mathrm{Cap}(G \vartriangle B) < \varepsilon$.

练习 5.2.2　证明

(i) B 是拟开集的充要条件是存在某个强嵌套 $\{F_k\}$, 对任何 k, $B \cap F_k$ 为 F_k 的 (关于相对拓扑的) 开子集;

(ii) E 上 q.e. 定义的函数 f 是拟连续的充要条件是 f 是 q.e. 有限的且对任意开集 $I \subset \mathbb{R}$, $f^{-1}(I)$ 为拟开集;

(iii) 与拟开集 q.e. 相等的集合仍为拟开集.

定理 5.2.2　E 上 q.e. 定义的数值函数 f 为拟连续的充要条件是 f 为 q.e. 有限且 q.e. 精细连续的.

证明　必要性实际上在定理 5.1.5 中已经被证明了. 为了证明充分性, 设 $B \subset E$ 与某概 Borel 的精细开集 B_1 q.e. 相等. 取 E 上严格正的有界 m- 可积函数 h, 记

$$g(x) = \mathbf{E}_x\left[\int_0^{\sigma_{E\setminus B_1}} \mathrm{e}^{-s} h(X_s) ds\right], \quad x \in E. \tag{5.2.9}$$

若 $x \in B_1$, 则 $\mathbf{P}_x$-a.s. 有 $\sigma_{E\setminus B_1} > 0$, 从而 $g(x) > 0$. 若 $x \in (E \setminus B_1) \cap (E \setminus B_1)^r$, 则 $\mathbf{P}_x$-a.s. 有 $\sigma_{E\setminus B_1} = 0$, 从而 $g(x) = 0$. 由引理 2.2.5, $(E \setminus B) \setminus (E \setminus B_1)^r$ 是半极集, 由定理 5.2.1, 是 m- 极集. 于是可知 $g^{-1}((0, \infty)) = B_1$ q.e., 从而 q.e. 等于 B.

另一方面, 由 (5.2.1), $g(x) = R_1 h(x) - H^1_{E\setminus B_1} R_1 h(x)$ $(x \in E)$, 并且 $H^1_{E\setminus B_1}(R_1 h)$ 是被 $R_1 h \in \mathscr{F}$ 控制的 1- 过分函数, 从而根据引理 4.3.5 及定理 2.2.1, 它是和 $R_1 h$ 同属于 $\mathscr{F}$ 的精细连续函数, 所以 g 也是. 应用定理 5.1.5 知, g 为拟连续. 由练习 5.2.2 可知, B 为拟开集.

若 f 是 q.e. 有限且 q.e. 精细连续的, 对任意开集 $I \subset \mathbb{R}$, $f^{-1}(I)$ 是 q.e. 精细开集, 由上面所述也是拟开集, 所以 f 是拟连续的. □

关于以 m 为过分测度的右过程, 结合定理 2.2.1~ 定理 2.2.3 直接推出, E 上 q.e. 有限函数为 q.e. 精细连续的充要条件是存在某 Borel 的真例外集 (以右过程意义的) N, 使得 f 是 $E \setminus N$ 上有限 Borel 可测的, 并且对任意 $x \in E \setminus N$ 沿样本轨道的右连续性 (5.1.14) 成立.

对于本节涉及的 m- 对称 Hunt 过程 X, 结合定理 5.1.5 及定理 5.2.2 可知, q.e. 有限且 q.e. 精细连续的函数也满足沿样本轨道的左连续性 (5.1.15), 这是因为对称性的缘故. 在证明定理 5.2.1 的结论：半极集是 m- 极集时也应用了 (5.1.15), 所以也是对称性假设的反映.

不对称的右过程就不一定满足 (5.1.15). 例如, $\mathbb{R}$ 上的向右一致移动 X 是以

Lebesgue 测度为过分测度的右过程, $\mathbb{R}$ 上的实函数 f 关于 X q.e. 精细连续等价于 f 是右连续的. 而 (5.1.15) 等价于 f 是左连续的, 故通常 (5.1.15) 不成立. 如同例 2.2.2 所示, 这个情形下 $\mathbb{R}$ 的各点都关于 X 是瘦的, 所以是半极集, 但非 m- 极集.

利用定理 5.2.1 及命题 5.1.1, 可将引理 5.2.1 推广到如下的一般形式:

对于固定的概 Borel 集 $B \subset E$, 记

$$\mathscr{F}_{E\setminus B} = \{f \in \mathscr{F}: \ \widetilde{f} = 0 \text{ q.e. } (B)\}. \tag{5.2.10}$$

对于 $\alpha > 0$, $\mathscr{F}_{E\setminus B}$ 为 Hilbert 空间 $(\mathscr{F}, \mathscr{E}_\alpha)$ 的闭线性子空间, 所以类似于 4.3 节中那样, 考虑其正交补空间 $\mathscr{H}_B^\alpha$, 记其上的投影算子为 $P_{\mathscr{H}_B^\alpha}$.

引理 5.2.3 若 f 关于 X 是 α- 过分的且 $f \in \mathscr{F}$, 则 $P_{\mathscr{H}_B^\alpha} f = H_B^\alpha f$.

证明 若 $f \in \mathscr{F}$ 关于 X 是 α- 过分的, 则关于 $\{T_t\}$ 也是 α- 过分的, 从而由 (4.3.21) $P_{\mathscr{H}_B^\alpha} f$ 等于 f 关于 B 的 α- 消减函数 f_B, 所以只需证明 $H_B^\alpha f = f_B$. 为此, 只需证明不等式

$$H_B^\alpha f \leqslant f_B \ [m] \tag{5.2.11}$$

即可. 事实上, f 是精细连续的从而也是拟连续的, 将 (4.3.17) 定义的空间改写为 $\mathscr{L}_{f,B} = \{g \in \mathscr{F}: \widetilde{g} = f \text{ q.e. } (B)\}$, f_B 是 $\mathscr{L}_{f,B}$ 内使得 $\|g\|_{\mathscr{E}_\alpha}$ 达到最小的唯一元. 因为 $H_B^\alpha f$ 是 α- 过分的, 若 (5.2.11) 得证, 则由引理 4.3.5, $H_B^\alpha f \in \mathscr{F}$ 且 $\|H_B^\alpha f\|_{\mathscr{E}_\alpha} \leqslant \|f_B\|_{\mathscr{E}_\alpha}$.

现在, 对任何 $x \in B \cap B^r$ 有 $H_B^\alpha f(x) = f(x)$. 由引理 2.2.5 与定理 5.2.1 可知, $B \setminus B^r$ 是 m- 极集, 故 $H_B^\alpha f = f$ 在 B 上 q.e. 成立, 从而 $H_B^\alpha f \in \mathscr{L}_{f,B}$.

为了证明 (5.2.11), 固定 f_B 的非负 Borel 的拟连续修正 $\widetilde{f}_B$. 此时, 存在某个 Borel 的真例外集 N, 使得

$$\mathrm{e}^{-\alpha t} p_t \widetilde{f}_B(x) \leqslant \widetilde{f}_B(x), \quad \forall t > 0, \ x \in E \setminus N, \tag{5.2.12}$$

$$\widetilde{f}_B(x) = f(x), \quad \forall x \in B \setminus N, \tag{5.2.13}$$

$$\mathbf{P}_x \left(\lim_{t' \downarrow t} \widetilde{f}_B(X_{t'}) = \widetilde{f}_B(X_t), \quad \forall t \geqslant 0 \right) = 1, \quad \forall x \in E \setminus N. \tag{5.2.14}$$

事实上, 因为 f_B 关于 $\{T_t\}$ 是 α- 过分的, 所以由命题 5.1.1, $p_t \widetilde{f}_B$ 拟连续, 所以由引理 4.3.3, (5.2.12) 对任意 $t > 0$ 都是 q.e. 成立的. 同时, 再考虑到 (4.3.19) 与定理 5.1.5, 应用定理 5.1.4 可找到 Borel 的真例外集 N, 使得 (5.2.13) 与 (5.2.14) 成立, 并且 (5.2.12) 对所有的 $t \in \mathbb{Q}_+$ 都是成立的. 根据 (5.2.14) 及 Fatou 引理, (5.2.12) 对所有 $t > 0$ 都成立.

对于固定的 $x \in E \setminus N$, 由 (5.2.12) 及 (5.2.14), $(\mathrm{e}^{-\alpha t}\widetilde{f}_B(X_t), \mathscr{F}_t, \mathbf{P}_x)_{t\geqslant 0}$ 是右连续非负上鞅, 从而根据 Doob 停止定理,

$$H_B^\alpha \widetilde{f}_B(x) = \mathbf{E}_x[\mathrm{e}^{-\alpha\sigma_B}\widetilde{f}_B(X_{\sigma_B})] \leqslant \widetilde{f}_B(x).$$

另一方面, 由 (5.2.13) 与 (5.2.14) 得 $H_B^\alpha \widetilde{f}_B(x) = H_B^\alpha f(x)$, 从而得到要证的不等式 (5.2.11). □

定理 5.2.3　设 $B \subset E$ 为概 Borel 集, 则对任意 $f \in \mathscr{F}$, $H_B^\alpha|\widetilde{f}| < \infty$ q.e. 且 $H_B^\alpha \widetilde{f}$ 是 $P_{\mathscr{H}_B^\alpha} f$ 的拟连续修正.

证明　首先设 $f \in \mathscr{F}$ 为有界的, 固定其拟连续修正 $\widetilde{f}$. 可以假设 $\widetilde{f}$ 是有界 Borel 可测的. 对任意 $\beta > 0$, $R_\beta \widetilde{f}$ 是属于 $\mathscr{F}$ 的两个有界 α- 过分函数的差, 由引理 5.2.3 知, $H_B^\alpha(R_\beta \widetilde{f})$ 是 $P_{\mathscr{H}_B^\alpha}(G_\beta f)$ 的拟连续修正. 当 $\beta \to \infty$ 时, $\beta G_\beta f$ 是 $\mathscr{E}_1$- 收敛于 f 的, 从而 $\beta P_{\mathscr{H}_B^\alpha}(G_\beta f)$ 也 $\mathscr{E}_1$- 收敛于 $P_{\mathscr{H}_B^\alpha} f$. 另一方面, 可选取使得 $\widetilde{f}$ 满足 (5.2.14) 的真例外集 N, 对 $x \in E \setminus N$ 有

$$\lim_{\beta\to\infty} \beta H_B^\alpha(R_B \widetilde{f})(x) = H_B^\alpha \widetilde{f}(x),$$

从而由定理 4.3.2 可知, $H_B^\alpha \widetilde{f}$ 是 $P_{\mathscr{H}_B^\alpha} f$ 的拟连续修正.

对一般的 $f \in \mathscr{F}$, 根据引理 4.1.3, 当 $l \to \infty$ 时, $f_l = (-l) \vee f \wedge l \in \mathscr{F}$ 是 $\mathscr{E}_1$- 收敛于 f 的, 从而 $P_{\mathscr{H}_B^\alpha} f_l$ 是 $\mathscr{E}_1$- 收敛于 $P_{\mathscr{H}_B^\alpha} f$ 的, 然后结合上面的证明即可得结论. □

下面叙述定理 5.2.3 的两个重要应用. 其一针对由 (5.2.10) 指出的 $\mathscr{F}$ 的子空间 $\mathscr{F}_{E\setminus B}$ 和 X 在 $E \setminus B$ 的子过程.

设 B 为 E 的概 Borel 子集, 为简单起见, 记 $G = E \setminus B$, $\mathscr{F}_G$ 是由 (5.2.10) 所定义的 $\mathscr{F}$ 的子空间. G 上关于 m 平方可积函数的全体 $L^2(G;m)$ 可视为 $L^2(E;m)$ 的子空间 $\{f \in L^2(E;m):\ f = 0\ m\text{-a.e.}\ (B)\}$. 在这个前提下, $\mathscr{F}_G$ 是 $L^2(G;m)$ 的线性子空间, 但一般不稠密. 然而, 根据

$$D(\mathscr{E}_G) = \mathscr{F}_G, \quad \mathscr{E}_G(f,g) = \mathscr{E}(f,g),\ f,g \in \mathscr{F}_G \tag{5.2.15}$$

定义的 $L^2(G;m)$ 上的双线性型 $\mathscr{E}_G$ 具备除上述稠密性以外的一个 Dirichlet 型应具备的要素, 称为**Dirichlet 型 $\mathscr{E}$ 在 G 上的部分**.

设概 Borel 集 G 是 Hunt 过程 $X = (\Omega, \mathscr{M}, X_t, \zeta, \mathbf{P}^x)$ 的精细开集. 此时, 对 $\omega \in \Omega$, 记

$$X_t^0(\omega) = \begin{cases} X_t(\omega), & 0 \leqslant t < \sigma_B(\omega), \\ \Delta, & \sigma_B(\omega) \leqslant t \leqslant \infty, \end{cases} \quad \zeta^0(\omega) = \zeta(\omega) \wedge \sigma_B(\omega), \tag{5.2.16}$$

则 $X_G^0 = (\Omega, \mathscr{M}, X_t^0, \zeta_0, \mathbf{P}_x)$ 为 $G_\Delta = G \cup \{\Delta\}$ 上的右过程, 其中定义 1.3.1 的 Borel 可测性条件 (X.2) 有必要变弱改为普遍可测.

练习 5.2.3 证明 X_G^0 为 G_Δ 上 (在上述修正后条件下) 的右过程.

称 X_G^0 为 Hunt 过程 X **在** G **上的子过程**. X_G^0 的转移函数 $\{p_t^0 : t \geqslant 0\}$ 及预解 $\{R_\alpha^0 : \alpha > 0\}$ 分别有如下表达式: 对于 $f \in b\mathscr{B}(G)$,

$$p_t^0 f(x) = \mathbf{E}_x[f(X_t), t < \sigma_B], \quad R_\alpha^0 f(x) = \mathbf{E}_x\left[\int_0^{\sigma_B} \mathrm{e}^{-\alpha t} f(X_t) dt\right], \quad x \in G. \tag{5.2.17}$$

特别地, $\{p_t^0 : t \geqslant 0\}$ 是 $(G, \mathscr{B}^*(G))$ 上的 Markov 核且满足定义 1.1.1 (将 $(E, \mathscr{B}(E))$ 置换为 $(G, \mathscr{B}^*(G))$) 所示的转移函数性质 (t.1)~(t.4).

根据 (5.2.17), $p_t^0 f$ 与 $R_\alpha^0 f$ 可分别扩张到 E 上, 由引理 2.2.5 及定理 4.3.6, 它们在 B 上 q.e. 等于零. 另一方面, 由 (4.1.18), 对 $f \in b\mathscr{B}(E) \cap L^2(E; m)$ 有

$$R_\alpha f(x) = R_\alpha^0 f(x) + H_B^\alpha R_\alpha f(x), \quad x \in E. \tag{5.2.18}$$

考虑到定理 5.2.3, 式 (5.2.18) 就是 $R_\alpha f$ 在 $(\mathscr{F}, \mathscr{E}_\alpha)$ 内的 $\mathscr{F}_G$ 与其正交补空间 $\mathscr{H}_B^\alpha$ 上的正交分解, 所以

$$R_\alpha^0 f \in \mathscr{F}_G, \quad \mathscr{E}_\alpha(R_\alpha^0 f, v) = (f, v), \ \forall v \in \mathscr{F}_G. \tag{5.2.19}$$

式 (5.2.19) 中, 特别地, 取 $v = R_\alpha^0 g$, 可得 R_α^0 关于 m 的对称性

$$(R_\alpha^0 f, g) = (f, R_\alpha^0 g), \quad f, g \in b\mathscr{B}(G) \cap L^2(G; m), \tag{5.2.20}$$

从而 p_t^0 在 G 上也关于 m 对称. 由该结果得出, 转移函数 $\{p_t^0 : t \geqslant 0\}$ 唯一确定 $L^2(G; m)$ 上 Markov 对称线性算子的强连续压缩半群 $\{T_t^0 : t > 0\}$. 实际上, 若 G 为 Borel 可测的, 则它是 Lusin 空间, 该结论可由引理 4.1.4 推出, 而 G 为概 Borel 的情形也可同样证明. 另外, 由 $\{T_t^0 : t > 0\}$ 定义的 $L^2(G; m)$ 上的 Dirichlet 型正是方程 (5.2.19) 给出的 $\mathscr{E}_G$. 综上所述可得如下结论:

定理 5.2.4 设 $G = E \setminus B$ 是关于 X 的概 Borel 可测的精细开集, X_G^0 为 X 在 G 上的子过程, $\mathscr{E}_G$ 为 $\mathscr{E}$ 在 G 上的部分, 则 X_G^0 在 G 上关于 m 对称, $\mathscr{E}_G$ 是 $L^2(G; m)$ 上的 Dirichlet 型, X_G^0 在 $L^2(G; m)$ 上的 Dirichlet 型与 $\mathscr{E}_G$ 一致且式 (5.2.19) 成立.

作为定理 5.2.3 的另一个重要的应用, 可以证明 Dirichlet 型的局部性 (定义 4.1.4) 与 m- 对称 Hunt 过程 X 的样本轨道的连续性等价.

定理 5.2.5 下列条件相互等价:

(i) $(\mathscr{E}, \mathscr{F})$ 是局部的;

(ii) 对任意相对紧的开集 G 及 $\alpha > 0$, 对于 q.e. $x \in G$, α- 阶首达分布 $H_{E\setminus G}^\alpha(x, \cdot)$ 支撑在 G 的边界 ∂G 上;

(iii) 存在某个真例外集 N, 对任意 $x \in E \setminus N$ 有

$$\mathbf{P}_x\left(\lim_{t' \to t} X_{t'} = X_t,\ \forall t \in [0, \zeta)\right) = 1. \tag{5.2.21}$$

证明 (i) $\Leftrightarrow$ (ii) 设 Hilbert 空间 $(\mathscr{F}, \mathscr{E}_\alpha)$ 在闭线性子空间

$$\mathscr{F}_G = \{f \in \mathscr{F}:\ \widetilde{f} = 0 \text{ q.e. } (E \setminus G)\}$$

上的正交投影算子为 P. 根据定理 5.2.3, 对于非负的 $f \in \mathscr{F}$, $\widetilde{f} - H^\alpha_{E\setminus G}\widetilde{f}$ 为 Pf 的拟连续修正.

假设 (i) 成立, 任取非负的 $f \in \mathscr{F} \cap C_0(E)$ 满足 $\mathrm{supp}\,[f] \subset E \setminus \overline{G}$. 对任意的 $g \in \mathscr{F}_G$, 由于 $Pg = g$ 且 $\mathrm{supp}\,[g] \subset \overline{G}$, 由 (i) 可知 $\mathscr{E}_\alpha(Pf, g) = \mathscr{E}_\alpha(f, g) = 0$, 即 $Pf = 0\ [m]$, 所以 $\widetilde{f} = H^\alpha_{E\setminus G}\widetilde{f}$ q.e., 特别地, 在 G 上有 $H^\alpha_{E\setminus G}\widetilde{f} = 0$. 再应用练习 4.1.2 的结论推出对于 q.e. $x \in G$, $H^\alpha_{E\setminus G}(x, E \setminus \overline{G}) = 0$, 即得 (ii).

假设 (ii) 成立, 设 $f, g \in \mathscr{F}$ 有互不相交的紧支撑. 不妨设 $f \geqslant 0$, 取相对紧开集 G 满足 $\mathrm{supp}\,[g] \subset G$, $\mathrm{supp}\,[f] \subset E \setminus \overline{G}$. 由条件得 $\widetilde{f} - H^\alpha_{E\setminus G}\widetilde{f}$ 在 G 上 q.e. 为零, 从而在 E 上也 q.e. 为零, 故有 $Pf = 0$. 由 $\mathscr{E}(f, g) = \mathscr{E}_\alpha(f, g) = \mathscr{E}_\alpha(Pf, g) = 0$ 可得 (i) 成立.

(iii) $\Rightarrow$ (ii) 是自明的, 所以只需证 (ii) 蕴涵 (iii) 即可. 假设 (ii) 成立, $\mathscr{O}$ 为 E 的开集的可数基. 根据 (ii) 及定理 5.1.4, 存在某 Borel 的真例外集 N,

$$H^\alpha_{E\setminus G}(x, E \setminus \partial G) = 0, \quad \forall x \in G \setminus N, \forall \alpha > 0, \forall G \in \mathscr{O}. \tag{5.2.22}$$

设 $\Omega_d = \{\omega \in \Omega:\ \exists t \in (0, \zeta(\omega)),\ X_{t-}(\omega) \neq X_t(\omega)\}$, 则根据 Hunt 过程 X 的样本轨道的性质 $(\mathrm{X.6})_{\mathrm{h}}$ (定义 1.4.4),

$$\Omega_d = \bigcup_{G \in \mathscr{O}} \bigcup_{s \in \mathbb{Q}_+} \{\omega \in \Omega : \dot{\sigma}_{E\setminus G} \circ \theta_s \in (0, \infty), X_{\dot{\sigma}_{E\setminus G}} \circ \theta_s \in E \setminus \partial G\}.$$

对任意 $x \in E \setminus N$, 上式括号内的事件的 $\mathbf{P}_x$- 测度等于

$$\begin{aligned}&\mathbf{E}_x[\mathbf{P}_{X_s}(\sigma_{E\setminus G} < \infty, X_{\sigma_{E\setminus G}} \in E \setminus \partial G); X_s \in G]\\ &= \mathbf{E}_x[H^{0+}_{E\setminus G}(X_s, E \setminus \partial G); X_s \in G \setminus N] = 0,\end{aligned}$$

从而可得 (iii). □

Hunt 过程 X 称为 E 上的**扩散过程**, 如果对任意出发点 $x \in E$, 样本轨道在 $(0, \zeta)$ 上满足连续性 (5.2.21). 将定理 5.2.5 换句话说, Dirichlet 型 $\mathscr{E}$ 是局部的充要条件是 X 在某真例外集 N 之外的限制 $X_{E\setminus N}$ (由练习 5.1.2 知, 它为 $E \setminus N$ 上的

Hunt 过程) 是 $E \setminus N$ 上的扩散过程. 此时, 不妨设 N 的每个点 x 都是陷阱, 即把从 x 出发的样本轨道修正为在 x 点永久停留, 则 X 成为 E 上的扩散过程.

假设 X 的转移函数满足定义 2.2.4 中所谓的绝对连续性条件:

(AC) 对任意 $t > 0$, $x \in E$, $p_t(x, \cdot)$ 关于 m 绝对连续.

记 $\psi(x) = \mathbf{P}_x(\exists s \in (0, \zeta),\ X_{s-} \neq X_s)(x \in E)$, 则 ψ 关于 X 过分, 若它 q.e. 为零, 从而由定理 2.2.4, 恒等于零, 所以有如下结论:

推论 5.2.1 设 Hunt 过程 X 满足条件 (AC). 此时, Dirichlet 型 $\mathscr{E}$ 的局部性与 X 为 E 上的扩散过程等价.

下面叙述命题 5.1.1 的两个应用作为本节的结束.

若 X 满足转移函数的绝对连续性, 则其预解也有绝对连续性.

(AC)$'$ 对任意 $\alpha > 0$, $x \in E$, $R_\alpha(x, \cdot)$ 关于 m 绝对连续.

命题 5.2.1 条件 (AC) 与 (AC)$'$ 等价.

证明 假设条件 (AC)$'$, 则由定理 2.2.4, 任意 m- 极集均为极集. 设 $A \in \mathscr{B}(E)$ 满足 $m(A) = 0$, 则由 p_t 的对称性, $p_t(\cdot, A) = 0\ [m]$. 而由命题 5.1.1, $p_t(x, A)$ 是 x 的拟连续函数, 从而由引理 4.3.3 知 $p_t(\cdot, A) = 0$ q.e., 所以存在某个 Borel 的极集 N, 使得对任意 $x \in E \setminus N$ 有 $p_t(x, A) = 0$, 故对任意 $x \in E$, $p_{2t}(x, A) = \mathbf{E}_x[p_t(X_t, A); X_t \notin N] = 0$, 可得 (AC). □

命题 5.2.1 也是现在的对称性假设的一个反映. 正如例 2.2.1 所示, $\mathbb{R}$ 上的向右一致移动关于 Lebesgue 测度满足 (AC)$'$, 但不满足 (AC).

在定理 5.1.1 中, 未证明地叙述了对应于正则 Dirichlet 型的 m- 对称 Hunt 过程的存在性, 但没有涉及唯一性问题. 在此, 给出相关结果.

定理 5.2.6 设 $(\mathscr{E}, \mathscr{F})$ 为 $L^2(E; m)$ 上正则的 Dirichlet 型. 设 $X^{(1)}, X^{(2)}$ 为 E 上 m- 对称 Hunt 过程且对应于同一个 Dirichlet 型 $(\mathscr{E}, \mathscr{F})$. 此时, $X^{(1)}, X^{(2)}$ 存在共同的 Borel 真例外集 N, 在 $E \setminus N$ 上它们的转移函数是一致的.

证明 记 $X^{(i)}$ 的转移函数为 $\{p_t^{(i)}\}$. 设 $C_1(E)$ 为 $C_0(E)$ 的可数子集且依一致收敛的意义稠密. 根据命题 5.1.1 及引理 4.3.3, 存在适当的零容度 Borel 集 B_0, 使得对任意 $f \in C_1(E)$, $t \in \mathbb{Q}_+$, $x \in E \setminus B_0$ 有

$$p_t^{(1)} f(x) = p_t^{(2)} f(x). \tag{5.2.23}$$

根据 $X^{(1)}, X^{(2)}$ 的样本轨道的右连续性, (5.2.23) 对于所有的 $t \geqslant 0$ 成立. 定理 5.1.4 对于 $X^{(1)}$ 与 $X^{(2)}$ 都是适用的, 由此, 可选取包含 B_0 的递增 Borel 集列 $\{B_n\}$, 使得 B_{2n-1}, B_{2n} 分别为 $X^{(1)}$ 与 $X^{(2)}$ 的真例外集, 然后取 $N = \bigcup_n B_n$ 即可. □

如果称 E 上某个共同的真例外集之外有相同转移函数的两个 m- 对称 Hunt 过程为等价的, 则根据定理 5.1.1 及定理 5.2.6, 正则 Dirichlet 型唯一对应一个 m-

对称 Hunt 过程的等价类. 又根据定理 5.2.5 的证明之后的那段说明, 局部的正则 Dirichlet 型也唯一对应一个 m- 对称扩散过程的等价类.

5.1 节与本节在 X 的 $L^2(E;m)$ 上的 Dirichlet 型 $(\mathscr{E},\mathscr{F})$ 为正则的假设之下详细讨论了 E 上的 m- 对称 Hunt 过程 X 的性质. 出于应用的目的, 在本节的最后将证明即使是没有正则性的假设, 定理 5.2.4 的结论也以一种较弱的形式成立.

设 $X=(X_t,\mathbf{P}_x)$ 为 E 上的 m- 对称右过程, $(\mathscr{E},\mathscr{F})$ 为其在 $L^2(E;m)$ 上的 Dirichlet 型, 不假设 $(\mathscr{E},\mathscr{F})$ 的正则性. 设 F 为 E 上关于精细拓扑的概 Borel 的闭集, G 为 F 的关于精细拓扑的内点的全体, 是精细拓扑下的开集. 记 $B=E\backslash G$, $C=E\setminus F$, 则 C 为精细开集且 $B=C^r$. 由引理 2.2.2(ii) 有

$$\sigma_B=\sigma_C,\quad \text{a.s..} \tag{5.2.24}$$

与定理 5.2.4 相同, 将 $L^2(G;m)$ 视为 $\{f\in L^2(E;m):\ f=0\ m\text{-a.e.}\ (B)\}$. 设 X^0 为 X 在 G 上的子过程.

定理 5.2.7 X^0 是 m- 对称的. 设 X^0 在 $L^2(G;m)$ 上的 Dirichlet 型为 $(\mathscr{E}^0,\mathscr{F}^0)$, 则

$$\mathscr{F}^0\subset\mathscr{F},\quad \mathscr{E}^0(f,g)=\mathscr{E}(f,g),\ \forall f,g\in\mathscr{F}^0.$$

证明 设 X^0 的预解为 $\{R^0_\alpha\}$, 考虑到 (5.2.24), 对任意 $x\in G$, $f\in\mathscr{B}(E)$ 有

$$R^0_\alpha f(x)=\mathbf{E}_x\left[\int_0^{\sigma_C}\mathrm{e}^{-\alpha t}f(X_t)dt\right]. \tag{5.2.25}$$

记式 (5.2.25) 右边的函数为 $R^F_\alpha f(x)$, 则它定义在 E 上且在 B 上 m-a.e. 为零, 所以为了证明定理, 只需证

$$R^F_\alpha(C_0(E))\subset\mathscr{F},\quad \mathscr{E}_\alpha(R^F_\alpha f,R^F_\alpha g)=(R^F_\alpha f,g),\quad f,g\in C_0(E). \tag{5.2.26}$$

这是因为由式 (5.2.25) 和 (5.2.26) 可得 R^0_α 的 m- 对称性, 并且 $R^0_\alpha(C_0(E))$ 在 $\mathscr{F}^0$ 中稠密, 最终有 $\mathscr{E}^0_\alpha(R^0_\alpha f,R^0_\alpha f)=(R^0_\alpha f,f)$.

对于 $\eta>0$, 记

$$R^{\eta C}_\alpha f(x)=\mathbf{E}_x\left[\int_0^\infty \mathrm{e}^{-\alpha t-\eta\int_0^t 1_C(X_s)ds}f(X_t)dt\right],$$

则因为 C 为精细开集, 故 $\sigma_C=\inf\left\{t>0:\int_0^t 1_C(X_s)ds>0\right\}$, 因此, $R^F_\alpha f(x)=\lim\limits_{\eta\to\infty}R^{\eta C}_\alpha f(x)$, 从而由 (A.4.8),

$$\mathscr{E}_\alpha(R^F_\alpha f,R^F_\alpha f)=\lim_{\beta\to\infty}\lim_{\eta\to\infty}\beta(R^{\eta C}_\alpha f-\beta R_\beta R^{\eta C}_\alpha f,R^{\eta C}_\alpha f). \tag{5.2.27}$$

若右边的极限有限, 则 $R_\alpha^F f \in \mathscr{F}$ 且极限等于左边.

为了计算右边, 应用如下更一般的预解方程:

$$R_\beta f - R_\alpha^{\eta C} f + (\beta-\alpha)R_\beta R_\alpha^{\eta C} f - \eta R_\beta(1_C \cdot R_\alpha^{\eta C} f) = 0.$$

首先, 在上式中设 $\beta=\alpha$, 于是可得

$$R_\alpha^{\eta C} f \in \mathscr{F}, \quad \mathscr{E}_\alpha(R_\alpha^{\eta C} f, v) + \eta(R_\alpha^{\eta C} f, v)_{1_C\cdot m} = (f, v).$$

特别地, 注意到 $R_\alpha^{\eta C}$ 是 m- 对称的. 将一般化的预解方程代入 (5.2.27) 的右边得

$$(f, R_\alpha^F f) - \alpha(R_\alpha^F f, R_\alpha^F f) - \lim_{\beta\to\infty}\lim_{\eta\to\infty} \eta(f, R_\alpha^{\eta C}(1_C \cdot \beta R_\beta R_\alpha^F f)). \qquad (5.2.28)$$

记 $\tau_t = \inf\left\{s>0: \int_0^s 1_C(X_v)dv > t\right\}$, 则

$$\eta R_\alpha^{\eta C}(1_C \cdot g)(x) = \eta \mathbf{E}_x\left[\int_0^\infty \mathrm{e}^{-\alpha\tau_t - \eta t} g(X_{\tau_t})dt\right].$$

若 g 有界且精细连续, 则当 $\eta\to\infty$ 时, 上式收敛于 $\mathbf{E}_x[\mathrm{e}^{-\alpha\tau_0}g(X_{\tau_0})]$. 注意: $\tau_0=\sigma_C$, $R_\alpha^F f(X_{\sigma_C})=0$, 从而可知 (5.2.28) 的最后一项为零. □

5.3 对称扩散过程的例子

具体应用第 2 章到 5.2 节的结论, 以对称扩散过程的三个特例来考察其暂留性、常返性与既约性.

例 5.3.1(一维扩散过程) 考虑例 4.1.2 中的一维局部 Dirichlet 型. 设 $\mathscr{G}$ 为一维区间 $I=(r_1,r_2)$ 上的绝对连续函数, f 且其 Radon-Nikodym 导数 f' 属于 $L^2(I)$ 的全体. 记 $\mathbf{D}(f,g)=\int_I f'(x)g'(x)dx$ $(f,g\in\mathscr{G})$. 设 m 为 I 上满支撑的 Radon 测度, 则 $\mathscr{E}(f,g)=\dfrac{1}{2}\mathbf{D}(f,g)$, $\mathscr{F}=\mathscr{G}\cap L^2(I;m)$ 是 $L^2(I;m)$ 上的 Dirichlet 型, 记 $\mathscr{F}$ 的扩展 Dirichlet 空间为 $\mathscr{F}_e$.

对于 $r_1<\alpha<\beta<r_2$, 由 (4.1.38) 可得不等式

$$f(b)^2 \leqslant 2(\beta-\alpha)\mathbf{D}(f,f) + 2f(a)^2, \quad a,b\in(\alpha,\beta).$$

对 a 在 (α,β) 上关于 m 积分, 则对 I 的任意紧区间 K 有

$$\sup_{b\in K} f(b)^2 \leqslant C_K \cdot \mathscr{E}_1(f,f), \quad f\in\mathscr{F},$$

其中 C_K 为正常数, 所以对任意 $b \in I$, 单点集 $\{b\}$ 的容度为正, 不仅如此, 对任意紧集 $K \subset I$ 有

$$\inf_{b\in K} \mathrm{Cap}(\{b\}) > 0, \tag{5.3.1}$$

从而 I 上函数的拟连续性等价于一般的连续性. 注意到此, 再按例 4.1.2 的三种情形展开讨论.

(I) $I = (r_1, r_2)$ 有界且 $m(I) < \infty$: $\mathscr{F} = \mathscr{F}_e = \mathscr{G}$, $(\mathscr{E}, \mathscr{F})$ 是 $L^2(\bar{I}; \widetilde{m})$ 上的强局部正则 Dirichlet 型, 其中 $\widetilde{m} = 1_I \cdot m$ 为 $\bar{I}$ 上的测度. 此时, (5.3.1) 对于 $K = \bar{I}$ 成立.

根据定理 5.1.1, 定理 5.2.5 及定理 5.2.6, 作为对应于 Dirichlet 型 $(\mathscr{E}, \mathscr{F})$ 的 $\bar{I} = [r_1, r_2]$ 上的 $\widetilde{m}$- 对称扩散过程 $X = (X_t, \mathbf{P}_x)$ 是唯一存在的. 因为 $1 \in \mathscr{F}$ 且 $\mathscr{E}(1,1) = 0$, 由定理 4.2.2 可知, $(\mathscr{E}, \mathscr{F})$ 是常返的. 又因为 $\mathscr{F} \subset C(\bar{I})$, 对于 Borel 集 $B \subset \bar{I}$, 如果 1_B 与 $\mathscr{F}$ 的某个元素 φ 是 $\widetilde{m}$-a.e. 相等的, 则 φ 或者恒等于 0, 或者恒等于 1, 所以由命题 4.2.2 知, $(\mathscr{E}, \mathscr{F})$ 是既约的.

根据定理 3.2.2,

$$\mathbf{P}_x(L_{\{y\}} = \infty) = 1, \quad \forall x, y \in \bar{I}, \tag{5.3.2}$$

称有此性质的 Markov 过程为**点常返**. 由定理 3.2.1, X 也是保守的.

(II) $I = (r_1, r_2)$ 有界且 m 在 r_1 与 r_2 的邻域上都是无穷的: $\mathscr{F} \subset \mathscr{F}_e \subset \mathscr{G}_0 = \{f \in \mathscr{G} :\ f(r_1) = f(r_2) = 0\}$ 且 $(\mathscr{E}, \mathscr{F})$ 是 $L^2(I; m)$ 上强局部的正则 Dirichlet 型.

根据定理 5.1.1, 定理 5.2.5 及定理 5.2.6, 作为对应于 Dirichlet 型 $(\mathscr{E}, \mathscr{F})$ 的 I 上的 m- 对称扩散过程 $X = (X_t, \mathbf{P}_x)$ 是唯一存在的. 若 $f \in \mathscr{F}_e$, $\mathscr{E}(f, f) = 0$, 则 $f = 0$, 从而由定理 4.2.3, $(\mathscr{E}, \mathscr{F})$ 是暂留的. 与 (I) 的情形类似, $(\mathscr{E}, \mathscr{F})$ 是既约的.

由定理 3.2.6,

$$\mathbf{P}_x(\sigma_{\{y\}} < \infty) > 0, \quad \forall x, y \in I. \tag{5.3.3}$$

对任意 $f \in C_0(I)$, $\alpha > 0$, $R_\alpha f \in \mathscr{F} \subset C(I)$, 从而 X 满足定理 3.1.2 中的性质 (ii), 并且

$$\mathbf{P}_x\left(\lim_{t\to\infty} X_t \in \{r_1, r_2\}, \zeta = \infty\right) = \mathbf{P}_x(\zeta = \infty), \quad \forall x \in I.$$

若应用 $(\mathscr{E}, \mathscr{F})$ 的强局部性而不仅仅是局部性, 则实际上有

$$\mathbf{P}_x\left(\lim_{t\to\zeta} X_t \in \{r_1, r_2\}\right) = 1, \quad \forall x \in I. \tag{5.3.4}$$

(III) $I = \mathbb{R}$ 的情形: $\mathscr{F}_e = \mathscr{G}$, $(\mathscr{E}, \mathscr{F})$ 为 $L^2(\mathbb{R}; m)$ 上强局部正则 Dirichlet 型. 与 (II) 的情形相同, 作为对应于 $L^2(\mathbb{R}; m)$ 上的 Dirichlet 型 $(\mathscr{E}, \mathscr{F})$ 的 $\mathbb{R}$ 上的 m-

对称扩散过程 $X=(X_t,\mathbf{P}_x)$ 是唯一存在的. 由 $1\in\mathscr{F}_e$, $\mathscr{E}(1,1)=0$ 可知, X 是常返的. 与 (I),(II) 类似, X 是既约的, 所以与 (I) 类似, X 有点常返性

$$\mathbf{P}_x(L_{\{y\}}=\infty)=1,\quad \forall x,y\in\mathbb{R} \tag{5.3.5}$$

及保守性. □

例 5.3.2 (反射 Brown 运动) 设 $D\subset\mathbb{R}^d$ 为有界区域, $L^2(D)$ 表示 D 上关于 Lebesgue 测度的平方可积函数的全体. D 上的 Dirichlet 积分 $\mathbf{D}$ 与一阶 Sobolev 空间 $H^1(D)$ 分别由 (4.1.40) 与 (4.1.41) 所定义, 则如同例 4.1.3 所示,

$$(\mathscr{E},\mathscr{F})=\left(\frac{1}{2}\mathbf{D},H^1(D)\right) \tag{5.3.6}$$

是 $L^2(D)$ 上的 Dirichlet 型.

进一步, 假设 D 是 C- 级的, 则 (5.3.6) 所定义的 $(\mathscr{E},\mathscr{F})$ 是 $L^2(\overline{D},\widetilde{m})$ 上的强局部正则 Dirichlet 型, 并且其扩张 Dirichlet 型 $\mathscr{F}_e$ 与 (4.1.42) 定义的函数空间 $\mathscr{G}(D)$ 一致. 特别地有 $1\in\mathscr{F}$, $\mathscr{E}(1,1)=0$. 若 $f\in\mathscr{F}_e$ 且 $\mathscr{E}(f,f)=0$, 则 f 在 D 上 a.e. 为常数, 从而根据定理 4.2.2 及定理 4.2.4, $(\mathscr{E},\mathscr{F})$ 是既约常返的.

根据定理 5.1.1, 定理 5.2.5 及定理 5.2.6, 作为对应于 Dirichlet 型 $(\mathscr{E},\mathscr{F})$ 的 $\overline{D}$ 上 $\widetilde{m}$- 对称扩散过程 $X=(X_t,\mathbf{P}_x)$ 在等价的意义下唯一存在, 称之为 $\overline{D}$ 上的**反射 Brown 运动**. 根据定理 3.2.2, 对于容度不为零的任意概 Borel 集 $B\subset\overline{D}$ 以及 q.e. $x\in\overline{D}$ 有

$$\mathbf{P}_x(L_B=\infty)=1. \tag{5.3.7}$$

当 D 是 Lipschitz 区域, 即边界 ∂D 可局部地表示为 (4.1.45), 其中的函数 F 可取为 Lipschitz 连续函数时, $\overline{D}$ 上的反射 Brown 运动等价类中存在一个代表 X^*, 它的转移函数 $\{p_t^*\}$ 满足强 Feller 性: $p_t^*(b\mathscr{B}(\overline{D}))\subset C(\overline{D})(t>0)$. 此时, $\{p_t^*\}$ 满足条件 (AC), 从而由推论 5.2.1, X^* 是 $\overline{D}$ 上以 $\{p_t^*\}$ 为转移函数的扩散过程. 再由定理 3.2.5 可知, X^* 对于所有的 $x\in\overline{D}$ 满足 (5.3.7). □

例 5.3.3 (散度型二阶椭圆型偏微分算子对应的扩散过程) 设 $\{a_{ij}(x)\}_{1\leqslant i,j\leqslant d}$ 为 $\mathbb{R}^d$ 上的 Borel 函数且满足对称性 $a_{ij}(x)=a_{ji}(x)(1\leqslant i,j\leqslant d)$ 及一致椭圆性

$$\frac{1}{\lambda}\sum_{i=1}^d\xi_i^2\leqslant\sum_{i,j=1}^d a_{ij}(x)\xi_i\xi_j\leqslant\lambda\sum_{i=1}^d\xi^2,\quad\forall\xi,x\in\mathbb{R}^d, \tag{5.3.8}$$

其中 $\lambda\geqslant 1$ 为常数. 设 $L^2(\mathbb{R}^d)$ 是关于 Lebesgue 测度的 L^2- 空间. 考虑由

$$\mathscr{E}(f,g)=\sum_{i,j=1}^d\int_{\mathbb{R}^d}a_{ij}(x)\frac{\partial f(x)}{\partial x_i}\frac{\partial f(x)}{\partial x_j}dx,\quad\mathscr{F}=H^1(\mathbb{R}^d) \tag{5.3.9}$$

定义的 $L^2(\mathbb{R}^d)$ 上的对称型 $(\mathscr{E},\mathscr{F})$. 它与所谓的散度型偏微分算子

$$Lf=\sum_{i,j=1}^{d}\frac{\partial}{\partial x_i}\left(a_{ij}\frac{\partial f}{\partial x_j}\right)$$

相对应. 由于没有 $a_{ij}(x)$ 可微的条件, 故 L 没有意义, 而如果假设它是 C^1 的, 则由分部积分, $\mathscr{E}(f,g)=-(Lf,g)_{L^2(\mathbb{R}^d)}$ 对所有 $f,g\in C_0^1(\mathbb{R}^d)$ 成立.

首先, $(\mathscr{E},\mathscr{F})$ 是强局部的正则 Dirichlet 型. 为证明该结论, 用 $\mathbf{D}$ 表示 $\mathbb{R}^d$ 上的 Dirichlet 积分, 则有

$$\frac{1}{\lambda}\mathbf{D}(f,f)\leqslant\mathscr{E}(f,f)\leqslant\lambda\mathbf{D}(f,f),\quad f\in H^1(\mathbb{R}^d),\tag{5.3.10}$$

所以 $(\mathscr{E},\mathscr{F})$ 是 $L^2(\mathbb{R}^d)$ 上的闭对称型. 与例 4.1.3 的情形相同, 其 Markov 性可由函数空间 $\mathscr{G}(\mathbb{R}^d)$ 的性质 $(\mathscr{G}.3)$ 简单地加以证明. 如例 4.1.1 所示, $\left(\frac{1}{2}\mathbf{D},\mathscr{F}\right)$ 是 d-维 Brown 运动在 $L^2(D)$ 上的 Dirichlet 型且是正则的, 从而由 (5.3.10) 知, $(\mathscr{E},\mathscr{F})$ 也是正则的, 其强局部性是显然的.

与前面的两个例子完全相同, 根据定理 5.1.1, 定理 5.2.5 及定理 5.2.6, 作为对应于 Dirichlet 型 $(\mathscr{E},\mathscr{F})$ 的 $\mathbb{R}^d$ 上关于 Lebesgue 测度对称的扩散过程在等价的意义下唯一存在, 选取该等价类中一个好的代表 $X^*=(X_t,\mathbf{P}_x)$, 其预解 $\{R_\alpha\}$ 满足

$$R_\alpha(L^2(\mathbb{R}^d)\cap L^p(\mathbb{R}^d))\subset C_\infty(\mathbb{R}^d),\quad p>d.\tag{5.3.11}$$

进一步, $R_\alpha(C_\infty(\mathbb{R}^d))$ 是 $C_\infty(\mathbb{R}^d)$ 的稠密子空间. 实际上, 应用 Hille-Yosida 定理 (参见文献 [2],[52]), $\{R_\alpha\}$ 确定 $C_\infty(\mathbb{R}^d)$ 上的 Feller 半群, X^* 为由定理 1.4.5 确定的 Hunt 过程. 根据 (5.3.11) 可知, R_α 满足绝对连续性 (AC)$'$, 从而由命题 5.2.1, X^* 的转移函数满足绝对连续性 (AC). 另外, (5.3.11) 意味着 X^* 满足条件 (LSC).

但是, 如果 (5.3.10) 成立, 则由命题 4.2.2, 定理 4.2.2 及定理 4.2.3 可直接推出, X^* 的 Dirichlet 型 $(\mathscr{E},\mathscr{F})$ 的既约性、常返性和暂留性与 d- 维 Brown 运动的 Dirichlet 型 $\left(\frac{1}{2}\mathbf{D},H^1(\mathbb{R})\right)$ 的相应性质分别等价. 另一方面, 由例 1.2.1 所示, d- 维 Brown 运动的转移函数是既约的, 并且当 $d=1,2$ 时为常返, 当 $d\geqslant 3$ 时暂留.

由以上结论, 与前面的例子类似, 可以推出如下关于 X^* 的性质: $X^*=(X_t,\mathbf{P}_x)$ 为 $\mathbb{R}^d$ 上的扩散过程, 当 $d=1,2$ 时, 若 $B\in\mathscr{B}(\mathbb{R}^d)$ 为非零容度集, 则

$$\mathbf{P}_x(L_B=\infty)=1,\quad\forall x\in\mathbb{R}^d.\tag{5.3.12}$$

特别地, 当 $d=1$ 时, 甚至可取 B 为单点集. 当 $d\geqslant 3$ 时, 若 $B\in\mathscr{B}(\mathbb{R}^d)$ 为非零容度集, 则

$$\mathbf{P}_x(\sigma_B<\infty)>0,\quad\forall x\in\mathbb{R}^d.\tag{5.3.13}$$

进一步有

$$\mathbf{P}_x\left(\lim_{t\to\infty} X_t = \Delta, \zeta = \infty\right) = \mathbf{P}_x(\zeta = \infty), \quad \forall x \in \mathbb{R}^d, \tag{5.3.14}$$

其中 Δ 表示 $\mathbb{R}^d$ 的无穷远点. 实际上, 式 (5.3.14) 右端等于 1, 即 X^* 是保守的, 可由 6.3 节中介绍的新方法得到证明. □

5.4 非负连续加泛函与光滑测度

与 5.1 节及 5.2 节相同, 设 E 为局部紧的可分度量空间, $\mathscr{B}(E)$ 为 E 的 Borel 集的全体, m 为 E 上满支撑的 Radon 测度. 给定 $L^2(E;m)$ 上的正则 Dirichlet 型 $(\mathscr{E},\mathscr{F})$ 及其对应的 E 上的 m- 对称 Hunt 过程 $X=(\Omega,\mathscr{M},X_t,\zeta,\mathbf{P}_x)$. 设 E 上的数值函数 f 总是通过定义 $f(\Delta)=0$ 扩张到 E_Δ 上.

在 2.3 节中, 已经在以 m 为过分测度的右过程 X 这样更一般的前提下, 引入 X 的 (容许例外集) 加泛函、m- 等价性及正值连续加泛函等概念, 并证明了对于正值连续加泛函 A, $(E,\mathscr{B}(E))$ 上被称为相应 Revuz 测度的 μ_A 是唯一确定的. 在现在的假设下, 因为对于 m- 对称 Hunt 过程 X, m 显然也是过分的, 所以可以不经本质上的修改就可以采用 2.3 节中所引入的这些概念和结果.

其中仅有一处需作修正, 即在加泛函的定义 2.3.1 中出现的真例外集 N 的概念, 要由右过程所对应的改为由 Hunt 过程所对应的. N 是右过程 X 的真例外集意味着 N 是满足 $m(N)=0$ 的概 Borel 集, 并且 $E\setminus N$ 以定义 2.2.3 的意义 X- 不变. 现在, 对于 Hunt 过程的真例外集的概念, 将此 X- 不变性依定义 5.1.1 的意义用更强的条件来替换. 今后, 将伴随着这种替换, 采用 2.3 节中的概念. 引理 2.3.1 的证明虽然采用了关于右过程的定理 2.2.3, 但其 Hunt 过程版定理 5.1.4 可以取而代之, 所以 2.3 节中的所有结论都可以在不作任何变更的前提下使用.

设 m- 对称 Hunt 过程 X 的正连续加泛函的全体为 $\mathbf{A}_c^+$. 对于 $A,B\in\mathbf{A}_c^+$, 如果对任何 $t>0$, $\mathbf{P}_m(A_t\neq B_t)=0$, 则称它们为 m- 等价的, 记为 $A\sim B$. 关心的是等价类 $\mathbf{A}_c^+/\sim$ 的分析性质. 定义 4.3.2 引入了有关正则 Dirichlet 型 $(\mathscr{E},\mathscr{F})$ 的光滑测度, 用 S 表示光滑测度的全体.

本节的主要目的是证明定理 5.4.1, 它说明 Revuz 对应给出了 $\mathbf{A}_c^+/\sim$ 与 S 之间的一一对应关系. 对于 $A\in\mathbf{A}_c^+$, 用 μ_A 表示其 Revuz 测度. 由定理 2.3.1, μ_A 具有如下刻画: 对任意 $f\in\mathscr{B}_+(E)$,

$$\begin{aligned}\langle\mu_A,f\rangle &= \lim_{t\downarrow 0}\frac{1}{t}\mathbf{E}_m\left[\int_0^t f(X_s)dA_s\right]\\ &= \lim_{\alpha\to\infty}\alpha\mathbf{E}_m\left[\int_0^\infty \mathrm{e}^{-\alpha t}f(X_s)dA_s\right].\end{aligned}\tag{5.4.1}$$

定理 5.4.1 (i) 对任意 $A \in \mathbf{A}_c^+$, $\mu_A \in S$.
(ii) 对任意 $\mu \in S$, 满足 $\mu_A = \mu$ 的 $A \in \mathbf{A}_c^+$ 除去 m- 等价性唯一存在.
(iii) 对 $A \in \mathbf{A}_c^+$ 与 $\mu \in S$, 下列三个条件互相等价:

(a) $\mu_A = \mu$;

(b) 对任意 $f, h \in \mathscr{B}_+(E)$, $t > 0$,

$$\mathbf{E}_{h\cdot m}\left[\int_0^t f(X_s)dA_s\right] = \int_0^t \langle p_s h, f\cdot\mu\rangle ds; \tag{5.4.2}$$

(c) 对任意 $f, h \in \mathscr{B}_+(E)$, $\alpha > 0$,

$$\mathbf{E}_{h\cdot m}\left[\int_0^\infty \mathrm{e}^{-\alpha t} f(X_t)dA_t\right] = \langle R_\alpha h, f\cdot\mu\rangle. \tag{5.4.3}$$

今后, 采用如下符号: 对 $A \in \mathbf{A}_c^+$, $f \in b\mathscr{B}(E)$, $\alpha > 0$, $x \in E\setminus N$, 记

$$U_A^\alpha f(x) = \mathbf{E}_x\left[\int_0^\infty \mathrm{e}^{-\alpha t} f(X_t)dA_t\right], \tag{5.4.4}$$

$$R_\alpha^A f(x) = \mathbf{E}_x\left[\int_0^\infty \mathrm{e}^{-\alpha t}\mathrm{e}^{-A_t} f(X_t)dt\right], \tag{5.4.5}$$

其中 N 为 A 的例外集.

练习 5.4.1 分别用

$$\mathrm{e}^{-\beta t} - \mathrm{e}^{-\alpha t} = (\alpha-\beta)\mathrm{e}^{-\beta t}\int_0^t \mathrm{e}^{-(\alpha-\beta)s}ds$$

及 $\mathrm{e}^{A_t} - 1 = \int_0^t \mathrm{e}^{A_s}dA_s$ 推导如下等式: 对于 $\alpha, \beta > 0$, $f \in b\mathscr{B}(E)$,

$$U_A^\alpha f(x) - U_A^\beta f(x) + (\alpha-\beta)R_\alpha U_A^\beta f(x) = 0, \quad x \in E\setminus N, \tag{5.4.6}$$

$$R_\alpha^A f(x) - R_\alpha f(x) + U_A^\alpha R_\alpha^A f(x) = 0, \quad x \in E\setminus N. \tag{5.4.7}$$

引理 5.4.1 对 $A \in \mathbf{A}_c^+$, $f \in \mathscr{B}_+(E)$, 若 $U_A^1 1 \leqslant R_1 f\ [m]$, 则 $\mu_A(E) \leqslant \langle m, f\rangle$.

证明 由引理 2.2.3, 注意到 $\beta m R_\beta \leqslant m$. 由 (5.4.6) 与预解方程 (1.1.2) 有

$$\begin{aligned}\beta\langle m, R_\beta f - U_A^\beta 1\rangle &= \beta\langle m, R_1 f - U_A^1 1\rangle - (\beta-1)\beta\langle m, R_\beta(R_1 f - U_A^1 1)\rangle \\ &\geqslant \beta\langle m, R_1 f - U_A^1 1\rangle - (\beta-1)\beta\langle m, R_1 f - U_A^1 1\rangle \\ &= \langle m, R_1 f - U_A^1 1\rangle \geqslant 0.\end{aligned}$$

由 (5.4.1) 有

$$\mu_A(E) = \lim_{\beta\to\infty}\beta\langle m, U_A^\beta 1\rangle \leqslant \lim_{\beta\to\infty}\beta\langle R_\beta, f\rangle = \langle m, f\rangle.$$

□

定理 5.4.1 (i) 的证明 对 $A \in \mathbf{A}_c^+$, 其例外集为 N, 对 E 上严格正的有界函数 $f \in \mathscr{B}(E) \cap L^2(E;m)$, 记由 (5.4.5) 定义的函数 $R_1^A f$ 为 φ, 则 $\varphi(x) > 0 (\forall x \in E \setminus N)$. 由 (5.4.7), φ 是关于 Hunt 过程 $X_{E\setminus N}$ 的有界 1- 过分函数 $R_1 f$ 与 $U_A^1(R_1^A f)$ 的差, 从而 q.e. 精细连续. 由定理 5.2.2 知, 它是拟连续的.

由定理 5.1.2, N 是零容度的, 可选取强嵌套 $\{E_n\}$ 满足 $N \subset \bigcap_n (E \setminus E_n)$ 且在各 E_n 上, φ 是连续的. 记

$$F_n = \left\{ x \in E_n : \varphi(x) \geqslant \frac{1}{n} \right\}.$$

该递增的闭集列 $\{F_n\}$ 是一个嵌套. 事实上, 设 $B_n = \left\{ x \in E \setminus N : \varphi(x) \leqslant \dfrac{1}{n} \right\}$. $\sigma_n = \sigma_{B_n}$, $\sigma = \lim\limits_{n\to\infty} \sigma_n$, 则 φ 关于 $X_{E\setminus N}$ 精细连续, 所以当 $x \in E \setminus N$ 时,

$$\mathbf{E}_x \left[\int_{\sigma_n}^{\zeta} \mathrm{e}^{-t} f(X_t) \mathrm{e}^{-A_t} dt \right] = \mathbf{E}_x [\mathrm{e}^{-\sigma_n - A_{\sigma_n}} \varphi(X_{\sigma_n})] \leqslant \frac{1}{n}.$$

设 $n \to \infty$ 得 $\mathbf{P}_x(\sigma < \zeta) = 0$ $(x \in E \setminus N)$. 由包含关系 $E \setminus F_n \subset (E \setminus E_n) \cup B_n$ 及定理 5.1.3 可知, $\{F_n\}$ 是嵌套.

根据定理 2.3.1, A 的 Revuz 测度 μ_A 在 m- 极集上为零, 从而在零容度集上为零. 又由定理 2.3.1, 对每个 n, 正连续加泛函 $A_n = 1_{F_n} \cdot A$ 的 Revuz 测度等于 $1_{F_n} \cdot \mu_A$, 而

$$U_{A_n}^1 1 = U_A^1 1_{F_n} \leqslant n U_A^1 \varphi \leqslant n R_1 f,$$

从而由引理 5.4.1, $\mu_A(F_n) \leqslant n\langle m, f \rangle < \infty$, 由此得 $\mu_A \in S$. □

下面证明定理 5.4.1 (iii). 为此, 先准备一个引理.

引理 5.4.2 对于 $A \in \mathbf{A}_c^+$, 当 $\mu(E) < \infty$ 时, 对任何 $\alpha > 0$, $h \in \mathscr{B}_+(E)$ 有

$$\langle R_\alpha h, \mu_A \rangle \leqslant \langle h \cdot m, U_A^\alpha 1 \rangle. \tag{5.4.8}$$

证明 不妨设 $h \in b\mathscr{B}_+(E)$. 由定理 2.3.1 (iv),

$$\langle R_\alpha h, \mu_A \rangle = \lim_{\beta\to\infty} \beta \mathbf{E}_m \left[\int_0^\infty \mathrm{e}^{-\beta s} R_\alpha h(X_s) dA_s \right]. \tag{5.4.9}$$

因为样本轨道的不连续点是至多可数的, 并且 A 连续, 从而

$$\mathbf{E}_m \left[\int_0^\infty \mathrm{e}^{-\beta s} R_\alpha h(X_s) dA_s \right] = \mathbf{E}_m \left[\int_0^\infty \mathrm{e}^{-\beta s} R_\alpha h(X_{s-}) dA_s \right]. \tag{5.4.10}$$

设

$$Z_n = \sum_{k\geqslant 0} \mathrm{e}^{-\beta\frac{k}{n}} R_\alpha h(X_{\frac{k}{n}-})(A_{\frac{k+1}{n}} - A_{\frac{k}{n}}),\quad n\geqslant 1,$$
$$Y = \sum_{k\geqslant 0} \mathrm{e}^{-\beta k}(A_{k+1} - A_k),$$

注意：$Z_n \leqslant \dfrac{\|h\|_\infty}{\alpha} Y$ 且

$$\mathbf{E}_m[Y] = \sum_{k\geqslant 0} \mathrm{e}^{-\beta k}\mathbf{E}_m[\mathbf{E}_{X_k}(A_1)] \leqslant \sum_{k\geqslant 0} \mathrm{e}^{-\beta k}\mathbf{E}_m[A_1] \leqslant \frac{1}{1-\mathrm{e}^{-\beta}}\mu_A(E) < \infty.$$

因为 $R_\alpha h$ 是属于 $\mathscr{F}$ 的 α- 过分函数, 由定理 2.2.1 及定理 5.1.5, $\mathbf{P}_m$-a.e. 有 $R_\alpha h(X_{s-})$ 关于 $s\in(0,\zeta)$ 左连续. 又测度 dA_s 支撑在 $(0,\zeta)$ 上且 $R_\alpha h$ 一致有界, $\mathrm{e}^{-\beta s}dA_s$ 是 $\mathbf{P}_m$-a.s. 可积分的*, 所以当 $n\to\infty$ 时, $\mathbf{P}_m$-a.s. 有 Z_n 收敛于 $\displaystyle\int_0^\infty \mathrm{e}^{-\beta s} R_\alpha h(X_{s-})dA_s$. 结合上面的注意与 $\lim_n \mathbf{E}_m[Z_n]$ 等于 (5.4.10) 的右边, 从而可知 $\lim_{\beta\to\infty}\lim_{n\to\infty}\beta\mathbf{E}_m[Z_n]$ 与 (5.4.9) 的左边是一致的.

由 $X_{\frac{k}{n}} = X_{\frac{k}{n}-}$, $\mathbf{P}_m$-a.s. 及 Markov 性,

$$\begin{aligned}\langle R_\alpha h, \mu_A\rangle &= \lim_{\beta\to\infty}\lim_{n\to\infty}\beta\mathbf{E}_m[Z_n]\\ &= \lim_{\beta\to\infty}\lim_{n\to\infty}\beta\sum_{k\geqslant 0}\mathbf{E}_m[\mathrm{e}^{-\beta\frac{k}{n}} R_\alpha h(X_{\frac{k}{n}})\mathbf{E}_{x_{k/n}}(A_{1/n})]\\ &\leqslant \lim_{\beta\to\infty}\lim_{n\to\infty}\beta\sum_{k\geqslant 0}\mathrm{e}^{-\beta\frac{k}{n}}\int_E R_\alpha h(y)\mathbf{E}_y(A_{1/n})m(dy)\\ &= \lim_{\beta\to\infty}\lim_{n\to\infty}\frac{\beta}{1-\mathrm{e}^{-\beta/n}}(h, R_\alpha(\mathbf{E}.[A_{1/n}])).\end{aligned}$$

因为对每个 $\beta>0$, 当 $n\to\infty$ 时, $\dfrac{1}{n}\dfrac{\beta}{1-\mathrm{e}^{-\beta/n}}\to 1$,

$$\begin{aligned}\langle R_\alpha h, \mu_A\rangle &\leqslant \lim_{n\to\infty} n\int_E h(y)R_\alpha(\mathbf{E}.[A_{1/n}])(y)m(dy)\\ &= \lim_{n\to\infty}\int_0^\infty n\mathrm{e}^{-\alpha t}\mathbf{E}_{h\cdot m}[\mathbf{E}_{X_t}(A_{1/n})]dt\\ &= \lim_{n\to\infty}\int_0^\infty n\mathrm{e}^{-\alpha t}\mathbf{E}_{h\cdot m}[A_{t+\frac{1}{n}} - A_t]dt\end{aligned}$$

* 原文如此, 应该是指测度有限.—— 译者

$$= \lim_{n\to\infty}\left\{n(\mathrm{e}^{\frac{\alpha}{n}}-1)\int_{1/n}^{\infty}\mathrm{e}^{-\alpha t}\mathbf{E}_{h\cdot m}[A_s]ds - n\int_0^{1/n}\mathrm{e}^{-\alpha s}\mathbf{E}_{h\cdot m}[A_s]ds\right\}$$

$$= \alpha\int_0^{\infty}\mathrm{e}^{-\alpha s}\mathbf{E}_{h\cdot m}[A_s]ds = \langle h\cdot m, U_A^{\alpha}1\rangle.$$

定理 5.4.1 (iii) 的证明 将 (5.4.2) 两边作 Laplace 变换可得 (5.4.3), 从而 (c) $\Rightarrow$ (b) 可由 Laplace 变换的唯一性推出. (b) $\Rightarrow$ (a) 实际上是 (5.4.2) 中的特殊情形 $h=1$, 从而只需证明 (a) $\Rightarrow$ (c) 即可. 为此, 对任意 $A\in\mathbf{A}_c^+$, 只需证明对任何 $\alpha>0$, $h\in\mathscr{B}_+(E)$ 有

$$\langle R_\alpha h, \mu_A\rangle = \langle h\cdot m, U_A^{\alpha}1\rangle. \tag{5.4.11}$$

事实上, 如果式 (5.4.11) 成立, 对 $f\in\mathscr{B}_+(E)$, 只需将 A 替换为 $f\cdot A$, 然后应用定理 2.3.1 (iii).

在引理 5.4.2 中已经证明, 若 $A\in\mathbf{A}_c^+$, 当 $\mu_A(E)<\infty$ 时, (5.4.11) 中“$\leqslant$”成立. 因此, 先在

$$\mu_A(E)<\infty, \quad \mu_A\in S_0 \tag{5.4.12}$$

的情形下证明式 (5.4.11) 成立.

(4.3.10) 定义了属于 S_0 的测度 μ 的 α- 位势 $U_\alpha\mu\in\mathscr{F}$. 由 (4.1.24), (4.3.15) 及命题 5.1.1, 对任意 $\alpha>0$, $h\in b\mathscr{B}_+(E)\cap L^1(E;m)$ 有

$$\langle R_\alpha h, \mu_A\rangle = \mathscr{E}_\alpha(R_\alpha h, U_\alpha\mu_A) = \langle h\cdot m, U_\alpha\mu_A\rangle, \tag{5.4.13}$$

所以由引理 5.4.2 得 $U_\alpha\mu_A\leqslant U_A^{\alpha}1$ $[m]$ 对任意 $\alpha>0$ 都成立.

设 $g_\alpha = U_A^{\alpha}1 - U_\alpha\mu_A(\alpha>0)$. 由方程 (4.3.14) 及 (5.4.6) 可知

$$\langle m, g_\alpha\rangle = \beta\langle m, R_\alpha g_{\beta+\alpha}\rangle + \langle m, g_{\beta+\alpha}\rangle \leqslant \left(\frac{1}{\alpha}+\frac{1}{\beta}\right)\beta\langle m, g_{\beta+\alpha}\rangle.$$

当 $\beta\to\infty$ 时, 由定理 2.3.1 有 $\beta\langle m, U_A^{\alpha+\beta}1\rangle\to\mu_A(E)$. 又由 (5.4.13) 推出 $\beta\langle m, U_{\alpha+\beta}\mu_A\rangle = \beta\langle R_{\alpha+\beta}1, \mu_A\rangle\to\mu_A(E)$, 所以有 $g_\alpha=0$ $[m]$, 再利用 (5.4.13) 可得 (5.4.11).

由已证定理 5.4.1 (i) 的结果, 对任意 $A\in\mathbf{A}_c^+$, 因为 $\mu_A\in S$, 根据定理 4.3.6, 存在某嵌套 $\{F_k\}$, 对每个 k, 测度 $1_{F_k}\cdot\mu_A$ 满足 (5.4.12). 由定理 2.3.1 (iii), 记 $A_k = 1_{F_k}\cdot A$, 则有 $\mu_{A_k} = 1_{F_k}\cdot\mu_A$, 从而等式 (5.4.11) 对于 A_k 也成立. 设 $k\to\infty$, 利用定理 5.1.3 所示的嵌套的概率性质可知, (5.4.11) 对 A 成立. □

定理 5.4.1(ii) 的证明需要下面两个引理.

引理 5.4.3　设 E 上的测度 μ 满足

$$\mu \in S_0, \quad \mu(E) < \infty. \tag{5.4.14}$$

此时, $A \in \mathbf{A}_c^+$ 满足 $\mu_A = \mu$ 的充要条件是

$$U_A^1 1 = U_1\mu \ [m], \tag{5.4.15}$$

其中 $U_1\mu$ 为 μ 的 1- 阶位势.

证明　设 μ 满足 (5.4.14). 若 $A \in \mathbf{A}_c^+$ 满足 $\mu_A = \mu$, 代入 (5.4.11) 的左边得对任意 $h \in b\mathscr{B}_+(E) \cap L^1(E;m)$, $(h, U_1\mu) = (h, U_A^1 1)$, 从而可得 (5.4.15).

反过来, 如果 (5.4.15) 成立, 则由方程 (4.3.14) 与 (5.4.6) 可知, 对任意 $\alpha > 0$ 有 $U_A^\alpha 1 = U_\alpha\mu \ [m]$. 将此式代入 (5.4.11) 右端可得对任意 $h \in \mathscr{B}_+(E)$ 有 $\alpha\langle R_\alpha h, \mu_A\rangle = \alpha\langle R_\alpha h, \mu\rangle$. 特别地, 取 $h = 1$, 令 $\alpha \to \infty$ 可得 $\mu_A(E) = \mu(E) < \infty$. 再对 $h \in bC_+(E)$ 同样处理可得 $\langle h, \mu_A\rangle = \langle h, \mu\rangle$, 从而 $\mu_A = \mu$. □

引理 5.4.4　设 $\{f_n\}$ 是属于 $\mathscr{F}$ 的拟连续函数的 $\mathscr{E}_1$-Cauchy 列, 则存在子列 $\{n_k\}$, 对于 q.e. $x \in E$,

$$\mathbf{P}_x(f_{n_k}(X_t) \text{ 关于 } t \in [0,\infty) \text{ 紧一致收敛}) = 1. \tag{5.4.16}$$

证明　参考定理 4.3.2 (iii) 的证明, 选取适当的子列 $\{n_k\}$ 和适当的强嵌套 $\{F_l\}$, 对每个 l, 当 $k \to \infty$ 时, $f_{n_k}|_{F_l}$ 是一致收敛的. 另一方面, 由定理 5.1.3, 存在适当的 m- 极集 N, 对任意 $x \in E \setminus N$ 有 $\mathbf{P}_x\left(\lim\limits_{l\to\infty} \sigma_{E\setminus F_l} = \infty\right) = 1$, 所以对于 $x \in E \setminus N$, (5.4.16) 成立. □

命题 5.4.1　对任意 $\mu \in S_{00}$, 满足 $\mu_A = \mu$ 的 $A \in \mathbf{A}_c^+$ 是存在的.

证明　因为 $\mu \in S_{00}$ 满足 (5.4.14), 由引理 5.4.3, 只需构造满足 (5.4.15) 的 $A \in \mathbf{A}_c^+$ 即可.

因为 μ 的 1- 阶位势 $U_1\mu$ 属于 $\mathscr{F}$ 且关于 $\{T_t\}$ 1- 过分, 所以可取 $U_1\mu$ 的有限 Borel 可测的拟连续修正 f 和 Borel 的真例外集 N, 使得

$$\begin{cases} nR_{n+1}f(x) \uparrow f(x), & n \to \infty, x \in E \setminus N, \\ f(x) = 0, & x \in N. \end{cases} \tag{5.4.17}$$

记

$$g_n(x) = \begin{cases} n(f(x) - nR_{n+1}f(x)), & x \in E \setminus N, \\ 0, & x \in N, \end{cases}$$

则易证 $R_1 g_n(x) \uparrow f(x)$ $(x \in E \setminus N, n \to \infty)$. 再由类似引理 4.2.3 的证明得 $R_1 g_n$ 是 $\mathscr{E}_1$- 收敛于 $f \in \mathscr{F}$ 的.

对每个 n, 定义泛函 $\widetilde{A}_n$ 为

$$\widetilde{A}_n(t,\omega)=\int_0^t \mathrm{e}^{-s}g_n(X_s(\omega))ds, \quad t\geqslant 0,\omega\in\Omega.$$

对任意 $\nu\in S_{00}$, 下面证明

$$\mathbf{E}_\nu[(\widetilde{A}_n(\infty)-\widetilde{A}_l(\infty))^2]\leqslant 2M_\nu\sqrt{\mathscr{E}_1(\mu)}\|R_1g_n-R_1g_l\|_{\mathscr{E}_1}, \tag{5.4.18}$$

其中 $M_\nu=\|U_2\nu\|_\infty$. 不失一般性, 设 ν 为概率测度.

记 $g_{n,l}=g_n-g_l(n>l)$, (5.4.18) 的左边可写为

$$\begin{aligned}
&2\mathbf{E}_\nu\left[\int_0^\infty \mathrm{e}^{-s}g_{n,l}(X_s)ds\int_s^\infty \mathrm{e}^{-u}g_{n,l}(X_u)du\right]\\
&=2\mathbf{E}_\nu\left[\int_0^\infty \mathrm{e}^{-2s}(g_{n,l}\cdot R_1g_{n,l})(X_s)ds\right]\\
&=2\langle\nu,R_2(g_{n,l}\cdot R_1g_{n,l})\rangle=2(U_2\nu,g_{n,l}\cdot R_1g_{n,l})\\
&\leqslant 2(U_2\nu,g_nR_1g_{n,l})\leqslant 2M_\nu(g_n,R_1g_n-R_1g_l)\\
&=2M_\nu\mathscr{E}_1(R_1g_n,R_1g_n-R_1g_l).
\end{aligned}$$

注意：由 Schwarz 不等式有

$$\|R_1g_n\|_{\mathscr{E}_1}^2=(g_n,R_1g_n)\leqslant(g_n,f)=\langle\mu,R_1g_n\rangle\leqslant\langle\mu,f\rangle=\mathscr{E}_1(\mu),$$

于是 (5.4.18) 成立.

另一方面, 因为

$$\mathbf{E}_\nu[\widetilde{A}_n(\infty)|\mathscr{F}_t]=\widetilde{A}_n(t)+\mathrm{e}^{-t}\mathbf{E}_{X_t}[\widetilde{A}_n(\infty)]=\widetilde{A}_n(t)+\mathrm{e}^{-t}R_1g_n(X_t),$$

所以

$$M_n(t)=\widetilde{A}_n(t)+\mathrm{e}^{-t}R_1g_n(X_t), \quad 0\leqslant t\leqslant\infty \tag{5.4.19}$$

是关于 $(\{\mathscr{F}_t\},\mathbf{P}_\nu)$ 的鞅, 并且由 Doob 不等式, 对任意 $\varepsilon>0$ 有

$$\mathbf{P}_\nu\left(\sup_{0\leqslant t\leqslant\infty}|M_n(t)-M_l(t)|>\varepsilon\right)\leqslant\frac{1}{\varepsilon^2}\mathbf{E}_\nu[(\widetilde{A}_n(\infty)-\widetilde{A}_l(\infty))^2]. \tag{5.4.20}$$

然后, 选取子列 $\{n_k\}$, 使得 $\|R_1g_{n_{k+1}}-R_1g_{n_k}\|_{\mathscr{E}_1}\leqslant 2^{-3k}$, 记

$$\Lambda_k=\left\{\sup_{0\leqslant t\leqslant\infty}|M_{n_k}(t)-M_{n_{k+1}}(t)|>2^{-k}\right\},$$

则由 (5.4.18) 及 (5.4.20) 有 $\mathbf{P}_\nu(\Lambda_k) \leqslant 2M_\nu\sqrt{\mathscr{E}_1(\mu)}2^{-k}$. 根据 Borel-Cantelli 引理 (参见文献 [5]) 有 $\mathbf{P}_\nu\Big(\limsup\limits_{k\to\infty}\Lambda_k\Big) = 0$ $(\forall \nu \in S_{00})$, 所以根据定理 4.3.5 可知, 对于 q.e. $x\in E$ 有 $\mathbf{P}_x\Big(\limsup\limits_{k}\Lambda_k\Big) = 0$.

由此, 结合 (5.4.19) 及引理 5.4.4 可得如下结果, 即存在适当的子列 $\{n_k\}$ 及真例外集 $\widetilde{N}\supset N$, 使得 $\mathbf{P}_x(\Lambda) = 1$ $(\forall x\in E\setminus\widetilde{N})$, 其中

$$\Lambda = \{\omega \in \widetilde{\Omega}:\ \widetilde{A}_{n_k}(\infty,\omega) < \infty, \widetilde{A}_{n_k}(\cdot,\omega)\ \text{紧一致收敛}\}, \tag{5.4.21}$$

其中 $\widetilde{\Omega}$ 为 (5.1.12) 中取 $A = \widetilde{N}$ 所得 Ω 的子集.

对于 $\omega\in\Lambda$, 记 $\widetilde{A}(t,\omega) = \lim\limits_{k\to\infty}\widetilde{A}_{n_k}(t,\omega)$. 当 $\omega\notin\Lambda$ 时, 记 $\widetilde{A}(t,\omega) = 0$. 再记

$$A(t,\omega) = \int_0^t \mathrm{e}^s d\widetilde{A}(s,\omega), \quad \forall t\in[0,\infty],$$

则 A 是以 Λ 为定义域, $\widetilde{N}$ 为例外集的 X 的正连续加泛函.

为完成命题 5.4.1 的证明, 根据定理 4.3.5, 只需对任何 $\nu\in S_{00}$ 证明 $\mathbf{E}_\nu[\widetilde{A}(\infty)] = \langle\nu, f\rangle$ 就可以了. 由于 $M_n(\infty) = \widetilde{A}_n(\infty)$ 是 $L^2(\mathbf{P}_\nu)$- 收敛的, $M_n(t)$ 也是如此, 所以

$$\begin{aligned}\mathbf{E}_\nu[\widetilde{A}(t)] + \mathrm{e}^{-t}\langle\nu, p_t f\rangle &= \lim_{n\to\infty}\mathbf{E}_\nu[M_n(t)]\\ &= \lim_{n\to\infty}\mathbf{E}_\nu[\widetilde{A}_n(\infty)]\\ &= \lim_{n\to\infty}\langle\nu, R_1 g_n\rangle = \langle\nu, f\rangle.\end{aligned}$$

因为 $\mu\in S_{00}$, $\|f\|_\infty<\infty$ 且 $\langle\nu, p_t f\rangle\leqslant\nu(E)\|f\|_\infty<\infty$. 设 $t\to\infty$ 即得所证. □

练习 5.4.2　对 $A, B\in\mathbf{A}_c^+$, 试证

$$\mathbf{E}_x\left[\int_0^\infty \mathrm{e}^{-t}dA_t\int_0^\infty \mathrm{e}^{-s}dB_s\right] = U_A^2(U_B^1 1)(x) + U_B^2(U_A^1 1)(x) \tag{5.4.22}$$

对于 $x\in E\setminus(N_A\cup N_B)$ 成立, 其中 N_A, N_B 分别为 A, B 的例外集.

命题 5.4.2　对任意 $\mu\in S_{00}$, 满足 $\mu_A = \mu$ 的 $A\in\mathbf{A}_c^+$ 在 m- 等价的意义下唯一.

证明　对于 $\mu\in S_{00}$, 设 $A^{(1)}, A^{(2)}\in\mathbf{A}_c^+$ 满足 $\mu_{A^{(1)}} = \mu_{A^{(2)}} = \mu$. 设 $U_1\mu$ 的 Borel 拟连续修正为 f, 则由引理 5.4.3, $U_{A^{(1)}}^1 1 = U_{A^{(2)}}^1 1 = f$ q.e.. 为简单起见, 对 $A\in\mathbf{A}_c^+$, 记 $\widetilde{A}_t = \displaystyle\int_0^t \mathrm{e}^{-s}dA_s$. 记

$$g_{ij}(x) = \mathbf{E}_x[\widetilde{A}_\infty^{(i)}\cdot\widetilde{A}_\infty^{(j)}], \quad i,j = 1,2,$$

则由练习 5.4.2, q.e. 地有 $g_{i,j} = U_{A^{(i)}}^2 f + U_{A^{(j)}}^2 f$.

设 h 为 E 上严格正的有界 m- 可积函数, 则由 (5.4.3),

$$\begin{aligned}\langle h\cdot m, g_{ij}\rangle &= \langle R_2 h, f\cdot\mu_{A^{(i)}}\rangle + \langle R_2 h, f\cdot\mu_{A^{(j)}}\rangle \\ &= 2\langle R_2 h, f\cdot\mu\rangle \leqslant \|h\|_\infty \|f\|_\infty \mu(E) < \infty,\end{aligned}$$

所以

$$\mathbf{E}_{h\cdot m}[(\widetilde{A}_\infty^{(1)} - \widetilde{A}_\infty^{(2)})^2] = \langle h\cdot m, g_{11} - 2g_{12} + g_{22}\rangle = 0.$$

由于 $\widetilde{A}_t^{(i)}$ 满足 $\widetilde{A}_\infty^{(i)} = \widetilde{A}_t^{(i)} + \mathrm{e}^{-t}\widetilde{A}_\infty^{(i)}\circ\theta_t$ 且 $\|f\|_\infty < \infty$, 由此推出 $\mathbf{E}_{h\cdot m}[(\widetilde{A}_t^{(1)} - \widetilde{A}_t^{(2)})^2] = 0\ (\forall t \geqslant 0)$, $A^{(1)}$ 与 $A^{(2)}$ 是 m- 等价的. □

定理 5.4.1 (ii) 的证明 对任意 $\mu \in S$, 由定理 4.3.6, 存在适当的嵌套 $\{F_k\}$, 对于每个 k 有 $\mu^{(k)} = 1_{F_k}\cdot\mu \in S_{00}$.

由命题 5.4.1, 对每个 k, 存在 $A^{(k)} \in \mathbf{A}_c^+$ 满足 $\mu_{A^{(k)}} = \mu^{(k)}$. 根据定理 2.3.1, $1_{F_k}\cdot A^{(k+1)}$ 的 Revuz 测度等于 $1_{F_k}\cdot\mu_{A^{(k+1)}} = 1_{F_k}\cdot\mu^{(k+1)} = \mu^{(k)}$. 由命题 5.4.2 知, $1_{F_k}\cdot A^{(k+1)}$ 与 $A^{(k)}$ 是 m- 等价的.

根据引理 2.3.1, 可选取 $\{A^{(k)}\}$ 共同的定义域 $\Lambda \subset \Omega$ 及例外集 $N \subset E$, 使得

$$(1_{F_k}\cdot A^{(k+1)})_t(\omega) = A_t^{(k)}(\omega), \quad \forall t \geqslant 0,\ \forall \omega \in \Omega,\ \forall k \geqslant 1.$$

因为 $\{F_k\}$ 是嵌套, 若必要, 则重新选取 Λ, N, 只要

$$\sigma(\omega) = \lim_{k\to\infty} \sigma_{E\setminus F_k}(\omega) \geqslant \zeta(\omega), \quad \forall \omega \in \Lambda$$

成立即可.

这里设 $F_0 = \varnothing$, 记

$$A_t(\omega) = \begin{cases} A_t^{(k)}(\omega), & \sigma_{E\setminus F_{k-1}} \leqslant t < \sigma_{E\setminus F_k},\ k = 1, 2, \cdots, \\ A_{\sigma(\omega)-}(\omega), & t \geqslant \sigma(\omega), \end{cases}$$

则 A 是分别以 Λ, N 为定义域与例外集的 X 的正连续加泛函. 当 $k < l$ 时, $A^{(k)} = 1_{F_k}\cdot A^{(l)}$, 从而令 $l \to \infty$ 得 $A^{(k)} = 1_{F_k}\cdot A$, 并且 $1_{F_k}\cdot\mu_A = \mu^{(k)}$, $\forall k \geqslant 1$, 所以 $\mu_A = \mu$.

最后, 对于 $\mu \in S$, 设 $A, B \in \mathbf{A}_c^+$ 满足 $\mu_A = \mu_B = \mu$. 如上选取满足 $\mu^{(k)} = 1_{F_k}\cdot\mu \in S_{00}$ 的嵌套 $\{F_k\}$, 则

$$\mu_{1_{F_k}\cdot A} = \mu_{1_{F_k}\cdot B} = \mu^{(k)},$$

从而利用命题 5.4.2 的结论可知, $1_{F_k}\cdot A$ 与 $1_{F_k}\cdot B$ 是 m- 等价的. 又由 k 的任意性得 A 与 B 是 m- 等价的. □

本节的后面部分在 X 满足绝对连续性条件：

(AC) 对任意 $t>0, x\in E, P_t(x,\cdot)$ 关于 m 绝对连续

的假设下, 证明 X 的狭义正连续加泛函的性质. 对于 $A\in\mathbf{A}_c^+$, 当其例外集可取为空集, 即其定义域 Λ 满足 $\mathbf{P}_x(\Lambda)=1,\forall x\in E$ 时, 称 A 为**狭义正连续加泛函**. 用 $\mathbf{A}_{c1}^+$ 表示 X 的狭义正连续加泛函的全体. 当 $A,B\in\mathbf{A}_{c1}^+$ 满足

$$\mathbf{P}_x(A_t=B_t)=1, \quad \forall t>0,\ \forall x\in E \tag{5.4.23}$$

时, 称为**狭义等价**. 此时, 可选取共同的定义域 Λ 满足 $\mathbf{P}_x(\Lambda)=1(\forall x\in E)$, 使得对任意 $t>0, \omega\in\Lambda$ 有 $A_t(\omega)=B_t(\omega)$.

称 E 上的 Borel 测度 μ 为狭义光滑的, 若存在 Borel 精细开集的递增列 $\{E_n\}$ 满足 $\bigcup\limits_{n=1}^{\infty}E_n=E$, $1_{E_n}\cdot\mu\in S_{00}(\forall n\geqslant 1)$. 记 S_1 为狭义光滑测度的全体.

定理 5.4.2 设 X 满足条件 (AC).

(i) 对任意 $A\in\mathbf{A}_{c1}^+$, $\mu_A\in S_i$;

(ii) 对任意 $\mu\in S_1$, 满足 $\mu_A=\mu$ 的 $A\in\mathbf{A}_{c1}^+$ 除去狭义等价性是存在且唯一的.

定理 5.4.2 (i) 的证明 给定 $A\in\mathbf{A}_{c1}^+$. 设 f 为 E 上严格正的有界 Borel 的 m- 可积函数, 则 $\varphi(x)=R_\alpha^A f(x)$ 对所有 $x\in E$ 由 (5.4.5) 定义. 因为方程 (5.4.7) 也对于所有的 $x\in E$ 成立, φ 是 1- 过分函数 $R_\alpha f$ 与 $U_A^\alpha R_\alpha^A f$ 的差, 因此, 为精细连续函数. 又由引理 2.2.4 及假设 (AC) 可知, φ 是 Borel 可测的. 这里, 记

$$E_n=\left\{x\in E:\varphi>\frac{1}{n}\right\}, \quad n=1,2,\cdots, \tag{5.4.24}$$

则 $\{E_n\}$ 为递增收敛到 E 的 Borel 精细开集列.

对每个 n, 由定理 2.3.1, $A_n=1_{E_n}\cdot A\in\mathbf{A}_{c1}^+$ 的 Revuz 测度等于 $1_{E_n}\cdot\mu_A$, 而

$$U_{A_n}^1 1(x)\leqslant nU_A^1\varphi(x)\leqslant nR_1 f(x), \quad x\in E, \tag{5.4.25}$$

由引理 5.4.1 可得 $\mu_{A_n}(E)<\infty$. 再由式 (5.4.25) 及引理 4.3.4, 引理 4.3.5, 存在 $\mu\in S_0$, 使得 $U_{A_n}^1 1=U_1\mu\ [m]$. 由此, 与引理 5.4.3 的证明类似可得 $\mu(E)=\mu_{A_n}(E)<\infty$, 继而有 $\mu=\mu_A$. 这意味着 $1_{E_n}\cdot\mu_A\in S_{00}$. □

定理 5.4.2 (ii) 的证明归结为如下命题. 在条件 (AC) 下, 预解核 $R_\alpha(x,\cdot)$ 关于测度 m 绝对连续, 作为相应密度函数 $r_\alpha(x,y)$, 分别关于 x,y 都是 α- 过分的, 并且满足预解方程. 此时, 对于 $\mu\in S_0$, 记

$$R_\alpha\mu(x)=\int_E r_\alpha(x,y)\mu(dy), \quad x\in E,$$

从而可知 $R_\alpha\mu$ 是位势 $U_\alpha\mu$ 的拟连续且 α- 过分的修正. 特别地, $\mu\in S_{00}$ 的充要条件是 $\mu(E)<\infty$ 且 $R_1\mu$ 有界.

命题 5.4.3　设 X 满足 (AC). 对任意 $\mu \in S_{00}$, 满足

$$U_A^1 1(x) = R_1\mu(x), \quad \forall x \in E \tag{5.4.26}$$

的 $A \in \mathbf{A}_{c1}^+$ 在狭义等价的意义下唯一存在.

证明　上述 $A \in \mathbf{A}_{c1}^+$ 的存在性可归结于命题 5.4.1, 实际上, 根据该命题, 存在有适当定义域 Λ 和例外集 N 的 $A \in \mathbf{A}_c^+$, 对 m-a.e. $x \in E$ 满足 (5.4.26). 因为此式两端均关于 $X_{E\setminus N}$ 为 1- 过分, 在条件 (AC) 下, 该等式对所有的 $x \in E \setminus N$ 都成立.

对于上述 A 及 Λ, 记 $\Lambda_0 = \bigcap\limits_n \theta_{1/n}^{-1}\Lambda$, 对 $\omega \in \Lambda_0$, 定义

$$\widetilde{A}_t(\omega) = \begin{cases} \lim\limits_{n\to\infty} A_{t-1/n}(\theta_{1/n}\omega), & \text{极限存在,} \\ 0, & \text{极限不存在.} \end{cases}$$

再记

$$\widetilde{\Lambda} = \{\omega \in \Lambda_0 : \widetilde{A}_t(\omega) < \infty,\ \forall t > 0;\ \widetilde{A}_{0+}(\omega) = 0\}.$$

这样对任意 $x \in E$ 有 $\mathbf{P}_x(\widetilde{\Lambda}) = 1$, 并且 $\widetilde{A}$ 是以 $\widetilde{\Lambda}$ 为定义域的狭义正连续加泛函, 并可确定 $\widetilde{A}$ 满足 (5.4.26). 由于篇幅所限, 不再给出证明细节.

唯一性的证明很简单. 设 $A, B \in \mathbf{A}_{c1}^+$ 满足式 (5.4.26), 则由命题 5.4.2, A 与 B 是 m- 等价的, 所以由引理 2.3.1 知, (5.4.23) 对于 q.e. $x \in E$ 成立, 故对任意 $x \in E$, 根据 (AC) 有

$$\mathbf{P}_x(A_t - A_{1/n} = B_t - B_{1/n}) = \mathbf{E}_x[\mathbf{P}_{X_{1/n}}(A_{t-1/n} = B_{t-1/n})] = 0.$$

然后令 $n \to \infty$ 即可. □

定理 5.4.2 (ii) 的证明　设 $\mu \in S_1$, 则存在递增到 E 的精细开集列 $\{E_n\}$, 使得对任何 $n \geqslant 1$, $1_{E_n} \cdot \mu \in S_{00}$, 此时, 由 X 的拟左连续性, 注意到

$$\mathbf{P}_x\left(\lim_{n\to\infty} \sigma_{E\setminus E_n} \geqslant \zeta\right) = 1, \quad \forall x \in E,$$

利用命题 5.4.3, 与定理 5.4.1 (ii) 的证明相同, 可得狭义正连续加泛函 A 的存在唯一性. □

称测度 μ 为光滑的, 意味着 μ 在零容度集上的值是零. 在 H.P.Mckean 与 Tanaka 于 1961 年合写的论文 [43] 中, 在叙述多维 Brown 运动对应的类 $\mathbf{A}_{c1}^+$ 的性质时采用过这种说法.

第 6 章 加泛函的随机分析

6.1 有限能量加泛函及其分解

设 E 是局部可分度量空间, m 为 E 上满足 $\operatorname{supp}[m]=E$ 的正 Radon 测度. 假设 $X=(\Omega,\mathscr{F}_t,X_t,\mathbf{P}_x)$ 为 E 上 m- 对称的 Hunt 过程, 其在 $L^2(E;m)$ 上相应的 Dirichlet 型 $(\mathscr{E},\mathscr{F})$ 是正则的.

对于 X 的加泛函 $A=(A_t)$, 定义其**能量** $\mathbf{e}(A)$ 为

$$\mathbf{e}(A)=\lim_{t\to 0}\frac{1}{2t}\mathbf{E}_m[A_t^2]. \tag{6.1.1}$$

再对于加泛函 A 与 B, 定义其**协能量** $\mathbf{e}(A,B)$ 为

$$\mathbf{e}(A,B)=\lim_{t\to 0}\frac{1}{2t}\mathbf{E}_m[A_tB_t]. \tag{6.1.2}$$

这两个定义都考虑了右边的极限不一定存在的情形.

本节将考虑三种类型的加泛函.

6.1.1 Dirichlet 函数产生的加泛函

对于 $u\in\mathscr{F}$, 记

$$A_t^{[u]}=\widetilde{u}(X_t)-\widetilde{u}(X_0). \tag{6.1.3}$$

因为拟连续修正 $\widetilde{u}$ 是 q.e. 唯一确定的, 所以 $A^{[u]}$ 在 m- 等价的意义下唯一确定.

下面计算 $A^{[u]}$ 的能量. 首先, 由于

$$\begin{aligned}0&\leqslant\frac{1}{2t}\mathbf{E}_m[(\widetilde{u}(X_t)-\widetilde{u}(X_0))^2]\\&=\frac{1}{t}(u-p_tu,u)-\frac{1}{2t}(1-p_t1,u^2),\end{aligned} \tag{6.1.4}$$

这推出

$$\frac{1}{2t}(1-p_t1,u^2)\leqslant\frac{1}{t}(u-p_tu,u)\leqslant\mathscr{E}(u,u). \tag{6.1.5}$$

由此可知, 对任意紧集 $K\subset E$,

$$\sup_{0<t<\infty}\frac{1}{t}\int_K(1-p_t1)(x)dm(x)<\infty,$$

即测度类 $\left\{\frac{1}{t}(1-p_t 1)\cdot m : t>0\right\}$ 在 K 上一致有界, 从而存在子列 $t_n \downarrow 0$, 使得测度 $\frac{1}{t_n}(1-p_{t_n}1)\cdot m$ 淡收敛于某个正 Radon 测度 k, 可由 Riesz 与 Markov 的定理和 Banach-Alaoglu 定理相结合给予证明 (参见文献 [51]), 即测度 k 对任意 $v\in\mathscr{F}\cap C_0(E)$ 满足

$$\int_E v^2 dk = \lim_{n\to\infty}\frac{1}{t_n}(1-p_{t_n}1, v^2) \leqslant 2\mathscr{E}(v,v). \tag{6.1.6}$$

特别地, 对于每个紧集 K 有

$$\int_E |v|1_K dk \leqslant k(K)^{1/2}\left(\int_E v^2 dk\right)^{1/2} \leqslant (2k(K))^{1/2}\mathscr{E}(v,v)^{1/2}.$$

由此可知 $1_K\cdot k\in S_0$, 其中 k 为光滑测度. 再由 Fatou 引理, 对于拟连续函数 $\widetilde{v}\in\mathscr{F}$ 也有 (6.1.6) 成立.

对任意拟连续修正 $\widetilde{u}\in\mathscr{F}$, 在 $\mathscr{E}_1$ 拓扑的基础上, 取 q.e. 收敛的函数列 $v_l\in\mathscr{F}\cap C_0(E)$, 由 (6.1.6),

$$\begin{aligned}&\left|\left(\int_E \widetilde{u}^2 dk\right)^{\frac{1}{2}} - \left(\frac{1}{t_n}(1-p_{t_n}1, u^2)\right)^{\frac{1}{2}}\right|\\ \leqslant\ & 2\sqrt{2}\mathscr{E}(u-v_l, u-v_l)^{\frac{1}{2}} + \left|\left(\int_E v_l^2 dk\right)^{\frac{1}{2}} - \left(\frac{1}{t_n}(1-p_{t_n}1, v_l^2)\right)^{\frac{1}{2}}\right|,\end{aligned}$$

而由 (6.1.6) 可知, 上式右边可以任意小, 从而得

$$\int_E \widetilde{u}^2 dk = \lim_{n\to\infty}\frac{1}{t_n}(1-p_{t_n}1, u^2), \quad \forall u\in\mathscr{F}. \tag{6.1.7}$$

这里, 考虑 $\mathbf{A}_c^+$ 为 Hunt 过程 X 的正连续加泛函全体. 因为 $k\in S$, 所以由定理 5.4.1, 以 k 为 Revuz 测度的 $K\in\mathbf{A}_c^+$ 在 m- 等价的意义下唯一存在. 实际上, 可以用 X 的 Lévy 系来表示 k.

设 (N,H) 为 X 的**Lévy 系**. $N=N(x,dy)$ 为 E_Δ 上的核, $H\in\mathbf{A}_{c1}^+$, 二元组 (N,H) 满足描述 X 的跳跃机制的式 (A.3.7). 用 μ_H 表示 H 的 Revuz 测度.

定理 6.1.1 (i) $k(dx)=N(x,\{\Delta\})\cdot\mu_H(dx)$, $K_t=\int_0^t N(X_s,\{\Delta\})dH_s$;
(ii) 对任意 $u\in\mathscr{F}$, 下列等式成立:

$$\int_E \widetilde{u}^2 dk = \lim_{t\downarrow 0}\frac{1}{t}(1-p_t 1, u^2), \tag{6.1.8}$$

$$\mathbf{e}(A^{[u]}) = \mathscr{E}(u,u) - \frac{1}{2}\int_E \widetilde{u}^2 dk. \tag{6.1.9}$$

证明　由 (A.3.7), 对任意 $f \in C_0(E)$ 及任意 $x \in E$ 有

$$\begin{aligned}\mathbf{E}_x\left[\mathrm{e}^{-\alpha\zeta} f(X_{\zeta-})\right] &= \mathbf{E}_x\left[\sum_{s<\infty} \mathrm{e}^{-\alpha s} f(X_{s-}) 1_{\{\Delta\}}(X_s)\right] \\ &= \mathbf{E}_x\left[\int_0^\infty \mathrm{e}^{-\alpha t} f(X_t) N(X_t, \{\Delta\}) dH_t\right].\end{aligned} \tag{6.1.10}$$

结合 (6.1.10) 与下面的引理, 根据定理 5.4.1 可直接推出 (i).

结论 (i) 特别意味着测度 k 与子列 $\{t_n\}$ 的选取无关, 由 Markov 过程 X 唯一决定, 从而推出 (6.1.8) 成立. 再根据 (6.1.4) 可得 $A^{[u]}$ 的能量表达式 (6.1.9). □

引理 6.1.1　对于 $f \in C_0(E)$, $h = R_\alpha g (g \in \mathscr{B}(E), \alpha > 0)$ 有

$$\mathbf{E}_{h\cdot m}[\mathrm{e}^{-\alpha\zeta} f(X_{\zeta-})] = \langle R_\alpha h, f\cdot k\rangle.$$

证明　设 $t_n \downarrow 0$ 且满足 (6.1.6), 那么

$$\begin{aligned}&\mathbf{E}_{h\cdot m}[\mathrm{e}^{-\alpha\zeta} f(X_{\zeta-})] \\ &= \lim_{n\to\infty} \mathbf{E}_{h\cdot m}\left[\sum_{k=1}^\infty \mathrm{e}^{-\alpha k t_n} f(X_{(k-1)t_n}); (k-1)t_n < \zeta \leqslant k t_n\right] \\ &= \lim_{n\to\infty} \sum_{k=1}^\infty \mathbf{E}_{h\cdot m}\left[f(X_{(k-1)t_n}) \mathrm{e}^{-\alpha k t_n} (1 - p_{t_n} 1)(X_{(k-1)t_n})\right] \\ &= \lim_{n\to\infty} \sum_{k=1}^\infty \mathrm{e}^{-\alpha k t_n} (f\cdot p_{(k-1)t_n} h, 1 - p_{t_n} 1),\end{aligned}$$

而由 (6.1.7) 注意到

$$\lim_n \frac{1}{t_n}(f\cdot R_\alpha h, 1 - p_{t_n}1) = \int_E f\cdot R_\alpha h dk,$$

则上式右边等于

$$\begin{aligned}&\lim_{n\to\infty}\left(\sum_{k=1}^\infty f\cdot\left(\mathrm{e}^{-\alpha k t_n} t_n p_{(k-1)t_n} h - \int_{(k-1)t_n}^{k t_n} \mathrm{e}^{-\alpha s} p_s h ds\right), \frac{1}{t_n}(1 - p_{t_n}1)\right) \\ &+ \int_E f\cdot R_\alpha h dk.\end{aligned} \tag{6.1.11}$$

另一方面, 由 $|R_\alpha 1(x) - p_s R_\alpha 1(x)| \leqslant 2s (s > 0)$ 可知

$$|p_{(k-1)t_n} h - p_s h| \leqslant 2 t_n \|g\|_\infty, \quad (k-1)t_n \leqslant s < k t_n,$$

从而可得

$$\begin{aligned}&\left|\mathrm{e}^{-\alpha k t_n} t_n p_{(k-1)t_n} h - \int_{(k-1)t_n}^{kt_n} \mathrm{e}^{-\alpha s} p_s h ds\right|\\=&\left|\int_{(k-1)t_n}^{kt_n} (\mathrm{e}^{-\alpha k t_n} - \mathrm{e}^{-\alpha s}) p_{(k-1)t_n} h ds + \int_{(k-1)t_n}^{kt_n} \mathrm{e}^{-\alpha s}(p_{(k-1)t_n} h - p_s h) ds\right|\\\leqslant&\ \alpha \mathrm{e}^{-\alpha(k-1)t_n}\|h\|_\infty t_n^2 + 2\mathrm{e}^{-\alpha(k-1)t_n}\|g\|_\infty t_n^2\\\leqslant&\ 3\|g\|_\infty \cdot \mathrm{e}^{-\alpha(k-1)t_n} t_n^2.\end{aligned}$$

(6.1.11) 的第一项在取极限前, 其绝对值被

$$3\|g\|_\infty \frac{t_n}{1-\mathrm{e}^{-\alpha t_n}}(|f|, 1 - p_{t_n} 1)$$

所控制, 此值当 $n \to \infty$ 时趋于 0. □

6.1.2 鞅加泛函

Hunt 过程 X 对应的定义 2.3.1 所定义的加泛函 M 称为**鞅加泛函**, 如果对任意 $t > 0$ 有

$$\mathbf{E}_x[M_t^2] < \infty, \ \mathbf{E}_x[M_t] = 0, \quad \text{q.e. } x \in E. \tag{6.1.12}$$

此时, 由可加性与 Markov 性, $\mathbf{P}_x$-a.s. 有

$$\begin{aligned}\mathbf{E}_x[M_{t+s}|\mathscr{F}_s] &= \mathbf{E}_x[M_s + M_t \circ \theta_s | \mathscr{F}_s]\\&= M_s + \mathbf{E}_{X_s}[M_t] = M_s,\end{aligned}$$

从而 $M = (M_t)$ 对 q.e. $x \in E$ 是 $\mathbf{P}_x$- 平方可积鞅. 记 $\mathscr{M}$ 为 X 的鞅加泛函的全体.

对任意 $M \in \mathscr{M}$, 满足

$$\mathbf{E}_x[M_t^2] = \mathbf{E}_x\langle M\rangle_t, \quad \forall t \geqslant 0, \ \text{q.e. } x \in E$$

的 $\langle M\rangle \in \mathbf{A}_c^+$ 在等价的意义下是唯一存在的. 事实上, 设 M 的例外集为 N, 则关于 X 在 $E \setminus N$ 上的限制, Hunt 过程 $X_{E\setminus N}$, 依 A.3.2 节中所示考虑 $M \in \mathscr{M}_{\mathrm{ad}}$, 再应用定理 A.3.14 即可. 称 $\langle M\rangle$ 为 M 的**二次变差**. 由上面的等式, M 的能量 $\mathbf{e}(M)$ 可由 $\langle M\rangle$ 的 Revuz 测度 $\mu_{\langle M\rangle}$ 表示为

$$\mathbf{e}(M) = \lim_{t\downarrow 0} \frac{1}{2t}\mathbf{E}_m[M_t^2] = \lim_{t\downarrow 0}\frac{1}{2t}\mathbf{E}_m[\langle M\rangle_t] = \frac{1}{2}\mu_{\langle M\rangle}(E). \tag{6.1.13}$$

今后记 $\overset{\circ}{\mathscr{M}} = \{M \in \mathscr{M} : \ \mathbf{e}(M) < \infty\}$.

引理 6.1.2　对于以 $\mu \in S$ 为 Revuz 测度的 $A \in \mathbf{A}_c^+$ 及 $\nu \in S_{00}$ 有

$$\mathbf{E}_\nu[A_t] \leqslant (1+t)\|U_1\nu\|_\infty \mu(E), \quad t \geqslant 0. \tag{6.1.14}$$

证明　由定理 4.3.6 及定理 2.3.1, 只需在 $\mu \in S_{00}$ 的情形下证明即可. 此时, $c_t(x) = \mathbf{E}_x[A_t] \in \mathscr{F}$. 事实上, 由 (5.4.2),

$$\mathbf{E}_{f\cdot m}[A_t] = \int_0^t \langle \mu, p_s f\rangle ds, \quad t \geqslant 0,$$

从而对于 $s < t$ 有

$$\begin{aligned}\frac{1}{s}(c_t - p_s c_t, c_t) &= \frac{1}{s}\langle \mu, \int_0^t (p_\sigma c_t - p_{s+\sigma} c_t) d\sigma\rangle \\ &= \frac{1}{s}\langle \mu, \int_0^s p_\sigma c_t d\sigma\rangle - \frac{1}{s}\langle \mu, \int_t^{t+s} p_\sigma c_t d\sigma\rangle.\end{aligned}$$

设 $s \downarrow 0$, 则右边收敛于 $\langle \mu, c_t - p_t c_t\rangle$. 根据引理 5.4.3,

$$\langle \mu, \mathbf{E}_\cdot[A_t]\rangle \leqslant \mathrm{e}^t \langle \mu, U_A^1 1\rangle = \mathrm{e}^t\langle \mu, U_1\mu\rangle < \infty, \tag{6.1.15}$$

所以极限 $\langle \mu, c_t - p_t c_t\rangle$ 有限, 故 $c_t \in \mathscr{F}$ 且 (4.1.4) 与 (4.1.5) 可推出 $\mathscr{E}(c_t, c_t) = \langle \mu, c_t - p_t c_t\rangle$. 类似地可得

$$\mathscr{E}(c_t, u) = \langle \mu, \widetilde{u}\rangle - \langle \mu, p_t u\rangle, \quad u \in \mathscr{F}.$$

特别地, 对于 $\nu \in S_{00}$ 有

$$\begin{aligned}\mathbf{E}_\nu[A_t] = \langle \nu, c_t\rangle = \mathscr{E}_1(c_t, U_1\nu) &= \langle \mu, U_1\nu - p_t U_1\nu\rangle + (c_t, U_1\nu) \\ &\leqslant \|U_1\nu\|_\infty(\mu(E) + \langle m, c_t\rangle).\end{aligned}$$

由 $\langle m, c_t\rangle \leqslant t\mu(E)$ 可得引理. □

定理 6.1.2　设 $\{M_t^{(n)}\}$ 为 $\mathring{\mathscr{M}}$ 中的 e-Cauchy 列, 则唯一存在 $M \in \mathring{\mathscr{M}}$, 满足

$$\lim_{n\to\infty} \mathbf{e}(M^{(n)} - M) = 0,$$

并且存在适当的子列 n_k, 对于 q.e. $x \in E$, $\mathbf{P}_x$-a.s. 地有 $M^{(n_k)}$ 关于 t 紧一致收敛于 M.

证明　由 (6.1.13), $\langle M\rangle \in \mathbf{A}_c^+$ 的 Revuz 测度的全测度 $\mu_{\langle M\rangle}(E)$ 等于 $2\mathbf{e}(M)$. 根据鞅不等式 (参见文献 [7]) 及引理 6.1.2, 对任意 $\nu \in S_{00}$ 有

$$\mathbf{P}_\nu\left(\sup_{0\leqslant s\leqslant T}|M_s| > \lambda\right) \leqslant \frac{1}{\lambda^2}\mathbf{E}_\nu[M_T^2] \leqslant \frac{2}{\lambda^2}(1+T)\|U_1\nu\|_\infty \mathbf{e}(M). \tag{6.1.16}$$

取子列 n_k 满足 $\mathbf{e}(M^{(n_{k+1})}-M^{(n_k)})\leqslant 2^{-3k}$, 设 $\lambda=2^{-k}$, 将 $M=M^{(n_{k+1})}-M^{(n_k)}$ 代入 (6.1.16) 得

$$\mathbf{P}_\nu\left(\sup_{0\leqslant s\leqslant T}|M_s^{(n_{k+1})}-M_s^{(n_k)}|>2^{-k}\right)\leqslant 2(1+T)\|U_1\nu\|_\infty 2^{-k}.$$

由此, 根据 Borel-Cantelli 引理, 记

$$\Lambda=\limsup_{k\to\infty}\Lambda_k,\quad \Lambda_k=\left\{\sup_{0\leqslant s\leqslant T}|M_s^{(n_{k+1})}-M_s^{(n_k)}|>2^{-k}\right\},$$

则有 $\mathbf{P}_\nu(\Lambda)=0$. 由 $\nu\in S_{00}$ 的任意性及定理 4.3.5 可得 $\mathbf{P}_x(\Lambda)=0$ q.e. x 成立, 并且对于 $\omega\notin\Lambda$, $\lim\limits_{k\to\infty}M_s^{(n_k)}(\omega)=M_s(\omega)$ 在 $s\in[0,T]$ 上一致收敛. 再由不等式 (6.1.16), 此收敛依 $L^2(\mathbf{P}_\nu)$ 的意义也是成立的, 所以 $\mathbf{E}_\nu[M_t^2]<\infty$ 且 $\mathbf{E}_\nu[M_t]=0$, 从而对 q.e. $x\in E$ 有 $\mathbf{E}_x[M_t^2]<\infty$ 且 $\mathbf{E}_x[M_t]=0$, 故 $M\in\mathring{\mathscr{M}}$.

进一步, 由 Fatou 引理,

$$\begin{aligned}\frac{1}{2t}\mathbf{E}_m[(M_t^{(n)}-M_t)^2]&\leqslant\liminf_{k\to\infty}\frac{1}{2t}\mathbf{E}_m[(M_t^{(n)}-M_t^{(n_k)})^2]\\&\leqslant\liminf_{k\to\infty}\mathbf{e}(M^{(n)}-M^{(n_k)}),\end{aligned}$$

从而 $\mathbf{e}(M^{(n)}-M)\leqslant\liminf\limits_{k\to\infty}\mathbf{e}(M^{(n)}-M^{(n_k)})$, 因为 $\{M_t^{(n)}\}$ 为 $\mathbf{e}$-Cauchy 列, 右边当 $n\to\infty$ 时收敛于零. □

6.1.3 零能量连续加泛函

当 X 的连续加泛函 N 满足对任意 $t>0$,

$$\mathbf{E}_x[|N_t|]<\infty \text{ q.e. } x\in E\quad 且\quad \mathbf{e}(N)=0 \tag{6.1.17}$$

时, 称之为**零能量连续加泛函**, 其全体用 $\mathscr{N}_c$ 表示.

$N\in\mathscr{N}_c$ 的典型例子是 $N_t=\displaystyle\int_0^t f(X_s)ds$, 其中 f 为属于 $L^2(E;m)$ 的概 Borel 可测函数. 实际上,

$$\mathbf{E}_x\left[\int_0^t|f(X_s)|ds\right]\leqslant \mathrm{e}^t R_1|f|(x),$$

右边由命题 5.1.1 知是 q.e. 有限的, 从而 N 是连续加泛函. 又因为

$$\begin{aligned}\mathbf{E}_m[N_t^2]&=2\mathbf{E}_m\left[\int_0^t f(X_s)\int_s^t f(X_v)dvds\right]\\&=2\mathbf{E}_m\left[\int_0^t\int_0^{t-s}f(X_s)p_vf(X_s)dvds\right]\end{aligned}$$

$$= 2\int_0^t \int_0^{t-s} (p_s 1, f\cdot p_v f)dvds$$

$$= 2\int_0^t (p_{t-s}1, f\cdot S_s f)ds,$$

其中 $S_s f(x) = \int_0^t p_v f(x)dv$, 故有 $\mathbf{E}_m[N_t^2] \leqslant t^2\cdot (f,f)$.

由定理 6.1.2 及上面的例子, 利用引理 5.4.4 可得如下 Fukushima 分解定理:

定理 6.1.3 (Fukushima) 对任意 $u\in\mathscr{F}$, 唯一存在 $M^{[u]}\in\mathring{\mathscr{M}}$ 及 $N^{[u]}\in\mathscr{N}_c$, 使得对 q.e. $x\in E$, $\mathbf{P}_x$-a.s. 有

$$A^{[u]} = M^{[u]} + N^{[u]}. \tag{6.1.18}$$

证明 唯一性. 若 $M\in\mathring{\mathscr{M}}\cap\mathscr{N}_c$, 则由 (6.1.13), $\mu_{\langle M\rangle}(E)=0$, 故而 $\langle M\rangle = 0$, $\mathbf{P}_x$-a.s. 对 q.e. $x\in E$, 从而 $M=0$.

存在性. 设 f 为 $L^2(E;m)$ 中的概 Borel 函数, 对于 $u\in R_1 f\in\mathscr{F}$, 定义 $N_t^{[u]}$ 为

$$N_t^{[u]} = \int_0^t (u(X_s) - f(X_s))ds.$$

记 $M_t^{[u]} = A_t^{[u]} - N_t^{[u]}$, 则由上面的例子有 $N^{[u]}\in\mathscr{N}_c$, $M^{[u]}\in\mathscr{M}$ 也可简单地推出. 因为 $\mathbf{e}(A^{[u]})<\infty$, 所以 $M^{[u]}\in\mathring{\mathscr{M}}$.

一般地, 对于 $u\in\mathscr{F}$, 取函数列 $u_n = R_1 f_n$ 满足 $\mathscr{E}_1(u_n-u, u_n-u)\to 0$. 设 $A^{[u_n]} = M^{[u_n]} + N^{[u_n]}$ 为上面给出的分解, 由引理 5.4.4, 适当地选取子列 $\{n_k\}$, 则对 q.e. $x\in E$, $\mathbf{P}_x$-a.s. 有 $A_t^{[u_{n_k}]}$ 关于 t 紧一致收敛于 $A_t^{[u]}$. 进一步地, 因为

$$\mathbf{e}(M^{[u_m]} - M^{[u_n]}) = \mathbf{e}(A^{[u_m]} - A^{[u_n]}) \leqslant \mathscr{E}(u_m-u_n, u_m-u_n),$$

根据定理 6.1.2, 适当的子列 $M^{[u_{n_k}]}$ 将 e- 收敛, 从而关于 t 紧一致收敛于 $\mathring{\mathscr{M}}$ 中的某个元素, 记为 $M^{[u]}$.

结果是 $N^{[u_n]}$ 的适当子列收敛于连续加泛函, 记为 $N^{[u]}$, 并满足 $A^{[u]} = M^{[u]} + N^{[u]}$. 由

$$\begin{aligned}
&\limsup_{t\to 0}\frac{1}{2t}\mathbf{E}_m[(N_t^{[u]})^2]\\
&\leqslant \limsup_{t\to 0}\frac{3}{2t}\left(\mathbf{E}_m[(A_t^{[u]} - A_t^{[u_n]})^2] + \mathbf{E}_m[(M_t^{[u]} - M_t^{[u_n]})^2] + \mathbf{E}_m[(N_t^{[u_n]})^2]\right)\\
&\leqslant 6\mathscr{E}(u-u_n, u-u_n)\to 0,\quad n\to\infty
\end{aligned}$$

可得 $N^{[u]}$ 的能量为零. □

Fukushima 分解中出现的零能量连续加泛函 $N^{[u]}$ 一般不是一个有界变差过程, 难以分析. 其实可以利用 Hunt 过程的对称性消去 $N^{[u]}$. 为简单起见, 本节自此开始, 设 Dirichlet 型在定义 4.1.4 的意义下是局部的. 根据定理 5.2.5, 这个假设条件与 X 是满足连续性条件 (5.2.21) 的扩散过程等价.

对于固定时间 $T>0$, 定义时间逆算子 r_T 为

$$X_t(r_T\omega)=X_{T-t}(\omega),\quad 0\leqslant t\leqslant T<\zeta(\omega). \tag{6.1.19}$$

引理 6.1.3 对于 $\mathscr{F}_T$- 可测集 Λ,

$$\mathbf{P}_m(r_T^{-1}(\Lambda),T<\zeta)=\mathbf{P}_m(\Lambda,T<\zeta). \tag{6.1.20}$$

证明 对于 $0\leqslant s_1<s_2<\cdots<s_{n-1}\leqslant T$, $f_1,f_2,\cdots,f_{n-1}\in b\mathscr{B}(E)$, 由 (1.3.6) 及 p_t 的 m- 对称性 (1.1.17),

$$\begin{aligned}
&\mathbf{E}_m[f_1(X_{s_1})f_2(X_{s_2})\cdots f_{n-1}(X_{s_{n-1}})1_E(X_T)]\\
=&\int_E p_{s_1}(f_1p_{s_2-s_1}(f_2\cdots p_{s_{n-1}-s_{n-2}}(f_{n-1}p_{T-s_{n-1}}1_E)))dm\\
=&\int_E p_{T-s_{n-1}}(f_{n-1}p_{s_{n-1}-s_{n-2}}(f_{n-2}\cdots p_{s_2-s_1}(f_1p_{s_1}1_E)))dm\\
=&\mathbf{E}_m[f_{n-1}(X_{T-s_{n-1}})f_{n-2}(X_{T-s_{n-2}})\cdots f_1(X_{T-s_1})1_E(X_T)].
\end{aligned}$$

再应用单调类定理, 即命题 A.1.1, 推出 (6.1.20) 成立. □

定理 6.1.4 (Lyons- 郑分解 I) 对于 $u\in\mathscr{F}$, $0\leqslant t\leqslant T<\zeta$ 有 $\mathbf{P}_m$-a.s.

$$A_t^{[u]}=\frac{1}{2}M_t^{[u]}+\frac{1}{2}(M_{T-t}^{[u]}(r_T)-M_T^{[u]}(r_T)). \tag{6.1.21}$$

证明 对定理 6.1.3 的分解 $u(X_t)-u(X_0)=M_t^{[u]}+N_t^{[u]}$ 作时间逆运算得

$$u(X_{T-t})-u(X_T)=M_t^{[u]}(r_T)+N_t^{[u]}(r_T),\quad \mathbf{P}_m\text{-a.s.}. \tag{6.1.22}$$

在 $u=R_1f$ 的情形下, 由于 $N_t^{[u]}=\displaystyle\int_0^t(u-f)(X_s)ds$,

$$\begin{aligned}
N_t^{[u]}(r_T)&=\int_0^t(u-f)(X_s\circ r_T)ds\\
&=\int_{T-t}^T(u-f)(X_s)ds=N_T^{[u]}-N_{T-t}^{[u]},
\end{aligned} \tag{6.1.23}$$

并且 $M_t^{[u]}(r_T)=u(X_{T-t})-u(X_T)-N_T^{[u]}+N_{T-t}^{[u]}$, 从而

$$\begin{aligned}
&M_{T-t}^{[u]}(r_T)-M_T^{[u]}(r_T)\\
&=u(X_t)-u(X_T)-N_T^{[u]}+N_t^{[u]}-u(X_0)+u(X_T)+N_T^{[u]}\\
&=u(X_t)-u(X_0)+N_t^{[u]}=2u(X_t)-2u(X_0)-M_t^{[u]}.
\end{aligned}$$

推得定理结论成立, 在一般情形下可用逼近的方法证明. □

在 (6.1.22) 中, 用 $T-t$ 代替 t, 于是有

$$u(X_t)=u(X_T)+M_{T-t}^{[u]}(r_T)+N_{T-t}^{[u]}(r_T), \tag{6.1.24}$$

从而考虑式 (6.1.24) 与 (6.1.18) 之和可得

$$\begin{aligned}
u(X_t)=&\frac{1}{2}(u(X_0)+u(X_T))+\frac{1}{2}(M_t^{[u]}+M_{T-t}^{[u]}(r_T))\\
&+\frac{1}{2}(N_t^{[u]}+N_{T-t}^{[u]}(r_T)).
\end{aligned}$$

另一方面, 由 (6.1.23) 有 $N_T^{[u]}=N_t^{[u]}+N_{T-t}^{[u]}$, 从而得如下等式:

定理 6.1.5 (Lyons- 郑分解 II) 对于 $u\in\mathscr{F}$, $0\leqslant t\leqslant T<\zeta$ 有 $\mathbf{P}_m$-a.s.

$$u(X_t)=\frac{1}{2}(u(X_0)+u(X_T))+\frac{1}{2}(M_t^{[u]}+M_{T-t}^{[u]}(r_T))+\frac{1}{2}N_T^{[u]}. \tag{6.1.25}$$

6.2 鞅加泛函的分解与 Beurling-Deny 公式

对于正则 Dirichlet 型 $(\mathscr{E},\mathscr{F})$ 有如下表示定理成立, 发表于 1959 年由 Beurling-Deny 最早引入 Dirichlet 空间概念的论文 [29] 中, 随后, 给出了其分析的证明.

$$\begin{aligned}
\mathscr{E}(u,v)=&\mathscr{E}^{(c)}(u,v)+\int_{E\times E\backslash d}(\widetilde{u}(x)-\widetilde{u}(y))(\widetilde{v}(x)-\widetilde{v}(y))J(dxdy)\\
&+\int_E\widetilde{u}\widetilde{v}dk,\quad u,v\in\mathscr{F},
\end{aligned}\tag{6.2.1}$$

其中 $\widetilde{u}$ 为 $u\in\mathscr{F}$ 的拟连续修正, J 为 $E\times E\setminus d$ (d 为对角线) 上对称的 Radon 测度, k 为 E 上的 Radon 测度, $\mathscr{E}^{(c)}$ 为有定义 4.1.4 所示的强局部性的对称型.

本节也承袭 6.1 节开头关于 E, m, $X=(X_t,\mathbf{P}_x)$, $(\mathscr{E},\mathscr{F})$ 等的设定. 然后, 由 $u\in\mathscr{F}$ 对应的加泛函 $A_t^{[u]}$, 根据 6.1 节的分解定理 (定理 6.1.3) 所得鞅加泛函 (MAF) $M^{[u]}$ 的新的分解推出 Beurling-Deny 公式. 该结果采用描述对称 Markov 过程 X 的跳跃的 Lévy 系, 给出测度 J 与 k 的概率表示.

为此, 先作一般的观察. 如 5.4 节开头所述, X 的加泛函 A 随带着被称为例外集的真例外集 N, 并且关于 X 在 $E\setminus N$ 上的限制所得的 Hunt 过程 $X_{E\setminus N}$, A 是狭义加泛函 (例外集为空的加泛函). 在 6.1 节中已经讨论过的 X 的 MAF M, 设其例外集为 N, 属于关于 Hunt 过程 $X_{E\setminus N}$ 在 A.3.2 小节中所定义的平方可积鞅加泛函类 $\mathscr{M}_{\rm ad}$, 所以由定理 A.3.14, 它作为 $X_{E\setminus N}$ 的狭义加泛函唯一构造出其连续部分 $M^{\rm c}$, 纯不连续部分 $M^{\rm d}$ 以及两个二次变差 $\langle M\rangle$, $[M]$. 若将它们视为 X 的加泛函, 则依 2.3 节中 m- 等价的意义, 分别由 M 唯一确定如下：

定义 X 的 MAF, 即满足 (6.1.12) 的加泛函全体 $\mathscr{M}$ 的子空间为

$$\mathscr{M}_{\rm c}=\{M\in\mathscr{M}:\mathbf{P}_x(M_t \text{ 关于 } t \text{ 连续})=1,\ \text{q.e. } x\},$$
$$\mathscr{M}_{\rm d}=\{M\in\mathscr{M}:\mathbf{P}_x(\langle M,L\rangle=0)=1,\ \text{q.e. } x,\ \forall L\in\mathscr{M}_{\rm c}\},$$

则 $M\in\mathscr{M}$ 可唯一分解为 $M=M^{\rm c}+M^{\rm d}$, $M^{\rm c}\in\mathscr{M}_{\rm c}$, $M^{\rm d}\in\mathscr{M}_{\rm d}$. $\langle M\rangle$ 为有如下性质的正连续加泛函:

$$\mathbf{E}_x[M_t^2]=\mathbf{E}_x\langle M\rangle_t,\quad \text{q.e. } x\in E,\ \forall t\geqslant 0. \tag{6.2.2}$$

进一步地有

$$[M]_t=\langle M^{\rm c}\rangle_t+\sum_{s\leqslant t}(\Delta M_s)^2,\quad [M]_t^p=\langle M\rangle_t,\ \forall t\geqslant 0, \tag{6.2.3}$$

其中 $\Delta M_s=M_s-M_{s-}$, A^p 表示可积的有界变差加泛函 A 的对偶可料投影.

对于 $u\in\mathscr{F}$, 根据定理 6.1.3 有如下分解式：

$$A^{[u]}=M^{[u]}+N^{[u]},\quad M^{[u]}\in\overset{\circ}{\mathscr{M}}\subset\mathscr{M},\ N^{[u]}\in\mathscr{N}_{\rm c}.$$

这时, $M^{[u]}$ 的连续部分与纯不连续部分分别用 $M^{[u],{\rm c}}$ 与 $M^{[u],{\rm d}}$ 表示.

但是 $N^{[u]}$ 是连续加泛函, 由定理 4.3.2(i),

$$\Delta M_\zeta^{[u]}=\widetilde{u}(X_\zeta)-\widetilde{u}(X_{\zeta-})=-\widetilde{u}(X_{\zeta-}). \tag{6.2.4}$$

记 $K_t=-\widetilde{u}(X_{\zeta-})1_{\{\zeta\leqslant t\}}(t\geqslant 0)$, 则 K_t 是 X 的加泛函并且只有在 X(在生命时 ζ 时) 从 E 跳到 Δ 时 K 才有跳跃. 根据 (6.2.4), 引理 A.3.1 及定理 A.3.13, K 有对偶可料投影 K^p, $K-K^p\in\mathscr{M}_{\rm d}$. 另外, 由 Hunt 过程 X 的拟左连续性, 注意到 X 在可料停时处是不发生跳跃的, 则由定理 A.3.4 可知, K^p 是连续加泛函. 在此, 记

$$M_t^{[u],k}=k_t-k_t^p,\quad t\geqslant 0, \tag{6.2.5}$$

则 $M^{[u],k} \in \mathscr{M}_{\mathrm{d}}$ 只有在 $t=\zeta$ 处可能跳跃. 再记 $M^{[u],j} = M^{[u],\mathrm{d}} - M^{[u],k}$, 则由定理 A.3.8, $M^{[u],j} \in \mathscr{M}_{\mathrm{d}}$. $M^{[u]} \in \overset{\circ}{\mathscr{M}}$ 可分解为

$$M^{[u]} = M^{[u],\mathrm{c}} + M^{[u],j} + M^{[u],k}. \tag{6.2.6}$$

下面对 $M, N \in \mathscr{M}$, 记 $[M,N] = \frac{1}{2}([M+N]-[M]-[N])$, 则由于 $\Delta M_{\zeta}^{[u],j} = 0$, 由 (6.2.3) 的第一个式子有

$$[M^{[u],j}, M^{[u],k}]_t = \sum_{0<s\leqslant t} \Delta M_s^{[u],j} \cdot \Delta M_s^{[u],k} = 0,$$

从而由 (6.2.3) 的第二个式子可得 $\langle M^{[u],j}, M^{[u],k}\rangle = 0$, 并且分解式 (6.2.6) 关于 $\langle \cdot,\cdot\rangle$ 正交.

若用 $\mu_{\langle M\rangle}$ 表示 $M \in \mathscr{M}$ 的二次变差 $\langle M\rangle \in \mathbf{A}_c^+$ 的 Revuz 测度, 则由分解式 (6.2.6) 得

$$\mu_{\langle M^{[u]}\rangle} = \mu_{\langle M^{[u],\mathrm{c}}\rangle} + \mu_{\langle M^{[u],j}\rangle} + \mu_{\langle M^{[u],k}\rangle}. \tag{6.2.7}$$

下面对 $u, v \in \mathscr{F}$, 记

$$\mu_{\langle u,v\rangle} = \mu_{\langle M^{[u]}, M^{[v]}\rangle}, \quad \mu_{\langle u,v\rangle}^i = \mu_{\langle M^{[u],i}, M^{[v],i}\rangle},$$

其中 i 代表 c, j, k. 当 $u=v$ 时, 分别写为 $\mu_{\langle u\rangle}$ 与 $\mu_{\langle u\rangle}^i$. 此时, $\mu_{\langle u,v\rangle} = \frac{1}{4}(\mu_{\langle u+v\rangle} - \mu_{\langle u-v\rangle})$ 且对 $\mu_{\langle u,v\rangle}^i$ 有类似的关系式.

在此, 再考虑 Hunt 过程 X 的 Lévy 系 (N,H). 由定理 A.3.18, Lévy 系描述的是 X 的样本轨道的跳跃规则. 对 $u \in \mathscr{F}$, 根据 $M^{[u],j}$ 与 $M^{[u],k}$ 的定义以及定理 A.3.18, 定理 A.3.8,

$$\begin{aligned}
\langle M^{[u],j}\rangle_t = [M^{[u],j}]_t^p &= \left(\sum_{0<s\leqslant t<\zeta} (\Delta M_s^{[u]})^2\right)^p \\
&= \left(\sum_{0<s\leqslant t} (\widetilde{u}(X_s) - \widetilde{u}(X_{s-}))^2 1_{\{X_s\in E\}}\right)^p \\
&= \int_0^t \int_E (\widetilde{u}(X_s) - \widetilde{u}(y))^2 N(X_s, dy) dH_s,
\end{aligned} \tag{6.2.8}$$

$$\begin{aligned}\langle M^{[u],k}\rangle_t &= \left((\Delta M_s^{[u]})^2 1_{\{\zeta\leqslant t\}}\right)^p = \left(\widetilde{u}(X_{\zeta-})^2 1_{\{\zeta\leqslant t\}}\right)^p \\ &= \left(\sum_{0<s\leqslant t} 1_{\{\Delta\}}(X_s)\widetilde{u}(X_{s-})^2 1_{\{X_s\neq X_{s-}\}}\right)^p \\ &= \int_E \widetilde{u}(X_s)^2 N(X_s,\{\Delta\})dH_s. \end{aligned} \tag{6.2.9}$$

设 $H\in\mathbf{A}_c^+$ 的 Revuz 测度为 μ_H, 记

$$J(dx,dy)=\frac{1}{2}N(x,dy)\mu_H(dx),\quad k(dx)=N(x,\{\Delta\})\mu_H(dx), \tag{6.2.10}$$

根据 (6.2.8), (6.2.9) 及定理 2.3.1 有

$$\mu^j_{\langle u\rangle}(dx)=2\int_E(\widetilde{u}(x)-\widetilde{u}(y))^2J(dx,dy),\quad \mu^k_{\langle u\rangle}(dx)=\widetilde{u}(x)^2k(dx). \tag{6.2.11}$$

对 $u\in\mathscr{F}$, 因为 (6.2.7) 右边各项的全测度都有限, 由 (6.1.13) 有 $M^{[u],i}\in\mathring{\mathscr{M}}(i=\mathrm{c},j,k)$. 利用它们的能量来定义如下三个对称型:

$$\begin{aligned}\mathscr{E}^{(\mathrm{c})}(u,v)&=\mathbf{e}(M^{[u],\mathrm{c}},M^{[v],\mathrm{c}}),\\ \mathscr{E}^{(j)}(u,v)&=\mathbf{e}(M^{[u],j},M^{[u],j}),\\ \mathscr{E}^{(k)}(u,v)&=2\mathbf{e}(M^{[u],k},M^{[u],k}).\end{aligned} \tag{6.2.12}$$

由 (6.1.13), (6.2.11), 对于 $u\in\mathscr{F}$,

$$\begin{aligned}\mathscr{E}^{(j)}(u,u)&=\int_{E\times E\setminus d}(\widetilde{u}(x)-\widetilde{u}(y))^2J(dx,dy),\\ \mathscr{E}^{(k)}(u,u)&=\int_E\widetilde{u}(x)^2k(dx).\end{aligned} \tag{6.2.13}$$

另一方面, 由定理 6.1.1 及定理 6.1.3 有 $\mathscr{E}(u,u)=\mathbf{e}(M^{[u]})+\dfrac{1}{2}\displaystyle\int_E\widetilde{u}^2dk$, 所以有 Beurling-Deny 的分解

$$\mathscr{E}(u,v)=\mathscr{E}^{(\mathrm{c})}(u,v)+\mathscr{E}^{(j)}(u,v)+\mathscr{E}^{(k)}(u,v),\quad u,v\in\mathscr{F}. \tag{6.2.14}$$

命题 6.2.1 (i) 对 $u\in\mathscr{F}$ 及精细开集 G, 若 $\widetilde{u}$ 在 G 上 q.e. 为常数, 则 $\mu^{\mathrm{c}}_{\langle u\rangle}(G)=0$; (ii) $\mathscr{E}^{(\mathrm{c})}$ 满足强局部性.

证明 (i) 记

$$B_t^{(n)}=\sum_{k=1}^n[\widetilde{u}(X_{\frac{k}{n}t})-\widetilde{u}(X_{\frac{k-1}{n}t})]^2,$$

则 $B_t^{(n)}$ 在 $t<\tau_G$ 时为零. 另一方面, 根据定理 A.3.9, 至少在一个子列上,

$$\lim_{n\to\infty} B_t^{(n)}=\langle M^{[u],\mathrm{c}}\rangle_t+\sum_{0<s\leqslant t}(\widetilde{u}(X_s)-\widetilde{u}(X_{s-}))^2,\quad \mathbf{P}_m\text{-a.s.},$$

所以当 $t<\tau_G$ 时,

$$\langle M^{[u],\mathrm{c}}\rangle_t=0,\quad \mathbf{P}_m\text{-a.s.}.\tag{6.2.15}$$

然而, 对于 $A\in\mathbf{A}_c^+$ 及其 Revuz 测度 μ 有与 (5.4.3) 平行的关系式

$$\mathbf{E}_{h\cdot m}\left[\int_0^{\tau_G}\mathrm{e}^{-\alpha s}f(X_s)dA_s\right]=\langle R_\alpha^G h,f\cdot\mu\rangle,\quad h,f\in\mathscr{B}^+(E),\tag{6.2.16}$$

其中 R_α^G 为 X 在精细开集 G 上的子过程的预解. 由 (6.2.15) 与 (6.2.16) 直接推出 $\mu^{\mathrm{c}}_{\langle u\rangle}(G)=0$.

根据定理 4.3.6, 只需证明 (6.2.16) 对 $\mu\in S_{00}$ 成立即可. 此时, 由引理 5.4.3, $U_A^\alpha f=U_\alpha(f\cdot\mu)\in\mathscr{F}$, 从而应用定理 5.2.3, 设 $h\in C_0(E)$, $g=U_\alpha(f\cdot\mu)$, 则 (6.2.16) 的左边等于

$$(h,g-H_G^\alpha\widetilde{g})=\mathscr{E}_\alpha(R_\alpha h,g-H_G^\alpha\widetilde{g})=\mathscr{E}_\alpha(R_\alpha^G h,g)=\langle R_\alpha^G h,f\cdot\mu\rangle.$$

(ii) 对于 $u,v\in\mathscr{F}$, 设 $u\cdot m$ 的支撑 K 是紧的, v 在 K 的某个邻域 G 上 m-a.e. 等于常数. 因为 v 的拟连续修正 $\widetilde{v}$ 在 G 上 q.e. 为常数, 由 (i) 可知 $\mu^{\mathrm{c}}_{\langle v\rangle}(G)=0$, 同样有 $\mu^{\mathrm{c}}_{\langle u\rangle}(E\setminus K)=0$. 因为不等式

$$\mu^{\mathrm{c}}_{\langle u,v\rangle}(B)^2\leqslant\mu^{\mathrm{c}}_{\langle u\rangle}(B)\cdot\mu^{\mathrm{c}}_{\langle v\rangle}(B),\quad B\in\mathscr{B}(E),$$

故有 $\mu^{\mathrm{c}}_{\langle u,v\rangle}(E)=0$, 从而 $\mathscr{E}^{(\mathrm{c})}(u,v)=0$. □

命题 6.2.2　对任意满足 $\mathrm{supp}\,[u]\cap\mathrm{supp}\,[v]=\varnothing$ 的 $u,v\in\mathscr{F}\cap C_0^+(E)$ 有

$$\int_{E\times E\setminus d}u(x)v(x)J(dx,dy)=-\frac{1}{2}\mathscr{E}(u,v).$$

证明　考虑满足 $\mathrm{supp}\,[u]\subset G\subset\overline{G}\subset(\mathrm{supp}\,[v])^{\mathrm{c}}$ 的相对紧开集 G. 考虑由 (5.2.15) 定义的 $\mathscr{E}$ 在 G 上的部分 $\mathscr{E}_G$. $\mathscr{E}_G$ 作为 $L^2(G;m)$ 上的 Dirichlet 型是正则的. 这根据 Beurling, Deny 最早证明的关于正则 Dirichlet 型 $\mathscr{E}$ 的谱定理 (参见文献 [17], [32]) 推出, 本书将省略其证明, 在 $\mathscr{E}_G$ 正则的前提下讨论.

记 $Nf(x)=\int_E f(y)N(x,dy)$, 则对于 $f\in\mathscr{F}\cap C_0(G)$,

$$\begin{aligned}\mathscr{E}^{(j)}(|f|,v)&=\int_{E\times E\setminus d}(|f|(x)-|f|(y))(v(x)-v(y))\widehat{J}(dx,dy)\\&=-\frac{1}{2}\left(\int_E v\cdot N|f|d\mu_H+\int_E|f|\cdot Nvd\mu_H\right),\end{aligned}$$

因而

$$\int_E |f|\cdot Nv d\mu_H \leqslant 2\mathscr{E}^{(j)}(|f|,|f|)^{\frac{1}{2}}\cdot\mathscr{E}^{(j)}(v,v)^{\frac{1}{2}}\leqslant C\sqrt{\mathscr{E}(f,f)}$$

成立, 于是可知 $1_G\cdot Nv\cdot\mu_H$ 关于正则 Dirichlet 型 $\mathscr{E}_G$ 是有限能量积分的测度.

另一方面, 注意到

$$\mathrm{e}^{-\sigma_{E\setminus G}}v(X_{\sigma_{E\setminus G}})=\sum_{0<s\leqslant\sigma_{E\setminus G}}\mathrm{e}^{-\alpha s}(v(X_s)-v(X_{s-})),$$

由 Lévy 系的性质有

$$\begin{aligned}H^\alpha_{E\setminus G}v(x)&=\mathbf{E}_x\left[\int_0^{\sigma_{E\setminus G}}\mathrm{e}^{-\alpha s}(v(y)-v(X_s))N(X_s,dy)dH_s\right]\\&=\mathbf{E}_x\left[\int_0^{\sigma_{E\setminus G}}\mathrm{e}^{-\alpha s}Nv(X_s)dH_s\right],\end{aligned}$$

所以由 (6.2.16) 可以推出, $H^\alpha_{E\setminus G}v$ 在 G 上 m-a.e. 等于测度 $1_G\cdot Nv\cdot\mu_H$ 关于 $\mathscr{E}_G$ 的 α- 位势 $U^G_\alpha(1_G\cdot Nv\cdot\mu_H)$. 而 $H^\alpha_{E\setminus G}v$ 在 $E\setminus G$ 上等于 v, 由此有 $H^\alpha_{E\setminus G}v=U^G_\alpha(1_G\cdot Nv\cdot\mu_H)+v$. 由定理 5.2.3, $\mathscr{E}_\alpha(H^\alpha_{E\setminus G}v,u)=0$, 从而

$$2\int_{E\times E\setminus d}u(x)u(y)J(dx,dy)=\mathscr{E}_\alpha(U^G_\alpha(1_G\cdot Nv\cdot\mu_H),u)=-\mathscr{E}(u,v).\qquad\square$$

综上所述, 得到如下定理:

定理 6.2.1 (i) Dirichlet 型 $\mathscr{E}$ 根据强局部的型 $\mathscr{E}^{(c)}$, $E\times E\setminus d$ 上对称的 Radon 测度 J 及 E 上的 Radon 测度 k 有唯一的表示 (6.2.1);

(ii) J,k 由 X 的 Lévy 系 (N,H) 表示为 (6.2.10).

证明 已经推导出 $\mathscr{E}$ 的表示 (6.2.13) 与 (6.2.14), 而命题 6.2.1 证明了 $\mathscr{E}^{(c)}$ 的强局部性, 由命题 6.2.2 可知, J 是对称的. 易知表示 (6.2.1) 的唯一性. □

根据 (6.2.10), 由 X 的 Lévy 系所确定的测度 J 与 k 分别称为 X 的**跳跃测度**与**消亡测度**. 由于 k 表示 X 在 E 的内部死亡的机制, 当 $k=0$ 时, 称 X 没在状态空间**内部死亡**.

定理 6.2.2 对于 $u\in b\mathscr{F}$, $f\in b\mathscr{F}$ 有

$$\int_E\widetilde{f}d\mu_{\langle u\rangle}(x)=2\mathscr{E}(u,uf)-\mathscr{E}(u^2,f).\tag{6.2.17}$$

证明 由定理 5.4.1, (6.2.2) 及定理 6.1.3, 对任意 $f\in b\mathscr{F}$,

$$\int_E\widetilde{f}d\mu_{\langle u\rangle}=\lim_{t\to0}\frac{1}{t}\mathbf{E}_{f\cdot m}\langle M^{[u]}\rangle_t=\lim_{t\to0}\frac{1}{t}\mathbf{E}_m[(\widetilde{u}(X_t)-\widetilde{u}(X_0))^2].$$

因为

$$\begin{aligned}\mathbf{E}_{f\cdot m}[(\widetilde{u}(X_t)-\widetilde{u}(X_0))^2] &= (f, p_t u^2 - 2up_t u + u^2) \\ &= 2(fu, u-p_t u) - (f, u^2 - p_t u^2),\end{aligned}$$

由 $\mathscr{E}$ 的逼近形式 (4.1.4) 与 (4.1.5) 可得定理结论. □

测度 $\mu_{\langle u\rangle}$ 是根据 (6.2.17) 由 Silverstein[24] 引入的, 被称为 $u\in\mathscr{F}$ 的**能量测度.** 定理 6.2.2 证明它与 $\langle M^{[u]}\rangle\in\mathbf{A}_c^+$ 的 Revuz 测度一致. (6.2.17) 说明

$$\int_E \widetilde{f} d\mu_{\langle u,v\rangle} = \mathscr{E}(u, vf) + \mathscr{E}(v, uf) - \mathscr{E}(uv, f), \quad u, v \in b\mathscr{F}. \tag{6.2.18}$$

当 $\mu_{\langle u,v\rangle}$ 关于 m 绝对连续时, 记其密度为 $\Gamma(u,v)$, 则有如下表达式:

$$\Gamma(u,v) = A(uv) - Au\cdot v - u\cdot Av.$$

它与**平方场算子**的概念相同, 其中 A 为生成算子.

6.3　连续鞅加泛函的性质及其应用

当随机过程 $Z=(Z_t)$ 可表示为局部鞅与有界变差过程的和时, 称之为**半鞅**. 在 6.1 节中, 对于 $u\in\mathscr{F}$ 导出的连续加泛函 $N^{[u]}$ 是零能量, 但不一定是有界变差的, 所以关于一般的半鞅成立的、众所周知的分部积分公式和 Itô 公式都不能照搬使用.

但在本节中, 运用半鞅对应的分部积分公式, 推导鞅加泛函 $M^{[u]}$ 的连续部分 $M^{[u],c}$ 对应的能量测度 $\mu^c_{\langle u\rangle}$ 的变换法则, 并用它得到 $M_t^{[u],c}$ 的变换法则. 该结果用概率论的方法推出由 Beurling 与 Deny 最早以分析的方法得到的 Dirichlet 型 $\mathscr{E}$ 的强局部部分 $\mathscr{E}^{(c)}$ 的积分表示. 在本节的后半部分中, 应用 6.1 节后半部分 Lyons-郑的关于对称扩散过程 X 的前向鞅与后向鞅之和的分解, 推导对称扩散过程保守性的判定条件.

首先, 为定义作为 $\overset{\circ}{\mathscr{M}}$ 的元素的随机积分的定义, 引入如下空间:

$$\dot{\mathbf{A}}_c = \{A-B: A, B\in\mathbf{A}_c^+,\ \mathbf{E}_x[A_t]<\infty, \mathbf{E}_x[B_t]<\infty,\ \forall t>0, \text{q.e. } x\in E\}.$$

此时, 对 $M,N\in\mathscr{M}$,

$$\langle M,N\rangle_t = \frac{1}{2}(\langle M+N\rangle_t - \langle M\rangle_t - \langle N\rangle_t)$$

作为 $\dot{\mathbf{A}}_c$ 的元素是唯一确定的. 再定义鞅空间

$$\mathscr{M}_1 = \{M\in\mathscr{M}:\ \mu_{\langle M\rangle}(\in S)\ \text{为 Radon 测度}\}.$$

$\mathscr{M}_1$ 包含能量有限的 MAF 的空间 $\overset{\circ}{\mathscr{M}}$. 对于 $M,N\in\mathscr{M}_1$, 设测度 $\mu_{\langle M,N\rangle}$ 是唯一满足

$$\int_E fd\mu_{\langle M,N\rangle}=\lim_{t\downarrow 0}\frac{1}{t}\mathbf{E}_m\left[\int_0^t f(X_s)d\langle M,N\rangle_s\right],\quad \forall f\in C_0(E) \tag{6.3.1}$$

的符号 Radon 测度.

引理 6.3.1 若 $M,N\in\mathscr{M}_1$, $f\in L^2(E;\mu_{\langle M\rangle})$ 且 $g\in L^2(E;\mu_{\langle N\rangle})$, 则 $f\cdot g$ 关于测度 $\mu_{\langle M,N\rangle}$ 的全变差 $|\mu_{\langle M,N\rangle}|$ 可积且

$$\left(\int_E|f\cdot g|d|\mu_{\langle M,N\rangle}|\right)^2\leqslant\int_E f^2d\mu_{\langle M\rangle}\int_E g^2d\mu_{\langle N\rangle}. \tag{6.3.2}$$

证明 记 $\nu=\mu_{\langle M\rangle}+\mu_{\langle N\rangle}+|\mu_{\langle M,N\rangle}|$. 设关于 ν 的 Radon-Nykodim 密度分别为 $d\mu_{\langle M,N\rangle}=k_1d\nu$, $d\mu_{\langle M\rangle}=k_2d\nu$, $d\mu_{\langle N\rangle}=k_3d\nu$, 则

$$d\mu_{\langle aM+bN\rangle}=(a^2k_2+2abk_1+b^2k_3)d\nu,\quad a,b\in\mathbb{R},$$

从而集合

$$B_0=\bigcup_{a,b\in\mathbb{Q}}\{x\in E:\ a^2k_2(x)+2abk_1(x)+b^2k_3(x)<0\}$$

的 ν- 测度为零, 并且对于任意 $\alpha,\beta\in\mathbb{R}$,

$$\alpha^2f(x)^2k_2(x)+2\alpha\beta|f(x)g(x)k_1(x)|+\beta^2g(x)^2k_3(x)\geqslant 0$$

对任意 $x\in E\setminus B_0$ 成立. 关于测度 ν 积分得

$$\alpha^2\int_E f^2d\mu_{\langle M\rangle}+2\alpha\beta\int_E|fg||d\mu_{\langle M,N\rangle}|+\beta^2\int_E g^2d\mu_{\langle N\rangle}\geqslant 0,$$

由此 (6.3.2) 得证. □

定理 6.3.1 对于 $M\in\mathscr{M}_1$ 及 $f\in L^2(E;m)$, 唯一存在 $f\bullet M\in\overset{\circ}{\mathscr{M}}$, 满足

$$\mathbf{e}(f\bullet M,L)=\frac{1}{2}\int_E fd\mu_{\langle M,L\rangle},\quad \forall L\in\overset{\circ}{\mathscr{M}}. \tag{6.3.3}$$

映射 $f\mapsto f\bullet M$ 是 $L^2(E;\mu_{\langle M\rangle})$ 到 $(\overset{\circ}{\mathscr{M}},\mathbf{e})$ 的等距线性映射.

证明 根据引理 6.3.1,

$$\frac{1}{2}\left|\int_E fd\mu_{\langle M,L\rangle}\right|\leqslant\frac{1}{\sqrt{2}}\|f\|_{L^2(\mu_{\langle M\rangle})}\sqrt{\mathbf{e}(L)},\quad L\in\overset{\circ}{\mathscr{M}},$$

从而由 Riesz 表示定理, 对于 Hilbert 空间 $(\overset{\circ}{\mathscr{M}},\mathbf{e})$ 上的连续线性泛函

$$T(L):=\frac{1}{2}\int_E fd\mu_{\langle M,L\rangle},$$

唯一存在 $N \in \mathring{\mathscr{M}}$, 使得 $T(L) = \mathbf{e}(N, L)$ 且满足不等式

$$\sqrt{\mathbf{e}(N)} \leqslant \frac{1}{\sqrt{2}}\|f\|_{L^2(\mu_{\langle M\rangle})}.$$

鉴于 N 由 f 与 M 所确定, 记 $N = f{\bullet}M$, 定理得证. □

在定理 6.3.1 中, $f{\bullet}M \in \mathring{\mathscr{M}}$ 称为**随机积分**.

引理 6.3.2 设 f, M 与 $f{\bullet}M$ 为定理 6.3.1 中提到的概念, 则

$$d\mu_{\langle f\bullet M, L\rangle} = f \cdot \mu_{\langle M, L\rangle}, \quad L \in \mathring{\mathscr{M}}. \tag{6.3.4}$$

再对于 $f \in C_0(E)$, $t > 0$, q.e. $x \in E$ 有

$$\lim_{|\Delta|\to 0} \mathbf{E}_x\left[\left\{(f{\bullet}M)_t^{(\Delta)} - (f{\bullet}M)_t\right\}^2\right] = 0, \tag{6.3.5}$$

其中

$$(f{\bullet}M)_t^{(\Delta)} = \sum_{i=1}^{n} f(X_{t_{i-1}})(M_{t_i} - M_{t_{i-1}}),$$

Δ 为划分 $0 = t_0 < t_1 < \cdots < t_n = t$ 且 $|\Delta| = \max\limits_{1\leqslant i\leqslant n}(t_i - t_{i-1})$.

证明 设 B 为 M 与 $\langle M\rangle$ 共同的例外集, 并且对于 $x \in E \setminus B$, (6.2.2) 成立. 对于 $f \in C_0(E)$, 唯一存在 MAF $\widetilde{M}$, 对于 $x \in E \setminus B$,

$$\begin{aligned} &\lim_{|\Delta|\to 0} \mathbf{E}_x\left[\{(f{\bullet}M)_t^{(\Delta)} - \widetilde{M}_t\}^2\right] = 0, \\ &\mathbf{E}_x[\widetilde{M}_t^2] = \mathbf{E}_x\left[\int_0^t f(X_s)^2 d\langle M\rangle_s\right]. \end{aligned} \tag{6.3.6}$$

由此可得

$$\mathbf{e}(\widetilde{M}) = \lim_{t\downarrow 0} \frac{1}{2t}\mathbf{E}_m[\widetilde{M}_t^2] = \frac{1}{2}\int_E f^2 d\mu_{\langle M\rangle} < \infty,$$

从而 $\widetilde{M} \in \mathring{\mathscr{M}}$.

另一方面, 由定理 A.3.15, 对任何 $L \in \mathscr{M}$, q.e. $x \in E$ 有

$$\mathbf{E}_x\langle \widetilde{M}, L\rangle_t = \mathbf{E}_x\left[\int_0^t f(X_s) d\langle M, L\rangle_s\right]. \tag{6.3.7}$$

当 $L \in \mathring{\mathscr{M}}$ 时, $\mu_{\langle \widetilde{M}, L\rangle}$ 是有限的符号测度, 所以由式 (5.4.1),

$$\lim_{t\downarrow 0} \frac{1}{t}\mathbf{E}_{h\cdot m}\langle \widetilde{M}, L\rangle_t = \int_E h d\mu_{\langle \widetilde{M}, L\rangle}$$

对任何 γ- 过分函数 h 成立, 从而由 (6.3.7) 有

$$\int_E h(x)\mu_{\langle\widetilde{M},L\rangle}(dx)=\int_E h(x)f(x)\mu_{\langle M,L\rangle}(dx),\quad L\in\overset{\circ}{\mathscr{M}}. \tag{6.3.8}$$

式 (6.3.8) 中, 令 $h=\alpha R_\alpha g(g\in C_0(E))$ 且令 $\alpha\to\infty$, 于是可知 (6.3.8) 对任何 $h\in C_0(E)$ 都成立, 所以

$$d\mu_{\langle\widetilde{M},L\rangle}=f\cdot d\mu_{\langle M,L\rangle},\quad \forall L\in\overset{\circ}{\mathscr{M}}.$$

特别地, $\mathbf{e}(\widetilde{M},L)=\dfrac{1}{2}\displaystyle\int_E f d\mu_{\langle M,L\rangle}$, 这表明 $\widetilde{M}=f\bullet M$.

因此, 对于 $f\in C_0(E)$ 证明引理 6.3.2. 根据引理 6.3.1 与定理 6.3.1, 关系式 (6.3.8) 与 $\widetilde{M}=f\bullet M$ 可扩张到 $f\in L^2(E;\mu_{\langle M\rangle})$. □

推论 6.3.1 (i) 对于 $M\in\mathscr{M}_1$, $f\in L^2(E;\mu_{\langle M\rangle})$, $g\in L^2(E;f^2\cdot\mu_{\langle M\rangle})$ 有

$$g\bullet(f\bullet M)=(gf)\bullet M; \tag{6.3.9}$$

(ii) 对于 $M,L\in\mathscr{M}_1$, $f\in L^2(E;\mu_{\langle M\rangle})$ 及 $g\in L^2(E;\mu_{\langle L\rangle})$ 有

$$\mathbf{e}(f\bullet M,g\bullet L)=\frac{1}{2}\int_E f(x)g(x)\mu_{\langle M,L\rangle}(dx). \tag{6.3.10}$$

应用定理 6.3.1, 由对应于 $M\in\mathscr{M}_1$ 与 $f\in L^2(E;\mu_{\langle M\rangle})$ 的式 (6.3.4) 可推出对应于 $\dot{\mathbf{A}}_c$ 的关系式

$$\langle f\bullet M,L\rangle=f\cdot\langle M,L\rangle,\quad \forall L\in\overset{\circ}{\mathscr{M}}, \tag{6.3.11}$$

于是可知

$$\mathbf{E}_x\left[\int_0^t f(X_s)^2d\langle M\rangle_s\right]<\infty,\quad \text{q.e. } x\in E. \tag{6.3.12}$$

这是从由引理 6.1.2 推导出的不等式

$$\mathbf{E}_\nu\left[\int_0^t f(X_s)^2d\langle M\rangle_s\right]\leqslant(1+t)\|U_1\nu\|_\infty\int_E f(x)^2\mu_{\langle M\rangle}(dx)<\infty,\quad \nu\in S_{00} \tag{6.3.13}$$

所推出的.

引理 6.3.3 设 C_1 与 $\mathscr{D}$ 分别为 $C_0(E)$ 中一致收敛拓扑的稠密子空间与 $\mathscr{F}$ 中 $\mathscr{E}_1$-稠密子空间, 那么 $\{f\bullet M^{[u]}:f\in C_1,u\in\mathscr{D}\}$ 在 $(\overset{\circ}{\mathscr{M}},\mathbf{e})$ 中稠密.

证明 设鞅加泛函 $M \in \mathring{\mathscr{M}}$ 是与上面空间中的所有元素 e- 正交的元素, 即

$$\int_E f d\mu_{\langle M, M^{[u]}\rangle} = 0, \quad \forall f \in C_1,\ u \in \mathscr{D}.$$

该等式可由引理 6.3.1 及 $\mu_{\langle M^{[u]}\rangle}(E) \leqslant 2\mathscr{E}(u,u)$ 扩张到所有的 $u \in \mathscr{F}$, 所以

$$\langle M, M^{[u]}\rangle = 0, \quad \forall u \in \mathscr{F}. \tag{6.3.14}$$

特别地, (6.3.14) 对于 $u = R_\alpha g$, $\alpha > 0$, $g \in C_0(E)$ 成立, 所以根据定理 A.3.17 可知 $M = 0$. □

下面证明 6.2 节中定义的测度 $\mu^{\mathrm{c}}_{\langle u,v\rangle}$ $(u, v \in \mathscr{F})$ 具有如下特别的性质, 该性质最早是由 Y. LeJan[41] 用分析方法推导出来的:

定理 6.3.2 (微分法则) 对任意 $u, v, w \in b\mathscr{F}$, μ^{c} 满足

$$d\mu^{\mathrm{c}}_{\langle uv,w\rangle} = \widetilde{u} d\mu^{\mathrm{c}}_{\langle v,w\rangle} + \widetilde{v} d\mu^{\mathrm{c}}_{\langle u,w\rangle}. \tag{6.3.15}$$

证明 采用 A.3 节中的符号, 对于两个半鞅 $Z^i = M^i + A^i$ $(M^i \in \mathbf{M},\ A^i \in \mathbf{A},\ i = 1, 2)$, 当其有界变差部分 A^i 是连续的时, 有分部积分公式

$$Z_t^1 Z_t^2 - Z_0^1 Z_0^2 = \int_0^t Z_{s-}^1 dZ_s^2 + \int_0^t Z_{s-}^2 dZ_s^1 + [M^1, M^2]_t$$

(参见文献 [11, VIII, 18]), 这里右边的积分分别由定理 A.3.10 定义的随机积分和 Stieltjes 积分的和所定义, 最后一个括号由 (A.3.2) 所定义.

特别地, 对于 $u = R_\alpha f$, $v = R_\alpha g$, $f, g \in C_0(E)$, 令 $Z_t^1 = u(X_t)$, $Z_t^2 = v(X_t)$, 从中抽出鞅部分, 则有

$$\begin{aligned} M_t^{[uv]} = & \int_0^t \widetilde{u}(X_{s-}) dM_s^{[v]} + \int_0^t \widetilde{v}(X_{s-}) dM_s^{[u]} \\ & + [M^{[u]}, M^{[v]}]_t - \langle M^{[u]}, M^{[v]}\rangle_t, \end{aligned} \tag{6.3.16}$$

其中

$$M_t^{[uv],\mathrm{c}} = \int_0^t \widetilde{u}(X_{s-}) dM_s^{[v],\mathrm{c}} + \int_0^t \widetilde{v}(X_{s-}) dM_s^{[u],\mathrm{c}}, \tag{6.3.17}$$

$$\begin{aligned} M_t^{[uv],\mathrm{d}} = & \int_0^t \widetilde{u}(X_{s-}) dM_s^{[v],\mathrm{d}} + \int_0^t \widetilde{v}(X_{s-}) dM_s^{[u],\mathrm{d}} \\ & + [M^{[u]}, M^{[v]}]_t - \langle M^{[u]}, M^{[v]}\rangle_t \end{aligned} \tag{6.3.18}$$

分别为 $M^{[uv]}$ 的连续部分与纯不连续部分. 实际上, 这是因为由定理 A.3.8 及定理 A.3.11, 前者属于 $\mathbf{M}^{\mathrm{c}}$, 后者属于 $\mathbf{M}^{\mathrm{d}}$.

因此,

$$\begin{aligned}\langle M^{[uv],\mathrm{c}}, M^{[w],\mathrm{c}}\rangle_t = &\int_0^t \widetilde{u}(X_s)d\langle M^{[v],\mathrm{c}}, M^{[w],\mathrm{c}}\rangle_s \\ &+ \int_0^t \widetilde{v}(X_s)d\langle M^{[u],\mathrm{c}}, M^{[w],\mathrm{c}}\rangle_s,\end{aligned}$$

两边取 Revuz 测度即得 (6.3.15). 一般地, 对于 $u,v\in b\mathscr{F}$ 的情形, 利用不等式

$$\left|\int_E f d\mu_{\langle u,w\rangle} - \int_E f d\mu_{\langle v,w\rangle}\right| \leqslant 2\|f\|_\infty \sqrt{\mathscr{E}(w,w)\cdot\mathscr{E}(u-v,u-v)}$$

逼近即可. □

由 (6.3.18) 可知, 纯不连续鞅所对应的测度 $\mu^{\mathrm{d}} = \mu^j + \mu^k$ 一般是不满足微分法则的.

从该微分法则可知, 也有比命题 6.2.1(i) 弱的断言: 若 u 在相对紧开集 G 上等于常数, 则 $\mu^{\mathrm{c}}_{\langle u\rangle}(G)=0$. 实际上, 如果 u 有界且在 G 上, $u=k$, 则对于 $f\in\mathscr{F}\cap C_0(G)$,

$$k d\mu^{\mathrm{c}}_{\langle f,u\rangle} = d\mu^{\mathrm{c}}_{\langle fu,u\rangle} = f d\mu^{\mathrm{c}}_{\langle u\rangle} + u d\mu^{\mathrm{c}}_{\langle f,u\rangle},$$

所以在 G 上有 $f d\mu^{\mathrm{c}}_{\langle u\rangle}=0$.

下面给出 μ^{c} 微分法则的一般形式. 对于满足 $\Phi(0)=0$ 的 $\Phi\in C^1(\mathbb{R}^m)$ 及 $u_1,\cdots,u_m\in b\mathscr{F}$, 注意到

$$\begin{aligned}&|\Phi(\mathbf{u}(x))| \leqslant \sum_{i=1}^m \|\Phi_{x_i}\|_{L^\infty(V)}|u_i(x)|,\\ &|\Phi(\mathbf{u}(x)) - \Phi(\mathbf{u}(y))| \leqslant \sum_{i=1}^m \|\Phi_{x_i}\|_{L^\infty(V)}|u_i(x)-u_i(y)|,\end{aligned}$$

其中 $\mathbf{u}=(u_1,\cdots,u_m)$, $V\subset\mathbb{R}^m$ 为 $\mathbf{u}$ 的值域. 因为 $\mathscr{E}$ 的逼近型为

$$\begin{aligned}\mathscr{E}^{(t)}(\mathbf{u},\mathbf{u}) =&\frac{1}{2t}\int_E\int_E(\mathbf{u}(x)-\mathbf{u}(y))^2 p_t(x,dy)m(dx)\\ &+\frac{1}{t}\int_E(\mathbf{u}(x))^2(1-p_t1)(x)m(dx),\end{aligned}$$

从而可知 $\Phi(\mathbf{u})\in\mathscr{F}$, 进一步地有

$$\mathscr{E}_\alpha(\Phi(\mathbf{u}),\Phi(\mathbf{u}))^{\frac12} \leqslant \sum_{i=1}^m \|\Phi_{x_i}\|_{L^\infty(V)}\mathscr{E}_\alpha(u_i,u_i)^{\frac12}. \tag{6.3.19}$$

定理 6.3.3 对于满足 $\Phi(0)=0$ 的 $\Phi\in C^1(\mathbb{R}^m)$ 及 $u_1,\cdots,u_m\in b\mathscr{F}$,

$$d\mu^{\mathrm{c}}_{\langle\Phi(\mathbf{u}),v\rangle}=\sum_{i=1}^m\Phi_{x_i}(\mathbf{u})d\mu^{\mathrm{c}}_{\langle u_i,v\rangle},\quad \forall v\in b\mathscr{F}. \tag{6.3.20}$$

证明 设 $\mathscr{A}$ 为满足定理结论的函数 Φ 的全体. 由微分法则, 对任意 $\Phi,\Psi\in\mathscr{A}$ 有

$$\begin{aligned}d\mu^{\mathrm{c}}_{\langle\Phi(\mathbf{u})\Psi(\mathbf{u}),v\rangle}&=\Phi(\mathbf{u})d\mu^{\mathrm{c}}_{\langle\Psi(\mathbf{u}),v\rangle}+\Psi(\mathbf{u})d\mu^{\mathrm{c}}_{\langle\Phi(\mathbf{u}),v\rangle}\\&=\sum_{i=1}^m(\Phi\Psi)_{x_i}(\mathbf{u})d\mu^{\mathrm{c}}_{\langle u_i,v\rangle},\end{aligned}$$

从而 $\Phi\cdot\Psi\in\mathscr{A}$. 进一步, 因为 $\mathscr{A}$ 包含坐标函数, 从而包含所有在原点为零的多项式. 对于在原点为零的函数 $\Phi\in C^1(\mathbb{R}^m)$ 及包含 $\mathbf{u}$ 的值域的立方体 V, 存在多项式列 $\Phi^{(k)}$ 满足

$$\Phi^{(k)}(0)=0,\quad \left\|\Phi^{(k)}-\Phi\right\|_{L^\infty(V)}\to 0,\quad \left\|\Phi^{(k)}_{x_i}-\Phi_{x_i}\right\|_{L^\infty(V)}\to 0.$$

此时, 由 (6.3.19) 依 $\mathscr{E}_\alpha$- 范数的意义有 $\Phi^{(k)}(\mathbf{u})\to\Phi(\mathbf{u})$, 并且 (6.3.20) 可作为对应于 $\Phi^{(k)}$ 的等式的极限推出. □

称函数 u 局部地属于 $\mathscr{F}$ (记为 $u\in\mathscr{F}_{\mathrm{loc}}$), 如果对任意相对紧开集 $G\subset E$, 存在 $u_G\in\mathscr{F}$ 满足在 G 上 m-a.e. 有 $u=u_G$. 函数 $u\in\mathscr{F}_{\mathrm{loc}}$ 具有拟连续修正 $\widetilde{u}$. 下列引理意味着对于 $u\in\mathscr{F}_{\mathrm{loc}}$ 也可以定义 $M^{[u],\mathrm{c}}$:

引理 6.3.4 若 $u_1,u_2\in\mathscr{F}$ 的差在精细开集 G 上为常数, 则

$$M^{[u_1],\mathrm{c}}_t=M^{[u_2],\mathrm{c}}_t,\quad t<\tau_G. \tag{6.3.21}$$

证明 由命题 6.2.1, 在 G 上有 $\mu^{\mathrm{c}}_{\langle u_1-u_2\rangle}=0$, 所以 $\langle M^{[u_1],\mathrm{c}}-M^{[u_2],\mathrm{c}}\rangle_t=0$, $t<\tau_G$, 从而可得 (6.3.21) 成立. □

定义相对紧开集列的空间 Ξ 为

$$\Xi=\Big\{\{G_n\}:\ G_n\text{ 为相对紧开集且 }\overline{G}_n\subset G_{n+1},\ \bigcup_n G_n=E\Big\},$$

称加泛函 M 局部地属于 $\mathring{\mathscr{M}}$ (记为 $M\in\mathring{\mathscr{M}}_{\mathrm{loc}}$), 如果存在集合列 $\{G_n\}\in\Xi$ 及属于 $\mathring{\mathscr{M}}$ 的 MAF 列 $\{M^{(n)}\}$ 满足 $M_t=M^{(n)}_t(t<\tau_{G_n})$.

对于 $u\in\mathscr{F}_{\mathrm{loc}}$, 记

$$M^{[u],\mathrm{c}}_t=M^{[u_n],\mathrm{c}}_t,\quad \langle M^{[u],\mathrm{c}}\rangle_t=\langle M^{[u_n],\mathrm{c}}\rangle_t,\quad t<\tau_{G_n}, \tag{6.3.22}$$

其中 $\{G_n\} \in \Xi$ 且 $\{u_n\} \subset \mathscr{F}$ 在 G_n 上满足 $u = u_n$. 特别地, 由引理 6.3.4,

$$u_1, u_2 \in \mathscr{F}_{\text{loc}},\ u_1 - u_2 = \text{常数} \ \Rightarrow\ M^{[u_1],c} = M^{[u_2],c}, \tag{6.3.23}$$

所以对于 $u \in \mathscr{F}_{\text{loc}}$, $M^{[u],c}$ 与 $\langle M^{[u],c} \rangle$ 分别确定为 $\overset{\circ}{\mathscr{M}}_{\text{loc}}$ 与 $\mathbf{A}_c^+$ 的唯一元素. $u \in \mathscr{F}_{\text{loc}}$ 的能量测度 $\mu_{\langle u \rangle}^c$ 也确定为 $\langle M^{[u],c} \rangle$ 的 Revuz 测度, 从而对 $u \in \mathscr{F}_{\text{loc}}$ 及 $f \in L^2(E; \mu_{\langle u \rangle}^c)$, 随机积分 $f \bullet M^{[u],c} \in \overset{\circ}{\mathscr{M}}$ 由定理 6.3.1 所确定. 再进一步地, 对于 $f \in L_{\text{loc}}^2(E; \mu_{\langle u \rangle}^c)$, $f \bullet M^{[u],c} \in \overset{\circ}{\mathscr{M}}_{\text{loc}}$ 也可以通过对于有紧支撑的 $g \in b\mathscr{B}(E)$ 满足 $g \bullet (f \bullet M^{[u],c}) = (gf) \bullet M^{[u],c}$ 来定义. 实际上, 取 $\{G_n\} \in \Xi$, 记 $(f \bullet M^{[u],c})_t = ((1_{G_n} f) \bullet M^{[u],c})_t$, $t < \tau_{G_n}$ 即可.

将前面的定理换一种说法, 扩张为 $M^{[u],c} \in \overset{\circ}{\mathscr{M}}_{\text{loc}}$ 的变换法则.

定理 6.3.4 (i) 对于 $\Phi \in C^1(\mathbb{R}^m)$ 及 $u_1, \cdots, u_m \in b\mathscr{F}_{\text{loc}}$, 复合函数 $\Phi(\mathbf{u}) = \Phi(u_1, \cdots, u_m)$ 也属于 $b\mathscr{F}_{\text{loc}}$ 且

$$M^{[\Phi(\mathbf{u})],c} = \sum_{i=1}^m \Phi_{x_i}(\mathbf{u}) \bullet M^{[u_i],c}; \tag{6.3.24}$$

(ii) 对于有有界导数的函数 $\Phi \in C^1(\mathbb{R}^m)$ 及 $u_1, \cdots, u_m \in \mathscr{F}_{\text{loc}}$, 复合函数 $\Phi(\mathbf{u})$ 属于 $\mathscr{F}_{\text{loc}}$ 且式 (6.3.24) 在 $\overset{\circ}{\mathscr{M}}_{\text{loc}}$ 中成立;

(iii) 如果 (i) 或 (ii) 中设 $\Phi(\mathbf{u}) \in \mathscr{F}$, 那么

$$\mathscr{E}^{(c)}(\Phi(\mathbf{u}), \Phi(\mathbf{u})) = \frac{1}{2} \sum_{i,j=1}^m \int_E \Phi_{x_i}(\mathbf{u}) \Phi_{x_j}(\mathbf{u}) d\mu_{\langle u_i, u_j \rangle}^c. \tag{6.3.25}$$

证明 (i) 根据定理 6.3.3, 对任意满足 $\Phi(0) = 0$ 的 $\Phi \in C^1(\mathbb{R}^m)$ 及 $u_1, \cdots, u_m \in b\mathscr{F}$ 有 $\Phi(\mathbf{u}) \in b\mathscr{F}$ 且

$$\int_E fg d\mu_{\langle \Phi(\mathbf{u}), v \rangle}^c = \sum_{i=1}^m \int_E fg \Phi_{x_i}(\mathbf{u}) d\mu_{\langle u_i, v \rangle}^c, \quad \forall f, g \in C_0(E),\ \forall v \in b\mathscr{F}.$$

该等式可由 (6.3.23) 扩张到任意 $\Phi \in C^1(\mathbb{R}^m)$ 及 $u_1, \cdots, u_m \in b\mathscr{F}_{\text{loc}}$ 的场合. 由 (6.3.10) 及分解 (6.2.6) 的正交性,

$$\mathbf{e}(f \bullet M^{[\Phi(\mathbf{u})],c}, g \bullet M^{[v]}) = \mathbf{e}\left(\sum_{i=1}^m f \Phi_{x_i}(\mathbf{u}) \bullet M^{[u_i],c}, g \bullet M^{[v]} \right).$$

由引理 6.3.3 可证明如下在 $\overset{\circ}{\mathscr{M}}$ 上的随机积分:

$$f \bullet M^{[\Phi(\mathbf{u})],c} = \sum_{i=1}^m (f \Phi_{x_i}(\mathbf{u})) \bullet M^{[u_i],c}, \quad \forall f \in C_0(E),$$

从而推出 (6.3.24).

(ii) 也可类似地证明. 在 (iii) 的条件下, 由定理 6.2.1, $M^{[\Phi(\mathbf{u})],c}$ 的能量等于 $\mathscr{E}^{(c)}(\Phi(\mathbf{u}),\Phi(\mathbf{u}))$, 从而计算 (6.3.24) 两端的能量可得出式 (6.3.25). □

由定理 6.3.4 可得如下 Beurling 和 Deny 提出的第二个公式:

推论 6.3.2 设 E 为 Euclid 区域 $D\subset\mathbb{R}^d$. 坐标函数 x_i $(1\leqslant i\leqslant d)$ 局部地属于 $\mathscr{F}$. 此时,

(i) $C^1(D)\subset\mathscr{F}_{\rm loc}$ 且对于 $u\in C^1(D)$,

$$M^{[u],c}=\sum_{i=1}^d u_{x_i}\bullet M^{(i),c}, \tag{6.3.26}$$

其中 $M^{(i),c}=M^{[x_i],c}$;

(ii) $C_0^1(D)\subset\mathscr{F}$ 且对于 $u\in C_0^1(D)$,

$$\mathscr{E}^{(c)}(u,v)=\sum_{i,j=1}^d\int_D u_{x_i}v_{x_j}d\nu_{ij}, \tag{6.3.27}$$

其中 $\nu_{ij}=\dfrac{1}{2}\mu_{\langle x_i,x_j\rangle}$ 为不负荷零容度集的测度.

例 6.3.1 设 $X=(X_t,\mathbf{P}_x)$ 为 $\mathbb{R}^d$ 上的 Brown 运动, $X_t^{(i)}$ 为样本轨道 X_t 的 i-坐标 $(1\leqslant i\leqslant d)$. 记 $B_t^{(i)}=X_t^{(i)}-X_0^{(i)}$, $B_t=(B_t^{(i)},\cdots,B_t^{(d)})$ 是从原点出发的 Brown 运动. X 关于 Lebesgue 测度 dx 对称, 并且它在 $L^2(\mathbb{R}^d)$ 上的 Dirichlet 型等于 $\left(\dfrac{1}{2}\mathbf{D},H^1(\mathbb{R}^d)\right)$ (见例 4.1.1). 坐标函数 x_i 属于 $H^1_{\rm loc}(\mathbb{R}^d)$ 且

$$M^{[x_i]}=M^{[x_i],c}=B^{(i)}\in\mathscr{M}_{\rm loc},\quad \langle B^{(i)},B^{(j)}\rangle_t=\delta_{ij}t. \tag{6.3.28}$$

因为 $\mu_{\langle x_i,x_j\rangle}=\mu_{\langle B^{(i)},B^{(j)}\rangle}=\delta_{ij}\cdot dx$, 所以随机积分 $f\bullet B^{(i)}$ 对于所有 $f\in L^2(\mathbb{R}^d)$ 有定义.

下面证明关于 X 的有限能量的 MAF 的空间 $(\mathring{\mathscr{M}},\mathbf{e})$ 有如下基于随机积分的表示:

$$\mathring{\mathscr{M}}=\left\{\sum_{i=1}^d f_i\bullet B^{(i)}:\ f_i\in L^2(\mathbb{R}^d),\ 1\leqslant i\leqslant d\right\}, \tag{6.3.29}$$

$$\mathbf{e}\left(\sum_{i=1}^d f_i\bullet B^{(i)}\right)=\frac{1}{2}\sum_{i=1}^d\|f_i\|^2_{L^2(\mathbb{R}^d)}. \tag{6.3.30}$$

事实上, 设 (6.3.29) 右端的空间为 $\mathring{\mathscr{M}}_1$,

$$\mathring{\mathscr{M}}_2=\left\{f\bullet M^{[u]}=\sum_{i=1}^d(fu_{x_i})\bullet B^{(i)}:\ f\in C_0(\mathbb{R}^d),\ u\in C_0^1(\mathbb{R}^d)\right\},$$

则 $\mathring{\mathscr{M}}_2 \subset \mathring{\mathscr{M}}$. 由引理 6.3.3, $\mathring{\mathscr{M}}_2$ 在 $(\mathring{\mathscr{M}}, \mathbf{e})$ 内稠密, 在 $\mathring{\mathscr{M}}_2$ 上, $\mathbf{e}$ 与 (6.3.30) 右边的范数一致, 而 $\mathring{\mathscr{M}}$ 关于该范数完备.

空间 $(\mathring{\mathscr{M}}, \mathbf{e})$ 可等同于向量场空间 $\mathbf{f} = (f_1, \cdots, f_d)(f_i \in L^2(\mathbb{R}^d))$.

$\mathbf{f}$ 可由适当的 $u \in H^1(\mathbb{R}^d)$ 表示为 $M^{[u]}$ 的充要条件是

$$\mathbf{f} = \mathrm{grad} u. \tag{6.3.31}$$

当 $d \geqslant 3$ 时, $\mathrm{grad}u$ 对应于扩展 Dirichlet 空间的元素 u 定义. $\{\mathrm{grad}u : u \in \mathscr{F}_e\}$ 是上述向量场空间的闭子空间. 这样, 空间 $\left(\mathscr{F}_e, \frac{1}{2}\mathbf{D}\right)$ 可视为 $(\mathring{\mathscr{M}}, \mathbf{e})$ 的闭子空间.

由 (6.3.12) 可知, 对于 $f \in L^2(\mathbb{R}^d)$ 有

$$\mathbf{E}_x\left[\int_0^t f(X_s)^2 ds\right] < \infty, \quad \text{q.e. } x \in \mathbb{R}^d. \tag{6.3.32}$$

例如, 函数

$$f(x) = \frac{f_0(x)}{|x|^\alpha}, \quad \alpha < \frac{d}{2}, \ f_0 \in C_0(\mathbb{R}^d)$$

属于 $L^2(\mathbb{R}^d)$. 当 $\alpha < 1$ 时, (6.3.32) 对于所有 $x \in \mathbb{R}^d$ 成立, 随机积分 $f \bullet B^{(i)}$ 作为 X 的 AF 所定义. 当 $\alpha \geqslant 1$ 时, 由于 $\mathbf{P}_0\left(\int_0^t f(X_s)^2 ds = \infty\right) = 1$, 一般不能定义随机积分. □

例 6.3.2 设 D 为 $\mathbb{R}^d$ 的区域, X 为不会在 D 内部死亡的 m- 对称扩散过程, 它在 $L^2(D; m)$ 上的 Dirichlet 型 $(\mathscr{E}, \mathscr{F})$ 以 $C_0^\infty(D)$ 为核心, 则根据定理 5.2.5 及定理 6.2.1, $\mathscr{E}$ 是强局部的, 并且由 (6.3.27) 可表示为

$$\mathscr{E}(u,v) = \frac{1}{2}\sum_{i,j=1}^d \int_D \frac{\partial u}{\partial x_i}\frac{\partial v}{\partial x_j} d\nu_{ij}(x), \quad u, v \in C_0^\infty(D) \subset \mathscr{F}. \tag{6.3.33}$$

因为对于 $f, u \in C_0^\infty(D)$, (6.2.17) 的右边等于

$$\sum_{i,j=1}^d \frac{\partial u}{\partial x_i}\frac{\partial u}{\partial x_j} f(x) d\nu_{ij}(x),$$

所以

$$d\mu_{\langle u \rangle}(x) = \sum_{i,j=1}^d \frac{\partial u}{\partial x_i}\frac{\partial u}{\partial x_j} d\nu_{ij}.$$

特别地, 若 ν_{ij} 关于 m 绝对连续 $d\nu_{ij}(x) = a_{ij}(x) dm(x)$, 则

$$\langle M^{[u]} \rangle_t = \sum_{i,j=1}^d \int_0^t a_{ij} \frac{\partial u}{\partial x_i}\frac{\partial u}{\partial x_j}(X_s) ds. \tag{6.3.34}$$

□

例 6.3.3 设 $(\mathscr{E},\mathscr{F})$ 是局部紧可分度量空间 E 上的 Dirichlet 型, 并且由

$$\mathscr{E}(u,v)=\int\int_{E\times E\setminus d}(\widetilde{u}(x)-\widetilde{u}(y))(\widetilde{v}(x)-\widetilde{v}(y))J(dx,dy) \tag{6.3.35}$$

给出, 其中 J 为 $E\times E\setminus d$ 上的 Radon 测度. 由式 (6.2.17) 可得

$$d\mu_{\langle u\rangle}(x)=\int_E(\widetilde{u}(x)-\widetilde{u}(y))^2J(dx,dy),\quad u\in\mathscr{F}. \tag{6.3.36}$$

再进一步, 由定理 6.2.1, 利用 Lévy 系 (N,H) 可知

$$\langle M^{[u]}\rangle_t=\int_0^t dH_s\int_E(\widetilde{u}(X_s)-\widetilde{u}(y))^2N(X_s,dy),\quad u\in\mathscr{F}. \tag{6.3.37}$$

$\langle M^{[u]}\rangle_t$ 是加泛函 $\displaystyle\sum_{s\leqslant t}(\widetilde{u}(X_s)-\widetilde{u}(X_{s-}))^2 1_{\{X_s\in E\}}$ 的对偶可料投影. □

在本节的后半部分, 将应用 Lyons- 郑分解 (6.1.21) 和 (6.1.25) 寻求强局部正则 Dirichlet 型 $(\mathscr{E},\mathscr{F})$ 所对应的 m- 对称扩散过程 X 保守性的判定条件.

在强局部性的假设, 即 $\mathscr{E}=\mathscr{E}^{(c)}$ 下, 由 (6.2.12) 及定理 6.2.1 有 $M^{[u]}=M^{[u],c}(u\in\mathscr{F})$, 故根据引理 6.3.4 后所述的方法, 对于 $u\in\mathscr{F}_{\rm loc}$, 可定义 $M^{[u]}\in\overset{\circ}{\mathscr{M}}_{\rm loc}$, 并且分解式 (6.1.21) 和 (6.1.25) 对于 $u\in\mathscr{F}_{\rm loc}$ 也成立. 今后, 所参考的这些公式都是扩张到 $u\in\mathscr{F}_{\rm loc}$ 上的结果.

定义函数空间 $\mathscr{A}$ 为

$$\begin{aligned}\mathscr{A}=\{\rho\in\mathscr{F}_{\rm loc}\cap C(E):\lim_{x\to\Delta}\rho(x)=\infty,\ d\mu_{\langle u\rangle}\ll dm,\ \text{并且}\\ B_r^\rho=\{x\in E:\rho(x)\leqslant r\}\ \text{对所有}\ r>0\ \text{都是紧的}\},\end{aligned} \tag{6.3.38}$$

对于 $\rho\in\mathscr{A}$, 记

$$\Gamma(\rho)=\frac{d\mu_{\langle\rho\rangle}}{dm},$$
$$M^\rho(r)=\operatorname{esssup}\{\Gamma(\rho)(x):x\in B_r^\rho\}.$$

引理 6.3.5 设 $\rho\in\mathscr{A}$, 此时有

$$\mathbf{P}_{m_R}\left(\sup_{0\leqslant t\leqslant T}(\rho(X_t)-\rho(X_0))\geqslant r\right)\leqslant 6m(B_{R+r}^\rho)l\left(\frac{2r}{3\sqrt{M^\rho(R+r)T}}\right), \tag{6.3.39}$$

其中 $m_R=1_{B_R^\rho}\cdot m$, $l(x)=\dfrac{1}{\sqrt{2\pi}}\displaystyle\int_x^\infty \mathrm{e}^{-y^2/2}dy$.

证明 设 $\mathscr{F}^r$ 为 $\mathscr{F}$ 关于 $\mathscr{E}^r(\cdot,\cdot)+(\cdot,\cdot)_{m_r}$ 的闭包, 其中 $\mathscr{E}^r(u,v)=\dfrac{1}{2}\displaystyle\int_{B_r^\rho} d\mu_{\langle u,v\rangle}$. 因为 B_r^ρ 上的常数函数属于 $\mathscr{F}^r$ 且 $\mathscr{E}^r(1,1)=0$, 故 $(\mathscr{E}^r,\mathscr{F}^r)$ 是 $L^2(B_r^\rho,m_r)$ 上正则常返的 Dirichlet 型且是保守的 (引理 4.2.4). 用 $X^r=(X_t,\mathbf{P}_x^r)$ 表示相应 B_r^ρ 上的 m_r- 对称扩散过程. 此时, X 的分布与 X^r 的分布在离开集合 B_r^ρ 前是一样的, 这是由于两者的 Dirichlet 型在 $\{x\in E:\rho(x)<r\}$ 上的部分相等 (定理 5.2.4), 所以对任意 $r,R>0$ 有

$$\begin{aligned}\mathbf{P}_{m_R}\left(\sup_{0\leqslant t\leqslant T}(\rho(X_t)-\rho(X_0))\geqslant r\right)&=\mathbf{P}_{m_R}^{R+r}\left(\sup_{0\leqslant t\leqslant T}(\rho(X_t)-\rho(X_0))\geqslant r\right)\\&\leqslant \mathbf{P}_{m_{R+r}}^{R+r}\left(\sup_{0\leqslant t\leqslant T}(\rho(X_t)-\rho(X_0))\geqslant r\right).\end{aligned}$$

此时, 由引理 6.1.3 及定理 6.1.4, 右边由

$$\begin{aligned}&\mathbf{P}_{m_{R+r}}^{R+r}\left(\sup_{0\leqslant t\leqslant T}M_t^{[\rho]}\geqslant\frac{2r}{3}\right)+\mathbf{P}_{m_{R+r}}^{R+r}\left(\sup_{0\leqslant t\leqslant T}M_t^{[\rho]}(\gamma_T)\geqslant\frac{2r}{3}\right)\\&+\mathbf{P}_{m_{R+r}}^{R+r}\left(-M_T^{[\rho]}(\gamma_T)\geqslant\frac{2r}{3}\right)\\&\leqslant 2\mathbf{P}_{m_{R+r}}^{R+r}\left(\sup_{0\leqslant t\leqslant T}M_t^{[\rho]}\geqslant\frac{2r}{3}\right)+\mathbf{P}_{m_{R+r}}^{R+r}\left(\sup_{0\leqslant t\leqslant T}(-M_t^{[\rho]})\geqslant\frac{2r}{3}\right)\end{aligned}$$

所控制.

然而, 鞅 $M^{[\rho]}$ 是连续的且有二次变差 $\displaystyle\int_0^t\Gamma(\rho)(X_s)ds$, 所以存在适当的概率空间 $(\widetilde{\Omega},\widetilde{\mathscr{F}},\widetilde{\mathbf{P}}_x^{R+r})$ 及其上的 Brown 运动 $B=(B(t))$, 使得 $M_t^{[\rho]}=B\left(\displaystyle\int_0^t\Gamma(\rho)(X_s)ds\right)$ (参见文献 [7,§5]), 从而可得

$$\begin{aligned}&\mathbf{P}_{m_R}\left(\sup_{0\leqslant t\leqslant T}(\rho(X_t)-\rho(X_0))\geqslant r\right)\\&\leqslant 3\int_{B_{R+r}^\rho}\widetilde{\mathbf{P}}_x^{R+r}\left(\sup_{0\leqslant t\leqslant M^\rho(R+r)T}B(t)\geqslant\frac{2r}{3}\right)dm\\&\leqslant 6m(B_{R+r}^\rho)l\left(\frac{2r}{3\sqrt{M^\rho(R+r)T}}\right).\end{aligned}$$

□

定理 6.3.5 若存在函数 $\rho\in\mathscr{A}$ 及 $T>0$, 对任意 $R>0$ 有

$$\liminf_{r\to\infty}m(B_{R+r}^\rho)l\left(\frac{r}{\sqrt{M^\rho(R+r)T}}\right)=0,\tag{6.3.40}$$

则 $(\mathscr{E},\mathscr{F})$ 是保守的.

证明　对于 $T'=\frac{4}{9}T$ 应用 (6.3.39) 得

$$\begin{aligned}
&\mathbf{P}_{m_R}\left(\sup_{0\leqslant t\leqslant T'}(\rho(X_t)-\rho(X_0))=\infty\right)\\
&=\lim_{r\to\infty}\mathbf{P}_{m_R}\left(\sup_{0\leqslant t\leqslant T'}(\rho(X_t)-\rho(X_0))\geqslant r\right)\\
&\leqslant 6\liminf_{r\to\infty}m(B^\rho_{R+r})l\left(\frac{r}{\sqrt{M^\rho(R+r)T}}\right)=0,
\end{aligned}$$

故 $p_{T'}1=1$ a.e. □

注意：不等式

$$\sqrt{2\pi}l(x)=\int_x^\infty \mathrm{e}^{-\frac{y^2}{2}}dy\leqslant\frac{1}{x}\mathrm{e}^{-\frac{x^2}{2}},\quad x>0.$$

例 6.3.4　将定理 6.3.5 运用到例 5.3.3 所讨论的 $L^2(\mathbb{R}^d)$ 上的 Dirichlet 型 $(\mathscr{E},\mathscr{F})$，若

$$\sum_{i,j=1}^d a_{ij}(x)\xi_i\xi_j\leqslant K(2+|x|)^2\log(2+|x|)|\xi|^2,$$

则相应的扩散过程是保守的. 事实上, 对于函数 $\rho(x)=\log(2+|x|)\in\mathscr{A}$, 利用定理 6.3.5, 从而对于 $T<\frac{1}{2kd}$, 当 $r\to\infty$ 时有

$$\begin{aligned}
&|B^\rho_{R+r}|\cdot l\left(\frac{r}{\sqrt{M^\rho(R+r)T}}\right)\\
&\leqslant|\{x:\log(2+|x|)\leqslant R+r\}|\cdot l\left(\frac{r}{\sqrt{k(R+r)T}}\right)\\
&\leqslant\frac{\pi^{\frac{d}{2}}}{\Gamma\left(\frac{d}{2}+1\right)}\mathrm{e}^{d(R+r)}\frac{\sqrt{k(R+r)T}}{r}\exp\left(-\frac{r^2}{2kT(R+r)}\right)\to 0,
\end{aligned}$$

其中 $|\cdot|$ 表示 Lebesgue 测度. 如果

$$a_{ij}(x)=(2+|x|)^2(\log(2+|x|))^\beta\delta_{ij},\quad \beta>1,$$

则由 Khas'minskii 测试 (参见文献 [26]) 可知, X 不是保守的. 这意味着上面提到的关于保守性的充分条件可以说是十分精准的. □

例 6.3.5　设 D 为 $\mathbb{R}^d$ 内不一定有界的有光滑边界的区域, 考虑其上的反射 Brown 运动. 例 5.3.2 涉及了 D 为有界的情形, 而非有界的情形也可以同样定义. 此时, 反

射 Brown 运动与 D 的形状无关, 是保守的. 事实上, 回顾反射 Brown 运动在 $L^2(D)$ 上的 Dirichlet 型 $\mathscr{E}=\frac{1}{2}\mathbf{D}$, $\mathscr{F}=H^1(D)$, 取 $\rho(x)=|x|$, 则 $\rho\in\mathscr{A}$ 且 $\Gamma(\rho)=1$. 由于 $m(B_r^\rho)=|B(0,r)\cap D|\leqslant r^d$, 所以由定理 6.3.5 可推出保守性. □

下面叙述关于定理 6.1.5 的应用, 对于 $\rho\in\mathscr{A}$, 记到时刻 t 为止 $\rho(X)$ 的振幅为

$$\mathrm{osc}_t\rho(X):=\max_{0\leqslant s\leqslant t}\rho(X_s)-\min_{0\leqslant s\leqslant t}\rho(X_s).$$

引理 6.3.6 设 $\rho\in\mathscr{A}$, 则有

$$\mathbf{P}_{m_R}(\mathrm{osc}_T\rho(X)\geqslant r)\leqslant 16m(B_{R+r}^\rho)l\left(\frac{r}{\sqrt{M^\rho(R+r)T}}\right).\tag{6.3.41}$$

证明 采用引理 6.3.5 中的符号, 对任意 $r,R>0$,

$$\begin{aligned}\mathbf{P}_{m_R}(\mathrm{osc}_T\rho(X)\geqslant r)&=\mathbf{P}_{m_R}^{R+r}(\mathrm{osc}_T\rho(X)\geqslant r)\\&\leqslant\mathbf{P}_{m_{R+r}}^{R+r}(\mathrm{osc}_T\rho(X)\geqslant r).\end{aligned}$$

利用式 (6.1.25), 右边被

$$\begin{aligned}&\mathbf{P}_{m_{R+r}}^{R+r}(\mathrm{osc}_TM^{[\rho]}\geqslant r)+\mathbf{P}_{m_{R+r}}^{R+r}(\mathrm{osc}_TM^{[\rho]}\circ\gamma_T\geqslant r)\\&=2\mathbf{P}_{m_{R+r}}^{R+r}(\mathrm{osc}_TM^{[\rho]}\geqslant r)\end{aligned}$$

所控制. 下面的引理 6.3.7 推出上式的右边由 (6.3.41) 的右边所控制. 根据引理 6.3.5 的证明中所述的理由, 存在适当的概率空间 $(\widetilde{\Omega},\widetilde{\mathscr{F}},\widetilde{\mathbf{P}}_x^{R+r})$ 及其上的 Brown 运动 $B=(B(t))$, 使得 $M_t^{[\rho]}=B\left(\int_0^t\Gamma(\rho)(X_s)ds\right)$, 所以

$$\mathbf{P}_{m_R}(\mathrm{osc}_T\rho(X)\geqslant r)\leqslant 2\int_{B_{R+r}^\rho}\widetilde{\mathbf{P}}_x^{R+r}(\mathrm{osc}_{M^\rho(R+r)T}B(\cdot)\geqslant r)dm_{R+r}.$$

由上式可以看出下列引理能推出 (6.3.41) 成立: □

引理 6.3.7 当 $(B(t),\mathbf{P})$ 是标准 Brown 运动时,

$$\mathbf{P}(\mathrm{osc}_tB(\cdot)\geqslant r)\leqslant 8l\left(\frac{r}{\sqrt{t}}\right).$$

证明 设 s_0 与 S_0 分别为 $B(\cdot)$ 在 $[0,t]$ 上的最大值点与最小值点, 则有

$$\begin{aligned}\mathbf{P}(\mathrm{osc}_tB(\cdot)\geqslant r)&=2\mathbf{P}\left(\mathrm{osc}_tB(\cdot)\geqslant r,s_0<S_0\right)\\&=2\mathbf{P}\left(\sup_{0\leqslant s\leqslant t}\left(B(s)-\min_{0\leqslant u\leqslant s}B(u)\right)\geqslant r,s_0<S_0\right)\\&\leqslant 2\mathbf{P}\left(\sup_{0\leqslant s\leqslant t}\left(B(s)-\min_{0\leqslant u\leqslant s}B(u)\right)\geqslant r\right).\end{aligned}$$

应用反射原理, $B(s)-\min\limits_{0\leqslant u\leqslant s}B(u)$ 与 $|B(s)|$ 同分布, 上式右边被

$$4\mathbf{P}\left(\sup_{0\leqslant s\leqslant t}B(s)\geqslant r\right)=8\mathbf{P}(B(t)\geqslant r)$$

控制, 证毕. □

概率 $\mathbf{P}(\mathrm{osc}_tB(\cdot)>r)$ 的精确值, 可以用级数的形式表达出来.

下面给出上述不等式的具体应用. 设 M 是光滑的、完备且非紧的 d- 维 Riemann 流形, 其 Riemann 度量记为 $\{g_{ij}\}$. 设 $(x_1,\cdots,x_d)$ 为局部坐标, 记矩阵 (g_{ij}) 的行列式为 $g:=\det(g_{ij})$, 记 g^{ij} 为逆矩阵 $(g_{ij})^{-1}$ 的元素. 此时, 定义 Laplace-Beltrami 算子 Δ 为

$$\Delta=\frac{1}{\sqrt{g}}\sum_{i,j=1}^{d}\frac{\partial}{\partial x^i}\left(\sqrt{g}g^{ij}\frac{\partial}{\partial x_j}\right).$$

M 上的光滑函数 f 的梯度 ∇ 定义为 $(\nabla f)^i=\sum\limits_{j=1}^{d}g^{ij}\dfrac{\partial}{\partial x^j}$, 光滑向量场 $F=\sum\limits_{i=1}^{d}F^i\dfrac{\partial}{\partial x^i}$ 的散度 div 定义为 $\mathrm{div}F=\dfrac{1}{\sqrt{g}}\sum\limits_{i=1}^{d}\dfrac{\partial}{\partial x^i}(\sqrt{g}F^i)$. 此时, $\Delta=\mathrm{div}\nabla$. 这样, 当定义 M 的 Riemann 体积元为 $dm=\sqrt{g}dx^1dx^2\cdots dx^d$ 时有

$$\int_M-\Delta uvdm=\int_M(\nabla u,\nabla v)dm,\quad u,v\in C_0^\infty(M),$$

其中 $(\cdot,\cdot)$ 为 Riemann 内积且

$$(\nabla u,\nabla v)=\sum_{i,j=1}^{d}g_{ij}(\nabla u)^i(\nabla v)^j=\sum_{i,j=1}^{d}g^{ij}\frac{\partial u}{\partial x^i}\frac{\partial v}{\partial x^j}.$$

设 $X=(X_t,\zeta,\mathbf{P}_x)$ 为 M 上的 Brown 运动, 即以 $\dfrac{1}{2}\Delta$ 为生成算子的扩散过程. 设 $(\mathscr{E},\mathscr{F})$ 为 X 在 $L^2(M;m)$ 上的 Dirichlet 型,

$$\begin{cases}\mathscr{E}(u,v)=\left(-\dfrac{1}{2}\Delta u,v\right)_m=\dfrac{1}{2}\displaystyle\int_M(\nabla u,\nabla v)dm,\\ \mathscr{F}=C_0^\infty(M)\text{ 的 }\mathscr{E}_1\text{- 闭包.}\end{cases}$$

用 $d(x,y)$ 表示 Riemann 距离, 对 M 的紧子集 K, 记 $\rho(x)=\inf\{d(x,y):y\in K\}$. 此时, $\rho\in\mathscr{F}_{\mathrm{loc}}$ 且 $(\nabla\rho,\nabla\rho)(x)\leqslant 1$, m-a.e., 从而有

$$\begin{aligned}\int_K\mathbf{P}_x\left(\sup_{0\leqslant t\leqslant T}\rho(X_t)\geqslant r\right)dm(x)&=\int_K\mathbf{P}_x(\mathrm{osc}_T\rho(X.)\geqslant r)dm(x)\\&\leqslant 16m(K_r)l\left(\frac{r}{\sqrt{T}}\right),\end{aligned}\tag{6.3.42}$$

其中 $K_r=\{x\in M:\rho(x)\leqslant r\}$, 所以如果 Riemann 流形 M 对于固定点 $o\in M$ 满足

$$\liminf_{r\to\infty}\frac{1}{r^2}\log m(B_r(o))<\infty,$$

其中 $B_r(o)=\{x\in M:d(x,o)\leqslant r\}$, 那么其上的 Brown 运动是保守的. 事实上, 如果上面的不等式成立, 则可取充分小的 T, 存在 $r_n\to\infty$ 满足 $m(K_{r_n})l(r_n/\sqrt{T})\to 0$, 使得 $\mathbf{P}_x(\sup_{0\leqslant t\leqslant T}\rho(X_t)=\infty)=0$ 对几乎所有的 $x\in K$ 都成立. 由 K 的任意性可知 $\mathbf{P}_x(X_T\in M)=1$, m-a.e. $x\in M$, 再由转移密度的存在性, 结论可以由几乎处处加强为对所有 x 都成立.

6.4 由上鞅乘泛函诱导的变换

为了大致说明本节的思想, 先设 X 是 d- 维 Euclid 空间 $\mathbb{R}^d$ 上的 Brown 运动, 它关于 Lebesgue 测度 dx 对称, 其相应的生成算子为 $\frac{1}{2}\Delta$. 对此, 设 ϕ 为 $\mathbb{R}^d$ 上严格正的光滑函数, 并关于 dx 平方可积, 以 $\frac{1}{2}\Delta+\frac{\nabla\phi}{\phi}\cdot\nabla$ 为生成算子的 $\mathbb{R}^d$ 上的扩散过程为 X^ϕ. 已经知道, X^ϕ 不是关于 dx 对称, 而是关于有限测度 $\phi(x)^2dx$ 对称的. 如例 1.2.1 所示, Brown 运动 X 在 $d\geqslant 3$ 时是暂留的, 在 $d=1,2$ 时既约常返, 而例 3.3.1 则说明, 因为 dx 是无限测度, 故 X 是零常返的. 另一方面, 由 ϕ 的平方可积性条件, 它在无穷远处趋于零, 与此相对应从无穷远处到内部方向的强漂移 $\frac{\nabla\phi}{\phi}$ 在起作用, 所以 X^ϕ 应该可以是正常返的.

众所周知, 以乘泛函

$$N_t^\phi=\exp\left\{\int_0^t\frac{\nabla\phi}{\phi}(X_s)\cdot dX_s-\frac{1}{2}\int_0^t\left|\frac{\nabla\phi}{\phi}\right|^2(X_s)ds\right\}$$

诱导的 Girsanov 变换将 X 变成 X^ϕ (参见文献 [3], [7]). 利用 Itô 公式, 可将 N^ϕ 改写为更简单的形式:

$$N_t^\phi=\frac{\phi(X_t)}{\phi(X_0)}\exp\left(-\frac{1}{2}\int_0^t\frac{\Delta\phi}{\phi}(X_s)ds\right).$$

这里讨论对于一般的 m- 对称 Hunt 过程 X, 由这种形式的变换怎么把过程变成正常返过程的问题, 其中 ϕ 从 X 的预解的值域中选择.

本节关于 $E,m,X=(\Omega,X_t,\zeta,\mathbf{P}_x),(\mathscr{E},\mathscr{F})$ 采用与 6.1 节中相同的设定. 设 (Ω,X_t,ζ) 为轨道型, 即 Ω 是从 $[0,\infty)$ 到 E_Δ 的右连续、具有左极限且以 Δ 为坟墓点的映射的全体, $X_t(\omega)$ 表示 $\omega\in\Omega$ 的 t 坐标.

如通常一样, 对于 $f \in b\mathscr{B}(E)$ 及 $\phi = R_\alpha f$, 定义 $A\phi = \alpha\phi - f$. 此时,

$$M_t^{[\phi]} = \phi(X_t) - \phi(X_0) - \int_0^t A\phi(X_s)ds$$

是鞅. 若 $R_\alpha f = R_\alpha g$, 由半鞅分解唯一性可知, $\int_0^t f(X_s)ds$ 与 $\int_0^t g(X_s)ds$ 是两个相等的随机过程, 所以对于 $\phi = R_\alpha f > 0$ 及 $\varepsilon > 0$, 记

$$\begin{aligned} \widetilde{N}_t^{\phi,\varepsilon} &= \frac{\phi(X_t)+\varepsilon}{\phi(X_0)+\varepsilon} \exp\left(-\int_0^t \frac{A\phi}{\phi+\varepsilon}(X_s)ds\right), \\ N_t^{\phi,\varepsilon} &= \widetilde{N}_t^{\phi,\varepsilon} \cdot 1_{\{t<\zeta\}}. \end{aligned} \tag{6.4.1}$$

注意: 由于 ϕ 是精细连续的, 故 $\phi(X_s)$ 关于 s 几乎处处右连续, $N_t = N_t^{\phi,\varepsilon} (t \geqslant 0)$ 是 X 的**乘泛函**, 即 N_t 是 $\mathscr{F}_t$- 适应的且几乎处处地满足 $N_0 = 1$, N_t 在 $t < \zeta$ 时有限且在 $[0, \zeta)$ 上右连续, 在 $(0, \zeta)$ 上有左极限, N 在 $t \geqslant \zeta$ 时等于零且满足乘性

$$N_{t+s} = N_t \cdot N_s \circ \theta_t, \quad t, s \geqslant 0. \tag{6.4.2}$$

对于 $n \in \mathbb{N}$, 记 $F_n = \left\{x \in E : \phi(x) \geqslant \frac{1}{n}\right\}$, 再设 F_n° 是 F_n 的精细内部. 由定理 2.1.1, ϕ 是概 Borel 可测的且精细连续, 从而 F_n (F_n°) 是概 Borel 的精细闭集 (精细开集). 又因为 $\left\{\phi > \frac{1}{n}\right\} \subset F_n^\circ$, $\{F_n^\circ\}$ 随 n 递增于 E, 所以若用 τ_n 表示 X 从 F_n° 的离开时间 $\inf\{t > 0 : X_t \notin F_n^\circ\}$, 则 $\tau_n = \sigma_{E \setminus F_n^\circ} \wedge \zeta$. 根据 X 的拟左连续性有 $\lim\limits_n \tau_n = \zeta$ a.s. 成立.

引理 6.4.1 对任意 $t \geqslant 0$ 及 $n \geqslant 1$, 几乎处处有

$$\widetilde{N}_{t\wedge\tau_n}^{\phi,\varepsilon} - 1 = \int_0^{t\wedge\tau_n} \frac{1}{\phi(X_0)+\varepsilon} \exp\left(-\int_0^s \frac{A\phi}{\phi+\varepsilon}(X_u)du\right) dM_s^{[\phi]}, \tag{6.4.3}$$

其中

$$M_t^{[\phi]} = \phi(X_t) - \phi(X_0) - \int_0^t A\phi(X_s)ds, \quad t \geqslant 0, \tag{6.4.4}$$

(6.4.3) 右边是依定理 A.3.15 定义的随机积分.

证明 由 (6.4.4), $\phi(X_t)$ 是半鞅, 因而 (6.4.3) 的右边可表示为

$$\frac{1}{\phi(X_0)+\varepsilon} \int_0^{t\wedge\tau_n} \exp\left(-\int_0^s \frac{A\phi}{\phi+\varepsilon}(X_u)du\right) (d\phi(X_s) - A\phi(X_s)ds).$$

在此, 利用关于半鞅 Y 及连续的有界变差过程 V 的积的简单分部积分公式 (参见文献 [11], VIII, 18) $d(Y\cdot V)=YdV+VdY$ 可得

$$d\left((\phi(X_s)+\varepsilon)\exp\left\{-\int_0^s \frac{A\phi}{\phi+\varepsilon}(X_u)du\right\}\right)$$

$$=\exp\left(-\int_0^s \frac{A\phi}{\phi+\varepsilon}(X_u)du\right)(d\phi(X_s)-A\phi(X_s)ds),\ \text{a.s.},$$

并得到 (6.4.3). 当 $\varepsilon>0$ 时, 此式用 t 代替 $t\wedge\tau_n$ 也是成立的. □

由引理 6.4.1 可知

$$\mathbf{E}_x[N_t^{\phi,\varepsilon}]\leqslant\liminf_{n\to\infty}\mathbf{E}_x[N_{t\wedge\tau_n}^{\phi,\varepsilon}]\leqslant\liminf_{n\to\infty}\mathbf{E}_x[\widetilde{N}_{t\wedge\tau_n}^{\phi,\varepsilon}]=1,\quad x\in E. \tag{6.4.5}$$

根据 (6.4.2), 关于 $\mathscr{F}_t$ 取条件期望可得 $(N_t^{\phi,\varepsilon}:t\geqslant 0)$ 关于 $\mathbf{P}_x$ 是上鞅的结论.

今后, $N_t^{\phi,0}$ 简记为 N_t^ϕ, 然后对任何 $t\geqslant 0$, $x\in E$, $f\in b\mathscr{B}(E)$, 记

$$p_t^\phi f(x)=\mathbf{E}_x[N_t^\phi f(X_t)],$$

则有半群性

$$p_{t+s}^\phi f(x)=\mathbf{E}_x[N_t^\phi\{f(X_s)N_s^\phi\}\circ\theta_t]$$

$$=\mathbf{E}_x[N_t^\phi p_s^\phi f(X_t)]=p_t^\phi p_s^\phi f(x),$$

并且 p_t^ϕ 是 $(E,\mathscr{B}^*(E))$ 上依定义 1.1.2 意义的转移函数. 服从于该转移函数的 E 上的 Markov 过程 X^ϕ 被称为**上鞅乘泛函诱导的变换过程**. 实际上, X^ϕ 是 X 在轨道型样本空间 Ω 上用过程 N_t^ϕ 定义的新测度 $\mathbf{P}_x^\phi$ 下的实现, 并且众所周知 (参见文献 [23,§62]), 对任意 $F\in\mathscr{F}_t^0$, $t\geqslant 0$, $x\in E$ 有

$$\mathbf{P}_x^\phi(F\cap\{t<\zeta\})=\mathbf{E}_x[N_t^\phi;F]. \tag{6.4.6}$$

引入 E 上的函数空间

$$\mathscr{D}_+=\{\phi=R_\alpha f:\ \alpha>0,\ f\in b\mathscr{B}_+(E)\cap L^2(E;m),\ \phi>0\}.$$

特别地, 若 $f\in b\mathscr{B}_+(E)\cap L^2(E;m)$ 在 E 上严格正, 则 $\phi=R_\alpha f$ 属于 $\mathscr{D}_+$. 对于 $\phi\in\mathscr{D}_+$, 设 $X^\phi=(\Omega,X_t,\zeta,\mathbf{P}_x^\phi)$ 满足 (6.4.6) 的性质, 是 X 关于 N_t^ϕ 的变换过程. 下面讨论对应于 $\phi\in\mathscr{D}_+$ 的 X^ϕ 的性质.

引理 6.4.2 X^ϕ 是 $\phi^2\cdot m$- 对称的.

证明　对于 $f, g \in b\mathscr{B}_+(E)$,

$$(p_t^\phi f, g)_{\phi^2\cdot m} = \mathbf{E}_{\phi^2\cdot m}\left[\frac{\phi(X_t)}{\phi(X_0)}\exp\left(-\int_0^t \frac{A\phi}{\phi}(X_s)ds\right) f(X_t)g(X_0)\right]$$
$$= \mathbf{E}_m\left[\phi(X_0)g(X_0)\exp\left(-\int_0^t \frac{A\phi}{\phi}(X_s)ds\right)\phi(X_t)f(X_t)\right].$$

因为

$$\int_0^t \frac{A\phi}{\phi}(X_s\circ\theta_t)ds = \int_0^t \frac{A\phi}{\phi}(X_s)ds,$$

根据引理 6.1.3, 右边等于

$$\mathbf{E}_m\left[\phi(X_t)g(X_t)\exp\left(-\int_0^t \frac{A\phi}{\phi}(X_s)ds\right)\phi(X_0)f(X_0)\right] = (f, p_t^\phi g)_{\phi^2\cdot m},$$

引理得证. □

根据引理 6.4.2, 可以考虑变换过程 X^ϕ 在 $L^2(E;\phi^2\cdot m)$ 上的 Dirichlet 型, 设它为 $(\mathscr{E}^\phi, \mathscr{F}^\phi)$.

根据定理 6.2.1, X 在 $L^2(E;m)$ 上的 Dirichlet 型 $\mathscr{E}$ 有 Beurling-Deny 分解

$$\mathscr{E}(u,u) = \frac{1}{2}\int_E d\mu^c_{\langle u\rangle} + \int\int_{E\times E\backslash d}(\widetilde{u}(x)-\widetilde{u}(y))^2 J(dx,dy) + \int_E \widetilde{u}^2 dk, \quad u\in\mathscr{F}.$$

下面的定理将明确指出变换过程 X^ϕ 的 Dirichlet 型 $\mathscr{E}^\phi$ 的形式. 特别地, $\mathscr{E}^\phi$ 不再有消亡项.

定理 6.4.1　$\mathscr{F}\subset\mathscr{F}^\phi$ 且对于 $u\in\mathscr{F}$ 有

$$\mathscr{E}^\phi(u,u) = \frac{1}{2}\int_E \phi^2 d\mu^c_{\langle u\rangle} + \int\int_{E\times E\backslash d}(\widetilde{u}(x)-\widetilde{u}(y))^2\phi(x)\phi(y)J(dx,dy). \tag{6.4.7}$$

证明　固定 $n\geqslant 1$, 设 F_n, F_n°, τ_n 是引理 6.4.1 之前引入的符号, $(\mathscr{E}^n, \mathscr{F}^n)$ 为 Dirichlet 型 $(\mathscr{E}, \mathscr{F})$ 在精细开集 F_n° 上的部分:

$$\mathscr{F}^n = \{f\in\mathscr{F}:\ \widetilde{f}=0 \text{ q.e. } (E\setminus F_n^\circ)\},\quad \mathscr{E}^n(f,g)=\mathscr{E}(f,g),\ f,g\in\mathscr{F}^n.$$

再设 X 在 F_n° 上的子过程为 X^n, 其转移函数为 $\{p_t^n: t>0\}$.

第 1 步　首先证明对于 $u\in\mathscr{F}^n\cap L^\infty(E;m)$, 极限

$$\gamma = \lim_{t\downarrow 0}\frac{1}{t}(u-\mathbf{E}_\cdot[N_t^\phi u(X_t); t<\tau_n], u)_{\phi^2\cdot m} \tag{6.4.8}$$

存在且 γ 等于 (6.4.7) 的右边.

分别记

$$\begin{aligned}&(u-\mathbf{E}_{\cdot}[N_t^{\phi}u(X_t);t<\tau_n],u)_{\phi^2\cdot m}\\=&(u-\mathbf{E}_{\cdot}[u(X_t);t<\tau_n],u)_{\phi^2\cdot m}-(\mathbf{E}_{\cdot}[(N_t^{\phi}-1)u(X_t);t<\tau_n],u)_{\phi^2\cdot m}\\=&(I)_t-(II)_t.\end{aligned}\tag{6.4.9}$$

首先, 由定理 5.2.4,

$$\lim_{t\downarrow 0}\frac{1}{t}(I)_t=\lim_{t\downarrow 0}\frac{1}{t}(u-p_t^n u,u\phi^2)_m=\mathscr{E}(u,u\phi^2).\tag{6.4.10}$$

另一方面, 由引理 6.4.1, $(II)_t$ 等于

$$\mathbf{E}_{u\phi\cdot m}\left[u(X_t)\int_0^t\exp\left(-\int_0^s\frac{A\phi}{\phi}(X_u)du\right)dM_s^{[\phi]};t<\tau_n\right].$$

记

$$(III)_t=\mathbf{E}_{u\phi\cdot m}\left[u(X_t)\int_0^{t\wedge\tau_n}\exp\left(-\int_0^s\frac{A\phi}{\phi}(X_u)du\right)dM_s^{[\phi]};t\geqslant\tau_n\right],$$

则有

$$\begin{aligned}\frac{1}{t^2}(III)_t^2\leqslant&\frac{1}{t}\mathbf{E}_{|u|\phi\cdot m}\left[\int_0^{t\wedge\tau_n}\exp\left(-2\int_0^s\frac{A\phi}{\phi}(X_u)du\right)d\langle M^{[\phi]}\rangle_s\right]\\&\times\frac{1}{t}\mathbf{E}_{|u|\phi\cdot m}[u(X_t)^2;t\geqslant\tau_n].\end{aligned}\tag{6.4.11}$$

因为 $\dfrac{A\phi}{\phi}$ 在 F_n 上有界, 由 (6.1.13), (6.4.11) 右边的前半部分不超过

$$\frac{1}{t}\exp(ct)\cdot\mathbf{E}_{|u|\phi\cdot m}[\langle M^{[\phi]}\rangle_t]\leqslant\exp(ct)\|u\phi\|_\infty\mu_{\langle\phi\rangle}(E),$$

其中

$$\mu_{\langle\phi\rangle}(dx)=\mu^{c}_{\langle\phi\rangle}(dx)+2\int_E(\phi(x)-\phi(y))^2J(dx,dy)+\phi(x)^2k(dx).$$

(6.4.11) 的后半部分等于

$$\frac{1}{t}(|u|\phi,p_tu^2-u^2)_m-\frac{1}{t}(|u|\phi,p_t^nu^2-u^2)_m.$$

因为 $|u|\phi$ 与 u^2 都是 $\mathscr{F}^n$ 的元素, 根据定理 5.2.4, 当 $t\downarrow 0$ 时, 上式收敛于 $\mathscr{E}(|u|\phi,u^2)-\mathscr{E}(|u|\phi,u^2)=0$, 所以 $\lim\limits_{t\downarrow 0}\dfrac{1}{t}(II)_t$ 等于

$$\lim_{t\downarrow 0}\frac{1}{t}\mathbf{E}_{u\phi\cdot m}\left[u(X_t)\int_0^{t\wedge\tau_n}\exp\left(-\int_0^s\frac{A\phi}{\phi}(X_u)du\right)dM_s^{[\phi]}\right],$$

由此可知, 也等于

$$\lim_{t\downarrow 0}\frac{1}{t}\mathbf{E}_{u\phi\cdot m}\left[(u(X_t)-u(X_0))\int_0^{t\wedge\tau_n}\exp\left(-\int_0^s\frac{A\phi}{\phi}(X_u)du\right)dM_s^{[\phi]}\right]. \tag{6.4.12}$$

由定理 6.1.2, 利用鞅加泛函 $M^{[u]}$ 和零能量的连续加泛函 $N^{[u]}$, 将 $u(X_t)-u(X_0)$ 分解为

$$u(X_t)-u(X_0)=M_t^{[u]}+N_t^{[u]},$$

因为

$$\begin{aligned}&\left\{\mathbf{E}_{u\phi\cdot m}\left[N_t^{[u]}\int_0^{t\wedge\tau_n}\exp\left(-\int_0^s\frac{A\phi}{\phi}(X_u)du\right)dM_s^{[\phi]}\right]\right\}^2\\ \leqslant\ &\mathbf{E}_{u\phi\cdot m}[(N_t^{[u]})^2]\cdot\mathbf{E}_{u\phi\cdot m}\left[\int_0^{t\wedge\tau_n}\exp\left(-2\int_0^s\frac{A\phi}{\phi}(X_u)du\right)d\langle M^{[\phi]}\rangle_s\right],\end{aligned}$$

故有

$$\lim_{t\downarrow 0}\frac{1}{t}\mathbf{E}_{u\phi\cdot m}\left[N_t^{[u]}\int_0^{t\wedge\tau_n}\exp\left(-\int_0^s\frac{A\phi}{\phi}(X_u)du\right)dM_s^{[\phi]}\right]=0,$$

所以 (6.4.12) 等于

$$\lim_{t\downarrow 0}\frac{1}{t}\mathbf{E}_{u\phi\cdot m}\left[\int_0^{t\wedge\tau_n}\exp\left(-\int_0^s\frac{A\phi}{\phi}(X_u)du\right)d\langle M^{[u]},M^{[\phi]}\rangle_s\right].$$

进一步, 由于

$$\left|\frac{\exp\left(-\int_0^s\frac{A\phi}{\phi}(X_u)du\right)-1}{s}\right|\leqslant M<\infty,\quad s\leqslant t\wedge\tau_n,$$

(6.4.12) 与

$$\lim_{t\downarrow 0}\frac{1}{t}\mathbf{E}_{u\phi\cdot m}\left[\int_0^{t\wedge\tau_n}d\langle M^{[u]},M^{[\phi]}\rangle_s\right]=\int_E u\phi d\mu_{\langle u,\phi\rangle}$$

一致, 其中 $\mu_{\langle u,\phi\rangle}$ 由下式给定:

$$\begin{aligned}d\mu_{\langle u,\phi\rangle}(x)=&d\mu^{\mathrm{c}}_{\langle u,\phi\rangle}(x)+2\int_E(u(x)-u(y))(\phi(x)-\phi(y))J(dx,dy)\\&+u(x)\phi(x)k(dx).\end{aligned}$$

综合上述结果及 (6.4.9), (6.4.10) 可知, (6.4.8) 的极限 γ 存在且

$$\gamma=\mathscr{E}(u,u\phi^2)-\int_E u\phi d\mu_{\langle u,\phi\rangle}.$$

这样, 上式右边等于扩散部分

$$\frac{1}{2}\int_E d\mu^c_{\langle u,u\phi^2\rangle} - \int_E u\phi d\mu^c_{\langle u,\phi\rangle} = \frac{1}{2}\int_E \phi^2 d\mu^c_{\langle u\rangle}$$

与跳跃部分

$$\begin{aligned}&\iint_{E\times E\setminus d}[(u(x)-u(y))(u(x)\phi^2(x)-u(y)\phi^2(y))\\&\quad -2u(x)\phi(x)(u(x)-u(y))(\phi(x)-\phi(y))]J(dx,dy)\\&=\iint_{E\times E\setminus d}(u(x)-u(y))^2\phi(x)\phi(y)J(dx,dy)\end{aligned}$$

的和. 实际上, 从后面这个等式左端 $[\cdot]$ 内的式子中减去 $(u(x)-u(y))^2\phi(x)\phi(y)$ 得

$$(u(x)-u(y))(\phi(x)-\phi(y))u(y)\phi(y)-(u(x)-u(y))(\phi(x)-\phi(y))u(x)\phi(x),$$

它关于对称测度 J 的积分为零. 最后, 注意消亡部分被消除掉, 故可证对于 $u \in \mathscr{F}^n \cap L^\infty(E;m)$, γ 等于 (6.4.7) 的右边.

第 2 步 对于 $u \in \mathscr{F}^n \cap L^\infty(E;m)$, 证明 $u \in \mathscr{F}^\phi$, $\gamma = \mathscr{E}^\phi(u,u)$. 由式 (6.4.6) 可知, 对任意 $\mu \in \mathscr{P}(E_\Delta)$, Ω 的 $\mathbf{P}_\mu$- 零测子集是 $\mathbf{P}^\phi_\mu$- 零测集. 设与 X 的完备流 $\mathscr{F}_t$, $\mathscr{F}$ 相对应的 X^ϕ 的完备流为 $\mathscr{F}^\phi_t$, $\mathscr{F}^\phi$, 则有 $\mathscr{F}_t \subset \mathscr{F}^\phi_t$, $\mathscr{F} \subset \mathscr{F}^\phi$ 且在 $\mathscr{F}_0$ 上 $\mathbf{P}_x = \mathbf{P}^\phi_x$ 对任意 $x \in E$ 成立, 所以关于 X 的概 Borel 可测集 $B \subset E$, 对于 X^ϕ 也是如此, 并且 $x \in E$ 关于 X 是 B 的正则点等价于关于 X^ϕ 是 B 的正则点.

特别地, 关于 X 的概 Borel 精细闭集 F_n 与其精细内点集 F^0_n, 对于 X^ϕ 也是概 Borel 精细闭集及其精细内点集. 设 X^ϕ 在精细开集 F^0_n 上的子过程为 $X^{\phi,0}$, 其转移函数为 $\{p^{\phi,0}_t : t \geqslant 0\}$. 由 (6.4.6) 及上面的论述有

$$p^{\phi,0}_t f(x) = \mathbf{E}_x[N^\phi_t f(X_t); t<\tau_n], \quad x \in F^0_n,\ f \in \mathscr{B}(E).$$

由定理 5.2.7, $X^{\phi,0}$ 是 $\phi^2\cdot m$- 对称的, 设它在 $L^2(F^0_n;\phi^2\cdot m)$ 上的 Dirichlet 型为 $(\mathscr{E}^{\phi,0},\mathscr{F}^{\phi,0})$, 则有

$$\mathscr{F}^{\phi,0} \subset \mathscr{F}^\phi, \quad \mathscr{E}^{\phi,0}(f,f) = \mathscr{E}^\phi(f,f),\ f \in \mathscr{F}^{\phi,0}.$$

根据 (6.4.8) 及上面的表达式有

$$\gamma = \lim_{t\downarrow 0}\frac{1}{t}(u-p^{\phi,0}_t u, u)_{\phi^2\cdot m}.$$

由第 1 步已有 γ 的存在性, 从而 $u \in \mathscr{F}^{\phi,0} \subset \mathscr{F}^\phi$, $\gamma = \mathscr{E}^{\phi,0}(u,u) = \mathscr{E}^\phi(u,u)$.

最后, 注意到 $\left(\bigcup_n \mathscr{F}^n\right)\cap L^\infty(E;m)$ 在 $\mathscr{F}$ 中稠密且

$$\mathscr{E}^\phi(u,u)\leqslant \|\phi\|_\infty^2\mathscr{E}(u,u),\quad u\in\mathscr{F}^n\cap L^\infty(E;m),$$

定理得证. □

Dirichlet 型的常返性在 4.2 节中定义, 其判定条件由定理 4.2.2 给出. 因为 $\phi^2\cdot m$ 是有限测度, 所以 $L^2(E;\phi^2\cdot m)$ 上的 Dirichlet 型 $(\mathscr{E}^\phi,\mathscr{F}^\phi)$ 常返的充要条件是

$$1\in\mathscr{F}^\phi,\quad \mathscr{E}^\phi(1,1)=0. \tag{6.4.13}$$

定理 6.4.2　$L^2(E;\phi^2\cdot m)$ 上的 Dirichlet 型 $(\mathscr{E}^\phi,\mathscr{F}^\phi)$ 是常返的.

证明　由定理 6.4.1 只要推出 (6.4.13) 即可. 当用 $\phi=R_\alpha g$ 表示 $\phi\in\mathscr{D}_+$ 时, 记 $\phi_n(x)=\mathbf{E}_x\left[\int_0^{\tau_n}\mathrm{e}^{-\alpha t}g(X_t)dt\right]$, 则对于 $(x,y)\in F_n^0\times F_n^0$,

$$\left|\frac{\phi_n}{\phi}(x)\right|\leqslant n\phi_n(x),$$
$$\left|\frac{\phi_n}{\phi}(x)-\frac{\phi_n}{\phi}(y)\right|\leqslant 2n|\phi_n(x)-\phi_n(y)|+n^2|\phi(x)\phi_n(x)-\phi(y)\phi_n(y)|.$$

由此可知 $h_n:=\phi_n/\phi\in b\mathscr{F}^n(\subset b\mathscr{F})$. 利用 μ^{c} 的微分法则 (定理 6.3.2),

$$d\mu^{\mathrm{c}}_{\langle\phi_n\rangle}=d\mu^{\mathrm{c}}_{\langle\phi h_n\rangle}=2h_nd\mu^{\mathrm{c}}_{\langle\phi h_n,\phi\rangle}+\phi^2d\mu^{\mathrm{c}}_{\langle h_n\rangle}-h_n^2d\mu^{\mathrm{c}}_{\langle\phi\rangle},$$

从而有

$$\int_E\phi^2d\mu^{\mathrm{c}}_{\langle h_n\rangle}=\int_E d\mu^{\mathrm{c}}_{\langle\phi_n\rangle}+\int_E h_n^2d\mu^{\mathrm{c}}_{\langle\phi\rangle}-2\int_E h_nd\mu^{\mathrm{c}}_{\langle\phi h_n,\phi\rangle}. \tag{6.4.14}$$

注意到当 $n\to\infty$ 时, $h_n\to1$ 且 $\mathscr{E}(\phi_n-\phi,\phi_n-\phi)\to0$,

$$\begin{aligned}&\left|\int_E h_nd\mu^{\mathrm{c}}_{\langle\phi_n,\phi\rangle}-\int_E d\mu^{\mathrm{c}}_{\langle\phi\rangle}\right|\\ \leqslant&\left(\int_E h_n^2d\mu^{\mathrm{c}}_{\langle\phi\rangle}\right)^{\frac12}\left(\int_E d\mu^{\mathrm{c}}_{\langle\phi_n-\phi\rangle}\right)^{\frac12}+\int_E|h_n-1|d\mu^{\mathrm{c}}_{\langle\phi\rangle},\end{aligned}$$

则 (6.4.14) 的右边收敛于

$$\mu^{\mathrm{c}}_{\langle\phi\rangle}(E)+\mu^{\mathrm{c}}_{\langle\phi\rangle}(E)-2\mu^{\mathrm{c}}_{\langle\phi\rangle}(E)=0.$$

另一方面, 记

$$\mathscr{E}^{\phi,j}(u,u)=\int\int_{E\times E\backslash d}(u(x)-u(y))^2\phi(x)\phi(y)J(dx,dy),$$

则

$$\mathscr{E}^{\phi,j}(h_n,h_n)=\int\int_{E\times E\backslash d}\frac{(\phi(y)\phi_n(x)-\phi(x)\phi_n(y))^2}{\phi(x)\phi(y)}J(dx,dy),$$

注意到

$$\begin{aligned}\phi(y)\phi_n(x)-\phi(x)\phi_n(y)&=\phi(y)(\phi_n(x)-\phi_n(y))-\phi_n(x)(\phi(x)-\phi(y))\\&=\phi(y)(\phi_n(x)-\phi_n(y))-\phi_n(y)(\phi(x)-\phi(y)),\end{aligned}$$

则 $\mathscr{E}^{\phi,j}(h_n,h_n)$ 等于

$$\begin{aligned}&\int\int_{E\times E\backslash d}(\phi_n(x)-\phi_n(y))^2J(dx,dy)\\&+\int\int_{E\times E\backslash d}h_n(x)h_n(y)(\phi(x)-\phi(y))^2J(dx,dy)\\&-\int\int_{E\times E\backslash d}(h_n(x)+h_n(y))(\phi_n(x)-\phi_n(y))(\phi(x)-\phi(y))J(dx,dy).\end{aligned}$$

当 $n\to\infty$ 时, $h_n\to 1$ 且 $\mathscr{E}(\phi_n-\phi,\phi_n-\phi)\to 0$, 从而 $\mathscr{E}^{\phi,j}(h_n,h_n)$ 收敛于

$$\mathscr{E}^{\phi,j}(\phi,\phi)+\mathscr{E}^{\phi,j}(\phi,\phi)-2\mathscr{E}^{\phi,j}(\phi,\phi)=0,$$

从而可得 (6.4.13). □

同样, Dirichlet 型的既约性在 4.2 节中也有定义.

定理 6.4.3 若 Dirichlet 型 $\mathscr{E}$ 是既约的, 则 $(\mathscr{E}^\phi,\mathscr{F}^\phi)$ 作为 $L^2(E;\phi^2\cdot m)$ 上的 Dirichlet 型是既约常返的. 此时, 变换过程 X^ϕ 弱意义保守, 并且对于 $X^\phi=(\Omega,X_t,\mathbf{P}_x^\phi)$ 有如下遍历定理成立, 即对任何 $f\in L^1(E;\phi^2\cdot m)$, $\mathbf{P}^\phi_{\phi^2\cdot m}$-a.s. 且依 $L^1(\Omega;\mathbf{P}^\phi_{\phi^2\cdot m})$ 意义有

$$\lim_{t\to\infty}\frac{1}{t}\int_0^t f(X_s)ds=c_f,\quad c_f=\frac{\displaystyle\int_E f\phi^2dm}{\displaystyle\int_E\phi^2dm}.\tag{6.4.15}$$

证明 若 $B\in\mathscr{B}(E)$ 是 $\{p_t^\phi:t\geqslant 0\}$- 不变的, 则在 $t<\zeta$ 时 a.s. 有 $N_t^\phi>0$, 从而 B 也是 $\{p_t:t\geqslant 0\}$- 不变的. 这意味着若 $\mathscr{E}$ 为既约, 则 $\mathscr{E}^\phi$ 也既约, 结合前面的定理及定理 4.2.5, 可得要证的结论. □

第 7 章　对称 Markov 过程的大偏差原理

7.1　Donsker-Varadhan 型大偏差原理

本节针对对称 Markov 过程, 证明由 M.D.Donsker 和 S.R.S. Varadhan 提出的在容许有限生命时情形下的大偏差原理. 在 Donsker-Varadhan 型的大偏差原理中, 给出了被称为 I- 函数的速率函数, 但一般难以使用. 然而, 在对称 Markov 过程的情形下, I- 函数就是 Dirichlet 型, 从而使用起来变得容易. 这意味着在 Donsker-Varadhan 型大偏差原理中, 对称 Markov 过程占有特别的一席之地.

设 E 为局部紧的可分度量空间, m 为以 E 为支撑的 Radon 测度. 设 $X = (\Omega, X_t, \zeta, \mathbf{P}_x)$ 为 E 上 m- 对称的 Hunt 过程, 并且它对应的 $L^2(E;m)$ 上的 Dirichlet 型 $(\mathscr{E}, \mathscr{F})$ 是正则的, 其中 Ω 为 $[0,\infty]$ 到 E_Δ 上的右连左极函数的全体. 对于 $\omega \in \Omega$, 设 $X_t(\omega) = \omega(t)$ $(X_\infty(\omega) = \Delta)$. 设 ζ 是生命时, $\zeta = \inf\{t > 0 : X_t = \Delta\}$ 且满足 $X_t(\omega) = \Delta$ $(t \geqslant \zeta(\omega))$. 设 $\{p_t\}$ 与 $\{R_\alpha\}$ 为 X 的转移函数与预解, 即

$$p_t f(x) = \mathbf{E}_x[f(X_t)], \quad R_\alpha f(x) = \mathbf{E}_x\left[\int_0^\infty \mathrm{e}^{-\alpha t} f(X_t) dt\right].$$

本节将针对对称 Hunt 过程作如下假设:

I. (既约性) 若 A 是 $\{p_t\}$- 不变的, 即对任意 $f \in b\mathscr{B}(E) \cap L^2(E;m)$ 及 $t > 0$, $p_t(1_A f)(x) = 1_A p_t f(x)$, m-a.e. $x \in E$, 则 A 满足 $m(A) = 0$ 或 $m(A^c) = 0$;

II. (预解强 Feller 性) $R_1(b\mathscr{B}(E)) \subset C(E)$.

注 7.1.1　(i) 通常, 所谓的强 Feller 性是指

II′. (半群强 Feller 性) 对任何 $t > 0$, $p_t(b\mathscr{B}(E)) \subset C(E)$;

(ii) 由假设 II, 不仅预解核 $R_\alpha(x, dy)$ 关于 m 绝对连续, 再由命题 5.2.1 可知, 转移函数 $p_t(x, dy)$ 也关于 m 绝对连续.

定义函数空间 $\mathscr{D}_+^{\mathrm{c}}$ 为

$$\mathscr{D}_+^{\mathrm{c}} = \{R_\alpha f :\ \alpha > 0, f \in L^2(E;m) \cap bC_+(E), f \not\equiv 0\}.$$

任意属于 $\mathscr{D}_+^{\mathrm{c}}$ 的函数在 E 上是严格正的. 事实上, 设 $\phi = R_\alpha f \in \mathscr{D}_+^{\mathrm{c}}$, 因为 $\phi(x) = 0$ 蕴涵有 $f(x) = 0$, 故 $B = \{\phi \geqslant \delta\}$ 对于某个 $\delta > 0$ 具有正的 m 测度. 由定理 3.2.6, 对任意 $x \in E$ 有 $\mathbf{P}_x(\sigma_B < \infty) > 0$, 从而对任意 $x \in E$,

$$\phi(x) \geqslant \mathbf{E}_x[\mathrm{e}^{-\alpha\sigma_B}\phi(X_{\sigma_B})] \geqslant \delta\mathbf{E}_x[\mathrm{e}^{-\alpha\sigma_B}] > 0.$$

对于 $\phi = R_\alpha f \in \mathscr{D}_+^c$, 记 $A\phi = \alpha\phi - f$, 其中 $A\phi$ 与 ϕ 的预解表示方法无关.

设 $\mathscr{P}$ 为 E 上概率测度的全体, 并以如下意义引入弱拓扑, 即称 μ_n **弱收敛**于 μ. 若对任意 $f \in bC(E)$ 有

$$\int_E f d\mu_n \to \int_E f d\mu.$$

定义 $\mathscr{P}$ 上的函数 $I_\mathscr{E}$ 为

$$I_\mathscr{E}(\mu) = \begin{cases} \mathscr{E}(\sqrt{f}, \sqrt{f}), & \mu = f \cdot m, \sqrt{f} \in \mathscr{F}, \\ \infty, & \text{否则}. \end{cases}$$

对于满足 $t < \zeta(\omega)$ 的 $\omega \in \Omega$, 定义归一化的逗留时间分布 $L_t(\omega) \in \mathscr{P}$ 为

$$L_t(\omega)(B) = \frac{1}{t}\int_0^t 1_B(X_s(\omega))ds, \quad B \in \mathscr{B}(E).$$

此时有如下定理成立:

定理 7.1.1 (i) 对于 $\mathscr{P}$ 的任意开集 G 与 $\nu \in \mathscr{P}$ 有

$$\liminf_{t\to\infty} \frac{1}{t} \log \mathbf{P}_\nu(L_t \in G, t < \zeta) \geqslant - \inf_{\mu \in G} I_\mathscr{E}(\mu);$$

(ii) 对于 $\mathscr{P}$ 的任意紧集 K 有

$$\limsup_{t\to\infty} \frac{1}{t} \log \sup_{x \in E} \mathbf{P}_x(L_t \in K, t < \zeta) \leqslant - \inf_{\mu \in K} I_\mathscr{E}(\mu).$$

证明 (i) $\phi = R_\alpha f \in \mathscr{D}_+^c$ 属于 $L^2(E; m)$. 特别地, 设 $\phi^2 \cdot m \in G$. 记由 (6.4.1) 定义的上鞅乘泛函 $N_t^{\phi,0}$ 为 N_t^ϕ, 设由 N^ϕ 诱导的 X 的变换过程为 $X^\phi = (\Omega, X_t, \mathbf{P}_x^\phi)$. 根据定理 6.4.3, 遍历定理 (6.4.15) 对于 X^ϕ 是成立的.

设

$$S(t,\varepsilon) = \left\{\omega \in \Omega : \left|\int_E \frac{A\phi}{\phi}(x) L_t(\omega, dx) - \int_E \phi A\phi dm\right| < \varepsilon\right\},$$
$$S'(t,\varepsilon) = S(t,\varepsilon) \cap \{\omega \in \Omega : L_t(\omega) \in G\},$$

再记

$$\Theta_1 = \left\{\omega \in \Omega : \lim_{t\to\infty} \frac{1}{t}\int_0^t \frac{A\phi}{\phi}(X_s(\omega))ds = \int_E \phi A\phi dm\right\},$$
$$\Theta_2 = \{\omega \in \Omega : L_t(\omega) \to \phi^2 \cdot m\}.$$

因为 $\displaystyle\int_E \left|\frac{A\phi}{\phi}\right| \phi^2 dm = \int_E |A\phi|\phi dm < \infty$ 且 $bC(E) \subset L^1(E; \phi^2 \cdot m)$, 故由遍历定理

(6.4.15), 对于 $i=1,2$, 对 $\phi^2\cdot m$-a.e. 的 $x\in E$ 有 $\mathbf{P}_x^{\phi}(\Theta_i)=1$. 又由转移函数的绝对连续性和定理 3.3.3(iv) 可知, 实际上对所有 $x\in E$ 成立.

因此, 对任意 $x\in E$, 当 $t\to\infty$ 时, $\mathbf{P}_x^{\phi}(S'(t,\varepsilon))\to 1$. 于是

$$\begin{aligned}\mathbf{P}_\nu(L_t\in G,t<\zeta)&=\mathbf{E}_\nu^{\phi}[(N_t^{\phi})^{-1};L_t\in G]\\&\geqslant \exp\left(t\left(\int_E\phi A\phi dm-\varepsilon\right)\right)\mathbf{E}_\nu^{\phi}\left[\frac{\phi(X_0)}{\phi(X_t)};S'(t,\varepsilon)\right]\\&\geqslant \exp\left(t\left(\int_E\phi A\phi dm-\varepsilon\right)\right)\frac{\mathbf{P}_{\phi\cdot\nu}^{\phi}(S'(t,\varepsilon))}{\|\phi\|_\infty}.\end{aligned}$$

由于 $\lim\limits_{t\to\infty}\mathbf{P}_{\phi\cdot\nu}^{\phi}(S'(t,\varepsilon))=\int_E\phi d\nu>0$, 所以

$$\liminf_{t\to\infty}\frac{1}{t}\log\mathbf{P}_\nu(L_t\in G,t<\zeta)\geqslant\int_E\phi A\phi dm-\varepsilon,$$

从而可得

$$\liminf_{t\to\infty}\frac{1}{t}\log\mathbf{P}_\nu(L_t\in G,t<\zeta)\geqslant-\inf\{\mathscr{E}(\phi,\phi):\phi\in\mathscr{D}_+^{c},\phi^2\cdot m\in G\}.\qquad(7.1.1)$$

下面证明 (7.1.1) 的右端等于 $-\inf\{\mathscr{E}(\phi,\phi):\phi\in\mathscr{F}_+,\phi^2\cdot m\in G\}$, 其中 $\mathscr{F}_+$ 为 $\mathscr{F}$ 中非负函数的全体. 事实上, 只需证明 $\mathscr{D}_+^{c}$ 在 $\mathscr{F}_+$ 中 $\mathscr{E}_1$ 稠密即可. 对于 $f\in\mathscr{F}_+$, 当 $\alpha\uparrow\infty$ 时, $\alpha R_\alpha f\to f$. 取函数列 $\{f_n\}\subset L^2(E;m)\cap bC_+(E)$, 满足 $\|f-f_n\|_2\to 0$. 由于

$$\mathscr{E}_\alpha(R_\alpha f-R_\alpha f_n,R_\alpha f-R_\alpha f_n)=(R_\alpha f-R_\alpha f_n,f-f_n)\leqslant\frac{1}{\alpha}\|f-f_n\|_2^2,$$

故 $R_\alpha f_n$ 是 $\mathscr{E}_1$- 收敛于 $R_\alpha f$ 的, 从而 $\mathscr{D}_+^{c}$ 在 $\mathscr{F}_+$ 中 $\mathscr{E}_1$ 意义下稠密.

(ii) 定义概率测度空间 $\mathscr{P}$ 上的测度 $Q_{x,t}$, 对任意 Borel 集 $C\in\mathscr{B}(\mathscr{P})$, $Q_{x,t}(C)=\mathbf{P}_x(L_t\in C,t<\zeta)$.

对任意 $u\in\mathscr{D}_+^{c}$ 及任意 $\varepsilon>0$, 由 (6.4.5),

$$\mathbf{E}_x\left[\exp\left(-\int_0^t\frac{Au}{u+\varepsilon}(X_s)ds\right);t<\zeta\right]\leqslant\frac{u(x)+\varepsilon}{\varepsilon}.$$

另一方面, 对于 Borel 集 $C\in\mathscr{B}(\mathscr{P})$,

$$\begin{aligned}&\mathbf{E}_x\left[\exp\left(-\int_0^t\frac{Au}{u+\varepsilon}(X_s)ds\right);t<\zeta\right]\\\geqslant&\mathbf{E}_x\left[\exp\left(-t\int_E\frac{Au}{u+\varepsilon}(z)L_t(dz)\right);L_t\in C,t<\zeta\right]\\\geqslant&\exp\left(-t\sup_{\mu\in C}\int_E\frac{Au}{u+\varepsilon}(z)\mu(dz)\right)\cdot Q_{x,t}(C),\end{aligned}$$

从而推出如下不等式:

$$\limsup_{t\to\infty}\frac{1}{t}\log\sup_{x\in E}Q_{x,t}(C)\leqslant\inf_{u\in\mathscr{D}_+^c,\varepsilon>0}\sup_{\mu\in C}\int_E\frac{Au}{u+\varepsilon}d\mu. \tag{7.1.2}$$

对于 $\mathscr{P}$ 的紧集 K, 记

$$\ell=\sup_{\mu\in K}\inf_{u\in\mathscr{D}_+^c,\varepsilon>0}\int_E\frac{Au}{u+\varepsilon}d\mu.$$

此时, 对任意 $\delta>0$ 及任意 $\mu\in K$, 存在 $u_\mu\in\mathscr{D}_+^c$ 和 $\varepsilon_\mu>0$, 满足

$$\int_E\frac{Au_\mu}{u_\mu+\varepsilon_\mu}d\mu\leqslant\ell+\delta.$$

因为函数 $\dfrac{Au_\mu}{u_\mu+\varepsilon_\mu}\in bC(E)$, 存在 μ 的邻域 $N(\mu)$, 满足对任何 $\nu\in N(\mu)$ 有

$$\int_E\frac{Au_\mu}{u_\mu+\varepsilon_\mu}d\nu\leqslant\ell+2\delta.$$

由于 $\{N(\mu):\mu\in K\}$ 是 K 的一个开覆盖, 存在 K 的有限覆盖, 即存在属于 K 的有限个元素 $\mu_1,\cdots,\mu_k$, 使得 $K\subset\bigcup\limits_{j=1}^k N(\mu_j)$. 记 $N_j=N(\mu_j)$, 对于 $1\leqslant j\leqslant k$,

$$\sup_{\mu\in N_j}\int_E\frac{Au_{\mu_j}}{u_{\mu_j}+\varepsilon_{\mu_j}}d\mu\leqslant\ell+2\delta,$$

从而有

$$\max_{1\leqslant j\leqslant k}\inf_{u\in\mathscr{D}_+^c,\varepsilon>0}\sup_{\mu\in N_j}\int_E\frac{Au}{u+\varepsilon}d\mu\leqslant\ell+2\delta.$$

再由 (7.1.2) 及下面的练习 7.1.1 得

$$\begin{aligned}\limsup_{t\to\infty}\frac{1}{t}\log\sup_{x\in E}Q_{x,t}(K)&\leqslant\limsup_{t\to\infty}\frac{1}{t}\log\left(\sum_{j=1}^k\sup_{x\in E}Q_{x,t}(N_j)\right)\\&=\max_{1\leqslant j\leqslant k}\limsup_{t\to\infty}\frac{1}{t}\log\sup_{x\in E}Q_{x,t}(N_j)\\&\leqslant\max_{1\leqslant j\leqslant k}\inf_{u\in\mathscr{D}_+^c,\varepsilon>0}\sup_{\mu\in N_j}\int_E\frac{Au}{u+\varepsilon}d\mu\\&\leqslant\ell+2\delta.\end{aligned} \tag{7.1.3}$$

如同稍后命题 7.1.1 的证明, 由

$$-\inf_{u\in\mathscr{D}_+^c,\varepsilon>0}\int_E\frac{Au}{u+\varepsilon}d\mu=I_{\mathscr{E}}(\mu) \tag{7.1.4}$$

完成证明. □

练习 7.1.1 对于 $a_j(t) > 0$ $(j = 1, 2, \cdots, k)$, 证明

$$\limsup_{t\to\infty} \frac{1}{t} \log \left(\sum_{j=1}^{k} a_j(t) \right) = \max_{1\leqslant j\leqslant k} \limsup_{t\to\infty} \frac{1}{t} \log a_j(t).$$

对于不一定保守的 Markov 过程, 较难证明的是定理 7.1.1(i) 中的下界. 然而, 在对称 Markov 过程的情形下, 就算不是保守的, 也可以通过上鞅乘泛函 N^ϕ 变换变成遍历的 Markov 过程. 该事实 (定理 6.4.3) 可以保证下界的存在性. Donsker-Varadhan[33] 涉及一维吸收壁 Brown 运动, 它可以变换成一个一维遍历的扩散过程, 其遍历性来自 Feller 的边界理论 (参见文献 [2]).

为了定理 7.1.1(ii) 的结论不仅对紧集, 也对闭集成立, 需要进一步的条件. 实际上, 在 Brown 运动和对称稳定过程的情形下, 此结论并不是对于任意闭集都成立. Donsker-Varadhan 提出的一个充分条件是 Markov 过程满足遍历性条件 (参见文献 [35]), 这里对于不保守的 Markov 过程也可以考虑如下条件：

III. 对任意 $\varepsilon > 0$, 存在紧集 K 满足 $\sup_{x\in E} R_1 1_{K^c}(x) \leqslant \varepsilon$.

注 7.1.2 (i) 若 $m(E) < \infty$ 且 $\|R_1\|_{\infty,1} < \infty$, 则 III 成立, 其中 $\|\cdot\|_{\infty,1}$ 表示从 $L^1(E;m)$ 到 $L^\infty(E;m)$ 的算子范数. 实际上, 可由 $\sup_{x\in E} R_1 1_{K^c}(x) = \|R_1\|_{\infty,1} \cdot m(K^c)$ 推出.

(ii) 若 $R_1 1 \in C_\infty(E)$, 则 III 满足. 实际上, 由 (1.4.18),

$$\begin{aligned} R_1 1_{K^c}(x) &= \mathbf{E}_x \left[\int_0^\infty \mathrm{e}^{-t} 1_{K^c}(X_t) dt \right] = \mathbf{E}_x \left[\int_{\sigma_{K^c}}^\infty \mathrm{e}^{-t} 1_{K^c}(X_t) dt \right] \\ &= \mathbf{E}_x \left[\mathrm{e}^{-\sigma_{K^c}} R_1 1_{K^c}(X_{\sigma_{K^c}}) \right], \end{aligned}$$

从而有

$$\sup_{x\in E} R_1 1_{K^c}(x) = \sup_{x\in K^c} R_1 1_{K^c}(x) \leqslant \sup_{x\in K^c} R_1 1(x).$$

再结合条件推出 III.

当 $R_1 1 \in C_\infty(E)$ 时, X 肯定不是保守的 (如果保守, 则 $R_1 1 = 1$). 对于 $E = (r_1, r_2)$ 上的一维扩散过程, 当它不保守, 即边界是 Feller 分类意义 (参见文献 [2]) 下的正则边界或流出边界时, $R_1 1 \in C_\infty(E)$, 所以由 Khasminskii 测试 (参见文献 [26]) 确定为不保守的扩散过程, 有可能满足 $R_1 1 \in C_\infty(E)$ 的条件.

定理 7.1.2 在假设 II,III 下, 对任意闭集 $K \subset \mathscr{P}$ 有

$$\limsup_{t\to\infty} \frac{1}{t} \log \sup_{x\in E} \mathbf{P}_x(L_t \in K, t < \zeta) \leqslant - \inf_{\mu\in K} I_{\mathscr{E}}(\mu).$$

证明 由假设 III, 对于 $0 < \varepsilon < 1/3$, 存在紧集 K_ε 满足 $\sup_{x\in E} R_1 1_{K_\varepsilon^c}(x) \leqslant \varepsilon$. 在此, 记

$$V_\varepsilon(x) = -\frac{AR_1 1_{K_\varepsilon^c}(x)}{R_1 1_{K_\varepsilon^c}(x)+\varepsilon} = \frac{1_{K_\varepsilon^c}(x) - R_1 1_{K_\varepsilon^c}(x)}{R_1 1_{K_\varepsilon^c}(x)+\varepsilon},$$

则由 (6.4.5) 得

$$\int_{\mathscr{P}} \exp\left(t\int_E V_\varepsilon(z)\mu(dz)\right) dQ_{x,t} \leqslant \frac{R_1 1_{K_\varepsilon^c}(x)+\varepsilon}{\varepsilon} \leqslant 2. \tag{7.1.5}$$

因此, 有

$$V_\varepsilon(x)\begin{cases}\geqslant \dfrac{1-\varepsilon}{2\varepsilon} > \dfrac{1}{3\varepsilon}, & x\in K_\varepsilon^c,\\ \leqslant 0, & x\in K_\varepsilon.\end{cases}$$

再注意到 $V_\varepsilon > -1$, 则有

$$\int_E V_\varepsilon(x)\mu(dx) = \left(\int_{K_\varepsilon^c} + \int_{K_\varepsilon}\right) V_\varepsilon(x)\mu(dx) \geqslant \frac{1}{3\varepsilon}\mu(K_\varepsilon^c) - 1,$$

推出

$$\int_{\mathscr{P}} \exp\left(t\int_E V_\varepsilon(z)\mu(dz)\right) dQ_{x,t} \geqslant \mathrm{e}^{-t}\int_{\mathscr{P}} \exp\left(\frac{t}{3\varepsilon}\mu(K_\varepsilon^c)\right) dQ_{x,t}.$$

又由 (7.1.5),

$$Q_{x,t}(\mathscr{P}_\varepsilon^\delta) \leqslant 2\exp\left(t - \frac{t\delta}{3\varepsilon}\right),$$

其中 $\mathscr{P}_\varepsilon^\delta = \{\mu\in\mathscr{P} : \mu(K_\varepsilon^c) > \delta\}$. 对任意 $\lambda > 3$, 定义 $J_\lambda = \bigcup\limits_{n=1}^\infty \mathscr{P}_{1/(\lambda n^2)}^{3/n}$, 则

$$\begin{aligned} Q_{x,t}(J_\lambda) &\leqslant \sum_{n\geqslant 1} Q_{x,t}(\mathscr{P}_{1/(\lambda n^2)}^{3/n}) \leqslant \sum_{n\geqslant 1} 2\exp(t - t\lambda n)\\ &= 2\mathrm{e}^t \frac{\mathrm{e}^{-\lambda t}}{1-\mathrm{e}^{-\lambda t}}, \end{aligned}$$

由此可得

$$\limsup_{t\to\infty}\frac{1}{t}\log\sup_{x\in E} Q_{x,t}(J_\lambda) \leqslant 1-\lambda.$$

由下面的引理 7.1.1 可知, J_λ^c 是紧集, 对 $\mathscr{P}$ 的任意闭集 K,

$$\begin{aligned} &\limsup_{t\to\infty}\frac{1}{t}\log\sup_{x\in E} Q_{x,t}(K)\\ &= \left(\limsup_{t\to\infty}\frac{1}{t}\log\sup_{x\in E} Q_{x,t}(K\cap J_\lambda^c)\right) \vee \left(\limsup_{t\to\infty}\frac{1}{t}\log\sup_{x\in E} Q_{x,t}(K\cap J_\lambda)\right)\\ &\leqslant \left(-\inf_{\mu\in K\cap J_\lambda^c} I_{\mathscr{E}}(\mu)\right) \vee (1-\lambda) \leqslant \left(-\inf_{\mu\in K} I_{\mathscr{E}}(\mu)\right) \vee (1-\lambda). \end{aligned}$$

再令 $\lambda\to\infty$, 完成证明. □

在引入下面的引理之前, 先复习一下**胎紧**的概念. 概率测度 $\mathscr{P}$ 的子集 J 关于弱拓扑胎紧 (相对紧), 即其闭包是紧的充要条件是对任意 $\varepsilon>0$, 存在紧集 $K\subset E$, 使得 $\sup\limits_{\mu\in J}\mu(K^{\mathrm{c}})<\varepsilon$, 所以 $\mathscr{P}$ 的紧集是胎紧的闭集.

引理 7.1.1　集合 J_λ^{c} 是紧的.

证明　首先, $(\mathscr{P}_\varepsilon^\delta)^{\mathrm{c}}=\{\mu\in\mathscr{P}:\mu(K_\varepsilon^{\mathrm{c}})\leqslant\delta\}$ 是闭集. 事实上, 设 $\mu_n\in(\mathscr{P}_\varepsilon^\delta)^{\mathrm{c}}$ 在 $n\to\infty$ 时弱收敛于 μ, 则因 $K_\varepsilon^{\mathrm{c}}$ 是开集, 于是有

$$\mu(K_\varepsilon^{\mathrm{c}})\leqslant\liminf_{n\to\infty}\mu_n(K_\varepsilon^{\mathrm{c}})\leqslant\delta,$$

即 $\mu\in(\mathscr{P}_\varepsilon^\delta)^{\mathrm{c}}$. 由于

$$J_\lambda^{\mathrm{c}}=\bigcap_{n\geqslant1}(\mathscr{P}_{1/(\lambda n^2)}^{3/n})^{\mathrm{c}}=\bigcap_{n\geqslant1}\left\{\mu\in\mathscr{P}:\ \mu(K_{1/(\lambda n^2)}^{\mathrm{c}})\leqslant\frac{3}{n}\right\},$$

这也是一个闭集.

对任意 $\varepsilon>0$, 取充分大的 n_0 满足 $3/n_0<\varepsilon$, 记 $K=K_{1/(\lambda n_0^2)}$, 则

$$\sup_{\mu\in J_\lambda^{\mathrm{c}}}\mu(K^{\mathrm{c}})\leqslant\frac{3}{n_0}<\varepsilon,$$

这推出 J_λ^{c} 是胎紧的, 因此, J_λ^{c} 是紧的. □

在概率测度空间 $\mathscr{P}$ 上, 定义函数 I 为

$$I(\mu)=-\inf_{\mu\in\mathscr{D}_+^{\mathrm{c}},\varepsilon>0}\int_E\frac{Au}{u+\varepsilon}d\mu.\tag{7.1.6}$$

上面的函数 I 是 Donsker-Varadhan 引入的, 被称为 **I-函数**. 在文献 [35] 中, 是对生成算子定义域中一致正的函数取下限, 这里为考虑生命时 ζ 有限的情形, 在定义中添加了 $\varepsilon>0$ 的条件. 就在这种情形下, 可以证明它与 Dirichlet 型定义的函数是相同的 (命题 7.1.1).

再定义 $\mathscr{P}$ 上的函数 I_α $(\alpha>0)$ 为

$$I_\alpha(\mu)=-\inf_{u\in b\mathscr{B}_+(E),\varepsilon>0}\int_E\log\left(\frac{\alpha R_\alpha u+\varepsilon}{u+\varepsilon}\right)d\mu.\tag{7.1.7}$$

引理 7.1.2　$I_\alpha(\mu)\leqslant I(\mu)/\alpha$ $(\mu\in\mathscr{P})$.

证明　对于 $u=R_\alpha f\in\mathscr{D}_+(A)$ 及 $\varepsilon>0$, 记

$$\phi(\alpha)=-\int_E\log\left(\frac{\alpha R_\alpha u+\varepsilon}{u+\varepsilon}\right)d\mu.$$

由预解方程 (1.1.2) 有

$$\lim_{\beta\to\alpha}\frac{R_\alpha u-R_\beta u}{\alpha-\beta}=-\lim_{\beta\to\alpha}R_\alpha R_\beta u=-R_\alpha^2u,$$

从而

$$\frac{d\phi(\alpha)}{\alpha}=-\int_E\frac{R_\alpha u-\alpha R_\alpha^2u}{\alpha R_\alpha u+\varepsilon}d\mu=\int_E\frac{AR_\alpha^2u}{\alpha R_\alpha u+\varepsilon}d\mu.$$

注意：下面的不等式成立：

$$\frac{\alpha R_\alpha^2u-R_\alpha u}{\alpha R_\alpha u+\varepsilon}\geqslant\frac{\alpha R_\alpha^2u-R_\alpha u}{\alpha^2R_\alpha^2+\varepsilon}.$$

事实上, 若分子非负, 即 $\alpha R_\alpha^2u\geqslant R_\alpha u$, 则 $\alpha R_\alpha u+\varepsilon\leqslant\alpha^2R_\alpha^2u+\varepsilon$; 若分子是负的, 则 $\alpha R_\alpha u+\varepsilon\geqslant\alpha^2R_\alpha^2u+\varepsilon$.

据此不等式可推出

$$\begin{aligned}\int_E\frac{AR_\alpha^2u}{\alpha R_\alpha u+\varepsilon}d\mu&\geqslant\int_E\frac{AR_\alpha^2u}{\alpha^2R_\alpha^2u+\varepsilon}d\mu\\&=-\frac{1}{\alpha^2}\left(-\int_E\frac{AR_\alpha^2u}{R_\alpha^2u+\dfrac{\varepsilon}{\alpha^2}}d\mu\right)\geqslant-\frac{1}{\alpha^2}I(\mu).\end{aligned}$$

因此,

$$\phi(\infty)-\phi(\alpha)=\int_E\log\left(\frac{\alpha R_\alpha u+\varepsilon}{u+\varepsilon}\right)d\mu\geqslant-\frac{1}{\alpha}I(\mu).$$

由此得到

$$-\inf_{u\in\mathscr{D}_+^c,\varepsilon>0}\int_E\log\left(\frac{\alpha R_\alpha u+\varepsilon}{u+\varepsilon}\right)d\mu\leqslant\frac{1}{\alpha}I(\mu).$$

对任意 $f\in bC_+(E)$, 因为 $\|\beta R_\beta f\|_\infty\leqslant\|f\|_\infty$ 且 $0\leqslant\beta R_\beta f(x)\to f(x)$ $(\beta\to\infty)$,

$$\lim_{\beta\to\infty}\int_E\log\left(\frac{\alpha R_\alpha(\beta R_\beta f)+\varepsilon}{\beta R_\beta f+\varepsilon}\right)d\mu=\int_E\log\left(\frac{\alpha R_\alpha f+\varepsilon}{f+\varepsilon}\right)d\mu.\tag{7.1.8}$$

定义测度 μ_α 为

$$\mu_\alpha(A)=\int_E\alpha R_\alpha(x,A)\mu(dx),\quad A\in\mathscr{B}(E).$$

对于 $v\in b\mathscr{B}_+(E)$, 取函数列 $\{g_n\}_{n\geqslant1}\subset bC_+(E)\cap L^2(E;m)$ 满足

$$\lim_{n\to\infty}\int_E|v-g_n|d(\mu_\alpha+\mu)=0.$$

此时, 令 $n\to\infty$ 有

$$\int_E|\alpha R_\alpha v-\alpha R_\alpha g_n|d\mu\leqslant\int_E\alpha R_\alpha(|v-g_n|)d\mu=\int_E|v-g_n|d\mu_\alpha\to0,$$

从而

$$\lim_{n\to\infty}\int_E \log\left(\frac{\alpha R_\alpha g_n+\varepsilon}{g_n+\varepsilon}\right)d\mu=\int_E \log\left(\frac{\alpha R_\alpha v+\varepsilon}{v+\varepsilon}\right)d\mu. \tag{7.1.9}$$

由 (7.1.8) 和 (7.1.9),

$$\inf_{u\in\mathscr{D}_+^{\mathrm{c}},\varepsilon>0}\int_E \log\left(\frac{\alpha R_\alpha u+\varepsilon}{u+\varepsilon}\right)d\mu=\inf_{u\in b\mathscr{B}_+(E),\varepsilon>0}\int_E \log\left(\frac{\alpha R_\alpha u+\varepsilon}{u+\varepsilon}\right)d\mu,$$

引理得证. □

引理 7.1.3　若 $I(\mu)<\infty$, 则 μ 关于 m 绝对连续.

证明　对于 $a>0$ 及 $A\in\mathscr{B}(E)$, 记 $u=a1_A+1\in b\mathscr{B}_+(E)$. 此时,

$$\int_E \log\left(\frac{\alpha R_\alpha u+\varepsilon}{u+\varepsilon}\right)d\mu=\int_E \log\left(\frac{a\alpha R_\alpha(x,A)+\alpha R_\alpha(x,E)+\varepsilon}{a1_A(x)+1+\varepsilon}\right)\mu(dx).$$

设测度 μ_α 为引理 7.1.2 的证明中出现的测度. 设 $c_\alpha(x)=\alpha R_\alpha(x,E)$ 且 $c_\alpha=\int_E c_\alpha(x)\mu(dx)$ $(=\mu_\alpha(E))$. 由引理 7.1.2 及 Jensen 不等式得

$$\begin{aligned}&\log(a\mu_\alpha(A)+c_\alpha+\varepsilon)\\&\geqslant\mu(A)\log(a+1+\varepsilon)+\mu(A^{\mathrm{c}})\log(1+\varepsilon)-\frac{I(\mu)}{\alpha},\quad\forall\varepsilon>0.\end{aligned}$$

令 $\varepsilon\to0$ 有

$$\log(a\mu_\alpha(A)+c_\alpha)\geqslant\mu(A)\log(a+1)-\frac{I(\mu)}{\alpha}.$$

由不等式 $\log x\leqslant x-1$ $(x>0)$,

$$a\mu_\alpha(A)+c_\alpha-1\geqslant\mu(A)\log(a+1)-\frac{I(\mu)}{\alpha},$$

因此,

$$\mu_\alpha(A)-\mu(A)\geqslant\frac{-I(\mu)/\alpha+\mu(A)\{\log(a+1)-a\}+1-c_\alpha}{a}.$$

注意: 不等式 $\log(a+1)<a$, 则对任意 $A\in\mathscr{B}(E)$ 有

$$\mu_\alpha(A)-\mu(A)\geqslant\frac{-I(\mu)/\alpha+\{\log(a+1)-a\}+1-c_\alpha}{a}. \tag{7.1.10}$$

对余集 A^{c} 应用不等式 (7.1.10) 得

$$\begin{aligned}\mu(A)-\mu_\alpha(A)&=1-c_\alpha+\{\mu_\alpha(A^{\mathrm{c}})-\mu(A^{\mathrm{c}})\}\\&\geqslant\frac{-I(\mu)/\alpha+\{\log(a+1)-a\}+(1-c_\alpha)(a+1)}{a},\end{aligned}$$

故得结论

$$\sup_{A\in\mathscr{B}(E)}|\mu(A)-\mu_\alpha(A)|\leqslant\frac{I(\mu)/\alpha+\{a-\log(a+1)\}+(1-c_\alpha)(a+1)}{a}.$$

因为当 $\alpha\to\infty$ 时, $c_\alpha\to 1$, 所以

$$\limsup_{\alpha\to\infty}\sup_{A\in\mathscr{B}(E)}|\mu(A)-\mu_\alpha(A)|\leqslant\frac{a-\log(a+1)}{a}.$$

由于 μ_α 关于 m 绝对连续, 当 $a\to 0$ 时, 上式右端收敛于零, 从而引理得证. □

命题 7.1.1 $I(\mu)=I_{\mathscr{E}}(\mu)$ $(\mu\in\mathscr{P})$.

证明 $I(\mu)\geqslant I_{\mathscr{E}}(\mu)$ 的证明. 假设 $I(\mu)<\infty$. 由引理 7.1.3, μ 关于 m 绝对连续, 记 f 为其密度函数, $f^n=\sqrt{f}\wedge n$. 由不等式 $\log(1-x)\leqslant -x$ $(x<1)$, 及 $-\infty<\dfrac{f^n-\alpha R_\alpha f^n}{f^n+\varepsilon}<1$ 有

$$\begin{aligned}\int_E\log\left(\frac{\alpha R_\alpha f^n+\varepsilon}{f^n+\varepsilon}\right)fdm&=\int_E\log\left(1-\frac{f^n-\alpha R_\alpha f^n}{f^n+\varepsilon}\right)fdm\\&\leqslant-\int_E\frac{f^n-\alpha R_\alpha f^n}{f^n+\varepsilon}fdm,\end{aligned}$$

从而

$$\int_E\frac{f^n-\alpha R_\alpha f^n}{f^n+\varepsilon}fdm\leqslant-\int_E\log\left(\frac{\alpha R_\alpha f^n+\varepsilon}{f^n+\varepsilon}\right)fdm\leqslant I_\alpha(f\cdot m).\tag{7.1.11}$$

在等式

$$\begin{aligned}\frac{f^n-\alpha R_\alpha f^n}{f^n+\varepsilon}f&=\frac{f^n-\alpha R_\alpha f^n}{f^n+\varepsilon}f(1_{\{\sqrt{f}\leqslant n\}}+1_{\{\sqrt{f}>n\}})\\&=\frac{\sqrt{f}-\alpha R_\alpha f^n}{\sqrt{f}+\varepsilon}f1_{\{\sqrt{f}\leqslant n\}}+\frac{n-\alpha R_\alpha f^n}{n+\varepsilon}f1_{\{\sqrt{f}>n\}}\end{aligned}$$

中, 右式第一项的绝对值与第二项的绝对值分别被 $(\sqrt{f}+\alpha R_\alpha\sqrt{f})\sqrt{f}\in L^1(E;m)$ 和 $n/(n+\varepsilon)\cdot f\leqslant f\in L^1(E;m)$ 所控制, 因而由控制收敛定理,

$$\lim_{n\to\infty}\int_E\frac{f^n-\alpha R_\alpha f^n}{f^n+\varepsilon}fdm=\int_E\frac{\sqrt{f}-\alpha R_\alpha\sqrt{f}}{\sqrt{f}+\varepsilon}fdm.$$

进一步, 设 $\varepsilon\to 0$, 由 (7.1.11) 可知

$$\int_E\sqrt{f}(\sqrt{f}-\alpha R_\alpha\sqrt{f})dm\leqslant I_\alpha(f\cdot m),$$

所以由引理 7.1.2,

$$\alpha(\sqrt{f},\sqrt{f}-\alpha R_\alpha\sqrt{f})_m\leqslant I(f\cdot m)<\infty,$$

这蕴涵着由引理 A.4.3, $\sqrt{f} \in \mathscr{F}$ 且 $\mathscr{E}(\sqrt{f}, \sqrt{f}) \leqslant I(f \cdot m)$.

$I(\mu) \leqslant I_{\mathscr{E}}(\mu)$ 的证明. 设 $\phi \in \mathscr{D}_+(A)$, 定义半群 P_t^ϕ 为

$$P_t^\phi f(x) = \mathbf{E}_x \left[\frac{\phi(X_t) + \varepsilon}{\phi(X_0) + \varepsilon} \exp\left(-\int_0^t \frac{A\phi}{\phi + \varepsilon}(X_s) ds \right) f(X_t) \right].$$

此时, P_t^ϕ 是 $(\phi + \varepsilon)^2 \cdot m$- 对称的, 并且由 (6.4.5) 满足 $P_t^\phi 1 \leqslant 1$. 对于满足 $\sqrt{f} \in \mathscr{F}$ 的概率测度 $\mu = f \cdot m \in \mathscr{P}$, 记

$$S_t^\phi \sqrt{f}(x) = \mathbf{E}_x \left[\exp\left(-\int_0^t \frac{A\phi}{\phi + \varepsilon}(X_s) ds \right) \sqrt{f}(X_t) \right].$$

这样有

$$\begin{aligned} \int_E (S_t^\phi \sqrt{f})^2 dm &= \int_E (\phi + \varepsilon)^2 \left(P_t^\phi \left(\frac{\sqrt{f}}{\phi + \varepsilon} \right) \right)^2 dm \\ &\leqslant \int_E (\phi + \varepsilon)^2 P_t^\phi \left[\left(\frac{\sqrt{f}}{\phi + \varepsilon} \right)^2 \right] dm \\ &\leqslant \int_E (\phi + \varepsilon)^2 \left(\frac{\sqrt{f}}{\phi + \varepsilon} \right)^2 dm = \int_E f dm, \end{aligned}$$

所以

$$0 \leqslant \lim_{t \to 0} (\sqrt{f} - S_t^\phi \sqrt{f}, \sqrt{f})_m = \mathscr{E}(\sqrt{f}, \sqrt{f}) + \int_E \frac{A\phi}{\phi + \varepsilon} f dm,$$

即推出 $\mathscr{E}(\sqrt{f}, \sqrt{f}) \geqslant I(f \cdot m)$. □

取非负函数的单调递增列 $f_n \in C_0(E)$, 点点收敛于 $f \in bC_+(E)$, 则对任何 $\alpha > 0$,

$$\int_E \frac{f - \alpha R_\alpha f}{R_\alpha f + \varepsilon} d\mu = \lim_{n \to \infty} \int_E \frac{f_n - \alpha R_\alpha f_n}{R_\alpha f_n + \varepsilon} d\mu,$$

从而定义函数空间 $\mathscr{D}_+$ 为

$$\mathscr{D}_+ = \{R_\alpha f : \alpha > 0, f \in bC_+(E), f \not\equiv 0\}.$$

对于 $\phi = R_\alpha f \in \mathscr{D}_+$, 设 $\widehat{A}\phi = \alpha R_\alpha f - f$, 则可得如下推论:

推论 7.1.1 (Dirichlet 型的**变分公式**) 对于 $f \in \mathscr{F}$,

$$\mathscr{E}(f, f) = \sup_{u \in \mathscr{D}_+, \varepsilon > 0} \int_E \frac{-\widehat{A}u}{u + \varepsilon} f^2 dm. \tag{7.1.12}$$

记 $-A$ 为 Dirichlet 型 $(\mathscr{E}, \mathscr{F})$ 对应的非负定自共轭算子. 则使得算子 $\lambda I + A$ 是 $\mathscr{D}(A)$ 到 $L^2(E; m)$ 上的一一对应且其逆映射 $(\lambda I + A)^{-1}$ 是有界算子的 $\lambda \in \mathbb{R}$ 的全体称为**预解集**, 预解集的余集称为**谱集**, 记为 $\mathrm{Sp}(-A)$. 记谱的下确界为 λ_2, 则

$$-A = \int_{\lambda_2}^{\infty} dE_\lambda,$$

其中 $\{E_\lambda : \lambda \in \mathbb{R}\}$ 为 A 的谱表示中的谱系 (见 A.4 节). 另外, λ_2 可表示为

$$\lambda_2 = \inf\left\{(-Af, f) : f \in \mathscr{D}(A), \int_E f^2 dm = 1\right\}$$
$$= \inf\left\{\mathscr{E}(f, f) : f \in \mathscr{F}, \int_E f^2 dm = 1\right\}.$$

由推论 7.1.1, 对于任意满足 $\int_E f^2 dm = 1$ 的 $f \in \mathscr{F}$ 及任意 $u \in \mathscr{D}_+, \varepsilon > 0$ 有

$$\mathscr{E}(f, f) \geqslant \inf_{x \in E} \left(\frac{-\widehat{A}u}{u + \varepsilon}\right)(x).$$

这蕴涵着对任意 $u \in \mathscr{D}_+, \varepsilon > 0$,

$$\lambda_2 \geqslant \inf_{x \in E} \left(\frac{-\widehat{A}u}{u + \varepsilon}\right)(x). \tag{7.1.13}$$

在此, 假设 $\sup\limits_{x \in E} R1(x) < \infty$, 则

$$\mathscr{E}(f, f) \geqslant \lim_{\alpha \to 0} \int_E \frac{-\widehat{A}R_\alpha 1}{R_\alpha 1 + \varepsilon} f^2 dm = \int_E \frac{1}{R1 + \varepsilon} f^2 dm.$$

再令 $\varepsilon \to 0$, 推出

$$\lambda_2 \geqslant \inf_{x \in E} \frac{1}{R1(x)} = \frac{1}{\sup\limits_{x \in E} \mathbf{E}_x \zeta}. \tag{7.1.14}$$

设 $G \subset E$ 是满足 $\sup\limits_{x \in G} \mathbf{E}_x[\tau_G] < \infty$ 的区域 *, 应用其上的子过程生成的 Dirichlet 型对应的不等式 (7.1.14) 可知, Dirichlet 问题的最小特征值 λ_2^G 满足

$$\lambda_2^G \geqslant \frac{1}{\sup\limits_{x \in G} \mathbf{E}_x[\tau_G]}. \tag{7.1.15}$$

对定理 7.1.1(i) 及定理 7.1.2, 分别取 $G = \mathscr{P}$, $K = \mathscr{P}$, 可得如下推论:

推论 7.1.2 在假设 I, II, III 下有

$$\lim_{t \to \infty} \frac{1}{t} \log \mathbf{P}_x(t < \zeta) = \lim_{t \to \infty} \frac{1}{t} \log \sup_{x \in E} \mathbf{P}_x(t < \zeta) = -\lambda_2. \tag{7.1.16}$$

引理 4.1.4 证明了 Markov 半群 $\{p_t\}$ 可扩张为 $L^2(E; m)$ 上 Markov 的强连续压缩半群. 下面的定理给出 $L^p(E; m)$ 上的相应扩张 (参见文献 [48]).

* 此处, τ_G 是 G 的首离时. —— 译者

定理 7.1.3 Markov 半群 $\{p_t\}$ 可扩张为 $L^p(E;m)$ $(1 \leqslant p < \infty)$ 上的强连续压缩半群 $\{T_t^p\}$, 并且对于 $1 < p, q < \infty$, $f \in L^p(E;m) \cap L^q(E;m)$ 有 $T_t^p f = T_t^q f$. 进一步地, T_t^p 的共轭算子为 T_t^q, 其中 $1/p + 1/q = 1$.

当 $p = \infty$ 时的扩张 $\{T_t^\infty\}$ 一般不是强连续的. 今后, 被扩张了的算子 T_t 也记为 p_t. 设 $\|p_t\|_{p,p}$ 为 $L^p(E;m)$ 上有界线性算子的算子范数, 记

$$-\lambda_p = \lim_{t\to\infty} \frac{1}{t} \log \|p_t\|_{p,p}, \quad 1 \leqslant p \leqslant \infty.$$

当 $p = 2$ 时, 由谱表示定理, λ_2 等于谱的下确界且

$$\lim_{t\to\infty} \frac{1}{t} \log \|p_t\|_{2,2} = -\inf\left\{\mathscr{E}(f,f):\ f \in \mathscr{F}, \int_E f^2 dm = 1\right\}.$$

注意到 $\sup\limits_{x\in E} \mathbf{P}_x(t < \zeta) = \|p_t\|_{\infty,\infty}$, 则由推论 7.1.2 得

$$\lambda_2 = \lambda_\infty. \tag{7.1.17}$$

由半群的对称性与非负性, 对于 $f \in L^2(E;m)$,

$$\begin{aligned}\|p_t f\|_2^2 &\leqslant (p_t 1, p_t f^2)_m \leqslant \|p_t\|_{\infty,\infty} (1, p_t f^2)_m \\ &= \|p_t\|_{\infty,\infty} (p_t 1, f^2)_m \leqslant \|p_t\|_{\infty,\infty}^2 \cdot \|f\|_2^2.\end{aligned}$$

这蕴涵着 $\|p_t\|_{2,2} \leqslant \|p_t\|_{\infty,\infty}$. 进一步, 注意到若 $1/p + 1/q = 1$, 则 $\|p_t\|_{p,p} = \|p_t\|_{q,q}$. 再应用 Riesz-Thorin 插值定理 (参见文献 [48]),

$$\|p_t\|_{2,2} \leqslant \|p_t\|_{p,p} \leqslant \|p_t\|_{\infty,\infty}, \quad 1 < p < \infty,$$

可得如下定理:

定理 7.1.4 在假设 I,II,III 下, λ_p 与 $p \in [1,\infty]$ 无关.

下列定理给出 λ_∞ 的一个概率意义:

定理 7.1.5 $\lambda_\infty = \sup\left\{\lambda \geqslant 0 : \sup\limits_{x\in E} \mathbf{E}_x[\mathrm{e}^{\lambda\zeta}] < \infty\right\}$.

证明 记右边为 γ. 对于 $\lambda < \gamma$,

$$\|p_t\|_{\infty,\infty} = \sup_{x\in E} \mathbf{P}_x(t < \zeta) \leqslant \mathrm{e}^{-\lambda t} \sup_{x\in E} \mathbf{E}_x[\mathrm{e}^{\lambda\zeta}],$$

从而有 $\gamma \leqslant \lambda_\infty$. 特别地, 若 $\lambda_\infty = 0$, 则必有 $\gamma = 0$.

对于 $0 < \lambda < \lambda_\infty$, 记算子 $\mathrm{e}^{\lambda t} p_t$ 为 p_t^λ, 则

$$\lim_{t\to\infty} \frac{1}{t} \log \|p_t^\lambda\|_{\infty,\infty} = \lambda - \lambda_\infty,$$

从而

$$\int_0^\infty \|p_t^\lambda\|_{\infty,\infty}dt = \int_0^t \sup_{x\in E}\mathbf{E}_x[\mathrm{e}^{\lambda t}; t<\zeta]dt < \infty,$$

故有

$$\sup_{x\in E}\int_0^\infty \mathbf{E}_x[\mathrm{e}^{\lambda t}; t<\zeta]dt = \sup_{x\in E}\frac{\mathbf{E}_x[\mathrm{e}^{\lambda\zeta}]-1}{\lambda} < \infty, \tag{7.1.18}$$

由此推出 $\gamma \geqslant \lambda_\infty$. □

将预解算子扩张 $R_{-\lambda}f(x) = \mathbf{E}_x\left[\int_0^\infty \mathrm{e}^{\lambda t}f(X_t)dt\right]$ $(\lambda \geqslant 0)$, 由 (7.1.18),

$$\|R_{-\lambda}\|_{\infty,\infty} < \infty \Leftrightarrow \sup_{x\in E}\mathbf{E}_x[\mathrm{e}^{\lambda\zeta}] < \infty.$$

现假设 $\sup_{x\in E}\mathbf{E}_x[\mathrm{e}^{\lambda_\infty\zeta}] < \infty$, 则对于 $0<\varepsilon<1/\|R_{-\lambda_\infty}\|_{\infty,\infty}$ 有 $\|R_{-\lambda_\infty-\varepsilon}\|_{\infty,\infty} < \infty$ 且

$$R_{-\lambda_\infty-\varepsilon} = R_{-\lambda_\infty} + \varepsilon R^2_{-\lambda_\infty} + \varepsilon^2 R^3_{-\lambda_\infty} + \cdots$$

(参见文献 [49, III, §6.1]), 所以 $\sup_{x\in E}\mathbf{E}_x[\mathrm{e}^{(\lambda_\infty+\varepsilon)\zeta}] < \infty$, 这与定理 7.1.5 矛盾, 从而可得 $\sup_{x\in E}\mathbf{E}_x[\mathrm{e}^{\lambda_\infty\zeta}] = \infty$.

推论 7.1.3 在假设 I,II,III 下,

$$\sup_{x\in E}\mathbf{E}_x[\exp(\zeta)] < \infty \Leftrightarrow \lambda_2 > 1.$$

例 7.1.1 考虑如下的对称二次型:

$$\mathscr{E}(u,v) = \frac{1}{2}\sum_{i,j=1}^n \int_{\mathbb{R}^d} a_{ij}(x)\frac{\partial u}{\partial x_i}\frac{\partial v}{\partial x_j}dx, \quad u,v\in C_0^\infty(\mathbb{R}^d),$$

其中 $(a_{ij}(x))$ 为对称矩阵, 并且存在适当的正常数 λ,Λ,β, 满足

$$\lambda(1+|x|)^\beta|\xi|^2 \leqslant \sum_{i,j=1}^d a_{ij}(x)\xi_i\xi_j \leqslant \Lambda(1+|x|)^\beta|\xi|^2.$$

设 $\mathscr{F}$ 为 $C_0(\mathbb{R}^d)$ 在 $\mathscr{E}_1$ 下的闭包, 这时 $(\mathscr{E},\mathscr{F})$ 为 $L^2(\mathbb{R}^d)$ 上强局部正则的 Dirichlet 型, 用 $X=(X_t,\mathbf{P}_x)$ 表示相应的扩散过程. 若 a_{ij} 光滑且 $\beta>2$, 则函数 $R_1 1 \in C_\infty(\mathbb{R}^d)$ (见注 7.1.2), 从而可得对任意 $x\in\mathbb{R}^d$ 有

$$\lim_{t\to\infty}\frac{1}{t}\log\mathbf{P}_x(t<\zeta) = -\inf\left\{\mathscr{E}(u,u):\ u\in\mathscr{F}, \int_{\mathbb{R}^d}u^2dx = 1\right\}. \tag{7.1.19}$$

对于 $\beta\leqslant 2$, 扩散过程 X 是保守的(见例 6.3.4), 从而 (7.1.19) 的左边为零. 众所周知, 若 $\beta=2$, 则 $\inf\mathrm{Sp}(-A) \geqslant \frac{1}{8}\lambda d^2$; 若 $0<\beta<2$, 则 $\inf\mathrm{Sp}(-A)=0$, 其中 A 为 Dirichlet 型 $(\mathscr{E},\mathscr{F})$ 对应的自共轭算子, $\mathrm{Sp}(-A)$ 为 $-A$ 的谱集, 所以式 (7.1.19) 对于 $\beta=2$ 不成立. □

7.2 对称 Lévy 过程的流出时间

设 $\{\nu_t\}$ 为 $\mathbb{R}^d$ 上的连续卷积半群 (定义 1.2.1) 且满足对称性 (4.1.26). 由 $\{\nu_t\}$ 定义的 Markov 半群 $\{p_t\}$ 为

$$p_t f(x) = \int_{\mathbb{R}^d} f(x+y)\nu_t(dy), \quad f \in b\mathscr{B}(\mathbb{R}^d),$$

则 p_t 关于 Lebesgue 测度对称. 由 $\{p_t\}$ 生成的 Markov 过程是对称 Lévy 过程, 下面表示为 $X = (X_t, \mathbf{P}_x)$. 在对称的情形下, Lévy-Khinchin 公式为

$$\int_{\mathbb{R}^d} \mathrm{e}^{\mathrm{i}\langle x,y\rangle}\nu_t(dy) = \mathrm{e}^{-t\psi(x)},$$
$$\psi(z) = \frac{1}{2}\langle Vz, z\rangle + \int_{\mathbb{R}^d}(1-\cos(\langle z,x\rangle))n(dx)$$

(见式 (4.1.28)), 其中 V 为非负定的 $d\times d$ 对称矩阵, n 为 $\mathbb{R}^d\setminus\{0\}$ 上的对称测度, 并且满足

$$\int_{\mathbb{R}^d\setminus\{0\}} \frac{|x|^2}{1+|x|^2} n(dx) < \infty.$$

此时, 相应的 Dirichlet 型表示为

$$\mathscr{E}(u,u) = \frac{1}{2}\int_{\mathbb{R}^d}(V\nabla u, \nabla u)(x)dx + \frac{1}{2}\int\int_{\mathbb{R}^d\times\mathbb{R}^d\setminus d}(u(x)-u(y))^2 n(dy-x)dx,$$

其定义域 $\mathscr{F}$ 利用 Fourier 变换 $\widehat{u}$ 表示为

$$\mathscr{F} = \left\{u\in L^2(\mathbb{R}^d) : \int_{\mathbb{R}^d}\psi(x)|\widehat{u}(x)|^2dx < \infty\right\}$$

(见 (4.1.29), (4.1.30), 练习 4.1.2).

现在, 对任意 $t>0$, 假设

$$\int_{\mathbb{R}^d}\mathrm{e}^{-t\psi(x)}dx < \infty. \tag{7.2.1}$$

在这个假设条件下, 函数

$$p_t(x) = \frac{1}{(2\pi)^n}\int_{\mathbb{R}^d}\mathrm{e}^{\mathrm{i}\langle x,y\rangle}\mathrm{e}^{-t\psi(y)}dy \in C_\infty(\mathbb{R}^d), \quad x\in\mathbb{R}^d \tag{7.2.2}$$

是测度 ν_t 的密度, 并且 Lévy 过程 X 有转移密度 $p_t(x-y)$. 由 Riemann-Lebesgue 定理 (参见文献 [51]) 可知 $p_t(x)\in C_\infty(\mathbb{R}^d)$, 此时, 半群 $p_tf(x) = \int_{\mathbb{R}^d} p_t(x-y)f(y)dy$ 满足半群强 Feller 性, $p_t(b\mathscr{B}(\mathbb{R}^d))\subset bC(\mathbb{R}^d)$. 事实上, 设 f 为有界 Borel 函数, $\{x_n\}$ 是 $\mathbb{R}^d$ 中收敛于 x 的点列. 此时, 由 Fatou 引理,

$$\liminf_{n\to\infty}\int_{\mathbb{R}^d} p_t(x_n-y)(\|f\|_\infty \pm f(y))dy \geqslant \int_{\mathbb{R}^d} p_t(x-y)(\|f\|_\infty \pm f(y))dy,$$

从而 $x\mapsto \int_{\mathbb{R}^d} p_t(x-y)(\|f\|_\infty \pm f(y))dy$ 下半连续. 因为 $p_t1(x)=1$, 故

$$\begin{aligned}\int_{\mathbb{R}^d} p_t(x-y)f(y)dy &= \int_{\mathbb{R}^d} p_t(x-y)(\|f\|_\infty + f(y))dy - \|f\|_\infty \\ &= -\int_{\mathbb{R}^d} p_t(x-y)(\|f\|_\infty - f(y))dy + \|f\|_\infty,\end{aligned}$$

函数 $p_tf(x)=\int_{\mathbb{R}^d} p_t(x-y)f(y)dy$ 下半且上半连续, 即为连续函数.

对任意区域 G, 设 X 在 G 上的限制子过程为 $X^G=(X_t^G,\tau_G,\mathbf{P}_x)$, 它由 (5.2.16) 所定义, τ_G 为 G 的首离时, 也是 X^G 的生命时, X^G 称为 X 在 G 上的吸收边界过程.

在此, 将证明吸收边界过程 X^G 也满足条件 II, 对于 $f\in b\mathscr{B}(G)$, $0<s<t$, $p_t^Gf(x)=p_s^G(p_{t-s}^Gf)(x)$, 由上面所示 p_s 的强 Feller 性可知 $p_s(p_{t-s}^Gf)\in bC(\mathbb{R}^d)$, 又

$$|p_t^Gf(x)-p_s(p_{t-s}^Gf)(x)|\leqslant \mathbf{P}_x(\tau_G\leqslant s)\|f\|_\infty,$$

因为 $\mathbf{P}_x(\tau_G\leqslant s)$ 当 $s\to 0$ 时在 G 上广义一致收敛于 0 (引理 7.2.1), 所以 $p_t^Gf\in bC(G)$.

引理 7.2.1 设 K 为包含于 G 的紧集, 则

$$\lim_{t\downarrow 0}\sup_{x\in K}\mathbf{P}_x(\tau_G\leqslant t)=0.$$

证明 选取函数 $f\in C_\infty(\mathbb{R}^d)$ 满足 $0\leqslant f\leqslant 1$, 并且在 K 上等于 1, 在 G^c 上等于 0. 由半群的强连续性, 对任意 $\delta>0$, 存在 $t>0$ 满足 $\sup\limits_{0\leqslant s\leqslant t}\|p_sf-f\|_\infty\leqslant\delta/2$. 特别地, $\inf\limits_{x\in K}\mathbf{E}_x[f(X_t)]\geqslant 1-\delta/2$.

在 $\{\tau_G\leqslant t\}$ 上定义 τ_n 为

$$\tau_n=\sum_{k\geqslant 0}\frac{k+1}{2^n}1_{\{k/2^n\leqslant t-\tau_G<(k+1)/2^n\}},$$

则 $\tau_n\downarrow t-\tau_G$ $(n\to\infty)$, 并且

$$\begin{aligned}\mathbf{E}_x[f(X_{\tau_G+\tau_n});\tau_G\leqslant t] &= \sum_{k\geqslant 0}\mathbf{E}_x\left[f(X_{\tau_G+\frac{k+1}{2^n}});\frac{k}{2^n}\leqslant t-\tau_G<\frac{k+1}{2^n}\right] \\ &= \sum_{k\geqslant 0}\mathbf{E}_x\left\{\mathbf{E}_{X_{\tau_G}}[f(X_{\frac{k+1}{2^n}})];\frac{k}{2^n}\leqslant t-\tau_G<\frac{k+1}{2^n}\right\} \\ &= \mathbf{E}_x[(p_{\tau_n}f)(X_{\tau_G});\tau_G\leqslant t],\end{aligned}$$

其中 $p_{\tau_n}f(x)$ 为函数 $t \mapsto p_t f(x)$ 在 $t=\tau_n$ 上的值, 当 $n\to\infty$ 时,

$$\mathbf{E}_x[f(X_t);\tau_G\leqslant t]=\mathbf{E}_x[(p_{t-\tau_G}f)(X_{\tau_G});\tau_G\leqslant t]. \tag{7.2.3}$$

由 f 的选取方法和 $\sup\limits_{0\leqslant s\leqslant t}\|p_sf-f\|_\infty\leqslant\delta/2$ 可知

$$\sup_{0\leqslant s\leqslant t}\sup_{x\in G^{\mathrm{c}}}p_sf(x)\leqslant\delta/2,$$

所以在 $\tau_G\leqslant t$ 上, $(p_{t-\tau_G}f)(X_{\tau_G})\leqslant\delta/2$ 成立. 由 (7.2.3) 有 $\sup\limits_{x\in\mathbb{R}^d}\mathbf{E}_x[f(X_t);\tau_G\leqslant t]\leqslant$ $\delta/2$, 注意到

$$\mathbf{P}_x(\tau_G>t)\geqslant\mathbf{E}_x[f(X_t)]-\mathbf{E}_x[f(X_t);\tau_G\leqslant t],$$

从而推出 $\inf\limits_{x\in K}\mathbf{P}_x(\tau_G>t)\geqslant 1-\delta$. □

用反证法证明条件 I. 设 X^G 不是既约的, 则存在不变的概 Borel 集 B_1,B_2 及极集 N, 使得 G 可以分解为 $G=B_1+B_2+N$. 现在记

$$G_1=\{x\in G:\mathbf{P}_x(\sigma_{B_1}<\infty)>0\},$$
$$G_2=\{x\in G:\mathbf{P}_x(\sigma_{B_2}<\infty)>0\},$$

则 $\mathbf{P}_x(\sigma_N<\infty)=0\ (x\in G)$, 从而 $G=G_1\cup G_2$. 因为 $p_{B_i}(x)=\mathbf{P}_x(\sigma_{B_i}<\infty)$ $(i=1,2)$ 是过分函数 (引理 2.1.2), 由强 Feller 性, p_{B_i} 是连续函数 $p_tp_{B_i}$ 的递增极限, 故是下半连续的, 所以 G_1, G_2 是开集, 这与 G 的连通性矛盾.

当区域 G 有界且有**正则的边界**, 即满足 $\lim\limits_{x\in G\to\partial G}\mathbf{P}_x(\tau_G>0)=0$ 时, $R_1^G1(x)=1-\mathbf{E}_x[\mathrm{e}^{-\tau_G}]$ 满足 $\lim\limits_{x\in G\to\partial G}R_1^G1(x)=0$, 于是条件 III 也是满足的, 所以由定理 7.1.2, 记 $\|p_t^G\|_{p,p}$ 为 p_t^G 的作为 $L^p(G)$ 上有界线性算子的范数,

$$-\lambda_p^G=\lim_{t\to\infty}\frac{1}{t}\log\|p_t^G\|_{p,p}$$

与 $1\leqslant p\leqslant\infty$ 无关.

定理 7.2.1 对任意有正则边界的有界区域 G, 下式成立:

(i)

$$\lim_{t\to\infty}\frac{1}{t}\log\mathbf{P}_x(t<\tau_G)=-\inf\{\mathscr{E}(u,u):\ u\in C_0^\infty(G),\|u\|_2=1\},\quad x\in G; \tag{7.2.4}$$

(ii)

$$\sup_{x\in G}\mathbf{E}_x[\mathrm{e}^{\lambda\tau_G}]<\infty\ \Leftrightarrow\ \lambda<\lambda_2^G. \tag{7.2.5}$$

即使区域不是有界的, 只要满足 $\lim\limits_{x\in G\to\infty}\mathbf{P}_x(\tau_G>0)=0$, 则有条件 III 成立.

由上面的论述, 利用定理 7.1.2, 可证明 λ_p^G 与 p 无关, 而在 Brown 运动 $X=(B_t,\mathbf{P}_x)$ 的情形下, 对任意区域 G 都可证明. 事实上, 设 $G_r(x)=G\cap B(x,r)$, 则

$$\left\|p_t^G\right\|_{\infty,\infty}\leqslant\sup_{x\in G}\mathbf{E}_x[1_{G_r(x)}(B_t);t<\tau_G]+\sup_{x\in G}\mathbf{E}_x[1_{G_r^c(x)}(B_t);t<\tau_G].$$

右边的第一项由

$$\left\|p_1^G\right\|_{\infty,2}\left\|p_{t-1}^G\right\|_{2,2}\left\|1_{G_r(x)}\right\|_2\leqslant Cr^{d/2}\mathrm{e}^{-\lambda_2^G t}$$

所控制, 其中 $\|\cdot\|_{\infty,2}$ 表示 $L^2(G)$ 到 $L^\infty(G)$ 的线性算子的范数, 并应用 $\left\|p_1^G\right\|_{\infty,2}<\infty$ (参见文献 [48]) 及谱分解定理推出的等式 $\left\|p_{t-1}^G\right\|_{2,2}=\mathrm{e}^{-\lambda_2^G(t-1)}$.

第二项由 $\mathbf{P}_0\left(\sup\limits_{0\leqslant s\leqslant t}|B_s|\geqslant r\right)\leqslant C\mathrm{e}^{-r^2/(2dt)}$ 所控制. 取 $r=\sqrt{k}t\ (k>0)$, 则

$$\varlimsup_{t\to\infty}\frac{1}{t}\log\left\|p_t^G\right\|_{\infty,\infty}\leqslant-\left(\lambda_2^G\wedge\frac{k}{2d}\right).$$

设 $k\to\infty$, 则有 $\lambda_\infty^G\geqslant\lambda_2^G$. 因此, $\lambda_\infty^G=\lambda_2^G$ 且 (7.2.4) 在任意区域都成立. 当然, 两端可能同为零. 在 V.G.Maz'ja 的文献 [50] 中, λ_2^G 为正的充要条件是使用容度的语言给出的. 考虑到流出时间 τ_G 与边界的形状有关, 而与其体积无关, 通过容度来刻画充要条件是自然的.

定理 7.2.2 对 Brown 运动 $X=(B_t,\mathbf{P}_x)$ 和任意区域 $G\subset\mathbb{R}^d$, 下列断言等价:

(i) $\lambda_2^G>0$;

(ii) $\lambda_\infty^G>0$;

(iii) $\sup\limits_{x\in G}\mathbf{E}_x[\tau_G]<\infty$.

证明 (i) 与 (ii) 的等价性在上面已经证明. (ii) $\Rightarrow$ (iii) 由定理 7.1.5 推出, (iii) $\Rightarrow$ (i) 由 (7.1.15) 所蕴涵. □

定理 7.2.2 给出了在 Brown 运动的情形下, 区域 G 的流出时间 τ_G 以指数衰减的充要条件. 满足定理 7.2.2 的区域称为**Green 有界**区域. 体积有限的区域是 Green 有界的.

7.3 Feynman-Kac 半群

设 $X=(B_t,\mathbf{P}_x)$ 为 Euclid 空间 $\mathbb{R}^d$ 上的 Brown 运动. 以测度为位势的 Schrödinger 算子的类是 Kato 引入的, 这个类是具有定理 7.3.1 中所述性质的 Feynman-Kac 半群.

称 $\mathbb{R}^d$ 上正的 Radon 测度 μ 属于**Kato 类** $\mathbf{K}_d$, 如果

$$\lim_{\alpha\downarrow 0}\sup_{x\in\mathbb{R}^d}\int_{|x-y|<\alpha}\frac{\mu(dy)}{|x-y|^{d-2}}=0,\quad d\geqslant 3,$$

$$\lim_{\alpha\downarrow 0}\sup_{x\in\mathbb{R}^d}\int_{|x-y|<\alpha}\log\frac{1}{|x-y|}\mu(dy)=0,\quad d=2,$$

$$\sup_{x\in\mathbb{R}^d}\int_{|x-y|\leqslant 1}\mu(dy)<\infty,\quad d=1.$$

当任意紧集 K 上的限制 $\mu(K\cap\cdot)$ 属于 Kato 类时, 记为 $\mu\in\mathbf{K}_{d,\mathrm{loc}}$. 当 $\mu^+\in\mathbf{K}_{d,\mathrm{loc}}$, $\mu^-\in\mathbf{K}_d$ 时, 记 $\mu=\mu^+-\mu^-\in\mathbf{K}_{d,\mathrm{loc}}-\mathbf{K}_d$. 对于 $\mu=\mu^+-\mu^-\in\mathbf{K}_{d,\mathrm{loc}}-\mathbf{K}_d$, 定义 $L^2(\mathbb{R}^d)$ 上的对称型 $(\mathscr{E}^\mu,\mathscr{F}^\mu)$ 为

$$\begin{cases}\mathscr{E}^\mu(u,v)=\dfrac{1}{2}\mathbf{D}(u,v)+\displaystyle\int_{\mathbb{R}^d}\widetilde{u}\cdot\widetilde{v}d\mu,\\ \mathscr{F}^\mu=\{u\in H^1(\mathbb{R}^d):\widetilde{u}\in L^2(\mathbb{R}^d;\mu^+)\}.\end{cases}\tag{7.3.1}$$

已经知道, $(\mathscr{E}^\mu,\mathscr{F}^\mu)$ 是闭型. 设 $A_t^\mu=A_t^{\mu^+}-A_t^{\mu^-}$, 定义**Feynman-Kac 半群** $\{p_t^\mu\}$ 为

$$p_t^\mu f(x)=\mathbf{E}_x^W[\exp(-A_t^\mu)f(B_t)],$$

则如下结论成立:

定理 7.3.1 设 $\mu=\mu^+-\mu^-\in\mathbf{K}_{d,\mathrm{loc}}-\mathbf{K}_d$. 此时, 下列断言成立:

(i) 存在常数 c 与 β,

$$\|p_t^\mu\|_{p,p}\leqslant c\mathrm{e}^{\beta(\mu)t},\quad 1\leqslant p\leqslant\infty,\ t>0;$$

(ii) $\{p_t^\mu\}$ 是 $L^2(\mathbb{R}^d)$ 上的强连续对称半群, 并且它所生成的对称闭型为 $(\mathscr{E}^\mu,\mathscr{F}^\mu)$;

(iii) 对任意 $1\leqslant p,q\leqslant\infty$ 及 $t>0$, $\|p_t^\mu\|_{q,p}<\infty$, 其中 $\|\cdot\|_{q,p}$ 为从 $L^p(\mathbb{R}^d)$ 到 $L^q(\mathbb{R}^d)$ 的算子范数;

(iv) 对于 $f\in b\mathscr{B}(\mathbb{R}^d)$, $p_t^\mu f\in bC(\mathbb{R}^d)$.

下面是显示 Donsker-Varadhan 大偏差原理的动机的一个例子, 它是由 M. Kac 创造性地利用 Schrödinger 算子的特征展开式首先证明的. 这里利用定理 7.1.1 证明.

例 7.3.1 设 V 为 $\mathbb{R}^d$ 上的非负连续函数, 并且满足 $\lim\limits_{x\to\infty}V(x)=\infty$. 首先, 注意到 V 是局部有界的可推出 $V(x)dx\in\mathbf{K}_{d,\mathrm{loc}}$. 由乘泛函 $\exp\left(-\displaystyle\int_0^t V(B_s)ds\right)$ 变换所得的 Markov 过程用 $X^V=(X_t,\zeta,\mathbf{P}_x^V)$ 表示,

$$\mathbf{P}_x^V[F;t<\zeta]=\mathbf{E}_x\left[\exp\left(-\int_0^t V(B_s)ds\right)F\right],\quad F\in b\mathscr{F}_t,\ t>0,\ x\in\mathbb{R}^d.$$

此时, X^V 关于 Lebesgue 测度对称并且相应 Dirichlet 型 $(\mathscr{E}^V,\mathscr{F}^V)$ 由定理 7.3.1(ii) 知为

$$\begin{cases}\mathscr{E}^V(u,v)=\dfrac{1}{2}\mathbf{D}(u,v)+\displaystyle\int u(x)v(x)V(x)dx,\\ \mathscr{F}^V=\{u\in H^1(\mathbb{R}^d):\ u\in L^2(\mathbb{R}^d;V\cdot dx)\}.\end{cases}$$

下面证明 X^V 满足条件 I~III. 条件 I 由 Brown 运动的既约性与乘泛函 $\exp\left(-\int_0^t V(B_s)ds\right)$ 的正性推出. 条件 II 可由定理 7.3.1(iv) 得到. 对于条件 III, 记 X^V 的 1- 阶预解为 R_1^V, 由 Brown 运动的空间齐次性,

$$\begin{aligned}R_1^V1(x)&=\int_0^\infty \mathrm{e}^{-t}\mathbf{E}_x\left[\exp\left(-\int_0^t V(B_s)ds\right)\right]dt\\&=\int_0^\infty \mathrm{e}^{-t}\mathbf{E}_0\left[\exp\left(-\int_0^t V(x+B_s)ds\right)\right]dt.\end{aligned}$$

由假设 $\lim\limits_{x\to\infty}V(x)=\infty$ 及有界收敛定理可推出 $\lim\limits_{x\to\infty}R_1^V1(x)=0$. 等式

$$\mathbf{E}_x\left[\exp\left(-\int_0^t V(B_s)ds\right)\right]=\mathbf{P}_x^V(t<\zeta)$$

结合推论 7.1.2 证明了

$$\lim_{t\to\infty}\frac{1}{t}\log\mathbf{E}_x\left[\exp\left(-\int_0^t V(B_s)ds\right)\right]=-\inf\{\mathscr{E}^V(u,u):u\in\mathscr{F}^V\}.\tag{7.3.2}$$

对于满足 $\lim\limits_{x\to\infty}V(x)=\infty$ 的一般连续函数, 可加上一个正常数归结为如上情形得到 (7.3.2) 成立. □

7.4 时间变换①

本节也设 $\mathbf{D}$ 为古典的 Dirichlet 积分. $H^1(\mathbb{R}^d)$ 为 1- 阶的 Sobolev 空间, $X=(B_t,\mathbf{P}_x)$ 为 Euclid 空间 $\mathbb{R}^d$ 上的 Brown 运动, Kato 类的测度是一类非负连续加泛函的 Revuz 测度, 不仅生成易于处理的 Feynman-Kac 半群, 也保持 Feller 性, 还可用于时间变换.

$\mu\in\mathbf{K}_d$ 是狭义的光滑测度, 并且依等价的意义唯一对应于狭义非负连续泛函 A_t^μ (定理 5.4.2). 定义 $\{\tau_t\}_{t\geqslant 0}$ 为 $\{A_t^\mu\}$ 的右连续逆, 即

$$\tau_t=\inf\{s>0:A_s^\mu>t\}.$$

① 后面的两节是 7.2 节与 7.3 节的续, 是 7.1 节所记述的一般理论在特殊情况中的应用.

定义 Brown 运动 (B_t) 的时间变换 Y_t^μ 为 $Y_t^\mu = B_{\tau_t}$. 再定义测度 μ 的精细拓扑下的支撑 F 为点 x 的全体: 对任何 x 的精细邻域 $U(x)$ 有 $\mu(U(x)) > 0$, 则 $\{Y_t^\mu\}$ 是以 F 为状态空间的 μ- 对称 Markov 过程. 只是当 Brown 运动走进 F 中时, A_t^μ 才会增加, 所以右连续逆 τ_t 一般是一个不连续的递增函数, 从而时间变换过程 (Y_t^μ) 一般是有跳跃的. 集合 F 的末离时 $L_F = \sup\{t : B_t \in F\}$, 之后, A_t^μ 不再增加, 即 $A_{L_F}^\mu$ $(= A_\infty^\mu)$ 是 Y^μ 的生命时. 注意到支撑 F 也可表示为 $F = \{x \in \mathbb{R}^d : \mathbf{P}_x(\tau_0 = 0) = 1\}$, 下面假设

$$F = \mathrm{supp}\,[\mu], \tag{7.4.1}$$

其中 $\mathrm{supp}\,[\mu]$ 为 μ 的拓扑支撑. 设 σ_F 为集合 F 的首达时间 $\sigma_F = \{t > 0 : B_t \in F\}$, 记 $H_F u(x) = \mathbf{E}_x[\widetilde{u}(B_{\sigma_F}); \sigma_F < \infty]$. 此时, 时间变换过程 Y^μ 所生成的 $L^2(F;\mu)$ 上的 Dirichlet 型 $(\check{\mathscr{E}}, \check{\mathscr{F}})$ 有如下表示:

$$\begin{cases} \check{\mathscr{F}} = \{\varphi \in L^2(F;\mu):\ \text{存在 } u \in H_e^1(\mathbb{R}^d),\ \text{在 } F \text{ 上有 } \varphi = \widetilde{u},\ \mu\text{-a.e.}\}, \\ \check{\mathscr{E}}(\varphi,\varphi) = \dfrac{1}{2}\mathbf{D}(H_F u, H_F u), \quad \varphi \in \check{\mathscr{F}}, \end{cases} \tag{7.4.2}$$

其中 $H_e^1(\mathbb{R}^d)$ 为 $\left(\dfrac{1}{2}\mathbf{D}, H^1(\mathbb{R}^d)\right)$ 的扩展 Dirichlet 空间 (定义 4.1.3).

后面设 $d \geqslant 3$, 即考虑暂留的情形. 为使 Brown 运动的时间变换过程满足条件 III, 其生命时 A_∞^μ 的有限性是必需的. 为此, 需假设测度 μ 在无穷远处的邻域上很小. 在此, 定义 $\mathbf{K}_d$ 的子类 $\mathbf{K}_d^\infty$ 为

$$K_d^\infty = \left\{\mu \in \mathbf{K}_d : \lim_{R\to\infty} \sup_{x\in\mathbb{R}^d} \int_{|y|\geqslant R} \frac{d\mu(y)}{|x-y|^{d-2}} = 0\right\}.$$

K_d^∞ 中的测度称为有**Green 紧密性**. 有紧支撑的 Kato 类测度属于 $\mathbf{K}_d^\infty$, 由定义是显然的. 进一步, 有如下引理成立:

引理 7.4.1　Kato 类的有限测度属于 $\mathbf{K}_d^\infty$.

证明　设测度 μ 是 Kato 类的有限测度, 则

$$\begin{aligned} \int_{|y|\geqslant R} \frac{\mu(dy)}{|x-y|^{d-2}} &\leqslant \int_{|x-y|\leqslant\varepsilon} + \int_{\{|y|\geqslant R, |y-x|>\varepsilon\}} \frac{\mu(dy)}{|x-y|^{d-2}} \\ &\leqslant \int_{|x-y|\leqslant\varepsilon} \frac{\mu(dy)}{|x-y|^{d-2}} + \varepsilon^{2-d}\mu(\{|x| \geqslant R\}), \end{aligned}$$

从而

$$\limsup_{R\to\infty} \sup_{x\in\mathbb{R}^d} \int_{|y|\geqslant R} \frac{\mu(dy)}{|x-y|^{d-2}} \leqslant \sup_{x\in\mathbb{R}^d} \int_{|y-x|\leqslant\varepsilon} \frac{\mu(dy)}{|x-y|^{d-2}},$$

由 Kato 类的定义可知, 右边当 $\varepsilon \to 0$ 时趋于 0. □

下面证明由对应于 $\mathbf{K}_d^\infty$ 中测度的非负连续加泛函所定义的时间变换过程满足条件 I~III.

首先, 对于 $\mu\in\mathbf{K}_d^\infty$ 有

$$\int_{\mathbb{R}^d} G(\cdot,y)\mu(dy)\in C_\infty(\mathbb{R}^d). \tag{7.4.3}$$

事实上, 由于 Green 函数可用 Newton 核 w (1.2.16) 表示为 $G(x-y)=w(x-y)$, 记 $G^n(x,y)=G(x,y)\wedge n\ (n=1,2,\cdots)$, 则对于 $\alpha_n=\left(\dfrac{c}{n}\right)^{1/(d-2)}>0$ 有 $G^n(x,y)=G(x,y)\ (|x-y|\geqslant\alpha_n)$. 当 $n\to\infty$ 时, $\alpha_n\to 0$, 从而由 $\mu\in\mathbf{K}_d$ 有

$$\begin{aligned}&\sup_{x\in\mathbb{R}^d}\left|\int_{\mathbb{R}^d}[G(x,y)-G^n(x,y)]1_{\{|y|<R\}}\mu(dy)\right|\\ \leqslant&2\sup_{x\in\mathbb{R}^d}\int_{|x-y|<\alpha_n}G(x,y)1_{\{|y|<R\}}\mu(dy)\to 0,\quad n\to\infty.\end{aligned}$$

因为 $G^n(x,y)$ 是 $\mathbb{R}^d\times\mathbb{R}^d$ 上的连续函数, 并且对于固定的 y 有 $\lim\limits_{x\to\infty}G^n(x,y)=0$, $\displaystyle\int_{\mathbb{R}^d}G^n(\cdot,y)1_{\{|y|<R\}}\mu(dy)\in C_\infty(\mathbb{R}^d)$, 从而推出

$$\int_{\mathbb{R}^d}G^n(\cdot,y)1_{\{|y|<R\}}\mu(dy)\in C_\infty(\mathbb{R}^d).$$

又由 $\mathbf{K}_d^\infty$ 的定义,

$$\begin{aligned}&\sup_{x\in\mathbb{R}^d}\left|\int_{\mathbb{R}^d}G(x,y)\mu(dy)-\int_{\mathbb{R}^d}G(x,y)1_{\{|y|<R\}}\mu(dy)\right|\\ \leqslant&\sup_{x\in\mathbb{R}^d}\left|\int_{\mathbb{R}^d}G(x,y)1_{\{|y|\geqslant R\}}\mu(dy)\right|\to 0,\quad R\to\infty,\end{aligned}$$

由此推出 (7.4.3) 成立. 对于 $f\in b\mathscr{B}_+(\mathbb{R}^d)$, 注意到 $f\cdot\mu\in\mathbf{K}_d^\infty$, 于是可知

$$\int_{\mathbb{R}^d}G(\cdot,y)f(y)\mu(dy)\in C_\infty(\mathbb{R}^d).$$

设 $\{R_\alpha^\mu(x,dy)\}_{\alpha>0}$ 为 $\{Y_t^\mu\}$ 的预解核, 由时间变换过程的定义可知, 对任意 $x\in\mathbb{R}^d$,

$$\mathbf{E}_x\left[\int_0^\infty f(Y_t^\mu)dt\right]=\mathbf{E}_x\left[\int_0^\infty f(B_{\tau_t})dt\right]=\mathbf{E}_x\left[\int_0^\infty f(B_t)dA_t^\mu\right],\quad x\in F,$$

从而对于 $f\in b\mathscr{B}(F)$ 有

$$\int_F R_0^\mu(x,dy)f(y)=\int_F G(x,y)f(y)\mu(dy)=\int_{\mathbb{R}^d}G(x,y)f(y)\mu(dy),\quad x\in F. \tag{7.4.4}$$

注意到 $C_\infty(\mathbb{R}^d)$ 中的函数在闭集上的限制属于 $C_\infty(F)$, 从而 $R_0^\mu f(x) = G(f\cdot\mu)(x) \in C_\infty(F)$ ($f \in b\mathscr{B}(F)$). 由预解方程可得

$$R_1^\mu f(x) = R_0^\mu f(x) - R_0^\mu R_1^\mu f(x) = R_0^\mu (f - R_1^\mu f)(x) \in C_\infty(F),$$

所以时间变换过程 Y^μ 满足条件 II,III. 又因为对任意 (x,y) 有 $G(x,y)>0$, 对任意满足 $\mu(A)>0$ 的 $A\in\mathscr{B}(F)$,

$$R_0^\mu 1_A(x) = \int_F G(x,y)1_A(y)\mu(dy) > 0.$$

由此可得 Y^μ 的既约性. 综上所述, 有如下引理:

引理 7.4.2 对于 $\mu \in \mathbf{K}_d^\infty$, 时间变换过程 Y^μ 满足条件 I~III.

命题 7.4.1 如果 $\mu \in \mathbf{K}_d^\infty$ 满足 (7.4.1), 则

$$\begin{aligned}&\lim_{\beta\to\infty}\frac{1}{\beta}\log \mathbf{P}_x(A_\infty^\mu > \beta)\\ &= -\inf\left\{\check{\mathscr{E}}(u,u) : u \in \check{\mathscr{F}}, \int_F \widetilde{u}^2 d\mu = 1\right\}, \quad x \in \mathbb{R}^d. \end{aligned} \tag{7.4.5}$$

证明 由引理 7.4.2, 时间变换过程 Y^μ 满足条件 I~III. A_∞^μ 是 Y^μ 的生命时, 由推论 7.4.1, 命题 7.4.1 对于 $x\in F$ 成立.

因为当 $t<\sigma_F$ 时, $A_t^\mu = 0$, 所以由 A^μ 的连续性有 $A_{\sigma_F}^\mu = 0$, 并且在 $\sigma_F<\infty$ 上有

$$A_\infty^\mu = A_{\sigma_F}^\mu + A_\infty^\mu(\theta_{\sigma_F}) = A_\infty^\mu(\theta_{\sigma_F}), \quad \mathbf{P}_x\text{-a.s.},$$

从而由强 Markov 性,

$$\begin{aligned}\mathbf{P}_x(A_\infty^\mu > \beta) &= \mathbf{P}_x(A_\infty^\mu > \beta, \sigma)\\ &= \mathbf{E}_x[\mathbf{P}_{X_{\sigma_F}}(A_\infty^\mu > \beta); \sigma_F < \infty] = \mathbf{P}_\nu(A_\infty^\mu > \beta),\end{aligned}$$

其中 $\nu(B) = \mathbf{P}_x(X_{\sigma_F}\in B, \sigma_F<\infty)$ ($B\in\mathscr{B}(F)$), 从而对任意 $x\in\mathbb{R}^d$ 有 (7.4.5) 成立. □

引理 7.4.3

$$\begin{aligned}&\inf\left\{\check{\mathscr{E}}(u,u) : u \in \check{\mathscr{F}}, \int_F \widetilde{u}^2 d\mu = 1\right\}\\ &= \inf\left\{\frac{1}{2}\mathbf{D}(u,u) : u \in C_0^\infty(\mathbb{R}^d), \int_{\mathbb{R}^d} u^2 d\mu = 1\right\}.\end{aligned} \tag{7.4.6}$$

证明 可以证明 $(\check{\mathscr{E}}, \check{\mathscr{F}})$ 的正则性, 即 $C_0^\infty(\mathbb{R}^d)$ 在 F 上的限制在 $\check{\mathscr{F}}$ 内是 $\check{\mathscr{E}}_1$-稠密的, 并且 (7.4.6) 的左边等于

$$\inf\left\{\frac{1}{2}\mathbf{D}(H_F u, H_F u) : u \in C_0^\infty(\mathbb{R}^d), \int_{\mathbb{R}^d} u^2 d\mu = 1\right\}. \tag{7.4.7}$$

再由 Dirichlet 原理得 $\mathbf{D}(H_F u, H_F u) \leqslant \mathbf{D}(u,u)$. 事实上, 定义

$$H_e^{F^c} = \{u \in H_e(\mathbb{R}^d) : \widetilde{u} = 0 \text{ q.e. } (F)\},$$

则 $H_e^{F^c}$ 是 Hilbert 空间 $(H_e(\mathbb{R}^d), \mathbf{D})$ 的闭子空间, 记其正交补空间为 $\mathscr{H}$, 则 $v \in H_e(\mathbb{R}^d)$ 在 $\mathscr{H}$ 上的正交投影 $P_{\mathscr{H}} v$ 恰好等于 $H_F v$ (定理 5.2.3 证明了 $\alpha > 0$ 的情形, 而暂留的情形对于扩展 Dirichlet 空间和 $\alpha = 0$ 成立), 故 (7.4.7) 等于 (7.4.6) 的右边. □

对于满足 $\|G\mu\|_\infty < \infty$ 的 $\mu \in \mathbf{K}_d$, 令 $\mathscr{L}^\mu$ 为时间变换过程 Y^μ 的生成算子, λ_2 为 $-\mathscr{L}^\mu$ 的谱下限. 注意: $G\mu = R_0^\mu 1$, 则由 (7.1.14) 知 $\lambda_2 \geqslant 1/\|G\mu\|_\infty$, 所以由引理 7.4.3 可得如下推论:

推论 7.4.1 对于 $\mu \in \mathbf{K}_d$ 与 $u \in H^1(\mathbb{R}^d)$ 有

$$\int_{\mathbb{R}^d} \widetilde{u}^2 d\mu \leqslant \frac{1}{2}\|G\mu\|_\infty \cdot \mathbf{D}(u,u).$$

由命题 7.4.1 与引理 7.4.3 可得如下定理:

定理 7.4.1 对于 $u \in \mathbf{K}_d^\infty$,

$$\begin{aligned}&\lim_{\beta\to\infty} \frac{1}{\beta} \log \mathbf{P}_x(A_\infty^\mu > \beta)\\ &= -\inf\left\{\frac{1}{2}\mathbf{D}(u,u) : u \in C_0^\infty(\mathbb{R}^d), \int_{\mathbb{R}^d} u^2 d\mu = 1\right\}.\end{aligned} \tag{7.4.8}$$

在 M. Kac 的论文 [39] 中, 式 (7.3.2) 与 (7.4.8) 是采用 (特征值对应的) 特征函数展开式证明的, 进一步详细的分析参见文献 [21]. 这里要强调的是, 通过时间变换与 Brown 运动的 Feymann-Kac 变换, 这两个公式都可以视为关于生命时的结果.

对于区域 $D \subset \mathbb{R}^d$, 设 $G^D(x,y)$ 为具有吸收边界的 Brown 运动的 Green 函数. D 上的正 Radon 测度 μ 属于 $\mathbf{K}_d^\infty(D)$ 是指 $\widetilde{\mu}(\cdot) := \mu(D \cap \cdot) \in \mathbf{K}_d$, 并且对任意 $\varepsilon > 0$, 存在紧集 $K \subset D$, 满足

$$\sup_{x\in D} \int_{D\setminus K} G^D(x,y)\mu(dy) < \varepsilon.$$

此时, 考虑 D 上的吸收边界 Brown 运动, 以及对应于 $\mu \in \mathbf{K}_d^\infty(D)$ 的可加泛函, 则定理 7.4.1 可以扩张到任意有正则边界的区域. 事实上, 注意到 $G^D(x,y)$ 在 $D\times D\setminus d$ 上连续, 并且当 $x \in D \to \partial D$ 或 $x \in D \to \infty$ 时, $G^D(x,y)$ 收敛于零, 时间变换过程满足 I~III 的证明与 $D = \mathbb{R}^d$ 的情形相同.

因此, 类似地可推导出

$$\lim_{\beta\to\infty} \frac{1}{\beta} \log \mathbf{P}_x(A_{\tau_D}^\mu > \beta) = -\inf\left\{\frac{1}{2}\mathbf{D}(u,u) : u \in C_0^\infty(D), \int_D u^2 d\mu = 1\right\}. \tag{7.4.9}$$

例 7.4.1 设 $d\geqslant 3$, K 为紧集. 设 $\mu(dx)=1_K(x)dx$, 利用定理 7.4.1 有

$$\lim_{\beta\to\infty}\frac{1}{\beta}\log\mathbf{P}_x\left(\int_0^\infty 1_K(B_t)dt>\beta\right)=-\inf\left\{\frac{1}{2}\mathbf{D}(u,u):u\in C_0^\infty(\mathbb{R}^d),\int_K u^2dx=1\right\}. \tag{7.4.10}$$

定义 $L^2(K)$ 的算子 G_K 为

$$G_Kf(x)=\int_K G(x,y)f(y)dy,\quad f\in L^2(K),$$

此时, (7.4.10) 的右边等于算子 G_K 的最大特征值的相反数. 特别地, 设 $d=3$, $\mu(dx)=1_{B(0,1)}dx$, $B(0,1)=\{x\in\mathbb{R}^3:|x|\leqslant 1\}$, 此时,

$$\inf\left\{\frac{1}{2}\mathbf{D}(u,u):u\in C_0^\infty(\mathbb{R}^3),\int_{B(0,1)}u^2dx=1\right\}=\frac{\pi^2}{8},$$

它也是区间 $(-1,1)$ 上 Dirichlet-Laplace 的最小特征值, 从而对任意 $x\in\mathbb{R}^3$ 及 $y\in(-1,1)$ 有

$$\lim_{\beta\to\infty}\log\mathbf{P}_x\left(\int_0^\infty 1_{B(0,1)}(B_t)dt>\beta\right)=\lim_{t\to\infty}\frac{1}{t}\log\mathbf{P}_y(t<\tau_{(-1,1)}),$$

其中 $\mathbf{P}_y$ 为 1- 维 Wiener 过程测度. 设 x,y 分别为 $\mathbb{R}^3$ 与 $\mathbb{R}$ 的原点, 则可得比上式强的关系式

$$\mathbf{P}_0\left(\int_0^\infty 1_{B(0,1)}(B_t)dt>\beta\right)=\mathbf{P}_0(\tau_{(-1,1)}>\beta),\quad \forall\beta>0$$

(Ciesielski 和 Taylor 的定理). □

设 I 为可数集, 装备离散拓扑. 设 $Q=(q_{i,j})$ 是满足

$$q_{i,j}\geqslant 0, i\neq j,\quad \sum_{k\neq i}q_{i,k}\leqslant -q_{i,i}<\infty,\ \forall i\in I$$

的 $I\times I$- 矩阵. 进一步, 假设细致平衡条件, 即存在 I 上的正函数 $m_i>0$, 满足

$$m_iq_{i,j}=m_jq_{j,i},\quad i,j\in I.$$

设 $\mathscr{E}$ 为 $L^2(I;m)$ 上的 Dirichlet 型,

$$\begin{aligned}\mathscr{E}(u,v)=&\frac{1}{2}\sum_{i\neq j}q_{i,j}m_i(u(j)-u(i))(v(j)-v(i))\\&+\sum_i\left(-q_{i,i}-\sum_{j\neq i}q_{i,j}\right)m_iu(i)v(i),\end{aligned} \tag{7.4.11}$$

$\mathscr{F}^r$ 为满足 $\mathscr{E}(u,u)<\infty$ 的 I 上的函数 u 的全体. 设 $\mathscr{F}$ 为属于 $\mathscr{F}^r$ 的满足下列条件的函数 $u\in L^2(I;m)$ 的全体, 存在有限支撑的函数列 u_n $(n\geqslant 1)$, 使得 $u_n\to u$ 且 $\sup\limits_n\mathscr{E}(u_n,u_n)<\infty$. 此时, $(\mathscr{E},\mathscr{F})$ 为 $L^2(I;m)$ 上的正则 Dirichlet 型. 记 $X=(X_t,\zeta,\mathbf{P}_i)$ 为由 $(\mathscr{E},\mathscr{F})$ 生成的 Markov 链, 假设如下既约性成立:

对任意的 $i,j\in I$, $\mathbf{P}_i(\sigma_j<\zeta)>0$.

对于 $\mu\in\mathscr{B}_+$, 设 $A_t^\mu=\int_0^t\frac{\mu}{m}(X_s)ds$, 其中 $\frac{M}{m}(j)=\frac{M_j}{m_j},\forall j\in I$, 记 A_t^μ 的右连续逆函数为 $\tau_t=\inf\{s>0:A_s^\mu>t\}$. 在此, 根据 A_t^μ 定义的时间变换过程 $Y_t^\mu=X_{\tau_t}$, $F=\{i\in I:\mu_i>0\}$, 这样 Y^μ 为以 F 为状态空间, A_ζ^μ 为生命时的 μ-对称 Markov 过程.

设 $\{R_\alpha^\mu(i,j):\alpha>0\}$ 为 Y^μ 的预解核,

$$R_\alpha^\mu(i,j)=\mathbf{E}\left[\int_0^\infty \mathrm{e}^{-\alpha t}1_{\{j\}}(Y_t^\mu)dt\right],$$

则由时间变换的定义,

$$R_0^\mu(i,j)=\mathbf{E}_i\left[\int_0^\zeta 1_{\{j\}}(X_t)dt\right]\mu_j/m_j,\quad i,j\in F. \tag{7.4.12}$$

对于 $I\times I\setminus d$ 上的 Borel 集 B, 设 J_B 为由

$$J_B=\inf\{t>0:(X_{t-},X_t)\in B\}$$

定义的停时. 定义 X_t^B 为

$$X_t^B=\begin{cases}X_t, & t<J_B,\\ \Delta, & t\geqslant J_B,\end{cases}$$

则 X_t^B 是以 $I^B=\{x\in I:\mathbf{P}_x(J_B>0)=1\}$ 为状态空间的 Markov 过程, 但不一定是对称的. Z.M.Ma 与 M. Röckner 等已将 Dirichlet 空间和 Hunt 过程的对应关系扩张到了非对称 Dirichlet 空间与右过程之间的对应. X^B 所对应的非对称 Dirichlet 空间由

$$\mathscr{E}^B(u,v)=\mathscr{E}(u,v)+\sum_{(i,j)\in B}u(i)v(j)q_{i,j}m_i,$$

$$\mathscr{F}^B=\left\{u\in\mathscr{F}:\sum_{(i,j)\in B}u^2(i)q_{i,j}m_i<\infty,\ \sum_{(i,j)\in B}u^2(j)q_{i,j}m_i<\infty\right\}$$

给出 *. 设 K 为 I^B 的有限子集, 考虑 X^B 的时间变换过程

* 这是 J. Ying(1995) 的工作, 参考 J. Ying, Bivariate Revuz measures and Feynman-Kac formula, Ann. Inst. Henri Poincare: Probab. Stat V32, no.2(1996), p251–287. —— 译者

$$Y_t^K = X_{\tau_t}^B, \quad \tau_t = \inf\left\{s > 0: \int_0^s 1_K(X_u)du > t\right\}.$$

此时, Y^K 为 K 上以 $\zeta = \displaystyle\int_0^{J_B} 1_K(X_s)ds$ 为生命时的 Markov 过程. 记 $\sigma_K = \inf\{t > 0 : X_t \in K\}$,

$$H_K u(j) = \mathbf{E}_j[u(X_{\sigma_K}) : \sigma_K < J_B].$$

这时, 与对称 Dirichlet 型的情形类似, Y^K 所生成的 $L^2(K;m)$ 上的 Dirichlet 型 $(\check{\mathscr{E}}, \check{\mathscr{F}})$ 由下式给出:

$$\check{\mathscr{F}} = \{\varphi \in L^2(K;m) : \text{存在 } u \in \mathscr{F}_e^B, \text{ 使得 } K \text{ 上有 } \varphi = u\},$$
$$\check{\mathscr{E}}(\varphi, \varphi) = \mathscr{E}^B(H_K u, H_K u),$$

其中 $\mathscr{F}_e^B$ 为 $(\mathscr{E}^B, \mathscr{F}^B)$ 的类似于对称情形定义的扩展 Dirichlet 空间.

例 7.4.2　设 $B = I \times D$ $(D \subset I)$ 且 $K \subset I \setminus D$, 此时, J_B 正是 D 的首达时 $\sigma_D = \inf\{t > 0 : X_t \in D\}$, 并且时间变换过程 $Y^K = (Y_t^K)_{t \geqslant 0}$ 关于 $m = (m_i)$ 在 K 上的限制是对称的, 所以如果 $X^B = (X_t^B)$ 是既约的, 则

$$\lim_{\beta \to \infty} \frac{1}{\beta} \log \mathbf{P}_j \left(\int_0^{\sigma_D} 1_K(X_s)ds > \beta \right)$$
$$= -\inf\left\{ \mathscr{E}(H_K u, H_K u) : \sum_{i \in K} u^2(i) m_i = 1 \right\} \tag{7.4.13}$$

对任意 $j \in I \setminus D$ 成立, 其中 $H_K u(j) = \mathbf{E}_j[u(X_{\sigma_K}) : \sigma_K < \sigma_D]$. 特别地, 当 K 为单点集 $\{c\}$ 时,

$$H_{\{a\}} u(j) = \mathbf{E}_j[u(X_{\sigma_{\{a\}}}) : \sigma_{\{a\}} < \sigma_D] = u(a) \mathbf{P}_j(\sigma_{\{a\}} < \sigma_D).$$

由引理 5.1.1 有

$$\mathrm{Cap}^{I \setminus D}(\{a\}) = \mathscr{E}(\mathbf{P}_\cdot(\sigma_{\{a\}} < \sigma_D), \mathbf{P}_\cdot(\sigma_{\{a\}} < \sigma_D)),$$

从而

$$\lim_{\beta \to \infty} \frac{1}{\beta} \log \mathbf{P}_j \left(\int_0^{\sigma_D} 1_{\{a\}}(X_s)ds > \beta \right)$$
$$= -\inf\{\mathscr{E}(H_{\{a\}} u, H_{\{a\}} u) : u^2(a) m_a = 1\} = -\frac{\mathrm{Cap}^{I \setminus D}(\{a\})}{m_a}, \tag{7.4.14}$$

其中 $\mathrm{Cap}^{I \setminus D}(\{a\})$ 为 0- 阶容度, 定义为

$$\mathrm{Cap}^{I \setminus D}(\{a\}) = \inf\{\mathscr{E}(u, u) : u \in \mathscr{F}, u(a) = 1, u(i) = 0, \ \forall i \in D\}.$$

□

例 7.4.3 设 $B=\{a\}\times D\ (D\subset I\setminus\{a\})$, 此时,

$$\mathscr{E}^B(u,v)=\mathscr{E}(u,v)+\sum_{j\in D}q_{a,j}m_a u(a)v(j).$$

当 $K=\{a\}$ 时, 时间变换过程是以 $\{a\}$ 为状态空间的 Markov 链, 即在 $\{a\}$ 作指数分布的停留, 随后跳入坟墓 Δ 中, 所以在 $\{a\}$ 上的滞留时间 $\int_0^{J_B}1_{\{a\}}(X_s)ds$ 关于测度 $\mathbf{P}_a$ 服从指数分布, 其参数可由

$$\begin{aligned}&\lim_{\beta\to\infty}\frac{1}{\beta}\log\mathbf{P}_a\left(\int_0^{J_B}1_{\{a\}}(X_s)ds>\beta\right)\\ =&-\inf\{\mathscr{E}^B(H_{\{a\}}u,H_{\{a\}}u):u^2(a)m_a=1\}\end{aligned}$$

计算. 若 a 点可达, 则有 $\sigma_{\{a\}}<J_B$, 故 $\sigma_{\{a\}}<J_B$ 等价于 $\sigma_{\{a\}}<\zeta$, 从而

$$H_{\{a\}}u(j)=\mathbf{E}_j[u(X_{\sigma_{\{a\}}}):\sigma_{\{a\}}<J_B]=u(a)\mathbf{P}_j(\sigma_{\{a\}}<\zeta),$$

并且右边等于

$$\begin{aligned}&u(a)^2\mathscr{E}(\mathbf{P}_\cdot(\sigma_{\{a\}}<\zeta),\mathbf{P}_\cdot(\sigma_{\{a\}}<\zeta))+\sum_{j\in D}q_{a,j}m_a u(a)^2\mathbf{P}_j(\sigma_{\{a\}}<\zeta)\\ =&\frac{\mathrm{Cap}(\{a\})}{m_a}+\sum_{j\in D}q_{a,j}\mathbf{P}_j(\sigma_{\{a\}}<\zeta).\end{aligned}$$

设 Cap 为 Dirichlet 型 $(\mathscr{E},\mathscr{F})$ 所确定的 0- 容度. 若 X 是常返的, 因为 $\mathrm{Cap}(\{a\})=0$ 且 $\mathbf{P}_j(\sigma_{\{a\}}<\infty)=1$, 则可知其指数为 $\sum_{j\in D}q_{a,j}$. 特别地, 设 $D=\{b\}\ (b\neq a)$, 则

$$\begin{aligned}\mathbf{P}_a\left(\int_0^{J_{a,b}}1_{\{a\}}(X_s)ds>t\right)&=\mathrm{e}^{-q_{a,b}t},\\ J_{a,b}&=\inf\{t>0:X_{t-}=a,X_t=b\},\end{aligned}$$

给出了 $q_{i,j}$ 的概率解释. □

7.5 Feynman-Kac 泛函

设 $X=(B_t,\mathbf{P}_x)$ 为 $\mathbb{R}^d$ 上的 Brown 运动, $D\subset\mathbb{R}^d$ 为有正则边界的区域.

定理 7.5.1 假设 $\mu\in\mathbf{K}_d^\infty(D)$ 满足 (7.4.1), 此时, 下面两个条件等价:

$$\sup_{x\in D}\mathbf{E}_x[\exp(A^\mu_{\tau_D})]<\infty, \tag{7.5.1}$$

$$\inf\left\{\frac{1}{2}\mathbf{D}(u,u):u\in C_0^\infty(D),\int_D u^2d\mu=1\right\}>1. \tag{7.5.2}$$

证明　如上所述, 时间变换过程 $Y_t^\mu = B_{\tau_t}$ 满足条件 I～III. 注意到 $A^\mu_{\tau_D}$ 为 Y^μ 的生命时, 此时, 由推论 6.4.1, (7.5.1) 在

$$\inf\left\{\check{\mathscr{E}}(u,u) : u \in \check{\mathscr{F}}, \int_{\mathsf{F}} \widetilde{u}^2 d\mu = 1\right\} > 1$$

时成立. 由引理 7.4.6, 这与 (7.5.2) 等价. □

当二元组 (D,μ) 满足 (7.5.1) 时, 称为**可控的***. 对于 $\mu \in \mathbf{K}_d^\infty$, 定义 $L^2(D)$ 上的对称型 $(\mathscr{E}^\mu, H_0^1(D))$ 为

$$\mathscr{E}^\mu(u,v) = \frac{1}{2}\mathbf{D}(u,v) - \int \widetilde{u}\cdot\widetilde{v}d\mu, \quad u,v \in H_0^1(D). \tag{7.5.3}$$

设

$$\gamma(D,\mu) = \inf\left\{\mathscr{E}^\mu(u,u) : \int_D u^2 dx = 1\right\},$$

此时, $\gamma(D,\mu)$ 是 Schrödinger 算子 $-\frac{1}{2}\Delta_D - \mu$ 的 $L^2(D)$- 谱下限, 其中 Δ_D 为 D 上的 Dirichlet-Laplace 算子. 再记 (7.5.2) 的左边为 $\lambda(D,\mu)$, 则

$$\gamma(D,\mu) > 0 \;\Rightarrow\; \lambda(D,\mu) > 1. \tag{7.5.4}$$

事实上, 假设存在正常数 δ, 使得

$$\delta\|u\|_2^2 \leqslant \frac{1}{2}\mathbf{D}(u,u) - \int_D u^2 d\mu, \quad u \in C_0^\infty(D),$$

由于不等式

$$\int_D \widetilde{u} d\mu \leqslant \left\|G_\alpha^D\mu\right\|_\infty \left(\frac{1}{2}\mathbf{D}(u,u) + \alpha(u,u)\right), \quad \forall\alpha > 0 \tag{7.5.5}$$

成立 (类似于推论 7.4.1 可以证明), 取常数 k 满足 $k\left\|G_\alpha^D\mu\right\|_\infty\alpha = \delta$, 则有

$$k\int_D u^2 d\mu \leqslant \frac{1}{2}k\left\|G_\alpha^D\mu\right\|_\infty \mathbf{D}(u,u) + \delta\|u\|_2^2, \quad u \in C_0^\infty(D).$$

由此推出

$$\int_D u^2 d\mu \leqslant \left(\frac{1 + k\left\|G_\alpha^D\mu\right\|_\infty}{1+k}\right)\frac{1}{2}\mathbf{D}(u,u),$$

取 α 充分大, 使得 $\left\|G_\alpha^D\mu\right\|_\infty < 1$, 从而得到 (7.5.4) 的右端, 这里用了 Kato 类测度的性质 $\lim\limits_{\alpha\to\infty}\left\|G_\alpha^D\mu\right\|_\infty = 0$.

另一方面, 若 D 为 Green 有界的, 则 (7.5.4) 的逆命题也成立. 事实上, 设 $\lambda > 1$

* 这里把英文的 gaugeable 翻译为可控的, 可能不是特别准确. —— 译者

满足对任何 $u \in C_0^\infty(D)$ 有 $\lambda \int_D u^2 d\mu \leqslant \frac{1}{2}\mathbf{D}(u,u)$. 由定理 7.2.2, 存在常数 $l > 0$, 使得 $l\int_D u^2 dx \leqslant \mathbf{D}(u,u)$ $(u \in C_0^\infty(D))$, 从而

$$\int_D u^2 d\mu \leqslant \frac{1}{2}\mathbf{D}(u,u) - \frac{\lambda-1}{2\lambda}\mathbf{D}(u,u) \leqslant \frac{1}{2}\mathbf{D}(u,u) - \frac{(\lambda-1)l}{2\lambda}\int_D u^2 dx.$$

这蕴涵着 (7.5.4) 的左边, 即得如下命题:

命题 7.5.1 对于 Green 有界区域 D 和 $\mu \in \mathbf{K}_d^\infty(D)$ 有

$$\gamma(D,\mu) > 0 \ \Leftrightarrow\ \lambda(D,\mu) > 1. \tag{7.5.6}$$

至今为止所涉及的测度都是正测度 μ, 对于符号测度 $\mu = \mu^+ - \mu^-$, 也可记

$$\lambda(D,\mu) = \inf\left\{\frac{1}{2}\mathbf{D}(u,u) + \int_D u^2 d\mu^- : u \in C_0^\infty(D), \int_D u^2 d\mu^+ = 1\right\},$$

则定理 7.5.1 和命题 7.5.1 可原封不动地扩张到 $\mu \in \mathbf{K}_d^\infty(D) - \mathbf{K}_d^\infty(D)$ 的情形. 关于定理 7.5.1, 所考虑的是将吸收壁 Brown 运动由乘泛函 $\exp(-A_t^{\mu^-})$ 变换所得的对称 Markov 过程 (生成的 Dirichlet 型是 $\frac{1}{2}\mathbf{D}(u,u) + \int_D u^2 d\mu^-$), 运用推论 7.1.3 可进一步扩张到由可加泛函 $A_t^{\mu^+}$ 作时间变换所得的 Markov 过程的情形.

引理 7.5.1 设 D 为有正则边界且体积有限的区域, 此时, Lebesgue 测度属于 $\mathbf{K}_d^\infty(D)$.

证明 对于 $f \in L^1(D)$, 由

$$\begin{aligned}|p_t^D f(x)| &= |p_{t/2}^D(p_{t/2}^D f)(x)| \\ &= \mathbf{E}_x[(p_{t/2}^D f)(X_{t/2}); t/2 < \tau_D] \leqslant \mathbf{P}_x(t/2 < \tau_D)\left\|p_{t/2}^D f\right\|_\infty,\end{aligned}$$

根据边界的正则性可推出当 $x \in D \to \partial D$ 时, 左边收敛于零. 再者,

$$|p_t^D f(x)| \leqslant \int_D p_t(x,y)|f(y)|dy \to 0, \quad |x| \to \infty$$

且 $p_t^D f \in C_\infty(D)$. 由假设可知, D 是 Green 有界的, 即 $G^D 1 \in L^\infty(D)$, 从而由属于 $L^1(D)$ 可知 $p_t^D G^D 1 \in C_\infty(D)$. 进一步, 因为由 $|G^D 1(x) - p_t^D G^D 1(x)| \leqslant t$ 推出 $p_t^D G^D 1$ 当 $t \downarrow 0$ 时收敛于 $G^D 1$, 故有 $G^D 1 \in C_\infty(D)$, 所以对任意 $\varepsilon > 0$, 存在紧集 $K \subset D$, 使得 $\sup\limits_{x \in D\setminus K} G^D 1(x) \leqslant \varepsilon$, 故

$$\sup_{x\in D} G^D 1_{D\setminus K}(x) = \sup_{x \in D\setminus K} G^D 1_{D\setminus K}(x) \leqslant \sup_{x\in D\setminus K} G^D 1(x) \leqslant \varepsilon. \qquad \square$$

下面记

$$\delta(D,\mu)=\sup\left\{c:\sup_{x\in D}\mathbf{E}_x[\exp(c\tau_D+A^{\mu}_{\tau_D})]<\infty\right\}.$$

对于有正则边界且体积有限的区域 D, 与 c 的符号无关, 总有 $cdx+\mu\in\mathbf{K}_d^{\infty}(D)-K_d^{\infty}(D)$, 从而由命题 7.5.1 后面所叙述的有

$$\begin{aligned}\sup_{x\in D}\mathbf{E}_x[\exp(c\tau_D+A^{\mu}_{\tau_D})]<\infty\ &\Leftrightarrow\ \gamma(D,cdx+\mu)>0\\ &\Leftrightarrow\ \gamma(D,\mu)>c,\end{aligned}\tag{7.5.7}$$

并且 $\delta(D,\mu)=\gamma(D,\mu)$ 成立.

定理 7.5.2　对于边界光滑且体积有限的区域 D 及 $\mu\in\mathbf{K}_d^{\infty}(D)$, Schrödinger 算子 $-(1/2)\Delta_D-\mu$ 的谱下限 $\gamma(D,\mu)$ 可表示为

$$\gamma(D,\mu)=\sup\left\{c:\sup_{x\in D}\mathbf{E}_x[\exp(c\tau_D+A^{\mu}_{\tau_D})]<\infty\right\}.$$

例 7.5.1　设 $\mu\in\mathbf{K}_d^{\infty}(D)$. 对任意紧集 $K\subset D$, 定义

$$\pi(K,D)=\begin{cases}\dfrac{\mu(K)}{\mathrm{Cap}(K,D)}, & \mathrm{Cap}(K,D)>0,\\ 0, & \mathrm{Cap}(K,D)=0,\end{cases}$$

其中

$$\mathrm{Cap}(K,D)=\inf\left\{\frac{1}{2}\mathbf{D}(u,u):u(x)=1,x\in K,u\in C_0^{\infty}(D)\right\}.$$

此时,

$$\inf\left\{\frac{1}{2}\mathbf{D}(u,u):u\in C_0^{\infty}(D),\int_D u^2d\mu=1\right\}>\begin{cases}0, & \sup\limits_{K\subset D}\pi(K,D)<\infty,\\ 1, & \sup\limits_{K\subset D}\pi(K,D)<\dfrac{1}{4}\end{cases}$$

(参见文献 [50], Th. 2.5.2/1). 特别地, 设 $d=3$ 且 H 为 $\mathbb{R}^3$ 内的 2- 维平面, M 为其 Borel 集且有正则边界. 设 μ 为 $\mu(B)=m(M\cap B)$ 所定义的 Borel 测度, 其中 m 为 2- 维 Lebesgue 测度. 此时,

$$\sup_{F\subset\mathbb{R}^3}\pi(F,\mathbb{R}^3)\leqslant\frac{\pi^{1/2}}{4}m(M)^{\frac{1}{2}}$$

(参见文献 [50], p139). 作为结论, 若 $m(M)<\dfrac{1}{\pi}$, 则 $\mathbf{E}_x[\mathrm{e}^{A^{\mu}_{\infty}}]<\infty$. 设 $d\geqslant 3$, 若闭集 F 满足

$$\sup_{K\subset\mathbb{R}^d}\frac{|F\cap K|}{\mathrm{Cap}(K)}<\frac{1}{4},\tag{7.5.8}$$

则

$$\sup_{x\in\mathbb{R}^d}\mathbf{E}_x\left[\exp\left(\int_0^\infty 1_F(B_t)dt\right)\right]<\infty,$$

其中 $|\cdot|$ 表示 Lebesgue 测度, $\mathrm{Cap}(K)=\mathrm{Cap}(K,\mathbb{R}^d)$. 对于闭集 F, 记 B_F 为与 F 体积相同的球, 即

$$B_F=B(0,r_F),\quad r_F=\frac{\left(|F|\Gamma\left(\dfrac{d}{2}+1\right)\right)^{1/d}}{\sqrt{\pi}}.$$

因为体积相同的情形以球的容度最小 (参见文献 [50, 2.2.3, 2.2.4]),

$$\begin{aligned}\frac{|F\cap K|}{\mathrm{Cap}(K)}&\leqslant\frac{|F\cap K|}{\mathrm{Cap}(F\cap K)}\leqslant\frac{|F\cap K|}{\mathrm{Cap}(B_{F\cap K})}\\&=\frac{|B_{F\cap K}|}{\mathrm{Cap}(B_{F\cap K})}\leqslant\frac{|B_F|}{\mathrm{Cap}(B_F)}=\frac{2r_F^2}{d(d-2)},\end{aligned}$$

从而若

$$|F|<\frac{\left(\dfrac{1}{4}d(d-2)\pi\right)^{d/2}}{\Gamma\left(\dfrac{d}{2}+1\right)},$$

则 (7.5.8) 成立. □

下面说明可控性的意义. 首先, 对于 $\mathbb{R}^d$ $(d\geqslant 3)$ 上的 Brown 运动, 众所周知, $(\mathbb{R}^d,\mu)$ $(\mu\in\mathbf{K}_d^\infty)$ 是可控的等价于 Schrödinger 算子 $-\dfrac{1}{2}\Delta-\mu$ 有正 Green 函数, 即由

$$\mathbf{E}_x[\exp(A_t^\mu)f(B_t)]=\int_{\mathbb{R}^d}p^\mu(t,x,y)f(y)dy,\quad f\in b\mathscr{B}(\mathbb{R}^d)$$

定义积分核 $p^\mu(t,x,y)$ 时,

$$G^\mu(x,y)=\int_0^\infty p^\mu(t,x,y)dt<\infty,\quad x\neq y. \tag{7.5.9}$$

当 $\mu=0$ 时, 由 Brown 运动的暂留性可知, Green 函数存在; 当 $\mu\neq 0$ 时, 因为 $p^0(t,x,y)\leqslant p^\mu(t,x,y)$, 所以 (7.5.9) 的右边有发散的可能. 当 Schrödinger 算子有正 Green 函数, 即 (7.5.9) 成立时, 被称为**下临界**的.

接着, 叙述 Dirichlet 问题的概率表示. 为此, 先考虑简单情形. 设区域 D 为 1-维区间 $(-1,1)$, 位势 $\mu=cdx$ (其中 c 为正常数). 此时, 方程

$$\frac{1}{2}\frac{d^2u}{dx^2}+cu=0,\quad u(0)=u(1)=1$$

的解为 $\cos(\sqrt{2c}x)/\cos\sqrt{2c}$, 其中当 $\cos\sqrt{2c}=0$ 时, 解不存在. 又当 $\sqrt{2c}>\pi/2$, 即 $c>\pi^2/8$ 时, 函数 $\cos(\sqrt{2c}x)/\cos\sqrt{2c}$ 可取正值, 也可取负值. 另一方面, $\mathbf{E}_x[\exp(c\tau_D)]$

> 0 且恒正, 所以当 $c > \pi^2/8$ 时, $\mathbf{E}_x[\exp(c\tau_D)]$ 不可能是方程的解. 实际上, 此时, 该函数的值恒等于无穷大. 函数 $\mathbf{E}_x[\exp(c\tau_D)]$ 在

$$c < \pi^2/8 \ \Leftrightarrow \ \inf\left\{\frac{1}{2}\int_{-1}^{1}(u')^2dx:\ c\int_{-1}^{1}u^2dx = 1\right\} > 1$$

时取有限值且就等于 $\cos(\sqrt{2c}x)/\cos\sqrt{2c}$. 由此可知, 为了 Dirichlet 问题的解有概率表示, 可控性是必需的. 当位势 μ 属于 Kato 类时, $\mathbf{E}_x[\exp(A^{\mu}_{\tau_D})]$ 要么有界, 要么恒等于无穷. 这种 "或所有, 或一无所有" 的事实也是广为人知的 (参见文献 [10]).

对于非 $\mathbf{K}_d^\infty$ 内的光滑测度, 所谓的 Khasminskii 引理是一个 (D,μ) 的可控性的充分条件

$$\sup_{x\in D}\mathbf{E}_x[A^{\mu}_{\tau_D}] < 1 \ \Rightarrow \ (D,\mu) \text{ 是可控的}, \tag{7.5.10}$$

可由强 Markov 性推出.

上面讨论了 Brown 运动的情况, 而在其中使用了 7.1 节中一般化的结果, 确定时间变换过程满足条件 I~III 是必需的, 为此, 在无穷远处收敛于零的光滑的 Green 函数的存在性及其附带的 Green 紧密性的引入是关键的, 所以容易看到, 本节的结果也可以扩张到一般的对称 Markov 过程. 下面给出相应的例子.

例 7.5.2 记 M 为旋转不变的 Riemann 流形, 0 为其极点 (参见文献 [38, §3.2]). 记 M 上的 Brown 运动为 $X = (X_t, \mathbf{P}_x)$, 其 Dirichlet 型为 $(\mathscr{E}, \mathscr{F})$ (见 6.3 节). 设 $B_r = \{x \in M : \rho(0,x) < r\}$ 为开球, ∂B_r 为其边界. 设 σ_r 为 ∂B_r 的表面测度, $S(r)$ 为 ∂B_r 的表面积 $S(r) = \sigma_r(\partial B_r)$. 假定 Brown 运动 X 是暂留的 (暂留的充要条件是

$$\int_1^\infty \frac{dr}{S(r)} < \infty,$$

参见文献 [38]). 记 $G(x,y)$ 为 Green 函数. 利用 $\mathbb{R}^d$ 上的方法可以完全类似地定义与 $\mathbf{K}_d^\infty$ 对应的、有 Green 紧密性的 Kato 类 $\mathbf{K}_\infty(G)$. 特别地, 测度 σ_r 属于 $\mathbf{K}_\infty(G)$.

考虑到 Dirichlet 原理可知

$$\begin{aligned}&\inf\left\{\frac{1}{2}\int_M(\nabla v,\nabla v)dm:\ v\in\mathscr{F}, \int_{\partial B_R}v^2d\sigma = 1\right\}\\ =&\inf\left\{\frac{1}{2}\int_M(\nabla v,\nabla v)dm:\ v = H_{\partial B_R}f,\ \int_{\partial B_R}f^2d\sigma = 1\right\},\end{aligned}$$

其中 $H_{\partial B_R}f(x) = \mathbf{E}_x[f(X_{\sigma_{\partial B_R}}); \sigma_{\partial B_R} < \infty]$, $\sigma_{\partial B_R} = \inf\{t > 0 : X_t \in \partial B_R\}$. 由旋转对称性, 最小值在函数

$$v(x) = c\mathbf{P}_x(\sigma_{\partial B_R} < \infty)$$

上达到, 其中 $c=1/\sqrt{S(R)}$. Green 函数 $G(0,x)$ 可表示为

$$G(0,x)=2\int_{d(0,x)}^{\infty}\frac{dr}{S(r)}$$

(参见文献 [38, Example 4.1]), 于是可知

$$v(x)=\begin{cases}\left(\sqrt{S(R)}\displaystyle\int_R^{\infty}\frac{dr}{S(r)}\right)^{-1}\displaystyle\int_{d(0,x)}^{\infty}\frac{dr}{S(r)}, & d(0,x)>R,\\ \dfrac{1}{\sqrt{S(R)}}, & d(0,x)\leqslant R\end{cases}\tag{7.5.11}$$

从而

$$\frac{1}{2}\int_M(\nabla v,\nabla v)dm=\left(2S(R)\int_R^{\infty}\frac{dr}{S(r)}\right)^{-1},\tag{7.5.12}$$

故得结果

$$2S(R)\int_R^{\infty}\frac{dr}{S(r)}<1\ \Leftrightarrow\ \sup_{x\in M}\mathbf{E}_x[\mathrm{e}^{\ell_R(\infty)}]<\infty,\tag{7.5.13}$$

其中 $\ell_R(t)$ 为 σ_R 对应的非负连续加泛函. 设 $M=\mathbb{R}^d$, 则有 $S(r)=w_dr^{d-1}$ (w_d 为单位球的表面积), 从而测度 σ_R 在 $\dfrac{d-2}{2}>R$ 时是可控的.

设 M 为 2- 维双曲空间 H^2, 此时, $S(r)=w_2\sinh r$ 且

$$2S(R)\int_R^{\infty}\frac{dr}{S(r)}=(\mathrm{e}^R-\mathrm{e}^{-R})\log\frac{\mathrm{e}^R+1}{\mathrm{e}^R-1}.$$

记

$$G(r)=(\mathrm{e}^r-\mathrm{e}^{-r})\log\frac{\mathrm{e}^r+1}{\mathrm{e}^r-1},\quad r>0,$$

则 $G(r)$ 单调递增并满足 $\lim\limits_{r\to0}G(r)=0$, $\lim\limits_{r\to\infty}G(r)=2$, 所以方程 $G(r)=1$ 有唯一解 $r_0(\approx 0.22767)$. 若 $R<r_0$, 则 σ_R 是可控的.

下面考虑三维双曲空间 H^3. 此时, $S(r)=w_3\sinh^2 r$ 且

$$2S(R)\int_R^{\infty}\frac{dr}{S(r)}=\frac{\mathrm{e}^{2R}-1}{\mathrm{e}^{2R}}<1,\tag{7.5.14}$$

从而 σ_R 对所有 R 都是可控的, 并且当 $d\geqslant 4$ 时, 对所有 $R>0$ 也是可控的. 事实上,

$$\begin{aligned}2S(R)\int_R^{\infty}\frac{dr}{S(r)}&=2(\mathrm{e}^R-\mathrm{e}^{-R})^{d-1}\int_R^{\infty}\frac{dr}{(\mathrm{e}^r-\mathrm{e}^{-r})^{d-1}}\\&\leqslant 2(\mathrm{e}^R-\mathrm{e}^{-R})^{d-1}\int_R^{\infty}\frac{dr}{(\mathrm{e}^r-\mathrm{e}^{-R})^{d-1}}<\frac{2}{d-1}<1.\end{aligned}$$

实际上, (7.5.12) 的左边等于 $\mathrm{Cap}(\partial B_R)/S(R)$, 所以只有 R 满足

$$\mathrm{Cap}(\partial B_R) > S(R)$$

时, 测度 σ_R 才是可控的. □

例 7.5.3 设 $X^\alpha = (X_t, \mathbf{P}_x)$ 是 $\mathbb{R}^d$ 上旋转不变的 α- 稳定过程 (见例 1.2.3), 即在 Lévy-Khinchin 公式 (1.2.8) 中的三元组

$$V = 0, \quad m = 0, \quad n(dx) = \frac{K(d,\alpha)}{|x|^{d+\alpha}},$$

$$K(d,\alpha) = \alpha 2^{\alpha-2}\pi^{-\frac{d+2}{2}} \sin\frac{\alpha\pi}{2}\Gamma\left(\frac{d+\alpha}{2}\right)\Gamma(\alpha/2)$$

对应的 Lévy 过程. 假设 X^α 是暂留的, 即 $0 < \alpha < d$, 其 Green 函数为

$$G(x,y) = \int_0^\infty p(t,x,y)dt = C(d,\alpha)|x-y|^{\alpha-d},$$

其中 $C(d,\alpha) = 2^{1-\alpha}\pi^{-d/2}\Gamma((d-\alpha)/2)\Gamma(\alpha/2)^{-1}$, Γ 为 Gamma 函数. 根据练习 4.1.3 知, X^α 在 $L^2(\mathbb{R}^d)$ 上的 Dirichlet 型为

$$\mathscr{E}^{(\alpha)}(u,v) = \frac{K(d,\alpha)}{2}\int\int_{\mathbb{R}^d\times\mathbb{R}^d} \frac{(u(x)-u(y))(v(x)-v(y))}{|x-y|^{d+\alpha}}dxdy,$$

$$\mathscr{F}^{(\alpha)} = \left\{u \in L^2(\mathbb{R}^d) : \int\int_{\mathbb{R}^d\times\mathbb{R}^d} \frac{(u(x)-u(y))^2}{|x-y|^{d+\alpha}}dxdy < \infty\right\}.$$

设 σ_r 是以原点为中心, 以 r 为半径的球面的表面测度. 若 $1 < \alpha \leqslant 2$, 则对称稳定过程 X^α 可达 ∂B_r, 故 σ_r 是光滑测度. 设 $\ell_r(t)$ 是以 σ_r 为 Revuz 测度的非负连续加泛函, 只有当 $r > 0$ 满足

$$\inf\left\{\mathscr{E}^{(\alpha)}(u,u) : \int_{\{|x|=r\}} u^2 d\sigma_r = 1\right\} > 1$$

时才是可控的. 因为测度 σ_r 是旋转对称的, 所以上式中的下限由函数 $u(x) = c\mathbf{P}(\sigma_{\partial B_r} < \infty)$ $(x \in \mathbb{R}^d)$ 可以达到, 其中 $c = (\sqrt{\sigma_r(\partial B_r)})^{-1}$. 用 $\mathrm{Cap}^{(\alpha)}(\cdot)$ 表示对称 α- 稳定过程的 α- 阶容度. 此时, 由

$$\mathscr{E}^{(\alpha)}(H_{\partial B_r}1, H_{\partial B_r}1) = \mathrm{Cap}^{(\alpha)}(\partial B_r)$$

可知, 上式的下限等于 $\mathrm{Cap}^{(\alpha)}(\partial B_r)/\sigma_r(\partial B_r)$. 已知

$$\mathrm{Cap}^{(\alpha)}(\partial B_r) = \frac{2\pi^{(d+1)/2}\Gamma\left(\dfrac{d+\alpha}{2}-1\right)\Gamma\left(\dfrac{\alpha}{2}\right)}{\Gamma\left(\dfrac{d}{2}\right)\Gamma\left(\dfrac{\alpha-1}{2}\right)\Gamma\left(\dfrac{d-\alpha}{2}\right)} r^{d-\alpha}, \tag{7.5.15}$$

对于 $r>0$ 有 $\sigma_r(\partial B_r)=2\pi^{d/2}\Gamma(d/2)^{-1}r^{d-1}$, 从而只有当

$$r<\left\{\frac{\sqrt{\pi}\Gamma\left(\frac{d+\alpha}{2}-1\right)\Gamma\left(\frac{\alpha}{2}\right)}{\Gamma\left(\frac{\alpha-1}{2}\right)\Gamma\left(\frac{d-\alpha}{2}\right)}\right\}^{\frac{1}{\alpha-1}}$$

时才是可控的.

另一方面, 设 μ_r 为 ∂B_r 的平衡测度. 因为集合 ∂B_r 是旋转对称的, 所以存在适当的常数 $A>0$, 使得 $\mu_r=A\sigma_r$. 由平衡测度的定义推知, $\mu_r(\partial B_r)=\mathrm{Cap}(\partial B_r)$ 且 $A=\dfrac{\mathrm{Cap}(\partial B_r)}{\sigma_r(\partial B_r)}$, 因此有

$$\mu_r=\frac{\mathrm{Cap}(\partial B_r)}{\sigma_r(\partial B_r)}\sigma_r,$$

故

$$\begin{aligned}\sup_{x\in\mathbb{R}^d}\mathbf{E}_x[\ell_r(\infty)]&=\sup_{x\in\mathbb{R}^d}G_{\sigma_r}(x)=\sup_{x\in\partial B_r}G_{\sigma_r}(x)\\&=\frac{\sigma_r(\partial B_r)}{\mathrm{Cap}(\partial B_r)}\sup_{x\in\partial B_r}G_{\mu_r}(x)=\frac{\sigma_r(\partial B_r)}{\mathrm{Cap}(\partial B_r)},\end{aligned}$$

所以

$$\sup_{x\in\mathbb{R}^d}\mathbf{E}_x[\ell_r(\infty)]<1\ \Leftrightarrow\ \sup_{x\in\mathbb{R}^d}\mathbf{E}_x[\exp(\ell_r(\infty))]<\infty.$$

左边由 Khasminskii 引理 (7.5.10) 中的充分条件给出, 而此例同时也说明具备满足必要条件的情形. □

附　　录

A.1　σ- 代数、可测性及可容性

在关于 σ- 代数的单调类定理中, 下面证明最常使用的 Dynkin 定理.

设 Ω 为非空集合, 当 Ω 的子集类 $\mathscr{M}$ 包含 Ω 且关于集合的补运算及可列并运算封闭, 即满足条件

$$\Omega \in \mathscr{M},\ A \in \mathscr{M} \ \Rightarrow\ A^{\mathrm{c}} \in \mathscr{M},\quad \{A_n\} \subset \mathscr{M} \ \Rightarrow\ \bigcup_n A_n \in \mathscr{M}$$

时, 称之为 **σ-代数**.

称由 Ω 和 σ- 代数 $\mathscr{M}$ 构成的二元组 $(\Omega, \mathscr{M})$ 为**可测空间**. 包含 Ω 的子集类 $\mathscr{C}$ 的最小的 (由 $\mathscr{C}$ 生成的) σ- 代数记为 $\sigma(\mathscr{C})$.

定义 A.1.1　(i) Ω 的子集类 $\mathscr{C}$ 如果对集合交运算封闭, 则称为**π- 类**;

(ii) Ω 的子集类 $\mathscr{D}$ 如果满足下列性质, 则称为**Dynkin 系**:

(D.1) $\Omega \in \mathscr{D}$;

(D.2) $A, B \in \mathscr{D},\ A \subset B \Rightarrow B \setminus A \in \mathscr{D}$;

(D.3) $\{A_n\} \subset \mathscr{D},\ A_n \uparrow \Rightarrow \bigcup_n A_n \in \mathscr{D}$.

定理 A.1.1　设 Ω 的子集类 $\mathscr{C}$ 为 π- 类, 若 $\mathscr{D}$ 为包含 $\mathscr{C}$ 的 Dynkin 系, 则 $\sigma(\mathscr{C}) \subset \mathscr{D}$.

证明　记 $D(\mathscr{C})$ 为包含 $\mathscr{C}$ 的最小 Dynkin 系. 只需证明 $D(\mathscr{C})$ 关于集合的并运算封闭即可, 因为这样, 再根据 (D.1)~(D.3) 就可以推得 $D(\mathscr{C})$ 是 σ- 代数.

当 $A, B \in \mathscr{C}$ 时, $A \cap B \in \mathscr{C}$, 所以反复应用 (D.1), (D.2) 可知, $A^{\mathrm{c}}, B^{\mathrm{c}}, A^{\mathrm{c}} \cup B^{\mathrm{c}} = (A \cap B)^{\mathrm{c}} \in D(\mathscr{C})$, $(A^{\mathrm{c}} \cup B^{\mathrm{c}}) \setminus A^{\mathrm{c}} = A \cap B^{\mathrm{c}} \in D(\mathscr{C})$, $A^{\mathrm{c}} \cap B = (A \cap B^{\mathrm{c}})^{\mathrm{c}} \in D(\mathscr{C})$, $A^{\mathrm{c}} \cap B^{\mathrm{c}} = (A^{\mathrm{c}} \cup B) \setminus B \in D(\mathscr{C})$, 从而有

$$A \cup B = (A^{\mathrm{c}} \cap B^{\mathrm{c}})^{\mathrm{c}} \in D(\mathscr{C}).$$

对任意 $A \in \mathscr{C}$, 记 $\mathscr{D}_A = \{B : A \cup B \in D(\mathscr{C})\}$, 则 $\mathscr{D}_A$ 是包含 $\mathscr{C}$ 的 Dynkin 系, 从而 $D(\mathscr{C}) \subset \mathscr{D}_A$. 下面对任意 $A \in D(\mathscr{C})$, 记 $\mathscr{D}_A = \{B : A \cup B \in D(\mathscr{C})\}$, 则 $\mathscr{D}_A$ 是包含 $\mathscr{C}$ 的 Dynkin 系, 从而 $D(\mathscr{C}) \subset \mathscr{D}_A$, 也就是说, $D(\mathscr{C})$ 对集合并运算封闭.　□

命题 A.1.1　设 $\mathscr{C}$ 为 Ω 的子集构成的 π- 类. 若 H 为 Ω 上的有界实值函数生成的线性空间, 并包含常值函数, 满足 $1_A \in H\ (\forall A \in \mathscr{C})$, 并且对取一致有界单调递增的极限运算封闭, 则 H 包含任何一个 $\sigma(\mathscr{C})$- 可测的有界函数.

证明　$\mathscr{D} = \{A : 1_A \in H\}$ 是包含 $\mathscr{C}$ 的 Dynkin 系.　□

命题 A.1.2 设 E 为 Lusin 空间, $\mathscr{B}(E)$ 为其 Borel 集的全体. 若 H 是 E 上的有界实值函数组成的线性空间, 并包含常值函数, 满足 $bC(E) \subset H$ 且对一致有界单调递增的极限运算封闭, 则 H 包含任意 $\mathscr{B}(E)$- 可测的有界函数.

证明 已经知道, E 是某紧度量空间 F 的 Borel 子集. 设 $\mathscr{O}$ 为 F 的开集的全体, 则 $\mathscr{B}(F) = \sigma(\mathscr{O})$, $\mathscr{B}(E) = \mathscr{B}(F)|_E$, 其中记 $H(F) = \{f \in b\mathscr{B}(F) : f|_E \in H\}$, 则 $H(F)$ 包含常值函数, $C(F) \subset H(F)$ 且对一致有界单调收敛的极限运算封闭. 设 F 的度量为 $d(x,y)$, 对于 $A \subset F$, 记 $d(x,A) = \inf\limits_{y\in A} d(x,y)$. 对任意的 $U \in \mathscr{O}$, 记 $f(x) = d(x, F\setminus U) \wedge 1$, 则 $f \in C(F)$. 因为当 $n \to \infty$ 时有 $f^{1/n} \uparrow 1_U$, 故有 $1_U \in H(F)$, 从而由命题 A.1.1, $H(F)$ 是 $\mathscr{B}(F)$- 可测有界函数的全体, 命题得证. □

下面简单讨论一下完备概率空间. 设 $(\Omega, \mathscr{M}, \mathbf{P})$ 为概率空间, 即 $(\Omega, \mathscr{M})$ 为可测空间, $\mathbf{P}$ 为**概率测度**, 也就是说, 在 $\mathscr{M}$ 上定义的非负集函数满足如下可列可加性:

$$\mathbf{P}(\Omega) = 1, \quad \mathbf{P}\left(\sum_{n=1}^{\infty} B_n\right) = \sum_{n=1}^{\infty} \mathbf{P}(B_n),\ B_n \in \mathscr{M}.$$

称 $(\Omega, \mathscr{M}, \mathbf{P})$ 为**完备的**, 如果 $\mathbf{P}(A) = 0$ 的 $A \in \mathscr{M}$ 的任何子集都属于 $\mathscr{M}$. 给定概率空间 $(\Omega, \mathscr{M}, \mathbf{P})$, 设

$$\mathscr{N} = \{C : \exists A \in \mathscr{M}, C \subset A, \mathbf{P}(A) = 0\}, \quad \mathscr{M}^{\mathbf{P}} = \{B \triangle C : B \in \mathscr{M}, C \in \mathscr{N}\},$$

对这样表示的集合, 设 $\mathbf{P}(B\triangle C) = \mathbf{P}(B)$, 则 $(\Omega, \mathscr{M}^{\mathbf{P}}, \mathbf{P})$ 是完备概率空间. 上面的过程称为**概率空间的完备化**.

显然, $B \in \mathscr{M}^{\mathbf{P}}$ 等价于存在两个 $B_1, B_2 \in \mathscr{M}$, 满足 $B_1 \subset B \subset B_2$ 且有 $\mathbf{P}(B_2 \setminus B_1) = 0$. Ω 上的实值函数 f 是 $\mathscr{M}^{\mathbf{P}}$- 可测的充要条件是存在 $\mathscr{M}$- 可测的 f_1, f_2, 满足 $f_1 \leqslant f \leqslant f_2$ 且 $\mathbf{P}(f_2 > f_1) = 0$.

设 $\mathscr{P}$ 为 $(\Omega, \mathscr{M})$ 上概率测度的全体, 记

$$\mathscr{M}^* = \bigcap_{\mathbf{P}\in\mathscr{P}} \mathscr{M}^{\mathbf{P}},$$

称 $(\Omega, \mathscr{M}^*)$ 为 $(\Omega, \mathscr{M})$ 的**普遍完备化**.

在本节的后半部分, 将叙述解析集及容度.

对于集合 F, 称含有空集的 F 的子集类为 F 上的一个**铺装**, 记为 $\mathscr{F}$. 称二元组 $(F, \mathscr{F})$ 为**铺装集合**. 用 $\mathscr{F}_\sigma$ $(\mathscr{F}_\delta)$ 表示 $\mathscr{F}$ 中元素的可列并 (可列交) 的全体构成的 F 的铺装. 给定两个铺装空间 $(F_i, \mathscr{F}_i)$ $(i = 1, 2)$, 可如下定义铺装 $\mathscr{F}_1, \mathscr{F}_2$ 的直积:

$$\mathscr{F}_1 \times \mathscr{F}_2 = \{A_1 \times A_2 :\ A_i \in \mathscr{F}_i, i = 1, 2\}.$$

记 $\mathscr{K}(E)$ 为紧度量空间 E 的紧子集的全体, 考虑铺装集合 $(E,\mathscr{K}(E))$.

定义 A.1.2 设 $(F,\mathscr{F})$ 为铺装集合. 称 $A\subset F$ 为 $\mathscr{F}$-**解析集**, 如果存在一个紧的度量空间 E 及 $(\mathscr{K}(E)\times\mathscr{F})_{\sigma\delta}$ 中的一个 $B\subset E\times F$, 使得 A 为 B 在 F 上的投影. 记 $\mathscr{A}(\mathscr{F})$ 为 $\mathscr{F}$- 解析集的全体.

引理 A.1.1 设 $(F,\mathscr{F})$ 为铺装集合, 则

(i) $\mathscr{F}\subset\mathscr{A}(\mathscr{F})$;

(ii) $\mathscr{A}(\mathscr{F})$ 关于可列并及可列交运算封闭;

(iii) $\sigma(\mathscr{F})\subset\mathscr{A}(\mathscr{F})$ 的充要条件是 $A\in\mathscr{F}$ 蕴涵有 $A^{c}\in\mathscr{A}(\mathscr{F})$;

(iv) 设 E 为紧度量空间, 当 $A'\subset E\times F$, $A'\in\mathscr{A}(\mathscr{K}(E)\times\mathscr{F})$ 时, A' 在 F 上的投影 A 属于 $\mathscr{A}(\mathscr{F})$.

证明 (i) 是显然的.

(ii) 的证明参见文献 [11] 的第 III 章.

(iii) 必要性显然. 为了证明充分性, 设 $\mathsf{T}=\{A\in\mathscr{A}(\mathscr{F}):A^{c}\in\mathscr{A}(\mathscr{F})\}$, 则 T 为包含 $\mathscr{F}$ 的 σ- 代数, 从而 $\sigma(\mathscr{F})\subset\mathsf{T}\subset\mathscr{A}(\mathscr{F})$.

(iv) 由定义, 存在某紧度量空间 G 及 $A''\subset G\times(E\times F)$ 满足 $A''\in(\mathscr{K}(G)\times(\mathscr{K}(E)\times\mathscr{F}))_{\sigma\delta}$, 使得 A'' 在 $E\times F$ 上的投影就是 A'. $A''\subset(G\times E)\times F$ 在 F 上的投影是 A, 因为 $\mathscr{K}(G)\times\mathscr{K}(E)\subset\mathscr{K}(G\times E)$, 所以 $A''\in(\mathscr{K}(G\times E)\times\mathscr{F})_{\sigma\delta}$, 从而 A 为 $\mathscr{F}$- 解析集. □

作为引理 A.1.1 的应用, 有下面的命题. 设 $\mathbb{R}$ 的 Borel 集的全体为 $\mathscr{B}$, $(\Omega,\mathscr{F})$ 为可测集, 记 $\mathscr{G}$ 为 $\mathscr{B}$ 与 $\mathscr{F}$ 乘积产生的 σ- 代数.

命题 A.1.3 $\mathscr{G}$ 中的元素在 Ω 上的投影属于 $\mathscr{A}(\mathscr{F})$.

证明 设 $\mathscr{K}$ 为 $\mathbb{R}$ 的紧子集的全体. 由于 $\mathscr{K}$ 中元素的补集是 $\mathscr{K}$ 中元素的可列并, 直积铺装 $\mathscr{K}\times\mathscr{F}$ 的元素在 $\mathbb{R}\times\Omega$ 中的补集是 $\mathscr{K}\times\mathscr{F}$ 中元素的可列并, 根据引理 A.1.1, $\mathscr{G}=\sigma(\mathscr{K}\times\mathscr{F})\subset\mathscr{A}(\mathscr{K}\times\mathscr{F})$.

设 $A'\in\mathscr{A}(\mathscr{K}\times\mathscr{F})$, 它在 Ω 中的投影为 A. 再设 $\mathbb{R}^{*}$ 为 $\mathbb{R}$ 的单点紧化, $\mathscr{K}^{*}$ 为其紧子集的全体, 由于 $\mathscr{K}\times\mathscr{F}\subset\mathscr{K}^{*}\times\mathscr{F}$, 当 A' 是 $\mathbb{R}^{*}\times\Omega$ 的子集时有 $A'\in\mathscr{A}(\mathscr{K}^{*}\times\mathscr{F})$, 从而 A' 在 Ω 上的投影正是 A. 由引理 A.1.1 可知 $A\in\mathscr{A}(\mathscr{F})$. □

考虑铺装集合 $(F,\mathscr{F})$, 设铺装 $\mathscr{F}$ 关于有限并及有限交运算封闭.

定义 A.1.3 (i) 定义在 F 的任意子集上, 取值于 $[-\infty,+\infty]$ 的集函数 I 称为$\mathscr{F}$-**容度**(Choquet 容度), 如果

(C.1) (单调性) $A\subset B$ 蕴涵有 $I(A)\leqslant I(B)$;

(C.2) (下连续性) $A_n\uparrow$ 蕴涵有 $I\left(\bigcup\limits_n A_n\right)=\sup\limits_n I(A_n)$;

(C.3) $\{A_n\}\subset\mathscr{F}$, $A_n\downarrow\Rightarrow I\left(\bigcap_n A_n\right)=\inf_n I(A_n)$.

(ii) 当 $A\subset F$ 满足

$$I(A)=\sup\{I(B):B\in\mathscr{F}_\delta,B\subset A\}$$

时, 称 A 关于 I **可容**.

定理 A.1.2(Choquet, [11] 的第 III 章) 设 I 为 $\mathscr{F}$- 容度, 则任意 $\mathscr{F}$- 解析集关于 I 可容.

下面的容度构造定理是非常有用的.

定理 A.1.3(Choquet, 参见 [11] 的第 III 章) 设 I 为定义在铺装 $\mathscr{F}$ 上且取值于 $[0,\infty]$ 的集函数, 在 $\mathscr{F}$ 上递增并满足

$$I(A\cup B)+I(A\cap B)\leqslant I(A)+I(B),\quad \forall A,B\in\mathscr{F},\tag{A.1.1}$$

$$\{A_n\}\subset\mathscr{F},\quad A_n\uparrow,\quad A=\bigcup_{n=1}^{\infty}A_n\ \Rightarrow\ I(A)=\sup_{n\geqslant1}I(A_n).\tag{A.1.2}$$

这时, 对任意 $A\in\mathscr{F}_\sigma$, 记

$$I^*(A)=\sup\{I(B):B\in\mathscr{F},B\subset A\},\tag{A.1.3}$$

对任意 $C\subset F$, 记

$$I^*(C)=\inf\{I^*(A):A\in\mathscr{F}_\sigma,A\supset C\},\tag{A.1.4}$$

则 I^* 是单调的且具有连续性 (C.2), 从而如果 I^* 关于 F 上的某个铺装 $\mathscr{G}$ 满足 (C.3), 则 I^* 是 $\mathscr{G}$- 容度.

定理 A.1.3 中, F 的铺装 $\mathscr{F},\mathscr{G}$ 一般是不同的. 由上面两个定理可以推出下列各命题:

命题 A.1.4 设 $(\Omega,\mathscr{M})$ 为可测空间, $(\Omega,\mathscr{M}^*)$ 为其普遍完备化, 则 $\mathscr{A}(\mathscr{M})\subset\mathscr{M}^*$.

证明 设 $\mathbf{P}$ 为 $(\Omega,\mathscr{M})$ 上的任意概率测度. 将定理 A.1.3 中取 $F=\Omega$, $\mathscr{F}=\mathscr{M}$, $I=\mathbf{P}$, 显然, $\mathbf{P}$ 在 $\mathscr{M}$ 上满足 (A.1.1) 及 (A.1.2), 从而对任意 $C\subset\Omega$, 由 $I^*(C)=\inf\{\mathbf{P}(A):A\in\mathscr{M},A\supset C\}$ 定义的集函数 I^* 满足 (C.2), 而 I^* 在 $\mathscr{M}$ 上等于 $\mathbf{P}$ 并满足 (C.3), 由定理 A.1.2 知, I^* 是 $\mathscr{M}$-容度.

因此, 由定理 A.1.2, 任意 $A\in\mathscr{A}(\mathscr{M})$ 满足

$$\sup\{\mathbf{P}(B):B\in\mathscr{M},B\subset A\}=I^*(A)=\inf\{\mathbf{P}(C):C\in\mathscr{M},C\supset A\},$$

并且存在 $B',C'\in\mathscr{M}$, 使得 $B'\subset A\subset C'$ 且 $\mathbf{P}(C'\setminus B')=0$, 从而 $A\in\mathscr{M}^{\mathbf{P}}$. 由 $\mathbf{P}$ 的任意性得 $A\in\mathscr{M}^*$. □

命题 A.1.5　设 E 为局部紧可分度量空间, $\mathscr{O}$ 为 E 的开子集的全体, $\mathscr{K}$ 为 E 的紧子集的全体. 设集函数 $I:\mathscr{O}\to[0,\infty]$ 在 $\mathscr{O}$ 上递增且满足 (A.1.1) 和 (A.1.2). 对任意 $A\subset E$, 记

$$I^*(A)=\inf\{I(U):U\in\mathscr{O},A\subset U\},\tag{A.1.5}$$

则 I^* 为 $\mathscr{K}$- 容度. 特别地, 对任意 Borel 集 $B\in\mathscr{B}(E)$ 有

$$I^*(B)=\sup\{I^*(K):K\in\mathscr{K},A\supset K\}.\tag{A.1.6}$$

证明　由定理 A.1.3, (A.1.5) 定义的 E 上的集函数是递增的, 并且满足 (C.2). 设 $\{A_n\}$ 为紧集的递减列, $A=\bigcap\limits_n A_n$, 若可以证明 $\inf\limits_n I^*(A_n)\leqslant I^*(A)$, 则 (C.3) 成立, 于是得 I^* 是 $\mathscr{K}$- 容度. 当 $I^*(A)<\infty$ 时, 对任何 $\varepsilon>0$, $\exists O\in\mathscr{O}$, $A\subset O$, 使得 $I(O)\leqslant I^*(A)+\varepsilon$. 此时, 已经知道对某个 n 有 $A_n\subset O$.

由于任意紧集的余集可表示为紧集的可列并, 根据引理 A.1.1 有 $\mathscr{B}(E)=\sigma(\mathscr{K})\subset\mathscr{A}(\mathscr{K})$. 由定理 A.1.2 可得 (A.1.6). □

设 E 为局部紧可分度量空间, I 为其上的测度, 称 I 为**外正则的**, 如果

$$I^*(B)=I(B),\quad B\in\mathscr{B}(E).\tag{A.1.7}$$

实际上, 只要式 (A.1.7) 对所有 $B\in\mathscr{K}$ 成立, I 就是外正则的, 因为这时

$$\sup\{I^*(K):K\in\mathscr{K},B\supset K\}=\sup\{I(K):K\in\mathscr{K},B\supset K\}\leqslant I(B)\leqslant I^*(B),$$

故由 (A.1.6) 推出两边相等.

因此, 当 I 是 E 上的 Radon 测度时, I 是外正则的. 特别地, 紧度量空间上的有限测度是外正则的, 从而 Lusin 空间上的有限测度是外正则的.

命题 A.1.6　设 E 为 Lusin 空间, $\mathscr{B}(E)$ 为其 Borel 集的全体, m 为 $(E,\mathscr{B}(E))$ 上外正则的 σ- 有限测度. 当 $p\geqslant 1$ 时, $bC(E)\cap L^p(E;m)$ 在 $L^p(E;m)$ 内是稠密的.

证明　只需证明对 $m(B)<\infty$ 的 $B\in\mathscr{B}(E)$, 1_B 可以被 $bC(E)\cap L^p(E;m)$ 中的元素逼近即可.

仍然采用命题 A.1.5 中的符号 $\mathscr{K},\mathscr{O}$. 由 m 的外正则性, 对任意 $\varepsilon>0$, 由 (A.1.5) 与 (A.1.6) 可知, 存在 $K\in\mathscr{K}$ 及 $G\in\mathscr{O}$, 满足 $K\subset B\subset G$ 且 $m(G\setminus K)<\varepsilon$. 利用命题 A.1.2 中的符号 d, 记

$$f(x)=\frac{d(x,G^{\mathrm{c}})}{d(x,G^{\mathrm{c}})+d(x,K)},\quad x\in E,$$

则 $f\in bC(E)\cap L^p(E;m)$ 且 $\|1_B-f\|_p\leqslant\varepsilon$. □

A.2 初时、截面定理及其应用

本节要介绍的是 P.A.Meyer, C. Dellacherie 等在 20 世纪六七十年代所考察的也称为乘积空间 $[0,\infty)\times\Omega$ 上的分析的一部分 (参见文献 [11]).

首先, 叙述本节及 A.3 节前半部分要用到的一些设定. 设 $(\Omega,\mathscr{F},\mathbf{P})$ 为完备概率空间, 流 $\{\mathscr{F}_t:t\geqslant 0\}$, 即 $\mathscr{F}$ 的子 σ- 代数族满足单调性: 当 $s\leqslant t$ 时有 $\mathscr{F}_s\subset\mathscr{F}_t$. 再假设 $\mathscr{F}$ 中的 $\mathbf{P}$- 零测集都在 $\mathscr{F}_0$ 中, 并有右连续性 $\mathscr{F}_{t+}=\mathscr{F}_t$ $(\forall t\geqslant 0)$ 以及 $\mathscr{F}=\sigma(\mathscr{F}_t:t\geqslant 0)$. 本节及 A.3 节前半部分涉及的随机过程均为实值的 $(\mathscr{F}_t)$- 适应过程, 对于随机过程 $X=(X_t:t\geqslant 0)$, 这意味着对任何 $t\geqslant 0$ 都有 X_t 是 $\mathscr{F}_t$- 可测的实值随机变量. 有右连续 (或左连续) 的样本轨道的随机过程称为右连续 (或左连续) 随机过程. 再者, 称 Ω 上 $[0,\infty]$- 值函数为停时, 如果是 1.3 节中所谓的 $(\mathscr{F}_t)$-停时. 用 $\mathscr{B}$ 表示 $\mathbb{R}_+=[0,\infty)$ 上的 Borel 集的全体, $\mathscr{B}_t$ 表示 $[0,t]$ 的 Borel 子集的全体, $\mathscr{B}\times\mathscr{F}$ $(\mathscr{B}_t\times\mathscr{F}_t)$ 表示乘积空间 $\mathbb{R}_+\times\Omega$ $([0,t]\times\Omega)$ 上的乘积 σ- 代数.

当随机过程 $\{X_s\}_{s\geqslant 0}$ 作为乘积空间 $\mathbb{R}_+\times\Omega$ 到 $\mathbb{R}$ 的映射关于 $\mathscr{B}\times\mathscr{F}$- 可测时, 简称为**可测**. 另外, 对任何 $t\geqslant 0$, 作为 $[0,t]\times\Omega$ 到 $\mathbb{R}$ 的映射关于 $\mathscr{B}_t\times\mathscr{F}_t$ 可测时, 称为**循序可测**. 称乘积空间 $\mathbb{R}_+\times\Omega$ 的子集 A 为**无影的**, 如果 A 在 Ω 上的投影 $\pi(A)=\{\omega\in\Omega:\ \exists s\geqslant 0,\ (s,\omega)\in A\}$ 有 $\mathbf{P}(\pi(A))=0$. 称两个随机过程 $\{X_t\}$, $\{Y_t\}$ 为**不可区分**的, 如果 $\mathbf{P}(X_t=Y_t,\ \forall t\geqslant 0)=1$, 这无非是说 $A=\{(t,\omega):X_t(\omega)\neq Y_t(\omega)\}$ 是无影的.

对于 $\mathbb{R}_+\times\Omega$ 的子集 A, 记 $a_t(\omega)=1_A(t,\omega)$, 当 $\{a_t:t\geqslant 0\}$ 为循序可测时, 称 A 为**循序可测集**. 循序可测集的全体是一个 σ- 代数, 称为**循序 σ- 代数**. 对于 $A\subset\mathbb{R}_+\times\Omega$, 定义

$$D_A(\omega)=\inf\{t\in\mathbb{R}_+:(t,\omega)\in A\},\quad \omega\in\Omega,\inf\varnothing=\infty,$$

称之为 A 的**初时**. 注意: A 在 Ω 上的投影 $\pi(A)$ 与 $\{\omega\in\Omega:D_A(\omega)<\infty\}$ 相等. 反复采用与由命题 A.1.3 及命题 A.1.4 证明的定理 1.4.2 相同的证明可得如下定理:

定理 A.2.1 若 $A\subset\mathbb{R}_+\times\Omega$ 是循序可测的, 则 A 的初时 D_A 是停时.

用 $\mathscr{O}$ $(\mathscr{P})$ 表示 $\mathbb{R}_+\times\Omega$ 上所有右连续 (左连续) 随机过程生成的最小 σ- 代数, 称 $A\in\mathscr{O}$ $(A\in\mathscr{P})$ 为**可选集 (可料集)**. 而由引理 1.4.3 所证, 右连续的随机过程是循序可测的, 类似地可证明左连续的过程也是如此, 所以 $\mathscr{O}$ 与 $\mathscr{P}$ 都包含于循序 σ-代数中.

如果随机过程 $\{X_t\}_{t\geqslant 0}$ 作为 $\mathbb{R}_+\times\Omega$ 到 $\mathbb{R}$ 的映射是 $\mathscr{O}$- 可测 ($\mathscr{P}$- 可测) 的, 则称之为**可选过程(可料过程)**. 本节仅涉及可选集与可选过程, A.3 节的前半部分将用到可料集与可料过程.

取 Ω 上的 $[0,\infty]$- 值函数 σ 与 τ 满足 $\sigma \leqslant \tau$, 称

$$[\sigma,\tau) = \{(t,\omega) : \sigma(\omega) \leqslant t < \tau(\omega)\} \subset \mathbb{R}_+ \times \Omega \tag{A.2.1}$$

为**随机区间**. 类似地, 可定义 (σ,τ), $(\sigma,\tau]$, $[\sigma,\tau]$. 特别地, 称 $[\sigma] = [\sigma,\sigma]$ 为 σ 的**图**. 记 $a_t(\omega) = 1_{[\sigma,\infty)}(t,\omega)$, 则 $\{a_t\}_{t\geqslant 0}$ 是右连续的, 它关于 $\{\mathscr{F}_t\}$ 适应等价于 σ 是一个停时, 从而如果 σ 是停时, 则随机区间 $[\sigma,\infty)$ 属于 $\mathscr{O}$. 实际上, $\mathscr{O}$ 可以由形如 (A.2.1) 的随机区间生成, 其中 σ 和 τ 为满足 $\sigma \leqslant \tau$ 的所有停时. 再者, $\mathscr{P}$ 由更特殊形式的随机区间生成, 从而可得 $\mathscr{P} \subset \mathscr{O}$ (参见文献 [11], 第 4 章).

一般地, 对于循序可测集 A 的初时 D_A, 当 $D_A(\omega) < \infty$ 时, 点 $(D_A(\omega),\omega)$ 与集合 A 相接触, 一般未必包含在 A 中. 下面的截面定理指出, 当 A 是可选集时是可以实现的.

定理 A.2.2(可选截面定理, 参见文献 [11] 的第 4 章)　设 $A \subset \mathbb{R}_+ \times \Omega$ 是可选集. 对任何 $\varepsilon > 0$, 存在满足如下性质的停时 σ:

(a) 对于任意满足 $\sigma(\omega) < \infty$ 的 $\omega \in \Omega$ 有 $(\sigma(\omega),\omega) \in A$;

(b) $\mathbf{P}(\sigma < \infty) \geqslant \mathbf{P}(\pi(A)) - \varepsilon$, 其中 $\pi(A)$ 为 A 在 Ω 上的投影.

概括地叙述一下定理 A.2.2 的证明. 首先, 构造支撑在 $(\mathbb{R}_+ \times \Omega, \mathscr{B} \times \mathscr{F})$ 上的集合 A 的测度 μ, 满足 $\mu(A) = \mathbf{P}(\pi(A))$, 然后, 设 $\mathscr{J}$ 为由形如 (A.2.1) 的随机区间的有限并表示的 $\mathbb{R}_+ \times \Omega$ 的子集的全体构造的铺装, 根据定理 A.1.3, 取 $I = \mu$, $\mathscr{F} = \mathscr{G} = \mathscr{J}$, 对任何 $\varepsilon > 0$, 存在包含于 A 中的适当的 $B \in \mathscr{J}_\delta$, 使得 $\mu(B) \geqslant \mu(A) - \varepsilon$. 此时, B 的初时 D_B 在满足 $D_B(\omega) < \infty$ 时有 $(D_B(\omega),\omega) \in B \subset A$, 从而将 D_B 作适当的修正即可求得停时 σ.

下列定理是定理 A.2.2 的重要应用:

定理 A.2.3　设 Y 为有界的可选过程.

(i) 对任何有界递减停时列 $\{\sigma_n\}$, 若极限 $\lim\limits_{n\to\infty} \mathbf{E}[Y_{\sigma_n}]$ 存在, 则 Y 的样本轨道几乎处处有右极限;

(ii) 在 (i) 的条件下, 若 $\lim\limits_{n\to\infty} \mathbf{E}[Y_{\sigma_n}] = \mathbf{E}[Y_{\lim\limits_n \sigma_n}]$ 成立, 则 Y 与其右连续化是不可区分的.

证明参见 [11, 第五章, 定理 48]. 作为定理 A.2.3 的简单应用, 可得如下的定理:

称随机过程 $\{X_t\}$ 为**鞅**, 如果对任何 $t \geqslant 0$, $\mathbf{E}[|X_t|] < \infty$ 且对任何 $0 \leqslant s < t$ 有 $\mathbf{E}[X_t|\mathscr{F}_s] = X_s$ a.s.. 若将上述等号用 "$\leqslant, \geqslant$" 替换, 则分别称之为**上**、**下鞅**.

定理 A.2.4　设 $\{X^n\}$ 为非负右连续上鞅的递增列, 记 $X_t = \sup\limits_n X_t^n$, 则 $\{X_t\}$ 是右连续的.

证明　规定 $X_\infty^n = 0$. 设 $Y_t^n = X_t^n \wedge k$, $Y_t = \sup\limits_n Y_t^n = X_t \wedge k$. 只需证明 Y 是右连续的就够了.

因为 Y 是右连续过程的极限, 从而是可选过程. 另外, 对于满足 $\sigma \leqslant \tau$ 的任意两个停时有 $Y_\sigma^n \geqslant \mathbf{E}[Y_\tau^n|\mathscr{F}_\sigma]$, 设 $n \to \infty$, 于是有 $Y_\sigma \geqslant \mathbf{E}[Y_\tau|\mathscr{F}_\sigma]$, 所以 Y 是上鞅.

再设 $\{\sigma_i\}$ 是递减停时列, 其极限为 σ, 则对于固定的 n 有 $\mathbf{E}[Y_\sigma^n] = \lim_i \mathbf{E}[Y_{\sigma_i}^n]$, 从而 $\mathbf{E}[Y_\sigma] \leqslant \liminf_i \mathbf{E}[Y_{\sigma_i}]$. 结合上鞅的定义得 $\mathbf{E}[Y_\sigma] = \lim_i \mathbf{E}[Y_{\sigma_i}]$, 再根据定理 A.2.3, Y 是右连续的. □

比较上述两个定理, 利用定理 A.2.2, 下面的定理是自明的, 证明留给读者.

定理 A.2.5 如果两个可选过程 $\{X_t\}$ 与 $\{Y_t\}$ 满足下面两个条件之一, 则两个过程不可区分:

(a) 对任意停时 σ, $\mathbf{P}(X_\sigma = Y_\sigma, \sigma < \infty) = \mathbf{P}(\sigma < \infty)$;

(b) 对任意停时 σ, 随机变量 $X_\sigma 1_{\{\sigma<\infty\}}$ 与 $Y_\sigma 1_{\{\sigma<\infty\}}$ 是 $\mathbf{P}$- 可积的且有相同的均值.

称停时 σ 为**可料的**, 如果随机区间 $[\sigma, \infty)$ 属于 $\mathscr{P}$. 在定理 A.2.2 中, 将可选集 A 和停时 σ 分别用可料集和可料停时置换, 结论仍然成立, 被称为**可料截面定理**(参见文献 [11], 第 4 章). 由此, 将定理 A.2.5 中可选过程和停时分别用可料过程和可料停时置换, 可证明结论仍然成立, 在 A.3 节证明随机过程的可料投影及对偶可料投影的唯一性时需要用到, 两个投影的定义也会在那里给出.

A.3 鞅论小结与加泛函

A.3.1 平方可积鞅与相关过程

本节在与 A.2 节相同的条件下, 针对平方可积鞅及其相关随机过程一般理论的部分内容, 主要参见文献 [11, Chap. I~VIII], 不作证明地给一个总结. 这将应用到与它们相对应的 Hunt 过程加泛函的构造理论中.

如 A.2 节最后定义的那样, 所谓停时 T **可料**是指 $[T, \infty) \in \mathscr{P}$. 已经知道, 这与所谓的**可预告性**是等价的, 即存在停时列 $\{T_n\}$, 在 $\{T > 0\}$ 上有 $T_n < T$ 且 $T_n \uparrow T$.

如果对任何可料停时 S 有 $\mathbf{P}(T = S < \infty) = 0$, 则称停时 T 为**不可触及的**. 对于停时 T, 设 $\mathscr{F}_{T-}$ 为 $\mathscr{F}_0$ 及形如 $A \cap \{t < T\}$ $(A \in \mathscr{F}_t)$ 的所有集合所生成的 Ω 上的 σ- 代数.

定理 A.3.1 设 X 为有界可测过程, 则存在在不可区分意义下唯一的可料过程 ${}^pX$, 使得对任何可料停时 T 有

$$ {}^pX_T \cdot 1_{\{T<\infty\}} = \mathbf{E}[X_T \cdot 1_{\{T<\infty\}}|\mathscr{F}_{T-}]. \tag{A.3.1}$$

称 ${}^pX$ 为 X 的**可料投影**. 由可料截面定理知, 可料投影是唯一的.

在此, 引入如下随机过程空间:

$\mathbf{V}^+ = \{A : A_0 = 0$ 且 $\{\mathscr{F}_t\}$- 适应, 单调递增, 右连续 $\}$,

$\mathbf{V} = \mathbf{V}^+ - \mathbf{V}^+ = \{A - B : A, B \in \mathbf{V}^+\}$,

$\mathbf{A} = \{A \in \mathbf{V} : \mathbf{E}\left[\int_0^t |dA_s|\right] < \infty, \forall t > 0\}$.

定义 A.3.1　称过程 X 属于**(DL) 类**, 如果对任何 $t > 0$ 有 $\{X_{T\wedge t}:\ T$ 是停时 $\}$ 是一致可积的.

下面假设所有的鞅、下鞅、上鞅都是右连续的, 并且具有左极限.

定理 A.3.2(Doob-Meyer 分解)　对于属于 (DL) 类的下鞅 X, 存在鞅 M 与可料可积增过程 A 满足 $A_0 = 0$, 使得 $X = M + A$. 该分解在不可区分的意义下唯一.

由于 $A \in \mathbf{V}^+ \cap \mathbf{A}$ 是属于 (DL) 类的下鞅, 由定理 A.3.2, 存在可料可积增过程 B, 使得 $A - B$ 是鞅. 记该过程 B 为 A^p, 对于 $A = B - C$, $B, C \in \mathbf{V}^+ \cap \mathbf{A}$, $A^p = B^p - C^p$ 是可料过程且 $A - A^p$ 是鞅. 下面的定理指出 A^p 的其他特征.

定理 A.3.3　设 $A \in \mathbf{A}$, 则在不可区分的意义下, 唯一存在可料过程 A^p 满足如下两个等价的条件:

(i) $A - A^p$ 是鞅;

(ii) 对任意有界可测过程 X 有

$$\mathbf{E}\left[\int_0^t X_s dA_s^p\right] = \mathbf{E}\left[\int_0^t {}^pX_s dA_s\right], \quad t > 0.$$

由定理 A.3.3(ii) 的形式, A^p 被称为 A 的**对偶可料投影**. 下列定理给出 A^p 连续的充要条件:

定理 A.3.4　$A \in \mathbf{A}$ 的对偶可料投影 A^p 连续的充要条件是对任意有界可料停时 T 有 $\mathbf{E}[A_T] = \mathbf{E}[A_{T-}]$.

称流 $\{\mathscr{F}_t\}$ 为拟左连续的, 如果对任何可料停时 T 有 $\mathscr{F}_{T-} = \mathscr{F}_T$. 称随机过程 $\{X_t\}$ 为拟左连续的, 如果对任意可料停时 T 有

$$\mathbf{P}(X_{T-} = X_T, T < \infty) = \mathbf{P}(T < \infty).$$

定理 A.3.5　下列条件等价:

(i) $\{\mathscr{F}_t\}$ 是拟左连续的;

(ii) 任意鞅都是拟左连续的.

本节后面将假设 $\{\mathscr{F}_t\}$ 是拟左连续的. 设 $\mathbf{M}$ 是满足 $M_0 = 0$ 的平方可积鞅, 即 $\mathbf{E}[M_t^2] < \infty$ 的鞅 M 的全体. 引入

$$\eta_t(M) = \sqrt{\mathbf{E}[M_t^2]}, \quad M \in \mathbf{M},$$

称 η_t 为 $\mathbf{M}$ 的半范数. 设 $\mathbf{M}^c$ 为 $\mathbf{M}$ 中的连续鞅的全体, 即 $M_0 = 0$ 的连续平方可积鞅的全体.

定理 A.3.6 $\mathbf{M}$ 关于半范数 $\{\eta_t\}$ 成为 Frechét 空间, 并且 $\mathbf{M}^c$ 是 $\mathbf{M}$ 的闭子空间.

定义 A.3.2 称 $M, N \in \mathbf{M}$ **正交**, 如果 $\{M_tN_t\}$ 是鞅.

定义 A.3.3 称 $\mathbf{M}$ 的子空间 $\mathbf{N}$ 为**稳定的**, 如果下列条件成立:

(i) $\mathbf{N}$ 是闭子空间;

(ii) 若 $N \in \mathbf{N}$, 则对任意停时 T, $\{N_{T\wedge t}\} \in \mathbf{N}$.

由定理 A.3.6 知, $\mathbf{M}^c$ 是稳定的.

定理 A.3.7 设 $\mathbf{N}$ 是 $\mathbf{M}$ 的稳定的闭子空间, $\mathbf{N}^\perp$ 是与 $\mathbf{N}$ 中所有元素都正交的元素的全体, 则 $\mathbf{N}^\perp$ 是稳定的, 并且 $M \in \mathbf{M}$ 可唯一分解为 $M = N + Z$ ($N \in \mathbf{N}$, $Z \in \mathbf{N}^\perp$).

记 $\mathbf{M}^d = (\mathbf{M}^c)^\perp$, 其元素称为**纯不连续鞅**. 根据定理 A.3.7, $M \in \mathbf{M}$ 可唯一分解为

$$M = M^c + M^d, \quad M^c \in \mathbf{M}^c,\ M^d \in \mathbf{M}^d.$$

对于 $M \in \mathbf{M}$ 及停时 T, 设

$$A_t = \Delta M_T 1_{\{T\leqslant t\}} = (M_T - M_{T-})1_{\{T\leqslant t\}},$$

则对 $t_i^n = it/2^n$, 因为

$$\begin{aligned}\mathbf{E}[A_t^2] &\leqslant \mathbf{E}\left[\sum_{s\leqslant t}(\Delta M_s)^2\right] = \mathbf{E}\left[\liminf_n \sum_{i=0}^{2^n-1}(M_{t_{i+1}^n} - M_{t_i^n})^2\right] \\ &\leqslant \liminf_n \mathbf{E}\left[\sum_{i=0}^{2^n-1}(M_{t_{i+1}^n} - M_{t_i^n})^2\right] = \mathbf{E}[M_t^2],\end{aligned}$$

于是可知 $A \in \mathbf{A}$, 从而可定义 A 的对偶可料投影. 在流 $\{\mathscr{F}_t\}$ 拟左连续的假设下, 由定理 A.3.5, M 在可料停时处不会有跳跃, 从而根据定理 A.3.4, $(\Delta M_T 1_{\{T\leqslant t\}})^p$ 是连续的.

引理 A.3.1 对于 $M \in \mathbf{M}$ 及停时 T,

$$M_t^T = \Delta M_T 1_{\{T\leqslant t\}} - (\Delta M_T 1_{\{T\leqslant t\}})^p$$

是属于 $\mathbf{M}^d$ 的. 进一步, 对于 $N \in \mathbf{M}$, $M_t^T N_t - \Delta M_T \Delta N_T 1_{\{T\leqslant t\}}$ 是鞅.

对于 $M \in \mathbf{M}$, 定义停时列 $\{T_m^n\}_{m,n=1}^\infty$ 为

$$\begin{aligned} T_{n+1}^m &= T_n^m + T_1^m \circ \theta_{T_n^m}, \quad n \geqslant 1, \\ T_1^m &= \inf\left\{t > 0 : |\Delta M_t| > \frac{1}{m}\right\},\end{aligned}$$

把 $\{T_n^m\}_{n,m=1}^\infty$ 作适当排序改写为 $\{T_n\}_{n=1}^\infty$, 此时,

$$\{(t,\omega):\Delta M_t(\omega)\neq 0\}=\bigcup_{n=1}^\infty [[T_n]],\quad [[T_n]]=\{(T_n(\omega),\omega):\omega\in\Omega\},$$

这里依引理 A.3.1 定义鞅 M^{T_n}. 根据定义, 若 $m\neq n$, $[[T_m]]\cap[[T_n]]=\varnothing$, 从而 $\{M^{T_n}\}$ 互相正交.

定理 A.3.8 对于 $M\in\mathbf{M}$, $\sum_n M^{T_n}$ 依 $\mathbf{M}$ 的拓扑收敛于 M 的纯不连续部分 M^{d}.

推论 A.3.1 对于 $M\in\mathbf{M}^{\mathrm{d}}$ 及 $N\in\mathbf{M}$, $M_tN_t-\sum_{s\leqslant t}\Delta M_s\Delta N_s$ 是鞅.

对于 $M\in\mathbf{M}$, 由 Jensen 不等式, M^2 是下鞅. 因为 $\sup_{T\leqslant t}\mathbf{E}[M_T^2]\leqslant\mathbf{E}[M_t^2]<\infty$, 故 M^2 是 (DL) 类, 从而由 Doob-Meyer 分解, 存在唯一的可料增的连续过程 $\langle M\rangle$, $\langle M\rangle_0=0$, 使得 $M^2-\langle M\rangle$ 是鞅.

对于 $M\in\mathbf{M}$, 记

$$[M]_t=\langle M^{\mathrm{c}}\rangle_t+\sum_{s\leqslant t}\Delta M_s^2, \tag{A.3.2}$$

则

$$M_t^2-[M]_t=((M_t^{\mathrm{c}})^2-\langle M^{\mathrm{c}}\rangle_t)+2M_t^{\mathrm{c}}M_t^{\mathrm{d}}+\left((M_t^{\mathrm{d}})^2-\sum_{s\leqslant t}(\Delta M_s^{\mathrm{d}})^2\right)$$

是鞅, 所以 $[M]-\langle M\rangle$ 也是鞅. 由定理 A.3.3 可得

$$[M]^p=\langle M\rangle,\quad M\in\mathbf{M}. \tag{A.3.3}$$

由引理 A.3.1 前面的注意及 (A.3.3) 可知, $\langle M\rangle$ 是连续过程. 称 $\langle M\rangle,[M]$ 都是 $M\in\mathbf{M}$ 的**二次变差过程**, 根据括号来区别. 特别地, 前者有时也称为可料二次变差过程. 符号 $\langle M\rangle$ 是 1965 年由 Motoo 和 Watanabe[44] 针对 Hunt 过程的均值为零的平方可积加泛函所采用的, 又于 1967 年由 Kunita 与 Watanabe[40] 扩张到 $M\in\mathbf{M}$ 的情形, $[M]$ 由 P.A.Meyer 于同一年被引入.

对于 $M,N\in\mathbf{M}$, 记

$$\langle M,N\rangle=\frac{1}{2}(\langle M+N\rangle-\langle M\rangle-\langle N\rangle),$$
$$[M,N]=\frac{1}{2}([M+N]-[M]-[N]).$$

此时, $\langle M,N\rangle$ 与 $[M,N]$ 分别有如下含义:

定理 A.3.9 对于 $M, N \in \mathbf{M}$ 及任意 $t > 0$,

$$\langle M, N\rangle_t = \lim_{n\to\infty}\sum_{i=1}^{2^n}\mathbf{E}[(M_{t_i^n} - M_{t_{i-1}^n})(N_{t_i^n} - N_{t_{i-1}^n})|\mathscr{F}_{t_{i-1}^n}], \tag{A.3.4}$$

$$[M, N]_t = \lim_{n\to\infty}\sum_{i=1}^{2^n}(M_{t_i^n} - M_{t_{i-1}^n})(N_{t_i^n} - N_{t_{i-1}^n}) \tag{A.3.5}$$

按 L^1- 范数的意义收敛, 其中 $t_i^n = it/2^n$.

设 $\{T_i\}_{i=0}^n$ 是满足 $0 \leqslant T_0 \leqslant T_1 \leqslant \cdots \leqslant T_n$ 的停时列, $Z_0 \in b\mathscr{F}_0$, $Z_i \in b\mathscr{F}_{T_i}$. 记

$$H_t = Z_0 1_{\{t=0\}} + \sum_{i=1}^n Z_{i-1}1_{\{T_{i-1}<t\leqslant T_i\}},$$

$b\mathscr{E}$ 表示随机过程 $\{H_t\}$ 的全体. 对 $H \in b\mathscr{E}$ 及 $M \in \mathbf{M}$, 定义

$$(H\bullet M)_t = \sum_{i=1}^n Z_{i-1}(M_{T_i\wedge t} - M_{T_{i-1}\wedge t}).$$

此时, $H\bullet M \in \mathbf{M}$ 且

$$\begin{aligned}\mathbf{E}[(H\bullet M)_t^2] &= \mathbf{E}\left[\sum_{i=1}^n Z_{i-1}^2(M_{T_i\wedge t} - M_{T_{i-1}\wedge t})^2\right]\\ &= \mathbf{E}\left[\sum_{i=1}^n Z_{i-1}^2(\langle M\rangle_{T_i\wedge t} - \langle M\rangle_{T_{i-1}\wedge t})\right]\\ &= \mathbf{E}\left[\int_0^t H_s^2 d\langle M\rangle_s\right]\end{aligned}$$

成立. 记

$$\|H\|_t^M = \left(\mathbf{E}\left[\int_0^t H_s^2 d\langle M\rangle_s\right]\right)^{\frac{1}{2}},$$
$$L^2(M;\mathbf{P}) = \{H : \text{可料过程且 } \|H\|_t^M < \infty,\ \forall t > 0\},$$

然后定义映射 $I_t : L^2(M;\mathbf{P}) \cap b\mathscr{E} \to L^2(\mathscr{F}_t)$ 为

$$I_t(H) = (H\bullet M)_t,$$

此时, 由 $b\mathscr{E}$ 生成的 σ- 代数是可料的 σ- 代数 $\mathscr{P}$, $b\mathscr{E}$ 在 $L^2(M;\mathbf{P})$ 中稠密, 从而可以将 I_t 的定义域扩张到 $L^2(M;\mathbf{P})$. $H\bullet M$ 被称为 H 关于 M 的**随机积分**. 随机积分的特性可以由以下定理来刻画:

定理 A.3.10 对于 $M \in \mathbf{M}$, $H \in L^2(M;\mathbf{P})$, $H\bullet M$ 是满足

$$\langle H\bullet M, N\rangle_t = (H\bullet\langle M, N\rangle)_t, \quad \forall N \in \mathbf{M} \tag{A.3.6}$$

的 $\mathbf{M}$ 中的唯一元素.

随机积分有如下性质：

定理 A.3.11 对于 $M, N \in \mathbf{M}$, H, K 在对应的空间中.

(i) $\left(\int_0^t |H_sK_s| d\langle M, N\rangle_s\right)^2 \leqslant \int_0^t H_s^2 d\langle M\rangle_s \cdot \int_0^t K_s^2 d\langle N\rangle_s$;

(ii) $\langle H \bullet M\rangle_t = \int_0^t H_s^2 d\langle M\rangle_s$;

(iii) 若 $HK \in L^2(M; \mathbf{P})$, 则 $H\bullet(K\bullet M) = (HK)\bullet M$;

(iv) $\Delta(H\bullet M) = H\Delta M$;

(v) 若 M 是连续的, 则 $H\bullet M$ 也是连续的.

引理 A.3.2 设 G 是有界 $\mathscr{F}_\infty$- 可测的随机变量, $\mathbf{E}(G|\mathscr{F}_s)$ 关于 s 是右连续的, $A \in \mathbf{A}$ 是可料可积增过程, 则

$$\mathbf{E}[GA_t] = \mathbf{E}\left[\int_0^t \mathbf{E}[G|\mathscr{F}_s] dA_s\right].$$

证明 对函数 $F(x, y) = xy$ 采用 Itô公式得

$$\mathbf{E}[G|\mathscr{F}_t]A_t = \int_0^t \mathbf{E}[G|\mathscr{F}_s] dA_s + \int_0^t A_s d\mathbf{E}[G|\mathscr{F}_s],$$

从而 $\mathbf{E}[GA_t] = \mathbf{E}[\mathbf{E}[G|\mathscr{F}_t]A_t] = \mathbf{E}\left[\int_0^t \mathbf{E}[G|\mathscr{F}_s] dA_s\right]$ 成立. □

A.3.2 Hunt 过程的加泛函的构造

设 $X = (\Omega, \mathscr{F}, \mathscr{F}_t, X_t, \theta_t, \mathbf{P}_x)$ 是在定义 1.4.4 意义下的 Lusin 空间 E 上的 Hunt 过程, 其中 $(\mathscr{F}_t)$ 设为 X 所适应的最小适应完备流. 由于 Hunt 过程的拟左连续性 (1.4.22), 流 $(\mathscr{F}_t)$ 是拟左连续的 (参见文献 [9],IV, (4.2)). 本小节将从鞅加泛函出发, 构造相关的加泛函. 在 A.3.1 小节中, 对于平方可积鞅引入了其连续与纯不连续部分、二次变差过程、随机积分等, 都是基于单独一个概率测度 $\mathbf{P}$. 本小节的目的在于证明这些概念可由概率测度族 $\{\mathbf{P}_x : x \in E\}$ 共同定义的加泛函所构成①.

现在关于 $\omega \in \Omega$ 的断言 a.s. 成立是指对所有 $x \in E$, $\mathbf{P}_x$-a.s. 成立. 例如, 随机过程 (Z_t) 与 (Z'_t) **不可区分**是指

$$\mathbf{P}_x(Z_t = Z'_t,\ t \geqslant 0) = 1, \quad \forall x \in E.$$

适应右连续且有左极限的随机过程 $\{A_t\}$ 是 X 的**加泛函**(AF), 如果

(i) $A_0 = 0$, $|A_t| < \infty$ $(\forall t > 0)$, $A_t = A_\zeta$ $(\forall t \geqslant \zeta$ a.s.);

(ii) 对任意 $x \in E$, $\mathbf{P}_x(A_{s+t} = A_s + A_t\circ\theta_s, \forall s, t \geqslant 0) = 1$.

---

① 证明主要基于文献 [31].

条件 (ii) 可以换成为如下比较弱的条件：

(ii)′ 对任意 $s,t \geqslant 0$, $A_{s+t}=A_s+A_t\circ\theta_s$ a.s..

实际上有如下定理成立：

定理 A.3.12　对于 AF A, 存在与 A 不可区分的 $\widetilde{A}$ 满足条件 (ii).

满足 (i), (ii) 的 A 在 1.8 节中被称为狭义的加泛函. 注意：依 1.8 节的意义, 容许例外集的加泛函也被考虑为 X 限制在 $E\setminus N$ 上的 Hunt 过程 $X_{E\setminus N}$ 的狭义加泛函.

这里, 引入如下随机过程的空间：

$\mathscr{V}^+=\{Z:$ a.s. 单调递增且右连续 $\}$,

$\mathscr{V}=\mathscr{V}^+-\mathscr{V}^+$,

$\mathscr{A}=\left\{A\in\mathscr{V}:\ \text{对所有 } x\in E,\ \mathbf{E}_x\left[\int_0^t|dA_s|\right]<\infty,\ \forall t>0\right\}$,

$\mathscr{P}\mathscr{A}=\{A\in\mathscr{A}:$ 对任意 $x\in E$, A 与一个可料过程是 $\mathbf{P}_x$- 不可区分的$\}$,

$\mathscr{M}=\{Z:$ 对所有 $x\in E$, Z 是平方可积 $\mathbf{P}_x$- 鞅 $\}$.

属于各个空间的加泛函全体分别记为 $\mathscr{V}^+_{\rm ad}$, $\mathscr{V}_{\rm ad}$, $\mathscr{A}_{\rm ad}$, $\mathscr{P}\mathscr{A}_{\rm ad}$, $\mathscr{M}_{\rm ad}$.

对于每个固定的 $\mathbf{P}_x$, 可以定义对偶可料投影、二次变差过程与随机积分等概念, 而它们的定义是依赖于 $x\in E$ 的. 有必要证明它们的定义不依赖于 x. 为此, 需要准备几个引理.

引理 A.3.3　设 $\{V^n\}_{n=1}^\infty$ 是 $\mathscr{F}_t$- 可测函数列, 对每个 $x\in E$, V^n 是 $\mathbf{P}_x$- 概率收敛于 V^x 的, 此时, 存在 $\mathscr{F}_t$- 可测函数 V, 使得对任意 $x\in E$ 有 $V=V^x$, $\mathbf{P}_x$-a.s..

证明　对于 $x\in E$, 定义自然数列 $n_0(x)=0$,

$$n_k(x)=\inf\{m>n_{k-1}(x):\sup_{p,q\geqslant m}\mathbf{P}_x(|V^p-V^q|>2^{-k})\leqslant 2^{-k}\},$$

则每个 $n_k(x)$ 都是 $\mathscr{B}^*$- 可测的, 并且 $Z_k^x(\omega)=V^{n_k(x)}(\omega)$ 是 $\mathscr{B}^*\times\mathscr{F}_t$- 可测的. 记 $Z^x(\omega)=\liminf_k Z_k^x(\omega)$, 则由 Borel-Cantelli 引理, Z_k^x 实际上是 $\mathbf{P}_x$-a.s. 收敛于 Z^x. 由此, $Z^x=V^x$, $\mathbf{P}_x$-a.s.. 记 $V(\omega)=Z^{X_0(\omega)}(\omega)$, 则 V 即为所求. □

引理 A.3.4　设 $\{Y^x\}_{x\in E}$ 为随机过程族且

(i) 对所有 $x\in E$, $\mathbf{P}_x$-a.s. 右连续且有左极限;

(ii) 存在 $(\mathscr{F}_t)$- 适应的随机过程列 $\{Y^n\}$, 对某个 $t\geqslant 0$, $x\in E$, Y_t^n 依 $\mathbf{P}_x$- 概率收敛于 Y_t^x. 此时, 存在右连左极且 $(\mathscr{F}_t)$- 适应的随机过程 Y, 对每个 $x\in E$, Y 与 Y^x 是 $\mathbf{P}_x$- 不可区分的.

证明　根据引理 A.3.3, 对每个 t, 存在 $\mathscr{F}_t$- 可测函数 Z_t, $\mathbf{P}_x$-a.s. 满足 $Z_t=Y_t^x$, 这里记

$$Y_t(\omega)=\liminf_{r\downarrow t,r>t,r\in\mathbb{Q}}Z_r(\omega)$$

即为所求. □

引理 A.3.5 设 $\{V^x\}_{x\in E}$ 为 $\mathscr{F}_t$- 可测函数族且

(i) 对所有 $x \in E$, $\mathbf{E}_x[|V^x|] < \infty$;

(ii) 对任意 $B \in \mathscr{F}_\infty^0$, 存在 $\mathscr{F}_\infty$- 可测函数 Z_B,

$$\mathbf{E}_x[V^x 1_B] = \mathbf{E}_x[Z_B], \quad x \in E.$$

此时, 存在 $\mathscr{F}_t$- 可测函数 V, 使得对任意 $x \in E$ 有 $V = V^x$, $\mathbf{P}_x$-a.s..

证明 记 $Q^t(x, B) = \mathbf{E}_x[Z_B]$ $(B \in \mathscr{F}_t^0)$. 由假设 (ii), 固定 t, 则 Q^t 是从 $(E, \mathscr{B}^*(E))$ 到 $(\Omega, \mathscr{F}_t^0)$ 上的核, 即对于固定的 $x \in E$, 它是 $\mathscr{F}_t^0$ 上的测度; 对于固定的 $B \in \mathscr{F}_t^0$ 它是 $\mathscr{B}^*(E)$- 可测函数. 把 $\mathbf{P}_x$ 看成从 $(E, \mathscr{B}^*(E))$ 到 $(\Omega, \mathscr{F}_t^0)$ 的核, 对于固定的 $x \in E$, 由 (ii) 知, $Q^t(x, \cdot)$ 关于 $\mathbf{P}_x(\cdot)$ 绝对连续, 从而由 Doob 的定理 (参见文献 [23,p376]), 存在 $\mathscr{B}^* \times \mathscr{F}_t^0$- 可测函数 $Z^x(\omega)$, 使得

$$\mathbf{E}_x[V^x 1_B] = \mathbf{E}_x[Z_B] = \mathbf{E}_x[Z^x 1_B], \quad B \in \mathscr{F}_t^0.$$

因为 V^x 是 $\mathscr{F}_t$- 可测的, 上式推出 $V^x = Z^x$, $\mathbf{P}_x$-a.s., 然后 $V(\omega) = Z^{X_0(\omega)}(\omega)$ 即为所求. □

引理 A.3.6 设 V 为有界的 $\mathscr{F}_\infty$- 可测函数. 此时, 存在 $(\mathscr{F}_t)$- 适应的右连左极的随机过程 $\widetilde{V}$, 使得对任意 $x \in E$, 它与 $\mathbf{E}_x[V|\mathscr{F}_t]$ 是 $\mathbf{P}_x$- 不可区分的.

证明 设 $\{Y^x\}$ 是鞅 $\mathbf{E}_x[V|\mathscr{F}_t]$ 的右连续修正. 对任意 $A \in \mathscr{F}_t$, $Z_A = V1_A$ 是 $\mathscr{F}_\infty$- 可测的且有 $\mathbf{E}_x[Y_t^x 1_A] = \mathbf{E}_x[Z_A]$ 成立, 故由引理 A.3.5, 存在 $\mathscr{F}_t$- 可测函数 Z_t, 满足 $Z_t = Y_t^x$, $\mathbf{P}_x$-a.s. 于是 $\widetilde{V}_t(\omega) = \lim\limits_{r\downarrow t, r>t, r\in\mathbb{Q}} Z_r(\omega)$ 即为所求. □

记引理 A.3.6 中出现的 $\widetilde{V}$ 为 V^π.

引理 A.3.7 设 V 为有界 $\mathscr{F}_\infty$- 可测函数, 则对于 $t \geqslant s \geqslant 0$ 有 $(V(\theta_x))_t^\pi = V_{t-s}^\pi(\theta_s)$ a.s..

证明 设 U, W 分别为有界的 $\mathscr{F}_s^0$- 可测函数和有界的 $\mathscr{F}_{t-s}^0$- 可测函数, 则

$$\begin{aligned}
\mathbf{E}_x[UW(\theta_s)V_{t-s}^\pi(\theta_s)] &= \mathbf{E}_x[U\mathbf{E}_{X_s}(WV_{t-s}^\pi)] \\
&= \mathbf{E}_x[U\mathbf{E}_{X_s}(WV)] = \mathbf{E}_x[UW(\theta_s)V(\theta_s)] \\
&= \mathbf{E}_x[UW(\theta_s)(V(\theta_s))_t^\pi].
\end{aligned}$$

因为 $(V(\theta_s))_t^\pi$ 是 $\mathscr{F}_t$- 可测的, 函数族 $\{UW(\theta_s)\}$ 生成 $\mathscr{F}_t^0$, 从而引理得证. □

定理 A.3.13 (i) 对 $A \in \mathscr{A}$, 存在 $A^p \in \mathscr{P}\mathscr{A}$, 使得对所有 $x \in E$, 它是 A 的 $\mathbf{P}_x$- 对偶可料投影;

(ii) 对于 $A \in \mathscr{A}_{\rm ad}$ 有 $A^p \in \mathscr{P}\mathscr{A}_{\rm ad}$.

证明 (i) 对 $x \in E$, 设 $A^{p,x}$ 为 A 在测度 $\mathbf{P}_x$ 下的对偶可料投影, 对于 $B \in \mathscr{F}^0_\infty$, 设 B^π_t 是 $\mathbf{E}_x[1_B|\mathscr{F}_t]$ 在引理 A.3.6 意义下的修正. 此时, B^π_{t-} 是 B^π_t 的 $\mathbf{P}_x$- 可料投影, 可由 σ- 代数拟左连续性的假设和定理 A.3.5 推知, 故由定理 A.3.3 有

$$\mathbf{E}_x\left[\int_0^t B^\pi_s dA^{p,x}_s\right] = \mathbf{E}_x\left[\int_0^t B^\pi_{s-} dA_s\right].$$

另一方面, 由引理 A.3.2, 左边等于 $\mathbf{E}_x[B^\pi_t A^{p,x}_t] = \mathbf{E}_x[1_B A^{p,x}_t]$, 从而设 $V^x = A^{p,x}_t$, $Z_B = \int_0^t B^\pi_{s-} dA_s$ 应用引理 A.3.5 即证明了 (i).

(ii) 设 U, W 分别为有界的 $\mathscr{F}^0_s$- 可测函数和有界的 $\mathscr{F}^0_t$- 可测函数, 则由引理 A.3.2,

$$\begin{aligned}\mathbf{E}_x[UW(\theta_s)(A^p_{s+t} - A^p_s)] &= \mathbf{E}_x\left[\int_s^{s+t} (UW(\theta_s))^\pi_u dA^p_u\right] \\ &= \mathbf{E}_x\left[\int_s^{s+t} (UW(\theta_s))^\pi_{u-} dA_u\right] \\ &= \mathbf{E}_x\left[U\int_s^{s+t} (W(\theta_s))^\pi_{u-} dA_u\right],\end{aligned}$$

所以由引理 A.3.7 及 $dA_{s+u} = dA_u(\theta_s)$, 上式右端为

$$\begin{aligned}\mathbf{E}_x\left[U\left(\int_0^t W^\pi_{u-} dA_u\right)(\theta_s)\right] &= \mathbf{E}_x\left[U\mathbf{E}_{X_s}\left(\int_0^t W^\pi_{u-} dA_u\right)\right] \\ &= \mathbf{E}_x[U\mathbf{E}_{X_s}[WA^p_t]] \\ &= \mathbf{E}_x[UW(\theta_s)A^p_t(\theta_s)],\end{aligned}$$

推出 $A^p_{s+t} = A^p_s + A^p_t(\theta_s)$. □

对于 $M \in \mathscr{M}_{\rm ad}$, 记 M 关于 $\mathbf{P}_x$ 的二次变差过程为 $[M]^x$. 由定理 A.3.9, 记

$$M^n_t = \sum_{n=1}^{2^n} (M_{t^n_i} - M_{t^n_{i-1}})^2, \quad t^n_i = \frac{it}{2^n},$$

则 M^n_t 依概率 $\mathbf{P}_x$- 收敛于 $[M]^x$, 所以由引理 A.3.4, 存在右连左极的 $(\mathscr{F}_t)$- 适应的随机过程 $[M]$, 对每个 $x \in E$, $[M]$ 与 $[M]^x$ 是 $\mathbf{P}_x$- 不可区分的. 又由

$$\mathbf{E}_x[1 \wedge |M^n_t(\theta_s) - [M]_t(\theta_s)|] = \mathbf{E}_x[\mathbf{E}_{X_s}[1 \wedge |M^n_t - [M]_t|]],$$

$M^n_t(\theta_s)$ 依概率 $\mathbf{P}_x$- 收敛于 $[M]_t(\theta_s)$, 所以有

$$[M]_{s+t} = [M]_s + [M]_t(\theta_s), \quad \text{a.s.}.$$

设 $M^{\mathrm{d},x}$ 为 M 的 $\mathbf{P}_x$- 纯不连续部分, 此时,

$$K_t^n = \sum_{s\leqslant t} \Delta M_s 1_{\{\Delta M_s|\geqslant \frac{1}{n}\}} - \left(\sum_{s\leqslant t} \Delta M_s 1_{\{|\Delta M_s|\geqslant \frac{1}{n}\}}\right)^p$$

依概率 $\mathbf{P}_x$- 收敛于 $M^{\mathrm{d},x}$. 与 $[M]$ 的情形类似, 存在右连左极且 $(\mathscr{F}_t)$- 适应的随机过程 M^{d}, 对每个 $x\in E$, M^{d} 与 $M^{\mathrm{d},x}$ 是 $\mathbf{P}_x$- 不可区分的且 $M_{s+t}^{\mathrm{d}} = M_s^{\mathrm{d}} + M_t^{\mathrm{d}}(\theta_t)$ a.s. 成立.

最后, 根据定理 A.3.13, 对于 $M\in\mathscr{M}_{\mathrm{ad}}$, 存在 $\langle M\rangle \in \mathscr{P}\mathscr{A}_{\mathrm{ad}}$, 满足

$$\langle M\rangle = [M]^p, \quad \mathbf{P}_x\text{-a.s.}, \ \forall x\in E.$$

$\langle M\rangle$ 是连续的, 对每个 $x\in E$, $M^2-\langle M\rangle$ 是 $\mathbf{P}_x$- 鞅且 $[M]_t = \langle M^{\mathrm{c}}\rangle_t + \sum\limits_{s\leqslant t}\Delta M_s^2$ 成立. 综上所述可得如下定理:

定理 A.3.14 设 $M\in\mathscr{M}_{\mathrm{ad}}$.

(i) 存在 $M^{\mathrm{c}}\in\mathscr{M}_{\mathrm{ad}}$, $M^{\mathrm{d}}\in\mathscr{M}_{\mathrm{ad}}$, 对每个 $\mathbf{P}_x$ 是 M 的连续鞅部分和纯不连续部分;

(ii) 存在 $[M]\in\mathscr{A}_{\mathrm{ad}}$, 对于每个 $\mathbf{P}_x$ 是 M 的二次变差过程;

(iii) 存在 $\langle M\rangle\in\mathscr{P}\mathscr{A}_{\mathrm{ad}}$, 对于每个 $\mathbf{P}_x$ 是 M 的可料二次变差过程;

(iv) $\langle M\rangle$ 是具有如下性质的 X 的正连续加泛函:

$$\mathbf{E}_x\langle M\rangle_t = \mathbf{E}_x[M_t^2], \quad \forall t\geqslant 0, \ \forall x\in E.$$

设 $M\in\mathscr{M}$, 对所有 $x\in E$, 设 $L^2(M;\mathbf{P}_x)$ 是满足

$$\|H\|_{t,x}^M = \mathbf{E}_x\left[\int_0^t H_s^2 d\langle M\rangle_s\right] < \infty, \quad \forall t>0$$

的可料过程 H 的全体. 设 $\mathscr{K}$ 是 $\bigcap\limits_{x\in E} L^2(M;\mathbf{P}_x)$ 中满足如下条件的 H 的全体: 对每个 $x\in E$, 存在与 H 关于 M 的 $\mathbf{P}_x$- 随机积分不可区分的随机过程 (记为 $H\bullet M$). 当 $\{H_n\}\subset\mathscr{K}$ 对任意 $x\in E$ 及 $t>0$ 依 $\|\cdot\|_{x,t}^M$ 的拓扑收敛于 H 时, 由于 $H_n\bullet M$ 依 $\mathbf{P}_x$- 概率收敛于 $\mathbf{P}_x$- 随机积分, 由引理 A.3.4 可知 $H\in\mathscr{K}$.

另一方面, 设 $\{T_i\}_{i=0}^n$ 是满足 $0\leqslant T_0\leqslant T_1\leqslant\cdots\leqslant T_n$ 的停时列, $Z_0\in b\mathscr{F}_0$, $Z_i\in b\mathscr{F}_{T_i}$, 则对于

$$L_t = Z_0 1_{\{t=0\}} + \sum_{i=1}^n Z_{i-1} 1_{\{T_{i-1}<t\leqslant T_i\}}$$

定义 $(L\bullet M)_t = \sum\limits_{i=1}^n Z_{i-1}(M_{T_i\wedge t} - M_{T_{i-1}\wedge t})$ 有 $L\in\mathscr{K}$. 由单调类定理推出下面的定理.

定理 A.3.15 设 $M\in\mathscr{M}$, $H\in\bigcap_{x\in E}L^2(M;\mathbf{P}_x)$. 此时, 存在 $H\bullet M\in\mathscr{M}$, 满足对每个 $x\in E$, 与 $\mathbf{P}_x$- 随机积分不可区分且

$$\langle H\bullet M,N\rangle_t=\int_0^t H_s d\langle M,N\rangle_s,\quad \forall N\in\mathscr{M}.$$

对于随机过程 Z, 定义平移算子 Θ_t 为

$$(\Theta_t Z)(s,\omega)=Z(s-t,\theta_t\omega)1_{[t,\infty)}(s).$$

当 Z 与 $(\Theta_t Z)$ 在 (t,∞) 上不可区分时, 称 Z 为**均一**的.

定理 A.3.16 设 $M\in\mathscr{M}_{\rm ad}$, $H\in\bigcap_{x\in E}L^2(M;\mathbf{P}_x)$ 是均一的. 此时, $H\bullet M\in\mathscr{M}_{\rm ad}$.

对于 $\alpha>0$, $g\in C_0(E)$, 定义 $\mathscr{M}_{\rm ad}$ 的元素 $M^{\alpha,g}$ 为

$$M_t^{\alpha,g}=R_\alpha g(X_t)-R_\alpha g(X_0)-\int_0^t(\alpha R_\alpha g-g)(X_s)ds.$$

定理 A.3.17 设 $M\in\mathscr{M}_{\rm ad}$. 若对任意 $\alpha>0$ 与 $g\in C_0(E)$ 有 $\langle M,M^{\alpha,g}\rangle=0$, 则 $M=0$.

证明 记 $J_t=\displaystyle\int_0^t \mathrm{e}^{-\alpha t}dM_s^{\alpha,g}$. 由假设, 对于 $0\leqslant s<t$ 及 $B\in\mathscr{F}_s$ 有 $\mathbf{E}_x[(M_t-M_s)(J_t-J_s)1_B]=0$. 另一方面, 由于

$$\begin{aligned}\mathrm{e}^{-\alpha t}R_\alpha g(X_t)=&R_\alpha g(X_0)-\alpha\int_0^t\mathrm{e}^{-\alpha s}R_\alpha g(X_s)ds\\&+\int_0^t\mathrm{e}^{-\alpha s}(\alpha R_\alpha g-g)(X_s)ds+\int_0^t\mathrm{e}^{-\alpha s}dM_s^{\alpha,g},\end{aligned}$$

J_t 可表示为

$$J_t=\mathrm{e}^{-\alpha t}R_\alpha g(X_t)-R_\alpha g(X_0)+\int_0^t\mathrm{e}^{-\alpha s}g(X_s)ds.$$

因为 J_t 是有界鞅, 可记 $J_t=\mathbf{E}_x[J_\infty|\mathscr{F}_t]$,

$$\begin{aligned}\mathbf{E}_x[(M_t-M_s)(J_t-J_s)1_B]=&\mathbf{E}_x[(M_t-M_s)(J_\infty-J_s)1_B]\\=&\mathbf{E}_x\left[(M_t-M_s)\left(-\mathrm{e}^{-\alpha s}R_\alpha g(X_s)+\int_s^\infty\mathrm{e}^{-\alpha u}g(X_u)du\right)1_B\right]\\=&\int_s^\infty\mathbf{E}_x[(M_t-M_s)\mathrm{e}^{-\alpha u}g(X_u)1_B]du\\&+\mathrm{e}^{-\alpha s}\int_0^\infty\mathbf{E}_x[(M_t-M_s)g(X_{s+u})1_B]du=0,\end{aligned}$$

故 $\mathbf{E}_x[(M_t - M_s)g(X_{s+u})1_B] = 0$. 这里取 $u = t - s$, 则有 $\mathbf{P}_x$-a.s.

$$\mathbf{E}_x[(M_t - M_s)g(X_t)|\mathscr{F}_t] = 0.$$

因此, 设 $f_1, f_2, \cdots, f_n$ 为有界 $\mathscr{B}^*$- 可测函数, $0 = t_0 < t_1 < \cdots < t_n$, 则对任何 $1 \leqslant i \leqslant n$ 有

$$\begin{aligned}&\mathbf{E}_x[(M_{t_i} - M_{t_{i-1}})f_1(X_{t_1})\cdots f_n(X_{t_n})]\\=&\mathbf{E}_x[(M_{t_i} - M_{t_{i-1}})f_1(X_{t_1})\cdots f_{i-1}(X_{t_{i-1}})f_i'(X_{t_i})] = 0,\end{aligned}$$

其中 $f_i'(x) = f_i(x)\mathbf{E}_x[f_{i+1}(X_{t_{i+1}-t_i})\cdots f_n(X_{t_n-t_i})]$, 从而

$$\mathbf{E}_x[M_{t_n}f_1(X_{t_1})\cdots f_n(X_{t_n})] = \sum_{i=1}^n \mathbf{E}_x[(M_{t_i} - M_{t_{i-1}})f_1(X_{t_1})\cdots f_n(X_{t_n})] = 0,$$

推出 $M = 0$. □

设 f 为非负 $\mathscr{B}(E_\Delta \times E_\Delta)$- 可测函数且满足 $f(x,x) = 0\ (\forall x \in E_\Delta)$. 定义 $A^f \in \mathscr{V}_{\mathrm{ad}}^+$ 为 $A_t^f = \sum_{s\leqslant t} f(X_{s-}, X_s)$. 此时, 如下定理给出 A^f 的对偶可料投影的表达式:

定理 A.3.18 存在 $(E_\Delta, \mathscr{B}(E_\Delta))$ 上的核 $N(x, dy)$, 满足对任何 $x \in E$, $N(x, \{x\}) = 0$ 及 $H \in \mathbf{A}_c^+$, 使得对任何对角线上等于零的函数 $f \in \mathscr{B}_+(E_\Delta \times E_\Delta)$ 有

$$\left[\sum_{s\leqslant t} f(X_{s-}, X_s)\right] = \mathbf{E}_x\left[\int_0^t \left(\int_{E_\Delta} f(X_s, y)N(X_s, dy)\right) dH_s\right]. \tag{A.3.7}$$

特别地, 若对任何 $t > 0$, $\mathbf{E}_x[A_t^f] < \infty$, 则 $(A^f)_t^p = \int_0^t(\int_{E_\Delta} f(X_s, y)N(X_s, dy))dH_s$.

定理 A.3.18 中的二元组 (N, H) 被称为 X 的**Lévy 系统**. 最初是 Motoo 在研究 Markov 过程的边界问题时把出现的组 (N, H) 称为 Lévy 系统, 而针对 Hunt 过程给出如上形式的 Lévy 系统的是 S. Watanabe 的工作[47]. 在文献 [47] 中, 还假设了 P.A. Meyer 的所谓 (L) 条件, 这个条件后来在文献 [30] 中被取消了.

A.4 对称型的总结

设 H 为内积 $(\cdot,\cdot)$ 的实 Hilbert 空间, 用 $\mathscr{D}(S)$ 表示 H 上线性算子 S 的定义域. 当线性算子满足

$$\mathscr{D}(S) = H, \quad (Sf, g) = (f, Sg), \ f, g \in H$$

时, 称 S 为**对称算子**. H 上的对称型 $(\mathscr{E},D(\mathscr{E}))$ 及其闭性在 2.1 节的开头已有定义, 也定义了 H 上的对称算子族的强连续压缩半群 $\{T_t:t>0\}$, 对称算子的强连续压缩预解 $\{G_\alpha:\alpha>0\}$ 等概念, 前者作 Laplace 变换 (4.1.1) 即得后者, 称之为 $\{T_t:t>0\}$ 的预解.

H 上的自共轭算子 A 称为**非负定的**, 如果

$$(Af,f)\geqslant 0,\quad \forall f\in\mathscr{D}(A).$$

定义强连续压缩预解 $\{G_\alpha:\alpha>0\}$ 的生成算子为

$$Af=\alpha f-G_\alpha^{-1}f,\quad \mathscr{D}(A)=G_\alpha(H).$$

易知, $-A$ 是与 α 无关的非负定自共轭算子. 定义强连续压缩半群 $\{T_t:t>0\}$ 的生成算子为

$$Af=\lim_{t\downarrow 0}\frac{T_tf-f}{t},\quad \mathscr{D}(A)=\{f\in H:\text{强收敛极限 } Af \text{ 存在}\},$$

可以确定它与 $\{T_t:t>0\}$ 的预解的生成算子是一致的.

称 H 上的对称线性算子 S 为**投影算子**, 如果 $S^2=S$. 当 H 上的投影算子族 $\{E_\lambda:-\infty<\lambda<\infty\}$ 满足下面的性质时, 称为**谱族**:

$$\begin{aligned}&E_\lambda E_\mu=E_\lambda,\quad \lambda\leqslant\mu,\\&\lim_{\lambda'\downarrow\lambda}E_{\lambda'}f=E_\lambda f,\\&\lim_{\lambda\to-\infty}E_\lambda f=0,\ \lim_{\lambda\to\infty}E_\lambda f=f,\quad f\in H.\end{aligned}$$

此时, 对任何 $f\in H$, $(E_\lambda f,f)$ 非负且随着 λ 增加到无穷而递增到 (f,f), 故对于 $f,g\in H$, $(E_\lambda f,g)$ 为 λ 的有界变差函数.

给定谱族 $\{E_\lambda:\lambda\in\mathbb{R}\}$ 及 $\mathbb{R}$ 上的实连续函数 φ, 则满足下式的共轭算子 A 是唯一确定的, 记为 $A=\int_{-\infty}^{\infty}\varphi(\lambda)dE_\lambda$:

$$\begin{aligned}&(Af,g)=\int_{-\infty}^{\infty}\varphi(\lambda)d(E_\lambda f,g),\quad \forall g\in H,\\&\mathscr{D}(A)=\left\{f\in H:\int_{-\infty}^{\infty}\varphi(\lambda)^2d(E_\lambda f,f)<\infty\right\}.\end{aligned}\tag{A.4.1}$$

此时, 对任何 $\lambda\in\mathbb{R}$, $f\in\mathscr{D}(A)$ 有 $E_\lambda Af=AE_\lambda f$.

反之, 对于 H 上的自共轭算子 A, 唯一存在满足 $A=\int_{\mathbb{R}}\lambda dE_\lambda$ 的谱族 $\{E_\lambda:\lambda\in\mathbb{R}\}$. 特别地, 在 A 是非负定的情形下, 满足对任何 $\lambda<0$ 有 $E_\lambda=0$, 称之为 A 的**谱表示**(参见文献 [52]).

现在设 $-A$ 为 H 上的非负定自共轭算子, 其谱表示为 $-A=\int_0^\infty \lambda dE_\lambda$. 对于 $[0,\infty)$ 上的非负连续函数 φ 对应的自共轭算子 $\int_0^\infty \varphi(\lambda)dE_\lambda$ 记为 $\varphi(-A)$, 也是非负定的. 谱的运算公式如下：对 $[0,\infty)$ 上任意的非负连续函数 φ,ψ 及任意的 $f\in\mathscr{D}(\varphi(-A))$ 与 $g\in\mathscr{D}(\psi(-A))$ 有

$$(\varphi(-A)f,\psi(-A)g)=\int_0^\infty \varphi(\lambda)\psi(\lambda)d(E_\lambda f,g). \tag{A.4.2}$$

下面考察一下 4 个概念之间的对应的关系.

(a) H 上闭对称型 $\mathscr{E}$ 的全体;

(b) H 上 $-A$ 为非负定的自共轭算子 A 的全体;

(c) H 上对称算子的强连续压缩半群 $\{T_t:t>0\}$ 的全体;

(d) H 上对称算子的强连续压缩预解 $\{G_\alpha:\alpha>0\}$ 的全体.

下列引理的证明因为比较简单所以省略：

引理 A.4.1 (b)~(d) 相互之间是一一对应关系.

对应 (b) $\mapsto$ (d) 与 (b) $\mapsto$ (d) 分别由 $T_t=\exp(tA)$, $G_\alpha=(\alpha-A)^{-1}$ 给出. 对应 (c) $\mapsto$ (b) 与 (d) $\mapsto$ (b) 分别根据生成算子的定义给出. 对应 (c) $\mapsto$ (d) 与 (d) $\mapsto$ (c) 分别由 (4.1.1) 与 (4.1.2) 给出.

定理 A.4.1 (a) 与 (b) 是一一对应的. 对应 (b) $\mapsto$ (a) 由下式给出：

$$D(\mathscr{E})=\mathscr{D}(\sqrt{-A}),\quad \mathscr{E}(f,g)=(\sqrt{-A}f,\sqrt{-A}g), f,g\in D(\mathscr{E}). \tag{A.4.3}$$

对应 (a) $\mapsto$ (b) 由下式决定：

$$\mathscr{D}(A)\subset D(\mathscr{E}),\quad \mathscr{E}(f,g)=-(Af,g), f\in\mathscr{D}(A), g\in D(\mathscr{E}). \tag{A.4.4}$$

证明 设 $-A$ 为 H 上的非负定自共轭算子, $\mathscr{E}$ 由 (A.4.3) 所定义. 由于 $\sqrt{-A}$ 也是非负定自共轭算子, 所以是 H 上闭算子, 从而 $\mathscr{E}$ 为 H 上的闭对称型.

利用 $-A$ 的谱表示及 (A.4.2) 可知, (A.4.3) 即为

$$\begin{cases} D(\mathscr{E})=\left\{f\in H:\int_0^\infty \lambda d(E_\lambda f,f)<\infty\right\}, \\ \mathscr{E}(f,g)=\int_0^\infty \lambda d(E_\lambda f,g),\quad f,g\in D(\mathscr{E}). \end{cases} \tag{A.4.5}$$

由此可知, A 与 $\mathscr{E}$ 满足 (A.4.4).

反过来, 假设 H 上的闭对称型 $\mathscr{E}$ 是给定的, 对于每个 $\alpha>0$, 由 Riesz 表示定理, H 上的线性算子 G_α 唯一确定, 并且满足

$$G_\alpha H\subset D(\mathscr{E}),\quad \mathscr{E}_\alpha(G_\alpha f,g)=(f,g),\ \forall f\in H, g\in D(\mathscr{E}). \tag{A.4.6}$$

由此方程可知, $\{G_\alpha : \alpha > 0\}$ 就是 H 上的强连续压缩预解. 设 A 是它的生成算子, 则 $-A$ 为 H 上的非负定自共轭算子, 并且将 $\mathscr{D}(A) = G_\alpha H$, $(\alpha - A)G_\alpha f = f$ $(f \in H)$ 代入 (A.4.6) 中即得 A 与 $\mathscr{E}$ 的关系式 (A.4.4).

一般地, 根据引理 A.4.1, 非负定自共轭算子 $-A$ 与闭对称型 $\mathscr{E}$ 满足 (A.4.4) 与 A 的预解 $G_\alpha = (\alpha - A)^{-1}$ $(\alpha > 0)$ 满足 (A.4.6) 是等价的. 显然, 根据方程 (A.4.6), G_α 由 $\mathscr{E}$ 唯一确定, 从而其生成算子 A 也根据 (A.4.4) 由闭对称型 $\mathscr{E}$ 唯一确定. □

由引理 A.4.1 与定理 A.4.1 可知, (a),(c),(d) 之间是一一对应的.

引理 A.4.2 (i) (a),(d) 之间的对应关系由 (A.4.6) 给出;

(ii) 设 $\{T_t : t > 0\}$ 为闭对称型 $\mathscr{E}$ 所对应的强连续压缩半群, 则

$$T_t H \subset D(\mathscr{E}), \quad \mathscr{E}(T_t f, T_t f) \leqslant \frac{1}{2t}((f,f) - (T_t f, T_t f)) \leqslant \mathscr{E}(f,f), \ f \in H. \qquad \text{(A.4.7)}$$

证明 (i) 在定理 A.4.1 的证明中已被证明.

(ii) 可由不等式 $\lambda \mathrm{e}^{-2t\lambda} \leqslant \dfrac{1}{2t}(1 - \mathrm{e}^{-2t\lambda})$ 关于 $d(E_\lambda f, f)$ 积分推得, 其中 $\{E_\lambda : \lambda \in \mathbb{R}\}$ 是 $\mathscr{E}$ 对应的自共轭算子的谱族. □

同样, 通过利用谱族可证明如下引理:

引理 A.4.3 (i) (4.1.4) 与 (4.1.5) 描述了 (c) $\mapsto$ (a) 的对应关系, 其中 $\mathscr{E}^{(t)}$ 为根据 (4.1.3) 由 $\{T_t : t > 0\}$ 定义的近似型;

(ii) (d) $\mapsto$ (a) 的对应关系由下式给出:

$$D(\mathscr{E}) = \left\{ f \in H : \lim_{\beta \to \infty} \mathscr{E}^{(\beta)}(f,f) < \infty \right\}, \quad \mathscr{E}(f,g) = \lim_{\beta \to \infty} \mathscr{E}^{(\beta)}(f,g), \qquad \text{(A.4.8)}$$

其中 $\mathscr{E}^{(\beta)}(f,g) = \beta(f - \beta G_\beta f, g)$ $(f, g \in H)$.

定理 A.4.2(Banach-Saks 定理) 设 H 为实 Hilbert 空间, $(\cdot,\cdot)$ 为其内积, $\|\cdot\|$ 为其范数. 若对 $f_n \in H$, $\sup\limits_n \|f_n\| = M < \infty$, 则 $\{f_n\}$ 的适当子列的 Cesaro 平均强收敛于 H 的某个元素.

证明 由假设, $\{f_n\}$ 的适当子列弱收敛于某 $f \in H$, 不妨记该子列与 f 的差为 $\{f_n\}$, 则 $\{f_n\}$ 弱收敛于零, 从而可依如下方式选取子列 n_k: 设 $n_1 = 1, n_1, \cdots, n_N, n_{N+1} > n_N$ 满足

$$|(f_{n_1}, f_{n_{N+1}})| \leqslant \frac{1}{N}, \quad \cdots, \quad |(f_{n_N}, f_{n_{N+1}})| \leqslant \frac{1}{N}.$$

此时, $\{f_{n_k}\}$ 的 Cesaro 平均 $g_N = \dfrac{1}{N}\sum_{k=1}^{N} f_{n_k}$ 满足

$$\|g_N\|^2 = \frac{1}{N^2}\sum_{k=1}^{N}\|f_{n_k}\|^2 + \frac{2}{N^2}\sum_{1\leqslant i<k\leqslant N}(f_{n_i}, f_{n_k})$$
$$\leqslant \frac{M^2}{N} + \frac{2}{N^2}\sum_{k=1}^{N}\frac{k-1}{k} \leqslant \frac{M^2+2}{N} \to 0, \quad N\to\infty.$$

定理得证. □

推论 A.4.1 设 H 为实线性空间, $a(f,g)$ $(f,g\in H)$ 为非负定对称双线性型. 若 $\{f_n\}\subset H$ 满足 $\sup a(f_n,f_n)<\infty$, 则 $\{f_n\}$ 的适当子列的 Cesaro 平均关于 a 是 Cauchy 列.

证明 当 $f,g\in H$ 满足 $a(f-g,f-g)=0$ 时, 定义为 $f\sim g$, 则根据这种 H 的等价关系, a 是商空间 $H/\sim$ 上的预 Hilbert 内积, 将其完备化得 Hilbert 空间 (H^*,a), 再引用定理 A.4.2 的证明即得证. □

习 题 解 答

练习 1.1.1　(1.1.2)　由 (t.2) 有

$$\begin{aligned}R_\alpha R_\beta f=&\int_0^\infty \mathrm{e}^{-\alpha t}\cdot \mathrm{e}^{-\beta t}\int_t^\infty \mathrm{e}^{-\beta s}p_s f\,ds\,dt\\=&\frac{1}{\beta-\alpha}\int_0^\infty \mathrm{e}^{-\beta s}p_s f[\mathrm{e}^{(\beta-\alpha)s}-1]\,ds\\=&\frac{1}{\beta-\alpha}(R_\alpha f-R_\beta f).\end{aligned}$$

(1.1.3)

$$\alpha R_\alpha f(x)=\int_0^\infty \mathrm{e}^{-t}p_{t/\alpha}f(x)\,dt\to f(x),\quad \alpha\to\infty.$$

练习 1.1.2　(i) 由 (1.1.15) 取 $f=1,g=1_B,B\in\mathscr{B}(E)$, 注意到 $\widehat{p}_t1\leqslant 1$ 可得

$$\int_E p_t1_B(x)m(dx)\leqslant m(B).$$

(ii) 若 A 是 p_t- 不变的，则由 (1.1.15) 知, A^{c} 是 $\widehat{p}_t$- 不变的.

(iii) 对任意 $f,g\in bL_+^1$, 若满足 $m(f>0)>0,m(f>0)>0$，则有

$$\int fRgdm=\int \widetilde{R}fgdm=\infty.$$

练习 1.2.1　(i) 记 $Y_0=X_{t_0},Y_1=X_{t_1}-X_{t_0},\cdots,Y_n=X_{t_n}-X_{t_{n-1}}$, 则

$$X_{t_0}=Y_0,\quad X_{t_1}=Y_1+Y_0,\quad \cdots,\quad X_{T_n}=Y_0+Y_1+\cdots+Y_n,$$

并且相互独立分布于 $\nu_{t_k-t_{k-1}}$, 从而可得 (1.2.4).

(ii) 选取形如

$$f(x_0,x_1,\cdots,x_n)=g(x_0)g(x_1-x_0)\cdots g(x_n-x_{n-1})$$

的函数即可.

练习 1.2.2　(i) 若存在 $r>0$, 使得 $W(B_r)<\infty$, 则由引理 1.2.1, 对任意 $r>0$ 有 $W(B_r)<\infty$.

(ii) 若存在 $r>0$, 使得 $W(B_r)=\infty$, 则由 (i) 可知非暂留, 再由定理 1.2.1(iii) 知为常返.

练习 1.2.3 (i) 参见文献 [1, 例 4-101].

(ii) 设 f 为闭区间 $[-a,a]$ 上均匀分布 μ 的密度函数, 则 $\mu^{2\times}$ 的密度函数 $\int_{\mathbb{R}} f(x-y)f(y)\,dy$ 在 $-2a<x<0$ $[0<x<2a]$ 时等于区间 $(-a,x+a)$ $[(x-a,a)]$ 的长度乘以 $1/(4a^2)$. μ^{2*} 的特征函数为 μ 的特征函数 $\sin az/(az)$ $(z\neq 0)$ 的平方.

练习 1.4.1 因为若 $B\in\mathscr{F}^{\mu}_{t+}$, 则对任意 n 有 $B\in\mathscr{F}^{\mu}_{t+1/n}$, 所以存在 $B_n\in\mathscr{F}^{0}_{t+1/n}$ 及 $N_n\in\mathscr{F}$,

$$\mathbf{P}(N_n)=0,\quad B_n\cap N_n^{\mathrm{c}}\subset B\subset B_n\cup N_n.$$

在此, 记 $N_0=\bigcup\limits_{n\geqslant 1}N_n$, 则 $N_0\in\mathscr{F},\mathbf{P}(N_0)=0$ 且 $B_n\cap N_0^{\mathrm{c}}\subset B\subset B_n\cup N_0$. 因为

$$B_1=\limsup_{n\to\infty}B_n\ (\in\mathscr{F}^{0}_{t+})$$

满足 $B_1\cap N_0\subset B\subset B_1\cup N_0$, 从而 $B\in\sigma(\mathscr{F}^0_{t+},\mathscr{N})$. 逆命题可类似证明.

练习 1.4.2 (i) 充分性:

$$\{\sigma\leqslant t\}=\bigcap_n\{\sigma<t+1/n\}\in\bigcap_n\mathscr{M}_{t+1/n}=\mathscr{M}_{t+}.$$

必要性:

$$\{\sigma<t\}=\bigcup_n\{\sigma\leqslant t-1/n\}\in\bigcup_n\mathscr{M}_{(t-1/n)+}\subset\mathscr{M}_t.$$

(ii) 若 $s<t$, 则 $\{\sigma+t\leqslant s\}=\varnothing$. 另一方面, 若 $t\leqslant s$, 则

$$\{\sigma+t\leqslant s\}=\{\sigma\leqslant s-t\}\in\mathscr{M}_{s-t}\subset\mathscr{M}_s.$$

(iii) 若 $\sigma_n\uparrow\sigma$, 则 $\{\sigma\leqslant t\}=\bigcap\limits_n\{\sigma_n\leqslant t\}\in\mathscr{M}_t$. 另一方面, 若 $\sigma_n\downarrow\sigma$, 则 $\{\sigma<t\}=\bigcup\limits_n\{\sigma_n<t\}\in\mathscr{M}_t$.

(iv) 当 $(k-1)2^{-n}\leqslant t<k2^{-n}$ 时,

$$\{\sigma_n\leqslant t\}=\{\sigma_n\leqslant(k-1)2^{-n}\}=\{\sigma\leqslant(k-1)2^{-n}\}\in\mathscr{F}_{(k-1)2^{-n}}\subset\mathscr{F}_t.$$

练习 1.4.3 由

$$p_t(x,E)=\mathbf{P}_x(X_t\in E)=\mathbf{P}_x(t<\zeta),$$

结论显然成立.

练习 1.4.4 当 $n=1$ 时, 记 $s_1=s,f_1=1_B$, 则 (1.4.8) 恰为式 (1.4.6), 所以对任意 $f_1\in\mathscr{B}(E_\Delta)$ 也成立. 再假设 (1.4.8) 在 $n-1$ 时成立, 则有

$$
\begin{aligned}
&\mathbf{E}_\mu[f_1(X_{\sigma+s_1})f_2(X_{\sigma+s_2})\cdots f_n(X_{\sigma+s_n})|\mathscr{M}_\sigma]\\
=&\mathbf{E}_\mu[f_1(X_{\sigma+s_1})\mathbf{E}_\mu[f_2(X_{\sigma+s_2})\cdots f_n(X_{\sigma+s_n})|\mathscr{M}_{\sigma+s_1}]|\mathscr{M}_\sigma]\\
=&\mathbf{E}_\mu[f_1(X_{\sigma+s_1})\mathbf{E}_{X_{\sigma+s_1}}[f_2(X_{s_2-s_1})\cdots f_n(X_{s_n-s_1})]|\mathscr{M}_\sigma]\\
=&\mathbf{E}_\mu[f_1(X_{\sigma+s_1})g(X_{\sigma+s_1})|\mathscr{M}_\sigma]=\mathbf{E}_{X_\sigma}[(f_1\cdot g)(X_{s_1})],
\end{aligned}
$$

其中 $g(x)=\mathbf{E}_x[f_2(X_{s_2-s_1})\cdots f_n(X_{s_n-s_1})]$. 之后的证明过程与定理 1.3.1 (ii) 的完全一致.

练习 1.4.5 (i) 设 $F\in b\mathscr{F}_\infty$, 对各 $x\in E_\Delta$, 注意到由于 $F\in b\mathscr{F}_\infty^{\mathbf{P}_x}$, $\mathbf{E}_x[F]$ 是有定义的. 对任意 $\mu\in\mathscr{B}(E_\Delta)$, 存在 $F_1,F_2\in b\mathscr{F}^0_\infty$ 满足 $F_1\leqslant F\leqslant F_2$, 使得

$$
\int_{E_\Delta}(\mathbf{E}_x[F_2]-\mathbf{E}_x[F_1])\mu(dx)=\mathbf{E}_\mu[F_2-F_1]=0,
$$

从而有 $\mathbf{E}_\cdot[F]\in\mathscr{B}^\mu(E_\Delta)$.

(ii) 设 $\mu\in\mathscr{P}(E_\Delta)$. 由定义有 $(\mathscr{F}_\sigma)^{\mathbf{P}_\mu}\subset(\mathscr{F}^\mu_\sigma)^{P_\mu}=\mathscr{F}^\mu_\sigma$. 记 $\nu(A)=\mathbf{P}_\mu(X_\sigma\in A)$ $(A\in\mathscr{B}(E_\Delta))$. 对任意 $B\in\mathscr{B}^*(E_\Delta)$, 存在 $B_1,B_2\in\mathscr{B}(E_\Delta)$, 使得 $\nu(B_2\setminus B_1)=0$, 从而由引理 1.4.3(ii) 有 $\{X_\sigma\in B_i\}\in\mathscr{F}_\sigma$, 所以 $\{X_\sigma\in B\}\in(\mathscr{F}_\sigma)^{\mathbf{P}_\mu}\subset\mathscr{F}^\mu_\sigma$. 由 μ 的任意性可得 $\{X_\sigma\in B\}\in\bigcap\limits_\mu\mathscr{F}^\mu_\sigma=\mathscr{F}_\sigma$.

练习 1.4.6 设 E 为 Lusin 空间, X 是 E 上满足 $(X.6)_h$ 的 Markov 过程, 则下述三个条件等价:

(i) X 是 Hunt 过程;

(ii) X 所适应的最小完备流 $\{\mathscr{F}_t\}$ 为右连续, 并且 X 关于它是强 Markov 并拟左连续的;

(iii) 对各 $\mu\in\mathscr{P}(E_\Delta)$, 流 $\{\mathscr{F}^\mu_t\}$ 右连续, 并且 (1.4.6) 及 (1.4.22) 分别对任意 $\{\mathscr{F}^\mu_t\}$- 停时、$\{\mathscr{F}^\mu_t\}$- 停时的递增列与概率测度 $\mathbf{P}_\mu$ 成立.

证明同定理 1.4.1 的证明.

练习 2.1.1 设 $B\in\mathscr{B}^n(E_\Delta)$. 对任意 $\mu\in\mathscr{P}(E_\Delta)$, 设 B_1,B_2 为定义 2.1.1 所示的集合, 则由于 $\mu(B_2\setminus B_1)=0$ 有 $B\in\mathscr{B}_\mu(E_\Delta)$ 可知 $B\in\mathscr{B}^*(E_\Delta)$. 又由于

$$
\left(\bigcup_k B_2^k\right)\Bigg\backslash\left(\bigcup_k B_1^k\right)\subset\bigcup_k(B_2^k\setminus B_1^k),\quad B_1^{\mathrm{c}}\setminus B_2^{\mathrm{c}}=B_2\setminus B_1,
$$

于是 $\mathscr{B}^n(E_\Delta)$ 关于可列并运算和补运算封闭.

练习 2.1.2 设 $w=u\wedge v$, 因为 $p_tw\leqslant w$, 对 $x\in E$ 有 $\lim\limits_{t\downarrow 0}p_tw(x)\leqslant w(x)$. 根据定理 2.1.1 与 Fatou 引理,

$$
w(x)=\mathbf{E}_x[\lim_{t\downarrow 0}w(X_t)]\leqslant\lim_{t\downarrow 0}p_tw(x).
$$

练习 2.2.1 设 $O_1, O_2 \in \mathscr{O}, x \in O_1 \cap O_2$, 则存在满足 $O_i^{\mathrm{c}} \subset D_i(x)$ 的 $D_i \in \mathscr{B}^n(E)$, 使得

$$P_x(\sigma_{D_i(x)} > 0) = 1, \quad i = 1, 2.$$

此时, 由于 $(O_1 \cap O_2)^{\mathrm{c}} \subset D_1(x) \cup D_2(x)$ 且

$$P_x(\sigma_{D_1 \cup D_2} = \sigma_{D_1} \wedge \sigma_{D_2} > 0) = 1,$$

所以 $O_1 \cap O_2 \in \mathscr{O}$. 其他性质是自明的.

练习 3.1.1 对满足 (3.1.14) 的 g, 记 $B_n = \left\{x \in E : Rg(x) > \dfrac{1}{n}\right\}$, 与定理 3.1.1 (i) ⇒ (ii) 的证明的后半部分相同, 于是有

$$\mathbf{P}_x(L_{B_n} < \infty) = 1, \quad \forall x \in E,\ n = 1, 2, \cdots.$$

反之, 设该性质成立, 则由定理 3.1.1, (ii) ⇒ (i) 的证明类似地可以构造满足 (3.1.14) 的 g.

练习 3.3.1 记

$$\Lambda_n = \{\xi \in \Xi : \max_{1 \leqslant v \leqslant n} S_v(\xi) > 0\}.$$

对任意的 $\xi \in \Xi$,

$$\Phi(\xi) + \max_{1 \leqslant v \leqslant n} (S_{v+1} - \Phi)^+(\xi) \geqslant \max_{1 \leqslant v \leqslant n} S_v(\xi).$$

在此, 由 $S_{v+1}(\xi) - \Phi(\xi) = S_v(T\xi)$ 有 $\max\limits_{1 \leqslant v \leqslant n} (S_{v+1} - \Phi)^+(\xi) \leqslant \max\limits_{1 \leqslant v \leqslant n} S_v^+(T\xi)$.

当 $\xi \in \Lambda_n$ 时, $\max\limits_{1 \leqslant v \leqslant n} S_v(\xi) = \max\limits_{1 \leqslant v \leqslant n} S_v^+(\xi)$, 从而

$$\begin{aligned}\mathbf{E}^Q[\Phi; \Lambda_n] &\geqslant \mathbf{E}^Q\left[\max_{1 \leqslant v \leqslant n} S_v^+ - \max_{1 \leqslant v \leqslant n} (S_{v+1} - \Phi)^+\right] \\ &\geqslant \mathbf{E}^Q\left[\max_{1 \leqslant v \leqslant n} S_v^+ - \left(\max_{1 \leqslant v \leqslant n} S_v^+\right) \circ T\right] = 0.\end{aligned}$$

练习 4.1.1 分别选取一致有界收敛于 f, g 的简单函数列 $f_n = \sum a_i 1_{A_i}$, $g_n = \sum b_i 1_{A_i}$, 则 $f_n \cdot g_n$ 收敛于 $f \cdot g$ 且

$$\mathscr{A}_T^k(f_n \cdot g_n)^{\frac{1}{2}} \leqslant M \mathscr{A}_T^k(f_n)^{\frac{1}{2}} + M \mathscr{A}_T^k(g_n)^{\frac{1}{2}}.$$

练习 4.1.2 $\forall \ell, \exists g \in \mathscr{F} \cap C_0(E), \|f - g\|_\infty < 1/\ell$. 设 (4.1.25) 中的函数 $\varphi_\ell(t)$ 与 g 的复合函数为 $\widetilde{g}$, 则 $\widetilde{g} \in \mathscr{F} \cap C_0(E)$. $\widetilde{g}$ 的支撑包含于 $\{f \neq 0\}$ 中且 $\|\widetilde{g} - f\|_\infty < 2/\ell$.

练习 4.1.3 (i) 由于 $f \in C_\infty$ 是一致连续的, 于是, 对任意 $\varepsilon > 0$, 存在 $r > 0$, 若 $|y| < r$, 则 $|f(x + y) - f(x)| < \varepsilon$, 从而

$$|\alpha R_\alpha f(x) - f(x)| \leqslant \alpha \int |f(x + y) - f(x)| R_\alpha(0, dy) \leqslant \varepsilon + 2\alpha \|f\|_\infty R_\alpha(0, B_r^{\mathrm{c}}).$$

记 $g(x)=(|x|/r)\wedge 1$, 则 $R_\alpha(0,B_r^c)\leqslant R_\alpha g(0)$, 并且由 (1.1.3) 有 $\lim\limits_{\alpha\to\infty}\alpha R_\alpha g(0)=g(0)=0$.

(ii) 根据 (4.1.28) 与 (4.1.30),

$$\mathscr{E}(f,f)=\int_{\mathbb{R}^d\times\mathbb{R}^d}|\widehat{f}(z)|^2(1-\cos(\langle z,x\rangle))n(dx)dz.$$

另一方面, 对各 $y\in\mathbb{R}^d$, 记 $g_y(x)=f(x+y)-f(x)$, 因为 $\widetilde{g}_y(z)=\widehat{f}(z)(\mathrm{e}^{-\mathrm{i}\langle z,y\rangle}-1)$, 由 Parseval 公式,

$$\int_{\mathbb{R}^d\times\mathbb{R}^d}g_y(x)^2n(dy)dx=2\int_{\mathbb{R}^d\times\mathbb{R}^d}|\widehat{f}(z)|^2(1-\cos\langle z,y\rangle)dzn(dy).$$

练习 4.3.1 (i) 设 $S=\{f_\ell\}$, 对各 ℓ, 在强嵌套 $\{F_k^\ell\}$ 中, 选取 $f_\ell\in C(\{F_k^\ell\})$, 满足 $\mathrm{Cap}(E\setminus F_k^\ell)<1/(k2^\ell)$, 取 $F_k=\bigcap\limits_\ell F_k^\ell$ 即可.

(ii) 取相对紧开集列 $\{G_n\}$ 递增地收敛到 E, 以及开集 $\omega_n\subset G_n$ 满足对任意 $\varepsilon>0$, $\mathrm{Cap}(\omega_n)<2^{-n}\varepsilon$ 且 $f|_{G_n\setminus\omega_n}$ 有限并连续, 记 $\omega=\bigcup\limits_n\omega_n$, 则 $\mathrm{Cap}(\omega)<\varepsilon$ 且 $f|_{E\setminus\omega}$ 有限并连续.

练习 4.3.2

$$\begin{aligned}\mathscr{E}_\alpha(U_\alpha\mu-U_\beta\mu,g)&=\langle\mu,g\rangle-\mathscr{E}_\beta(U_\beta\mu,g)+(\beta-\alpha)(U_\beta\mu,g)\\&=(\beta-\alpha)\mathscr{E}_\alpha(R_\alpha U_\beta\mu,g),\quad g\in\mathscr{F}\cap C_0(E).\end{aligned}$$

练习 5.1.1 类似于引理 1.4.3 的证明可知, E_Δ- 值左连续过程 $Y_t=X_{t-}$ 关于 $\{\mathscr{F}_t\}$ 循序可测. 因为 $\widehat{\sigma}_B$ 等于 $\{(t,\omega)\in(0,\infty)\times\Omega:Y_t(\omega)\in B\}$ 的初时, 由定理 A.2.1 知为 $\{\mathscr{F}_t\}$- 停时.

练习 5.1.2 只需证 X_A 满足练习 1.4.6 的解答中的条件 (iii) 即可, 而这又与由 Hunt 过程 X 所对应的引理 1.4.4 的推导完全相同.

练习 5.2.2 (i) 可选取定义 5.2.1 (ii) 中包含 B 的开集 G, 从而 B 是准闭集 (准开集的余集) 等价于存在闭集 $F\subset B$, 满足 $\mathrm{Cap}(B\setminus F)<\varepsilon$ $(\forall\varepsilon>0)$. 此时, 取开集 $\omega\supset B\setminus F$ 满足 $\mathrm{Cap}(\omega)<2\varepsilon$, 记 $F_1=\omega^c$, 则 $F_1\cap B(=F_1\cap F)$ 为包含于 F_1 中的闭集.

(ii) 必要性. 由 (i) 是显然的. 充分性. 对持有此性质的函数 f, 可选取强嵌套 $\{F_k\}$, 使得 f 在 $\bigcup\limits_k F_k$ 上有限且 $\{x\in F_k:f(x)\geqslant r\}$ 与 $\{x\in F_k:f(x)\leqslant r\}$ 对任意有理数 r 都是闭集. 此时, $f|_{F_k}$ 连续.

(iii) 若 B_1 和 B_2 q.e. 相等, 则对任意集合 G, $G\vartriangle B_1$ 与 $G\vartriangle B_2$ 也是 q.e. 相等的, 并且二者有相同的容度.

练习 5.2.3　对于 X 所适应的最小流 $\{\mathscr{F}_t\}$, $\{X_t^0 \in A\} = \{X_t \in A\} \cap \{t < \sigma_B\} \in \mathscr{F}_t$, 因为 $A \in \mathscr{B}_n(G)$, $\{\mathscr{F}_t\}$ 也是 X_G^0 所适应的流. 设 σ 为任意 $\{\mathscr{F}_t\}$- 停时, 则 $\mu \in \mathscr{P}(G_\Delta)$. 对 $A \in \mathscr{B}^n(G)$, 由 X 的强 Markov 性,

$$\begin{aligned}\mathbf{P}(X_{\sigma+s}^0 \in A|\mathscr{F}_\sigma) &= \mathbf{P}_\mu(X_{\sigma+s} \in A, \sigma + s < \sigma_B|\mathscr{F}_\sigma)\\ &= \mathbf{P}_\mu(X_s \circ \theta_\sigma \in A, s < \sigma_B \circ \theta_\sigma, \sigma < \sigma_B|\mathscr{F}_\sigma)\\ &= 1_{\{\sigma<\sigma_B\}}\mathbf{P}_{X_\sigma}(X_s \in A, s < \sigma_B) = \mathbf{P}_{X_\sigma^0}(X_s^0 \in A),\end{aligned}$$

即 X_G^0 关于右连续流 $\{\mathscr{F}_t\}$ 满足强 Markov 性 (1.4.6). 由于 G 是精细开集, 所以 X_G^0 满足正规性 (X.5). X_G^0 作为右过程的其他性质都是自明的.

练习 5.4.1　将提示中的式子代入并交换积分顺序, 由 Markov 性可得

$$\begin{aligned}\frac{1}{\alpha-\beta}(U_A^\beta f(x) - U_A^\alpha f(x)) &= \mathbf{E}_x\left[\int_0^\infty \mathrm{e}^{-\alpha s}\int_0^\infty \mathrm{e}^{-\beta t} f(X_t \circ \theta_s) dA_t \circ \theta_s ds\right]\\ &= \mathbf{E}_x\left[\int_0^\infty \mathrm{e}^{-\alpha s} U_A^\beta f(X_s) ds\right] = R_\alpha U_A^\beta f(x).\end{aligned}$$

关于第二个式子同样也有

$$\begin{aligned}R_\alpha f(x) - R_\alpha^A f(x) &= \mathbf{E}_x\left[\int_0^\infty \mathrm{e}^{-\alpha t}\mathrm{e}^{-At}(\mathrm{e}^{At} - 1) f(X_t) dt\right]\\ &= \mathbf{E}_x\left[\int_0^\infty \mathrm{e}^{\alpha s}\mathbf{E}_{X_s}\left[\int_0^\infty \mathrm{e}^{-\alpha t}\mathrm{e}^{At} f(X_t) dt\right] dA_s\right] = U_A^\alpha R_\alpha^A f(x).\end{aligned}$$

练习 5.4.2　对左边关于 s 的积分以 t 为分点分成两个部分, 分别记为 I, II, 于是, 有

$$\begin{aligned}\mathrm{I} &= \mathbf{E}_x\left[\int_0^\infty \mathrm{e}^{-t}\mathrm{e}^{-t}\int_0^\infty \mathrm{e}^{-s} dB_s \circ \theta_t dA_t\right]\\ &= \mathbf{E}_x\left[\int_0^\infty \mathrm{e}^{-2t}\mathbf{E}_{X_t}\left[\int_0^\infty \mathrm{e}^{-s} dB_s\right] dA_t\right] = U_A^2(U_B^1 1)(x).\end{aligned}$$

关于 II, 交换积分顺序, 再作与 I 相同的计算可知等于 $U_B^2(U_A^1 1)(x)$.

练习 7.1.1　左边 $\geqslant$ 右边是显然的. 记右边为 a, 对任意 $\varepsilon > 0$, 存在 T, 使得 $\sum_{j=1}^k a_j(t) \leqslant k\mathrm{e}^{(a+\varepsilon)t}$ $(\forall t \geqslant T)$, 并且逆向的不等式也成立.

参 考 文 献

[1] 池田信行・小仓幸雄・高桥阳一郎・真锅昭冶郎, **概率论教程系列 1. 概率论入门**, 培风馆, 2006

[2] 伊藤清. **随机过程**. 岩波书店, 2007

[3] 国田宽. **随机过程与推定**. 产业图书, 1976

[4] 佐藤健一. **加法过程**. 纪伊国屋书店, 1990

[5] 西尾真喜子・樋口保成. **概率论教程系列 3. 随机过程入门**. 培风馆, 2006

[6] 福岛正俊. **狄氏型与马氏过程**. 纪伊国屋书店, 1975

[7] 渡边信三. **随机微分方程**. 产业图书, 1975

—————— 以上均为日文版图书 ——————

[8] J. Bertoin, Lévy processes, Cambridge University Press, 1996

[9] R.M.Blumenthal and R.K.Getoor, Markov processes and potential theory, Academic Press, New York and London, 1968

[10] K.L.Chung and Z.Zhao, From Brownian motion to Schrödinger equation, Springer, 1995

[11] C.Dellacherie and P.A.Meyer, Probabilités et potentiel, Chap I-IV, 1975; Chap V-VIII, 1980; Chap IX-XI, 1983; Chap XII-XVI, 1987, Hermann, Paris, 1992

[12] C.Dellacherie, B.Maisonneuve and P.A.Meyer, Probabilités et potentiel, Chap XVII-XXIV, Hermann, Paris, 1992

[13] R.Durrett, Brownian motion and martingales in analysis, Wadsworth, 1984

[14] E.B.Dynkin, Markov processes, I,II, Springer, 1965

[15] S.N.Ethier and T.G.Kurtz, Markov processes–Characterization and convergence, John Wiley & Sons, New York, 1986

[16] M.Fukushima, Dirichlet forms and Markov processes, Kadansha and North-Holland, 1980

[17] M.Fukushima, Y.Oshima and M.Takeda, Dirichlet forms and symmetric Markov processes, De Gruyter, Berlin and New York, 1994

[18] N.Ikeda and S.Watanabe, Stochastic differential equations and diffusion processes, Kodansha and North-Holland, 1980, (second edition) 1989

[19] K.Itô, Lectures on stochastic processes, Tata Institute of Fundamental Research, Bombay, 1960

[20] R.K.Getoor, Excessive measures, Birkhäuser, 1990

[21] M.Kac, Integration in function space and some of its applications, Scuola Normale Superiore, 1980

[22] O.Kallenberg, Foundations of modern probability, Springer, 2001

[23] M.J.Sharpe, General theory of Markov processes, Academic Press, 1988

[24] M.L.Silverstein, Symmetric Markov processes, Lecture notes in mathematics 426, Springer, 1992

[25] Z.M.Ma and M.Röckner, Introduction to the theory of (non-symmetric) Dirichlet forms, Springer, 1992

[26] H.P.Mckean, Stochastic integrals, Academic Press, 1969

[27] L.C.G. Rogers and D.Williams, Diffusions, Markov processes and martingales, Vol.1, Vol.2, Cambridge University Press, (2nd edition) 2000

[28] S.R.S.Varadhan, Large deviations and applications, CBMS-NSF Regional Conference Series in Applied Mathematics, 1984

———— 以下为相关论文 ————

[29] A. Beurling and J.Deny, Dirichlet spaces, Proc. Nat. Acad. Sci. U.S.A. 45(1959), 208-215

[30] A. Benvenists and J. Jacod, Systemés de Lévy des processus de Markov, Inventi. Math. 21(1973), 183-198

[31] E. Cinlar, J. Jacod, Ph. Protter and M.J. Sharpe, Semimartingales and Markov processes, Z.Wahrsch. verw. Gebiete, 54(1980), 161-219

[32] J. Deny, Méthods Hilberitiennes en théorie du potentiel, Potential Theory, Centro Internazionale Matematico Estivo, Edizioni Cremonese, Roma, pp. 121-201, 1970

[33] M.D. Donsker and S.R.S. Varadhan, Asymptotic evaluation of certain Wiener integrals for large time, in Functional Integration and its Applications, A.M. Arthur, ed. London Clarendon Press, Oxford, 1975, 15-33

[34] M.D. Donsker and S.R.S. Varadhan, Asymptotic evaluation of certain Markov process expectations for large time I, Comm. Pure Appl. Math. 28(1975), 1-47

[35] M.D. Donsker and S.R.S. Varadhan, Asymptotic evaluation of certain Markov process expectations for large time III, Comm. Pure Appl. Math. 29(1976), 389-461

[36] M. Fukushima and M.Takeda, A transformation of a symmetric Markov processes and the Donsker-Varadhan theory, Osaka J.Math. 21(1984), 311-326

[37] R.K. Getoor, transience and recurrence of Markov processes, Lecture Notes in Math. 784(1980), 397-409

[38] A. Grigor'yan, Analytic and geometric background of recurrence and non-explosion of the Brownian motion on Riemannian manifolds, Bull. of Amer. Math. Soc. 36(1999), 135-249

[39] M.Kac, On some connection between probability theory and differential equations, Proc. 2nd Berk. Symp. Math. Statist. Probability (1950), 189-215

[40] H.Kunita and S.Watanabe, On square integrable martingales, Nagoya Math. J. 30(1967), 209-245

[41] Y. LeJan, Mesures associées à une forme de Dirichlet, Applications, Bull. Soc. Math. France 106(1987), 61-112

[42] T. Lyons, Random thoughts on reversable potential theory, Summer School in Potential Theory, Univ. of Joensuu (1990), 71-114

[43] H.P.Mckean and H.Tanaka, Additive functionals of the Brownian path, Memoirs Coll. Sci. Kyoto, A. Math. 33(1961), 479-506

[44] M. Motoo and S. Watanabe, On a class of additive functionals of Markov processes, J. Math. Kyoto Univ. 4(1965), 429-469

[45] D. Revuz, Mesures associées aux fonctioneles additives de Markov I, Trans. Amer. Math. Soc. 148(1970), 501-531

[46] B. Simon, Schrödinger semigroups, Bull. Amer. Math. Soc. (N.S.) 7(1982), 447-526

[47] S. Watanabe, On discontinuous additive functionals and Lévy measures of Markov processes, Japanses J. Math. 34(1964), 53-70

—————— 其他相关参考文献 ——————

[48] E.B. Davis, Heat kernels and spectral theory, Cambridge University Press, 1990

[49] T Kato, Perturbation theory for linear operators, Springer, 1980

[50] V.G.Maz'ja, Sobolev spaces, Springer, 1985

[51] M. Reed and B. Simon, Methods of modern mathematical physics I, II, Academic Press, 1980, 2975

[52] K. Yosida, Functional analysis, Springer, 1968

索　引

B

逼近型, 74
不变, 4
不变测度, 12
闭对称型, 73
部分 (Dirichlet 型的), 122
变分公式, 190
半极集, 41
不可触及, 223
不可区分, 221
遍历的, 98
半群性, 2, 4
保守的 Dirichlet 型, 96
保守的 Markov 过程, 28
半鞅, 156
标准过程, 33
本质极集, 48

C

测度的支撑, 82
常返, 4
常返的 Dirichlet 型, 90
乘泛函, 172
初始分布, 25
纯不连续鞅, 225

D

单边稳定过程, 19
对称的卷积半群, 83
点常返, 128
对称型, 73
逗留时间, 48
逗留时间分布, 70
对偶过程, 64
对偶可料投影, 224
对偶转移函数, 7
单位压缩, 74
定义域 (加泛函的), 49

E

二次变差, 145
二次变差过程, 226

F

附带嵌套 (光滑测度的), 108
非负定的, 236
复合 Poisson 过程, 16
反射 Brown 运动, 129
负指数 (稳定过程的), 19
非正则点, 41

G

概 Borel 集, 37
过分测度, 2
过分的 (关于算子半群), 104
过分函数, 37
光滑测度, 108
概率测度, 21
概率核, 1
概率空间, 217
概率空间完备化, 217

H

核, 1
核心, 83

J

既约常返, 4
局部的 Dirichlet 型, 83
绝对连续性条件, 46
加泛函, 49
加泛函的 m- 修正, 49
加泛函的能量, 142
几乎必然事件, 41
交换公式, 118
极集, 41
卷积半群, 9
近似列, 76
精细开集, 41
精细连续, 41
精细拓扑, 41
既约, 4
既约的 Dirichlet 型, 90
均匀分布, 13
具有限能量积分的测度, 104

K

可测空间, 21
空间齐次, 9
空间齐次 Dirichlet 型, 83
可控的, 208
可料过程, 221
可料截面定理, 223
可列可加性, 21
可料投影, 223
可容, 219
扩散过程, 125
可选过程, 221
可选截面定理, 222
可预告, 223
扩展 Dirichlet 空间, 76

L

流, 21
零常返, 70
零能量连续加泛函, 147
例外集 (加泛函的), 49

N

拟开集, 120
能量测度, 156
能量积分, 106
拟连续, 101
拟连续修正, 102
拟左连续, 33

P

普遍可测函数, 32
普遍可测集, 25
谱表示, 236
普遍完备化, 25, 217
平方场算子, 156
平衡测度, 107
平衡位势, 100
谱集 (自共轭算子的), 190
平稳独立增量过程, 10
铺装, 218
铺装集合, 218

Q

强局部的 Dirichlet 型, 83
强连续性, 7
强连续压缩半群, 73
强连续压缩预解, 73
强 Markov 性, 28

强嵌套, 101
嵌套, 101

R

弱保守的, 58
弱收敛, 181

S

适应的, 21
扫除, 107
首达分布, 39
首达概率, 39
事件, 21
瘦集, 41
时间参数集, 21
事件的概率, 21
随机过程, 21
随机积分, 158, 227
随机区间, 221
生命时, 28
所适应的最小流, 21
所适应的最小完备流, 25
上鞅乘泛函诱导的变换, 173

T

图, 222
胎紧, 186
停时, 26
跳跃测度, 155
投影算子, 236
推移算子, 28
特征函数, 13

W

稳定的, 225
稳定过程, 19
位势零集, 41
位势算子, 2

X

陷阱, 22
消减函数, 107
下临界, 211
协能量, 142
消亡测度, 155
循序可测, 28
循序可测过程, 221
狭义的加泛函, 49
狭义光滑测度, 140
狭义拟连续, 101
狭义拟连续修正, 102
限制 (X 在不变集上的), 33
旋转不变, 20

Y

一维 Cauchy 分布, 13
鞅, 上鞅, 下鞅, 222
样本点, 21
样本轨道, 10, 21
样本空间, 21
右过程, 30
预解 (0- 阶), 2
鞅加泛函, 145
预解集 (自共轭算子的), 190
右连续流, 21
压缩性, 4
一维 Cauchy 过程, 19
有限维分布, 11

Z

正常返, 70
支撑 (Lévy 过程的), 62
最大值原理, 106
子过程, 123
正规性, 22
正规压缩, 74

正交, 225
暂留, 4
暂留的 Dirichlet 型, 90
真例外集, 44
正连续加泛函, 50
指数 (稳定过程的), 19
指数分布, 16
正态分布, 14
状态空间, 21
转移概率, 2
转移函数, 2
转移函数 (m- 对称的), 8
转移函数 (保守的), 2
转移函数 (Markov 过程的), 22
正则点, 41
正则的 Dirichlet 型, 83

其他

α- 过分函数, 37
α- 过分正则化, 37
Blumenthal 0-1 律, 40
Brown 运动, 14
Brown 运动的转移概率, 14
d- 维概率分布, 13
d- 维概率密度函数, 13
Dirichlet 积分, 85
Dirichlet 空间, 75
Dirichlet 型, 75
Dirichlet 型在不变集上的限制, 94
Doob-Meyer 分解, 224
Dynkin 类, 216
Feller 半群, 35
Feller 转移函数, 35
Feynman-Kac 半群, 198
$\mathscr{F}$- 解析集, 218
$\mathscr{F}$- 容度, 219
Green 紧密性, 200
Hunt 过程, 33
I- 函数, 186
Kato 类, 197
Lévy 测度, 13
Lévy 过程, 10
Lévy 系统, 234
Lévy-Khinchin 公式, 13
Markov 的对称型, 75
Markov 的线性算子, 74
Markov 过程, 21
Markov 过程的变换, 33
Markov 核, 1
Markov 性, 22
m- 对称的右过程, 98
m- 极集, 44
m- 相等, 3
Newton 核, 15
π- 类, 216
Poisson 分布, 16
Poisson 过程, 16
q.e., 44
q.e. 精细开集, 120
q.e. 精细连续, 115
q.e. 相等, 120
Revuz 测度, 52
Sobolev 空间, 85
σ- 代数, 21
X- 不变的, 33

译 后 记

本书主要讨论带过分测度的 Markov 过程的位势性质, 特别是对称 Markov 过程所对应的 Dirichlet 型理论. Dirichlet 型起源于对应于 Brown 运动的经典的 Dirichlet 积分, 是由法国数学家 Beurling, Deny 等在 20 世纪 50 年代提出并发展起来的. 本书作者之一的日本数学家 Masatoshi Fukushima(福岛正俊) 在 70 年代证明了 Dirichlet 型的正则性条件, 保证了它由一个对称 Hunt 过程生成, 建立了分析与概率的又一种联系, 因此, Dirichlet 型理论与对称 Markov 过程理论在随后的数十年得到了广泛的关注与迅速的发展, 其中的重要进展之一是马志明等提出了拟正则的概念, 证明了拟正则的 Dirichlet 型与对称的 Borel 右 Markov 过程是一一对应的, 这个结果给以往困难的无穷维空间上 Markov 过程的构造提供了一种直接有效的方法.

Fukushima 教授是随机分析之父 K.Itô 的学生, 是 Dirichlet 型理论的创始人之一, 他和他的书*Dirichlet Forms and Markov Processes*与中国概率界很有渊源. 早在 20 世纪 80 年代, Fukushima 教授受邀来到改革开放初期的中国, 他以此书为讲义, 在北京科学院等地给国内的概率研究生和教师开课, 系统地讲授了 Dirichlet 型理论、那时, 概率论研究在国内刚起步, 粗略地说, 只有王梓坤先生学自苏联的连续时间 Markov 链理论, 以及严加安与郑伟安为代表的师承法国 Meyer 学派的随机分析理论两个领域上的研究跟得上国际水平, Fukushima 带来了一个新的方向, 而且这个方向与我们的传统优势泛函分析有密切联系, 所以说他的课影响了一代概率人, 以至于后来在 Dirichlet 型领域做出工作的学者中有许多中国人的名字, 如马志明、郑伟安、陈振庆、张土生等. 现在我们翻译这本书, 也可以看成是对那个年代的纪念, 看成对 Fukushima 教授对于中国概率界曾经给予的帮助的感谢.

关于 Dirichlet 型与对称 Markov 过程理论, 有三本经典的参考书: Fukushima 于 20 世纪 80 年代初的文献 [16], Fukushima, Oshima, Takeda 1995 年的文献 [17], Ma (马志明), Röchner 1990 年的文献 [25]. 这三本书都是英文版的, 国内学者可以直接参阅. 本书出版于 2008 年, 它总结了最近 10 多年来 Dirichlet 型的一些新进展, 而且着重讨论了 Markov 过程的常返暂留性, 特别是最后的对称 Markov 过程的大偏差理论, 使得本书的侧重点与前三本有很大的不同, 对该领域的研究者有重要的参考价值, 再加上本书是日文原著, 对国内读者阅读多有不便, 所以我们请求两位作者允许我们将本书翻译为中文, 以便国内学生和学者的参考. 本书实际上是由懂日语的何萍副教授翻译的, 应坚刚做了校对的工作, 他曾经多次在 Fukushima 教授处访问, 得到 Fukushima 和 Takeda 两位教授的指导, 和 Fukushima 教授有一系列合作的工作, 故在此向 Fukushima 和 Takeda 两位教授表示衷心感谢, 也感谢他们为此书译本提供的方便和给予的鼓励. 另外, 还要感谢科学出版社的编辑王丽平女士的鼓励和帮助. 在出版经费方面要感谢复旦大学数学学院以及自然科学基金 (Grant No. 10771131) 的资助. 最后, 由于译者的学识水平所限, 文中翻译不当之处在所难免, 敬请指正.

何 萍 应坚刚

2010 年 3 月终稿于上海

《现代数学译丛》已出版书目

(按出版时间排序)

1 椭圆曲线及其在密码学中的应用——导引 2007. 12 〔德〕Andreas Enge 著 吴 铤 董军武 王明强 译

2 金融数学引论——从风险管理到期权定价 2008. 1 〔美〕Steven Roman 著 邓欣雨 译

3 现代非参数统计 2008. 5 〔美〕Larry Wasserman 著 吴喜之 译

4 最优化问题的扰动分析 2008. 6 〔法〕J. Frédéric Bonnans 〔美〕Alexander Shapiro 著 张立卫 译

5 统计学完全教程 2008. 6 〔美〕Larry Wasserman 著 张 波 等译

6 应用偏微分方程 2008. 7 〔英〕John Ockendon, Sam Howison, Andrew Lacey & Alexander Movchan 著 谭永基 程 晋 蔡志杰 译

7 有向图的理论、算法及其应用 2009. 1 〔丹〕J. 邦詹森 〔英〕G. 古廷 著 姚兵 张忠辅 译

8 微分方程的对称与积分方法 2009.1〔加〕乔治 W. 布卢曼 斯蒂芬 C. 安科 著 闫振亚 译

9 动力系统入门教程及最新发展概述 2009.8 〔美〕Boris Hasselblatt & Anatole Katok 著 朱玉峻 郑宏文 张金莲 阎欣华 译 胡虎翼 校

10 调和分析基础教程 2009.10 〔德〕Anton Deitmar 著 丁勇 译

11 应用分支理论基础 2009. 12 〔俄〕尤里・阿・库兹涅佐夫 著 金成桴 译

12 多尺度计算方法——均匀化及平均化 2010. 6 Grigorios A. Pavliotis, Andrew M. Stuart 著 郑健龙 李友云 钱国平 译

13 最优可靠性设计：基础与应用 2011. 3 〔美〕Way Kuo, V. Rajendra Prasad, Frank A.Tillman, Ching-Lai Hwang 著 郭进利 闫春宁 译 史定华 校

14 非线性最优化基础 2011.4 〔日〕Masao Fukushima 著 林贵华 译

15 图像处理与分析：变分，PDE，小波及随机方法 2011.6 Tony F. Chan, Jianhong (Jackie) Shen 著 陈文斌，程晋 译

16 马氏过程 2011.6 〔日〕福岛正俊 竹田雅好 著 何萍 译 应坚刚 校